工业和信息化普通高等教育"十三五"规划教材立项项目

21世纪高等学校计算机规划教材

大学计算机 基础教程

（第2版）（微课版）

胡明星 ◎ 主　编

罗灿峰　夏杰　佘桂凤 ◎ 副主编

人民邮电出版社

北　京

图书在版编目（CIP）数据

大学计算机基础教程：微课版 / 胡明星主编. -- 2
版. -- 北京 ： 人民邮电出版社，2019.2（2021.2重印）
21世纪高等学校计算机规划教材
ISBN 978-7-115-50516-3

Ⅰ. ①大… Ⅱ. ①胡… Ⅲ. ①电子计算机—高等学校
—教材 Ⅳ. ①TP3

中国版本图书馆CIP数据核字(2018)第297676号

内 容 提 要

    本书系统地讲解了计算机基础操作的相关知识。全书共分为两个部分，分别是基础部分和实训部分。基础部分有七章，主要讲述了计算机基础知识，Windows 7 操作系统的使用，办公软件 Word 2010、Excel 2010、PowerPoint 2010 的功能及使用方法，Office 2010 办公软件的综合应用，Internet 及其应用；实训部分则为与基础部分对应的具有针对性的综合练习和习题，可以全面培养学生的学习能力、应用能力和创新能力。本书在内容组织上以应用为主线，以任务驱动式教学为导向，能帮助学生快速提高操作能力和水平。

    本书可以作为高等院校各专业计算机基础课程的教材，也可以作为计算机爱好者的参考用书。

◆ 主　编　胡明星
   副 主 编　罗灿峰　夏　杰　佘桂凤
   责任编辑　邹文波
   责任印制　彭志环

◆ 人民邮电出版社出版发行　北京市丰台区成寿寺路 11 号
   邮编　100164　电子邮件　315@ptpress.com.cn
   网址　http://www.ptpress.com.cn
   涿州市京南印刷厂印刷

◆ 开本：787×1092　1/16
   印张：20.25　　　　　2019 年 2 月第 2 版
   字数：533 千字　　　2021 年 2 月河北第 5 次印刷

定价：59.80 元

读者服务热线：(010)81055256　印装质量热线：(010)81055316
反盗版热线：(010)81055315

前 言

　　高校计算机基础教育是高等教育中的重要组成部分。它的目标是在各个专业领域中普及计算机知识，推广计算机应用，使学生成为既掌握本专业知识，又能熟练使用计算机的复合型人才。高校的计算机基础教育状况将直接影响我国各行各业、各个领域的计算机应用发展水平。目前，信息技术教育在我国中小学全面展开，目前，大部分的大学新生已经掌握了计算机的基本操作，使得大学的计算机基础教育无须再从零开始。为此，教育部高等学校非计算机专业计算机基础课程教学指导分委员会提出了《关于进一步加强高校计算机基础教学的意见》，对计算机基础教学从硬件、软件平台、教学手段等方面都提出了更高的要求；并要求对高校的计算机基础教育采用"1＋X"方案，即："大学计算机基础"＋若干必修、选修课程。我们根据教育部高等学校计算机基础课程教学指导委员会《关于进一步加强高等学校计算机基础教学的意见》和《高等学校非计算机专业计算机基础课程教学基本要求》，结合《中国高等院校计算机基础教育课程体系》报告，编写了本书。

　　"大学计算机基础"是高校非计算机专业学生的必修课。本书在组织结构上，能够更系统、深入地介绍计算机科学与技术的基本概念，基本原理、技术和方法；在内容的选择上，考虑不同专业和不同层次学生的需求，采用职场案例式讲解，文中引用的均是各行业在实际工作中常用的例子，贴近生活、生动有趣；在文字叙述上深入浅出，通俗易懂，注重原理与实践紧密结合，注重实用性和可操作性；同时，编者还针对书中的重难点内容录制了微课视频，可为读者更生动、详细地讲解相关知识点。

　　《大学计算机基础》全书分为基础篇和实训篇。基础篇共包含七章。第一章为计算机基础知识，主要讲述计算机的起源、发展及信息技术对人类社会的影响；第二章为 Windows 7 操作系统使用，主要讲述操作系统的基本概念及 Windows 7 操作系统的使用方法；第三章～第五章为办公软件 Word 2010、Excel 2010、PowerPoint 2010 的功能及使用方法；第六章为 Office 2010 办公软件的综合应用；第七章为 Internet 及其应用，详细介绍了计算机网络的基本组成、拓扑结构、对等网的建立及 Internet 的基本概念、提供的服务及获取服务的方法。为加强上机实践和课后练习，我们同时编写了与基础篇配套的实训篇，各章内容分别对应实训一～七。

　　本书由武汉传媒学院胡明星老师组织编写，参与本书编写的老师主要有罗灿峰老师、夏杰老师和佘桂凤老师。全书由胡明星老师负责统稿并担任主编，主要负责第一章、第三章、实训一和实训三的编写；罗灿峰老师负责第二章、第五章、实训二和实训五的编写；夏杰老师负责第四章、第六章、实训四和实训六的编写；佘桂凤老师负责第七章和实训七的编写。在本书编写过程中，编者得到了武汉传媒学院校领导及传媒技术学院领导的大力支持，在此表示衷心的感谢。由于编者水平有限，时间仓促，书中难免存在疏漏及不妥之处，诚请广大读者批评指正。

编者

2018 年 9 月

目 录

基 础 部 分

实 训 部 分

基础部分

第一章
计算机基础知识

电子计算机简称计算机，俗称电脑，是 20 世纪人类最伟大的发明之一，它的出现使人类迅速步入了信息社会。计算机是一门科学，同时也是一种能够按照指令，对各种数据和信息进行自动加工和处理的电子设备，因此，掌握以计算机为核心的信息技术的一般应用，已成为各行业对从业人员的基本素质要求之一。

第一节　计算机的发展

一、计算机的诞生及发展过程

17 世纪，德国数学家莱布尼茨提出了二进制，为计算机内部数据的表示方法创造了条件。20 世纪初，电子技术得到飞速发展，1904 年，英国电气工程师弗莱明研制出真空二极管。1906 年，美国科学家福雷斯特发明真空三极管，为计算机的诞生奠定了基础。

微课：计算机的诞生及发展过程

20 世纪 40 年代后期，西方国家的工业技术得到迅猛发展，相继出现了雷达和导弹等高科技产品，大量复杂的科技产品的计算使得原有的计算工具无能为力，迫切需要在计算技术上有所突破。1943 年，正值第二次世界大战，由于军事上的需要，宾夕法尼亚大学电子工程系的教授莫克利和他的研究生埃克特计划采用真空管建造一台通用电子计算机，这个计划被军方采纳。1946 年 2 月，由美国的宾夕法尼亚大学研制的世界上第一台计算机——电子数字积分计算机（Electronic Numerical Integrator And Computer，ENIAC）诞生了，如图 1-1 所示。

ENIAC 的主要元件是电子管，每秒可完成 5 000 次加法运算，300 多次乘法运算，比当时最快的计算工具要快 300 倍。ENIAC 重 30 多吨，占地

图 1-1　世界上第一台计算机 ENIAC

1

$170m^2$，采用了 18 000 多个电子管、1 500 多个继电器、70 000 多个电阻和 10 000 多个电容，功率为 150 千瓦。虽然 ENIAC 的体积庞大、性能不佳，但它的出现具有跨时代的意义，它开创了电子技术发展的新时代——计算机时代。

同一时期，ENIAC 项目组的一个美籍匈牙利研究人员冯·诺依曼开始研制他自己的离散变量自动电子计算机（Electronic Discrete Variable Automatic Computer，EDVAC），该计算机是当时运算速度最快的计算机，其采用了二进制和存储程序方式。因此，人们将其称为冯·诺依曼体系结构，并沿用至今，冯·诺依曼也被誉为"现代电子计算机之父"。

从第一台计算机 ENIAC 诞生至今的几十年中，计算机技术成为发展最快的现代技术之一，根据计算机所采用的物理器件，可以将计算机的发展划分为 4 个阶段，如表 1-1 所示。

表 1-1 计算机发展的 4 个阶段

阶段	划分年代	采用的元器件	运算速度（每秒指令数）	主要特点	应用领域
第一代计算机	1946—1957 年	电子管	几千条	主存储器采用磁鼓，体积庞大、耗电量大、运行速度低、可靠性较差和内存容量小	国防及科学研究工作
第二代计算机	1958—1964 年	晶体管	几万～几十万条	主存储器采用磁芯，开始使用高级程序及操作系统，运算速度提高、体积减小	工程设计、数据处理
第三代计算机	1965—1970 年	中小规模集成电路	几十万～几百万条	主存储器采用半导体存储器，集成度高、功能增强和价格下降	工业控制、数据处理
第四代计算机	1971 年至今	大规模、超大规模集成电路	上千万～万亿条	计算机走向微型化，性能大幅度提高，软件的种类也越来越丰富，为网络化创造了条件。同时计算机逐渐走向人工智能化，并集成了多媒体技术，具有听、说、读和写等功能	工业、生活等各个方面

二、计算机的特点、应用和分类

随着科学技术的发展，计算机已被广泛应用于各个领域，在人们的生活和工作中起着重要的作用。下面介绍计算机的特点、应用和分类。

1. 计算机的特点

计算机之所以具有如此强大的功能，是由它的特点所决定的。计算机主要有以下 6 个主要特点。

（1）运算速度快

计算机的运算速度指的是单位时间内执行指令的条数，一般以每秒能执行多少条指令来描述。早期的计算机由于技术的原因，运算速度较低，而随着集成电路技术的发展，计算机的运算速度得到飞速提升，目前世界上已经有运算速度超过每秒亿亿次的计算机。

（2）计算精度高

计算机的运算精度取决于采用机器码的字长（二进制码），即常说的 8 位、16 位、32 位和 64 位等，字长越长，有效位数就越多，精度也就越高。如果将 10 位十进制数转换成机器码，便可以轻而易举地取得几百亿分之一的精度。

（3）逻辑判断准确

除了计算功能外，计算机还具备数据分析和逻辑判断能力，高级计算机还具有推理、诊断和联想等模拟人类思维的能力，具有准确、可靠的逻辑判断能力是计算机能够实现信息处理自动化的重要原因之一。

（4）存储能力强大

计算机具有许多存储记忆载体，可以将运行的数据、指令程序和运算的结果存储起来，供计算机本身或用户使用，还可即时输出文字、图像、声音和视频等各种信息。例如，若在一个大型图书馆通过人工查阅书目就会犹如大海捞针，而采用计算机管理后，所有的图书目录及索引都存储在计算机中，这时再查找一本图书的时间将大为缩短。

（5）自动化程度高

计算机内具有运算单元、控制单元、存储单元和输入/输出单元，计算机可以按照编写的程序（一组指令）实现工作自动化，而且还可反复执行。例如，企业生产车间及流水线管理中的各种自动化生产设备，正是因为植入了计算机控制系统才使工厂生产自动化成为可能。

（6）具有网络与通信功能

计算机网络技术可以将不同城市、不同国家的计算机连在一起形成一个计算机网，在网上的所有计算机用户都可以共享资料和交流信息，从而改变了人类的交流方式和信息获取方式。

2．计算机的应用

在计算机诞生的初期，计算机主要应用于科研和军事等领域，负责的工作内容主要是针对大型的高科技研发活动。近年来，随着社会的发展和科技的进步，计算机的性能不断提高，在社会的各个领域都得到了广泛的应用。

计算机的应用可以概括为以下 7 个方面。

（1）科学计算

科学计算即通常所说的数值计算，是指利用计算机来完成科学研究和工程设计中提出的一系列复杂的数学问题的计算。计算机不仅能进行数字运算，还可以解答微积分方程以及不等式。由于计算机具有较高的运算速度，人工难以完成甚至无法完成的数值计算，计算机都可以完成，如气象资料分析和卫星轨道的测算等。目前，通过基于互联网的云计算，普通用户甚至可以体验运算速度超过每秒 10 万亿次的具有超强运算能力的计算机。

（2）数据处理和信息管理

对大量的数据进行分析、加工和处理等工作早已开始使用计算机来完成，这些数据不仅包括"数"，还包括文字、图像和声音等数据形式。由于现代计算机速度快、存储容量大，使得计算机在数据处理和信息加工方面的应用十分广泛，如企业的财务管理、事物管理、资料和人事档案的文字处理等。利用计算机进行信息管理，为实现办公自动化和管理自动化创造了有利条件。

（3）过程控制

过程控制也称为实时控制，它是指利用计算机对生产过程和其他过程进行自动监测以及自动控制设备工作状态的一种控制方式，被广泛应用于各种工业环境中，并替代人在危险、有害的环境中作业，可免受疲劳等因素的影响，并可完成人类所不能完成的有高精度和高速度要求的操作，从而节省了大量的人力物力，并大大提高了经济效益。

（4）人工智能

人工智能（Artificial Intelligence，AI）是指设计智能的计算机系统，让计算机具备只有人才具有的智能特性，让计算机模拟人类的某些智力活动，如"学习""识别图形和声音""推理过程"和"适应环境"等。目前，人工智能主要应用在智能机器人、机器翻译、医疗诊断、故障诊断、案件侦破和经营管理等方面。

（5）计算机辅助

计算机辅助也称为计算机辅助工程应用，是指利用计算机协助人们完成各种设计工作。计算机的辅助功能是目前正在迅速发展并不断取得成果的重要应用领域，主要包括计算机辅助设计（Computer Aided Design，CAD）、计算机辅助制造（Computer Aided Manufacturing，CAM）、计算机辅助教育（CAE），其中，计算机辅助教育又包括计算机辅助教学（Computer Assisted Instruction，CAI）和计算机辅助测试（Computer Aided Testing，CAT）等。

（6）网络通信

网络通信是计算机技术与现代通信技术相结合的产物。网络通信是指利用计算机网络实现信息的传递功能，随着互联网技术的快速发展，人们可以在不同地区和国家间进行数据的传递，并可通过计算机网络进行各种商务活动。

（7）多媒体技术

多媒体技术（Multimedia Technology）是指通过计算机对文字、数据、图形、图像、动画和声音等多种媒体信息进行综合处理和管理，使用户可以通过多种感官与计算机进行实时信息交互的技术。多媒体技术拓宽了计算机的应用领域，使计算机广泛应用于教育、广告宣传、视频会议、服务业和文化娱乐业等领域。

3. 计算机的分类

计算机的种类非常多，划分的方法也有很多种。按计算机的用途可将其分为专用计算机和通用计算机两种。其中，专用计算机是指为适应某种特殊需要而设计的计算机，如计算导弹弹道的计算机等。因为这类计算机都增强了某些特定功能，忽略一些次要要求，所以以具备高速度、高效率、使用面窄和专机专用的特点。通用计算机广泛适用于一般科学运算、学术研究、工程设计和数据处理等领域，具有功能多、配置全、用途广和通用性强等特点，目前市场上销售的计算机大多属于通用计算机。

按计算机的性能、规模和处理能力，可以将计算机分为巨型机、大型机、中型机、小型机和微型机 5 类，具体介绍如下。

（1）巨型机

巨型机（见图 1-2）也称超级计算机或高性能计算机，是速度最快、处理能力最强的计算机，是为少数部门的特殊需要而设计的。通常，巨型机多用于国家高科技领域和尖端技术研究，是一个国家科研实力的体现，现有的超级计算机运算速度大多可以达到每秒一万亿次以上。2018年 6 月，根据世界超级计算机 500 强最新榜单，美国能源部下属橡树岭国家实验室的"Summit"排名第一，浮点运算能力为每秒 12.23 亿亿次，中国超级计算机系统"神威·太湖之光"位居第二。

（2）大型机

大型机（见图 1-3）或称大型主机，其特点是运算速度快、存储量大和通用性强，主要针对计算量大、信息流通量多、通信要求苛刻的用户，如银行、政府部门和大型企业等。目前，生产大型主机的公司主要有 IBM 等。

（3）中型机

中型机的性能低于大型机，其特点是处理能力强，常用于中小型企业和公司。

（4）小型机

小型机是指采用精简指令集处理器，性能和价格介于微型机服务器和大型机之间的一种高性能 64 位计算机。小型机的特点是结构简单、可靠性高和维护费用低，常用于中小型企业。随着微型计算机的飞速发展，小型机将被微型机取代的趋势已非常明显。

图 1-2　巨型机

图 1-3　大型机

（5）微型机

微型计算机简称微机，是应用最普及的机型，占据计算机总数中的绝大部分，而且价格便宜、功能齐全，被广泛应用于机关、学校、企事业单位和家庭中。微型机按结构和性能可以划分为单片机、单板机、个人计算机（PC）、工作站和服务器等，其中个人计算机又可分为台式计算机和便携式计算机（如笔记本电脑）两类，分别如图 1-4、图 1-5 所示。

图 1-4　台式计算机图

图 1-5　笔记本电脑

三、计算机的发展趋势

从计算机的历史发展来看，计算机的体积越来越小、耗电量越来越低、速度越来越快、性能越来越佳、价格越来越便宜、操作越来越容易。

1. 计算机的发展方向

未来计算机的发展呈现出巨型化、微型化、网络化和智能化 4 个趋势。

（1）巨型化

巨型化是指计算机的计算速度更快、存储容量更大、功能更强大和可靠性更高。巨型化计算机的应用范围主要包括天文、天气预报、军事和生物仿真等，这些领域需进行大量的数据处理和运算，需要性能强的计算机才能完成。

（2）微型化

随着超大规模集成电路的进一步发展，个人计算机将更加微型化。膝上型、书本型、笔记本型和掌上型等微型化计算机不断涌现，并受到越来越多的用户的喜爱。

（3）网络化

随着计算机的普及，计算机网络也逐步深入人们工作和生活的各个部分。通过计算机网络可以连接地球上分散的计算机，然后共享各种分散的计算机资源。计算机网络逐步成为人们工作和生活中不可或缺的事物，计算机网络化可以让人们足不出户就能获得大量的信息，以及与世界各地的亲友进行通信、网上贸易等。

（4）智能化

早期的计算机只能按照人的意愿和指令去处理数据，而智能化的计算机能够代替人的脑力劳动，具有类似人的智能，如能听懂人类的语言，能看懂各种图形，可以自己学习等，即计算机可以进行知识的处理，从而代替人的部分工作。未来的智能型计算机将会代替甚至超越人类某些方面的脑力劳动。

2. 未来新一代计算机芯片技术

由于计算机最重要的核心部件是芯片，因此计算机芯片技术的不断发展也是推动计算机未来发展的动力。Intel 公司的创始人之一戈登·摩尔在 1965 年曾预言了计算机集成技术的发展规律，即每 18 个月在同样面积的芯片中集成的晶体管数量将翻一番，而成本将下降一半。

几十年来，摩尔定律并未失效，不过芯片技术的发展并不是无限的。因为计算机采用电流作为数据传输的信号，而电流主要靠电子的迁移而产生，电子最基本的通路是原子；一个原子的直径大约等于 0.1 nm，目前芯片的制造工艺已经达到了 10 nm，甚至更小的尺度。

由于晶体管计算机存在物理极限，因而世界上许多国家在很早的时候就开始了各种非晶体管计算机的研究，如超导计算机、生物计算机、光子计算机和量子计算机等，这类计算机也被称为第五代计算机或新一代计算机，它们能在更高程度上对人的智能进行仿真，这类技术也是目前世界各国计算机发展技术研究的重点。

四、信息技术的相关概念

以计算机技术、通信技术和网络技术为核心的信息技术深入影响了人类社会的各个领域，对人类的生活和工作方式产生了巨大的影响，随着科学技术的不断进步，信息技术将得到更深、更广和更快的发展。

1. 信息与信息技术

信息在不同的领域有不同的定义，一般来说，信息是对客观世界中各种事物的运动状态和变化的反映。简单地说，信息是经过加工的数据，或者说信息是数据处理的结果，信息泛指人类社会传播的一切内容，如音频、文本、通信系统传输和处理的对象等。在信息化社会，信息已成为科技发展的日益重要的资源。

信息技术（Information Technology，IT）是一门综合的技术，人们对信息技术的定义因其使用的目的、范围和层次不同而有所不同。联合国教科文组织对信息技术的定义为"应用在信息加工和处理中的科学，技术与工程的训练方法和管理技巧和应用；计算机及其与人、机的相互作用，与人相应的社会、经济和文化等诸种事物"，该定义强调的是信息技术的现代化应用与高科技含量，主要指一系列与计算机相关的技术。狭义范围内的信息技术是指对信息进行采集、传输、存储、加工和表达的各种技术的总称。

信息技术主要是指应用计算机科学和通信技术来设计、开发、安装和实施信息系统及应用软件，主要包括传感技术、通信技术、计算机技术和缩微技术。

（1）传感技术

传感技术是关于从自然信源获取信息，并对之进行处理（变换）和识别的一门多学科交叉的现代科学与工程技术，它涉及传感器、信息处理和识别的规划设计、开发、建造、测试、应用及评价改进等活动，传感技术、计算机技术和通信技术一起被称为信息技术的三大支柱，其主要任务是延长和扩展人类收集信息的功能。目前，传感技术已经发展了一大批敏感元件，例如，通过照相机、红外和紫外等光波波段的敏感元件来帮助人们提取肉眼所见不到的重要信息，也可通过超声和次声传感器来帮助人们获得人耳听不到的信息。

（2）通信技术

通信技术又称通信工程，主要研究的是通信过程中的信息传输和信号处理的原理和应用。目前，通信技术得到飞速发展，从传统的电话、电报、收音机和电视到如今的移动通信（手机）、传真、卫星通信、光纤通信和无线通信等现代通信方式，数据和信息的传递效率得到大大提高，通信技术已成为办公自动化的支撑技术。

（3）计算机技术

计算机技术是信息技术的核心内容，其主要研究目标是延长人的思维器官处理信息和决策的功能，计算机技术作为一个完整系统所运用的技术，主要包括系统结构技术、系统管理技术、系统维护技术和系统应用技术等。近年来，计算机技术同样获得飞速发展，尤其是随着多媒体技术的发展，计算机的体积越来越小，但功能却越来越强大。

（4）缩微技术

缩微技术是一种涉及多学科、多部门、综合性强且技术成熟的现代化信息处理技术，其主要研究目标是延长人的记忆器官存储信息的功能。例如，在金融系统、卫生系统、保险系统和工业系统均采用缩微技术复制纸质载体的文件，从而改变了过去传统管理方法，提高了档案文件、文献资料的管理水平，提高了经济效益。

总之，现代信息技术是一个内容十分广泛的技术群，它包括微电子技术、光电子技术、通信技术、网络技术、感测技术、控制技术和显示技术等。此外，物联网和云计算作为信息技术新的高度和形态被提出，并得到了发展，根据中国物联网校企联盟的定义，物联网为当下大多数技术与计算机互联网技术的结合，它能更快、更准确地收集、传递、处理和执行信息，是信息技术的最新呈现形式与应用。

2. 信息化社会

信息化社会也称为信息社会，是在脱离工业化社会以后，信息将起主要作用的社会。一般认为，信息化是指以计算机信息技术和传播手段为基础的信息技术和信息产业在经济和社会发展中的作用日益加强，并发挥主导作用的动态发展过程。信息化社会是指以信息产业在国民经济中的比重、信息技术在传统产业中的应用程度和信息基础设施建设水平为主要标志的社会。

在信息化社会里，人类借助计算机与通信技术的运用，其处理信息的能力和传输信息的速度得到快速提高，信息社会的交流在很大程度上围绕信息网络及其服务中心开展，因此信息网络已成为信息化社会的基础设施。进入21世纪后，世界各国都在加强信息化建设，而信息化建设又推动了计算机科学技术的发展与信息化社会的发展，促进了计算机文化的产生，并彻底改变了人们的工作方式和生活方式，从而产生了移动电子商务、无纸化办公、远程教学、网络会议和网上购物等新的生活理念。

如今，计算机技术水平的高低是衡量信息化社会人才素质的重要标志，计算机文化的普及程度也标志着一个国家的综合发展水平，并将影响整个国家的信息化的进程。因此，只有掌握计算机技术与计算机文化，才能真正适应信息化社会的建设需要，进而创造出更加灿烂辉煌的人类文明。

3. 信息安全

现代信息技术给人类带来了高效、方便的信息服务，同时也使人类信息环境面临许多前所未有的难题，如隐私权受侵问题、知识产权问题、恶意竞争问题和信息安全问题等。这就需要我们在理清信息技术带来的实际的和潜在的不良影响后，加强信息道德教育和规范网络行为，这样才能真正地对其不利方面进行抵制。

信息安全包括信息本身的安全和信息系统的安全，可以从以下4个方面来理解信息安全和加强信息安全意识。

（1）数据安全

在输入、处理和统计数据过程中，由于计算机硬件出现故障，或是人为的误操作，以及计算机病毒和黑客的入侵等造成数据损坏和丢失现象，应通过确保数据存储的安全、加密数据技术和安装杀毒软件等方式来避免这类危害。

（2）计算机安全

国际标准化委员会对计算机安全的定义是"为数据处理系统和采取的技术的和管理的安全保护，保护计算机硬件、软件和数据不因偶然的或恶意的原因而遭到破坏、更改和显露"。计算机安全中最重要的是存储数据的安全，其面临的主要威胁包括计算机病毒、非法访问、计算机电磁辐射和硬件损坏等。

（3）信息系统安全

信息系统安全是指信息网络中的硬件、软件和系统数据要受到保护，不能遭到破坏或泄露，以确保信息系统能够持续、可靠地运行，信息服务不中断。

（4）法律保护

为了加强对计算机信息系统的安全保护和安全管理，我国先后出台了多部关于信息安全的法律法规，包括《中华人民共和国计算机信息系统安全保护条例》《计算机信息网络国际联网安全保护管理办法》《互联网信息服务管理办法》和《信息网络传播权保护条例》等。

第二节 计算机中信息的表示和存储

一、认识计算机中的数据及其单位

在计算机中，各种信息都是以数据的形式出现的，对数据进行处理后产生的结果为信息，因此数据是计算机中信息的载体，数据本身没有意义，只有经过处理和描述，才能赋予其实际意义，如单独一个数据"32℃"并没有什么实际意义，但如果表示为"今天的气温是32℃"时，这条信息就有意义了。

计算机中处理的数据可分为数值数据和非数值数据（如字母、汉字和图形等）两大类，无论什么类型的数据，在计算机内部都是以二进制的形式存储和运算的。计算机在与外部交流时会采用人们熟悉和便于阅读的形式表示，如十进制数据、文字表达和图形显示等，这些转换由计算机来完成。

在计算机内存储和运算数据时，通常要涉及的数据单位有以下3种。

（1）位（bit）

计算机中的数据都是以二进制来表示的，二进制的代码只有"0""1"两个数码，采用多个数码（"0"和"1"的组合）来表示一个数，其中的每一个数码称为一位，位是计算机中最小的数据单位。

（2）字节（Byte）

在对二进制数据进行存储时，以 8 位二进制代码为一个单元存放在一起，称为一个字节，即 1 Byte =8 bit。字节是计算机中信息组织和存储的基本单位，也是计算机体系结构的基本单位。在计算机中，通常用 B（字节）、KB（千字节）、MB（兆字节）或 GB（吉字节）为单位来表示存储器（如内存、硬盘和 U 盘等）的存储容量或文件的大小。存储容量是指存储器中能够包含的字节数，存储单位 B、KB、MB、GB 和 TB 的换算关系如下。

1 KB（千字节）=1 024 B（字节）

1 MB（兆字节）=1 024 KB（千字节）

1 GB（吉字节）=1 024 MB（兆字节）

1 TB（太字节）=1 024 GB（吉字节）

（3）字长

人们将计算机一次能够并行处理的二进制代码的位数，称为字长。字长是衡量计算机性能的一个重要指标，字长越长，数据所包含的位数越多，计算机的数据处理速度越快。计算机的字长通常是字节的整倍数，如 8 位、16 位、32 位、64 位和 128 位等。

二、数制及其转换

数制是指用一组固定的符号和统一的规则来表示数值的方法。其中，按照进位方式计数的数制称为进位计数制。在日常生活中，人们习惯使用的进位计数制是十进制，而计算机使用的则是二进制；除此以外，还包括八进制和十六进制等。顾名思义，二进制就是逢二进一的数字表示方法；依次类推，十进制就是逢十进一，八进制就是逢八进一，等等。

进位计数制中每个数码的数值不仅取决于数码本身，其数值的大小还取决于该数码在数中的位置，如十进制数 828.41，整数部分的第 1 个数码"8"处在百位，表示 800，第 2 个数码"2"处在十位，表示 20，第 3 个数码"8"处在个位，表示 8，小数点后第 1 个数码"4"处在十分位，表示 0.4，小数点后第 2 个数码"1"处在百分位，表示 0.01。也就是说，同一数码处在不同位置所代表的数值是不同的，数码在一个数中的位置称为数制的数位；数制中数码的个数称为数制的基数，十进制数有 0、1、2、3、4、5、6、7、8、9 共 10 个数码，其基数为 10；在每个数位上的数码符号所代表的数值等于该数位上的数码乘以一个固定值，该固定值称为数制的位权数，数码所在的数位不同，其位权数也有所不同。

无论在何种进位计数制中，数值都可写成按位权展开的形式，如十进制数 828.41 可写成：

$(828.41)_{10}=8×100+2×10+8×1+4×0.1+1×0.01$

或者：

$(828.41)_{10}=8×10^2+2×10^1+8×10^0+4×10^{-1}+1×10^{-2}$

上式为数值按位权展开的表达式，其中 10^i 称为十进制数的位权数，其基数为 10，使用不同的基数，便可得到不同的进位计数制。设 R 表示基数，则称为 R 进制，使用 R 个基本的数码，R^i 就是位权，其加法运算规则是"逢 R 进一"，则任意一个 R 进制数 D 均可以展开表示为

$$(D)_R = \sum_{i=-m}^{n-1} K_i \times R^i$$

上式中的 K_i 为第 i 位的系数，可以为 0，1，2，…，$R-1$ 中的任何一个数，R^i 表示第 i 位的权。表 1-2 所示为计算机中常用的几种进位计数制的表示。

表 1-2　计算机中常用的几种进位数制的表示

进位制	基数	基本符号（采用的数码）	权	形式表示
二进制	2	0,1	2^1	B
八进制	8	0,1,2,3,4,5,6,7	8^1	O
十进制	10	0,1,2,3,4,5,6,7,8,9	10^1	D
十六进制	16	0,1,2,3,4,5,6,7,8,9,A,B,C,D,E,F	16^1	H

通过表 1-2 可知，对于数据 4A9E，从使用的数码可以判断出其为十六进制数，而对于数据 492 来说，如何判断属于哪种数制呢？在计算机中，为了区分不同进制的数，可以用括号加数制基数下标的方式来表示不同数制的数，例如，（492）10 表示十进制数，（1001.1）2 表示二进制数，（4A9E）16 表示十六进制数，也可以用带有字母的形式分别表示为（492）D、（1001.1）B 和（4A9E）H。在程序设计中，为了区分不同进制数，常在数字后直接加英文字母后缀来区别，如 492D、1001.1B 等。

表 1-3 所示为上述几种常用数制的对照关系表。

表 1-3　常用数制对照关系表

十进制数	二进制数	八进制数	十六进制数
0	0000	0	0
1	0001	1	1
2	0010	2	2
3	0011	3	3
4	0100	4	4
5	0101	5	5
6	0110	6	6
7	0111	7	7
8	1000	10	8
9	1001	11	9
10	1010	12	A
11	1011	13	B
12	1100	14	C
13	1101	15	D
14	1110	16	E
15	1111	17	F

下面将具体介绍 4 种常用数制之间的转换方法。

1. 非十进制数转换为十进制数

将二进制数、八进制数和十六进制数转换十进制数时，只需用该数制的各位数乘以各自对应的位权数，然后将乘积相加。用按位权展开的方法即可得到相应的结果。

【例 1.1】 将二进制数 10110 转换成十进制数。

先将二进制数 10110 按位权展开，然后将乘积相加，转换过程如下所示。

$$(10110)_2=(1\times2^4+0\times2^3+1\times2^2+1\times2^1+0\times2^0)_{10}$$
$$=(16+4+2)_{10}$$
$$=(22)_{10}$$

非十进制数转换成
十进制数

【例 1.2】 将八进制数 232 转换成十进制数。

先将八进制数 232 按位权展开，然后将乘积相加，转换过程如下所示。

$$(232)_8=(2\times8^2+3\times8^1+2\times8^0)_{10}$$
$$=(128+24+2)_{10}$$
$$=(154)_{10}$$

【例 1.3】 将十六进制数 232 转换成十进制数。

先将十六进制数 232 按位权展开，然后将乘积相加，转换过程如下所示。

$$(232)_{16}=(2\times16^2+3\times16^1+2\times16^0)_{10}$$
$$=(512+48+2)_{10}$$
$$=(562)_{10}$$

十进制数转换成
二进制数

2. 十进制数转换成其他进制数

将十进制数转换成二进制数、八进制数和十六进制数时，可将数值分成整数和小数分别转换，然后再拼接起来。

例如，将十进制数转换成二进制数时，整数部分采用"除 2 取余倒读"法，即将该十进制数除以 2，得到一个商和余数（K_0），再将商数除以 2，又得到一个新的商和余数（K_1），如此反复，直到商为 0 时得到余数（K_{n-1}），然后将得到的各次余数，以最后余数为最高位，最初余数为最低依次排列，即 K_{n-1}，…，K_1，K_0，这就是该十进制数对应的二进制整数部分。

小数部分采用"乘 2 取整正读"法，即将十进制的小数乘 2，取乘积中的整数部分作为相应二进制小数点后最高位 K-1，取乘积中的小数部分反复乘 2，逐次得到 K-2，K-3，…，K-m，直到乘积的小数部分为 0 或位数达到所需的精确度要求为止，然后把每次乘积所得的整数部分由上而下（即从小数点自左往右）依次排列起来（K-1，K-2，…，K-m）即为所求的二进制数的小数部分。

同理，将十进制数转换成八进制数时，整数部分除 8 取余；小数部分乘 8 取整；将十进制数转换成十六进制数时，整数部分除 16 取余，小数部分乘 16 取整。

【例 1.4】 将十进制数 225.625 转换成二进制数。

用除 2 取余法进行整数部分转换，再用乘 2 取整法进行小数部分转换，具体转换过程如下所示。

$$(225.625)_{10}=(11100001.101)_2$$

3. 二进制数转换成八进制数、十六进制数

二进制数转换成八进制数所采用的转换原则是"3 位分一组"，即以小数点为界，整数部分从右向左每 3 位为一组，若最后一组不足 3 位，则在最高位前面添 0 补足 3 位，然后将每组中的二进制数按权相加得到对应的八进制数；小数部分从左向右每 3 位分为一组，最后一组不足 3 位时，尾部用 0 补足 3 位，然后按照顺序写出每组二进制数对应的八进制数即可。

【例 1.5】 将二进制数 1101001.101 转换为八进制数。

转换过程如下所示：

二进制数 <u>001</u> <u>101</u> <u>001</u>. <u>101</u>

八进制数 1 5 1. 5

得到的结果为$(1101001.101)_2 = (151.5)_8$

二进制数转换成十六进制数所采用的转换原则与上面的类似，采用的转换原则是"4位分一组"，即以小数点为界，整数部分从右向左、小数部分从左向右每4位一组，不足4位用0补齐即可。

【例1.6】 将二进制数101110011000111011转换为十六进制数。

转换过程如下所示：

二进制数　　　0010　1110　0110　0011　1011

十六进制数　　　2　　E　　6　　3　　B

得到的结果为$(101110011000111011)_2 = (2E63B)_{16}$

4. 八进制数、十六进制数转换成二进制数

八进制数转换成二进制数的转换原则是"一分为三"，即从八进制数的低位开始，将每一位上的八进制数写成对应的3位二进制数即可。如有小数部分，则从小数点开始，分别向左右两边按上述方法进行转换即可。

【例1.7】 将八进制数162.4转换为二进制数。

转换过程如下所示。

八进制数　　1　6　2. 4

二进制数　　001　110　010 .100

得到的结果为$(162.4)_8 = (001110010.100)_2$

八进制、十六进制数
转换成二进制数

十六进制数转换成二进制数的转换原则是"一分为四"，即把每一位上的十六进制数写成对应的4位二进制数即可。

【例1.8】 将十六进制数3B7D转换为二进制数。

转换过程如下所示。

十六进制数　　　3　　B　　7　　D

二进制数　　　0011　1011　0111　1101

得到的结果为$(3B7D)_{16} = (0011101101111101)_2$

三、二进制数的运算

计算机内部采用二进制表示数据，其主要原因是技术实现简单，易于进行转换，二进制运算规则简单，可以方便地利用逻辑代数分析和设计计算机的逻辑电路等。下面将对二进制的算术运算和逻辑运算进行简要介绍。

1. 二进制的算术运算

二进制的算术运算也就是通常所说的四则运算，包括加、减、乘和除，运算比较简单，其具体运算规则如下。

（1）加法运算

按"逢二进一"法，向高位进位，运算规则为 0+0=0、0+1=1、1+0=1、1+1=10。例如，$(10011.01)_2+(100011.11)_2=(110111.00)_2$。

（2）减法运算

减法实质上是加上一个负数，主要应用于补码运算，运算规则为 0-0=0、1-0=1、0-1=1（向高位借位，结果本位为1）、1-1=0。例如，$(110011)_2-(001101)_2=(100110)_2$。

（3）乘法运算

乘法运算与我们常见的十进制数对应的运算规则类似，运算规则为 0×0=0、1×0=0、

$0×1=0$、$1×1=1$。例如，$(1110)_2×(1101)_2=(10110110)_2$。

（4）除法运算

除法运算也与十进制数对应的运算规则类似，运算规则为 $0÷1=0$、$1÷1=1$，而 $0÷0$ 和 $1÷0$ 是无意义的。例如，$(1101.1)_2÷(110)_2=(10.01)_2$。

2. 二进制的逻辑运算

计算机所采用的二进制数 1 和 0 可以代表逻辑运算中的"真"与"假"，"是"与"否"和"有"与"无"。二进制的逻辑运算包括"与""或""非"和"异或" 4 种，具体介绍如下。

（1）"与"运算

"与"运算又称为逻辑乘，通常用符号"×""∧"和"·"来表示。其运算规则为 $0∧0=0$、$0∧1=0$、$1∧0=0$、$1∧1=1$。通过上述运算规则可以看出，当两个参与运算的数中有一个数为 0 时，其结果也为 0，此时是没有意义的，只有当数中的数值都为 1 时，结果为 1，即只有当所有的条件都符合时，逻辑结果才为肯定值。例如，假定某一个公益组织规定加入成员的条件是女性与慈善家，那么只有既是女性又是慈善家的人才能加入该组织。

（2）"或"运算

"或"运算又称为逻辑加，通常用符号"+"或"∨"来表示。其运算法则为 $0∨0=0$、$0∨1=1$、$1∨0=1$、$1∨1=1$。该运算规则表明只要有一个数为 1，则结果就是 1。例如，假定某一个公益组织规定加入成员的条件是女性或慈善家，那么只要符合其中任意一个条件或两个条件都可以加入该组织。

（3）"非"运算

"非"运算又称为逻辑否运算，通常是在逻辑变量上加上画线来表示，如变量为 A，则其非运算结果用 A 表示。其运算规则为 $!0=1$，$!1=0$。例如，假定 A 变量表示男性，A 就表示非男性，即指女性。

（4）"异或"运算

"异或"运算通常用符号"⊕"表示，其运算规则为 $0⊕0=0$、$0⊕1=1$、$1⊕0=1$、$1⊕1=0$。该运算规则表明，当逻辑运算中变量的值不同时，结果为 1，而变量的值相同时，结果为 0。

四、了解计算机中字符的编码规则

编码就是利用计算机中的 0 和 1 两个代码的不同长度表示不同信息的一种约定方式。由于计算机是以二进制的形式存储和处理数据的，因此只能识别二进制编码信息，对数字、字母、符号、汉字、语音和图形等非数值信息都要用特定规则进行二进制编码才能为计算机识别。对于西文与中文字符，由于形式的不同，使用的编码也不同。

1. 西文字符的编码

计算机对字符进行编码，通常采用 ASCII 和 Unicode 两种编码。

（1）ASCII

美国标准信息交换标准代码（American Standard Code for Information Interchange，ASCII）是基于拉丁字母的一套编码系统，主要用于显示现代英语和其他西欧语言，它被国际标准化组织指定为国际标准（ISO 646 标准）。标准 ASCII 是使用 7 位二进制数来表示所有的大写和小写字母，数字 0~9、标点符号，以及在美式英语中使用的特殊控制字符，共有 128 个不同的编码值，用以表示 128 个不同字符的编码，如表 1-4 所示。其中，低 4 位编码 b3b2b1b0 用作行编码，而高 3 位 b6b5b4 用作列编码，其中包括 95 个编码对应计算机键盘上的符号或其他可显示或打印的字符，另外 33 个编码被用作控制码,用于控制计算机某些外部设备的工作特性和某些计算机软件的运行情况。例如，字母 A 的编码为二进制数 1000001，对应十进制数 65 或十六进制数 41。

表 1-4　标准 7 位 ASCII

低 4 位 b₃b₂b₁b₀	高 3 位 $b_6b_5b_4$							
	000	001	010	011	100	101	110	111
0000	NUL	DLE	SP	0	@	P	`	p
0001	SOH	DC1	!	1	A	Q	a	q
0010	STX	DC2	"	2	B	R	b	r
0011	ETX	DC3	#	3	C	S	c	s
0100	EOT	DC4	$	4	D	T	d	t
0101	ENQ	NAK	%	5	E	U	e	u
0110	ACK	SYN	&	6	F	V	f	v
0111	BEL	ETB	'	7	G	W	g	w
1000	BS	CAN	(	8	H	X	h	x
1001	HT	EM	)	9	I	Y	i	y
1010	LF	SUB	*	:	J	Z	j	z
1011	VT	ESC	+	;	K	[	k	{
1100	FF	FS	,	<	L	\	l	|
1101	CR	GS	-	=	M	]	m	}
1110	SO	RS	.	>	N	^	n	~
1111	SI	US	/	?	O	_	o	DEL

（2）Unicode

Unicode 也是一种国际标准编码，采用两个字节编码，能够表示世界上所有的书写语言中可能用于计算机通信的文字和其他符号。目前，Unicode 在网络、Windows 操作系统和大型软件中得到应用。

2. 汉字的编码

在计算机中，汉字信息的传播和交换必须有统一的编码才不会造成混乱和差错。因此计算机中处理的汉字是指包含在国家或国际组织制定的汉字字符集中的汉字，常用的汉字字符集包括GB2312、GB18030、GBK 和 CJK 编码等。为了使每个汉字有一个全国统一的代码，我国颁布了汉字编码的国家标准，即 GB2312-1980《信息交换用汉字编码字符集》基本集，这个字符集是目前国内所有汉字系统的统一标准。

汉字的编码方式主要有以下 4 种。

（1）输入码

输入码也称外码，是指为了将汉字输入计算机而设计的代码，包括音码、形码和音形码等。

（2）区位码

将 GB—2312 字符集放置在一个 94 行（每一行称为"区"）、94 列（每一列称为"位"）的方阵中，方阵中的每个汉字所对应的区号和位号组合起来就得到了该汉字的区位码。区位码用 4 位数字编码，前两位叫作区码，后两位叫作位码，如汉字"中"的区位码为 5448。

（3）国标码

国标码采用两个字节表示一个汉字，将汉字区位码中的十进制区号和位号分别转换成十六制数，再分别加上 20H，就可以得到该汉字的国际码。例如，"中"字的区位码为 5448，区号 54 对应的十六进转数为 36，加上 20H，即为 56H，而位号 48 对应的十六进制数为 30，加上 20H，即为 50H，所以"中"字的国标码为 5650H。

（4）机内码

在计算机内部进行存储与处理所使用的代码，称为机内码。对汉字系统来说，汉字机内码规定在汉字国标码的基础上，每字节的最高位置为 1，每字节的低 7 位为汉字信息。将国标码的两个字节编码分别加上 80H（即 10000000B），便可以得到机内码，如汉字"中"的机内码为 D6D0H。

第三节　多媒体技术

一、媒体与多媒体技术

媒体（Medium）主要有两层含义，一是指存储信息的实体（媒质），如磁盘、光盘、磁带和半导体存储器等；二是指传递信息的载体（媒介），如文本、声音、图形、图像、视频、音频和动画等。

多媒体（Multimedia）是由单媒体复合而成的，融合了两种或两种以上的人机交互式信息交流和传播媒体。多媒体不仅是指文本、声音、图形、图像、视频、音频和动画这些媒体信息本身，还包含处理和应用这些媒体信息的一整套技术，我们称为多媒体技术。多媒体技术是指能够同时获取、处理、编辑、存储和演示两种以上不同类型信息的媒体技术。在计算机领域中，多媒体技术就是用计算机实时地综合处理图、文、声和像等信息的技术，这些多媒体信息在计算机内都是转换成 0 和 1 的数字化信息进行处理的。

多媒体技术的快速发展和应用将极大推动许多产业的变革和发展，并逐步改变人类社会的生活与工作方式。多媒体技术的应用已渗透到人类社会的各个领域，它不仅覆盖了计算机的绝大部分应用领域，同时还在教育与培训、商务演示、咨询服务、信息管理、宣传广告、电子出版物、游戏与娱乐和广播电视等领域中得到普通应用。此外，可视电话和视频会议等也为人们提供了更全面的信息服务。目前，多媒体技术主要包括音频技术、视频技术、图像技术、图像压缩技术和通信技术。

二、多媒体技术的特点

多媒体技术主要具有以下 5 种关键特性。

（1）多样性

多媒体技术的多样性是指信息载体的多样性，计算机所能处理的信息从最初的数值、文字、图形已扩展到音频和视频信息等多种媒体。

（2）集成性

多媒体技术的集成性是指以计算机为中心综合处理多种信息媒体，使其集文字、声音、图形、图像、音频和视频于一体。此外，多媒体处理工具和设备的集成能够为多媒体系统的开发与实现建立一个理想的集成环境。

（3）交互性

多媒体技术的交互性是指用户可以与计算机进行交互操作，并提供多种交互控制功能，使人们获取信息和使用信息变被动为主动，并改善人机交互界面。

（4）实时性

多媒体技术的实时性是指多媒体技术需要同时处理声音、文字和图像等多种信息，其中声音还要求可实时处理音频和视频，因此，要求设备多媒体系统具有能够对多媒体信息进行实时处理的软、硬件环境。

（5）协同性

多媒体技术的协同性是指多媒体中的每一种媒体都有其自身的特性，因此各媒体信息之间必须有机配合，并协调一致。

三、多媒体设备和软件

一个完整的多媒体系统是由多媒体硬件系统和多媒体软件系统两个部分构成的。下面主要针对多媒体计算机系统，来介绍多媒体设备和软件。

1. 多媒体计算机的硬件

多媒体计算机的硬件系统除了计算机常规硬件外，还包括声音/视频处理器、多种媒体输入/输出设备及信号转换装置、通信传输设备及接口装置等。具体来说，主要包括以下3种硬件类别。

（1）音频卡

音频卡即声卡，它是多媒体技术中最基本的硬件组成部分，是实现声波/数字信号相互转换的一种硬件，其基本功能是把来自话筒、磁带、光盘的原始声音信号加以转换，从而输出到耳机、扬声器、扩音机和录音机等声响设备，也可通过音乐设备数字接口（MIDI）进行声音输出。

（2）视频卡

视频卡也称视频采集卡，用于将模拟摄像机、录像机、LD 视盘机和电视机输出的视频数据或者视频和音频的混合数据输入计算机，并转换成计算机可识别的数字数据。视频卡按照其用途可以分为广播级视频采集卡、专业级视频采集卡和民用级视频采集卡。

（3）各种外部设备

多媒体处理过程中会用到的外部设备主要包括摄像机/录放机、数字照相机/头盔显示器、扫描仪、激光打印机、光盘驱动器、光笔/鼠标/传感器/触摸屏、话筒/喇叭、传真机（FAX）和可视电话机等。

2. 多媒体计算机的软件

多媒体计算机的软件种类较多，根据功能可以分为多媒体操作系统、媒体处理系统工具和用户应用软件3种。

（1）多媒体操作系统

多媒体操作系统应具有实时任务调度，多媒体数据转换和同步控制，多媒体设备的驱动和控制，以及图形用户界面管理等功能。目前，计算机中安装的 Windows 操作系统已完全可以满足上述功能的需求。

（2）媒体处理系统工具

媒体处理系统工具主要包括媒体创作软件工具、多媒体节目写作工具和媒体播放工具，以及其他各类媒体处理工具，如多媒体数据库管理系统等。

（3）用户应用软件

用户应用软件是根据多媒体系统终端用户要求来定制的应用软件，目前国内外已经开发出了很多处理图形、图像、音频和视频的软件，通过这些软件，可以创建、收集和处理多媒体素材，制作出丰富多样的图形、图像和动画。目前，比较流行的应用软件有 Photoshop、Flash、Illustrator、

3ds Max、Authorware、Director 和 PowerPoint 等，每种软件都各有所长，在多媒体处理过程中可以综合运用。

四、常用媒体文件格式

在计算机中，利用多媒体技术可以将声音、文字和图像等多种媒体信息进行综合式交互处理，并以不同的文件类型进行存储，下面分别介绍常用的媒体文件格式。

1. 音频文件格式

在多媒体系统中，存储声音信息的文件格式有多种，包括 WAV、MIDI、MP3、RM、Audio 和 VOC 文件等，具体如表 1-5 所示。

表 1-5 常见声音文件格式

文件格式	文件扩展名	相关说明
WAV	.wav	WAV 文件来源于对声音模拟波形的采样，主要针对话筒和录音机等外部音源录制，经声卡转换成数字化信息，播放时再还原成模拟信号由扬声器输出。这种波形文件是最早的数字音频格式。WAV 文件支持多种采样的频率和样本精度的声音数据，并支持声音数据文件的压缩，通常文件较大，主要用于存储简短的声音片段
MIDI	.mid/.rmi	音乐设备接口（Musical Instrument Digital Interface，MIDI）是乐器和电子设备之间进行声音信息交换的一组标准规范。MIDI 文件并不像 WAV 文件那样记录实际的声音信息，而是记录一系列的指令，即记录的是关于乐曲演奏的内容，可通过 FM 合成法和波表合成法来生成。MIDI 文件比 WAV 文件存储的空间要小得多，且易于编辑节奏和音符等音乐元素，但整体效果不如 WAV 文件，且过于依赖 MIDI 硬件质量
MP3	.mp3	MP3 采用 MPEG Layer 3 标准对音频文件进行有损压缩，压缩比高，音质接近 CD 唱盘，制作简单，且便于交换，适用于网上传播，是目前使用较多的一种格式
RM	.rm	RM 采用音频/视频流和同步回放技术在互联网上提供优质的多媒体信息，其特点是可随着网络带宽的不同而改变声音的质量
Audio	.au	它是一种经过压缩的数字声音文件格式，主要在网上使用
VOC	.voc	它是一种波形音频文件格式，也是声霸卡使用的音频文件格式

2. 图像文件格式

图像是多媒体中最基本和最重要的数据，包括静态图像和动态图像。其中，静态图像又可分为矢量图形和位图图像两种，动态图像又分为视频和动画两种。常见的静态图像文件格式如表 1-6 所示。

表 1-6 常见静态图像文件格式

文件格式	文件扩展名	相关说明
BMP	.bmp	BMP（Bitmap）是 Windows 操作系统中的标准图像文件格式，它采用位映射存储格式，除了图像深度可选以外，不采用其他任何压缩，因此，BMP 文件所占用的空间很大
GIF	.gif	GIF 的原义是"图像互换格式"，GIF 图像文件的数据是经过压缩的，而且是采用了可变长度等压缩算法。在一个 GIF 文件中可以储存多幅彩色图像，如果把储存于一个文件中的多幅图像数据逐幅读出并显示到屏幕上，就可构成一种最简单的动画。GIF 文件主要用于保存网页中需要高传输速率的图像文件
TIFF	.tiff	标签图像文件格式（Tag Image File Format，TIFF）是一种灵活的位图格式，主要用来存储包括照片和艺术图在内的图像，它是一种当前流行的高位彩色图像格式

续表

文件格式	文件扩展名	相 关 说 明
JPEG	.jpg/.jpeg	JPEG 格式是第一个国际图像压缩标准，它能够在提供良好的压缩性能的同时，提供较好的重建质量，被广泛应用于图像、视频处理领域。".jpeg"".jpg"等格式指的是图像数据经压缩后形成的文件，主要用于网上传输
PNG	.png	可移植网络图形格式（PNG）是一种最新的网络图像文件存储格式，其设计目的是试图替代 GIF 和 TIFF 文件格式，一般应用于 JAVA 程序和网页中
WMF	.wmf	WMF 是 Windows 中常见的一种图元文件格式，属于矢量文件格式，具有文件小、图案造型化的特点，其图形往往较粗糙

3. 视频文件格式

视频文件一般比其他媒体文件要大一些，比较占用存储空间。常见的视频文件格式如表 1-7 所示。

表 1-7   常见视频文件格式

文件格式	文件扩展名	相 关 说 明
AVI	.avi	AVI 是由 Microsoft 公司开发的一种数字视频文件格式，允许视频和音频同步播放，但由于 AVI 文件没有限定压缩标准，因此不同压缩标准生成的 AVI 文件，必须使用相应的解压缩算法才能播放
MOV	.mov	（MOV）是 Apple 公司开发的一种音频、视频文件格式，具有跨平台和存储空间小等特点，已成为目前数字媒体软件技术领域的工业标准
MPEG	.mpeg	MPEG 是运动图像压缩算法的国际标准，它能在保证影像质量的基础上，采用有损压缩算法减少运动图像中的冗余信息，压缩效率较高、质量好，它包括 MPEG-1、MPEG-2 和 MPEG-4 等在内的多种视频格式
ASF	.asf	ASF 是微软公司开发的一种可直接在网上观看视频节目的视频文件压缩格式，其优点有本地或网络回放、可扩充的媒体类型、部件下载以及扩展性等
WMV	.wmv	WMV 格式是微软公司针对 Quick Time 之类的技术标准而开发的一种视频文件格式，可使用 Windows Media Player 播放，是目前比较常见的视频格式

第四节   计算机系统知识

计算机系统由硬件系统和软件系统两部分组成。在一台计算机中，硬件和软件两者缺一不可，如图 1-6 所示。计算机软硬件之间是一种相互依赖、相辅相成的关系，如果没有软件，计算机便无法正常工作（通常将没有安装任何软件的计算机称为"裸机"）；反之，如果没有硬件的支持，计算机软件便没有运行的环境，再优秀的软件也无法把它的性能发挥出来。因此，计算机硬件是计算机软件的物质基础，计算机软件必须建立在计算机硬件的基础上才能运行。

一、计算机的硬件系统

1. 计算机的基本结构

尽管各种计算机在性能和用途等方面都有所不同，但是其基本结构都遵循"冯·诺依曼"体系结构，因此人们便将符合这种设计的计算机称为"冯·诺依曼"计算机。

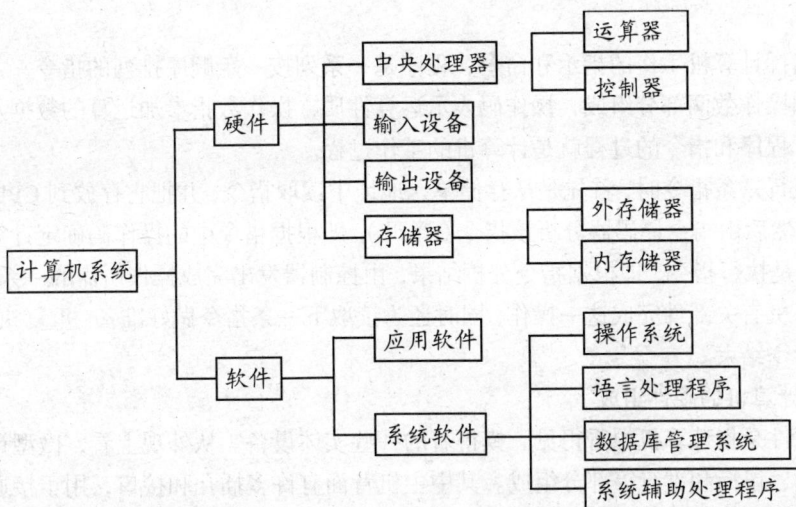

图 1-6 计算机系统的组成

"冯·诺依曼"体系结构的计算机主要由运算器、控制器、存储器、输入设备和输出设备 5 个部分组成，这 5 个组成部分的职能和相互关系如图 1-7 所示。从图中可知，计算机工作的核心是控制器、运算器和存储器 3 个部分，其中，控制器是计算机的指挥中心，它根据程序执行每一条指令，并向存储器、运算器以及输入/输出设备发出控制信号，控制计算机自动地、有条不紊地进行工作；运算器是在控制器的控制下对存储器里所提供的数据进行各种算术运算（加、减、乘、除）、逻辑运算（与、或、非）和其他处理（存数、取数等），控制器与运算器构成了中央处理器（Central Processing Unit，CPU），被称为"计算机的心脏"；存储器是计算机的记忆装置，它以二进制的形式存储程序和数据，可以分为外存储器和内存储器，内存储器是影响计算机运行速度的主要因素之一，外存储器主要有光盘、软盘和 U 盘等，存储器中能够存放的最大信息数量称为存储容量，常见的存储单位有 KB、MB、GB 和 TB 等。

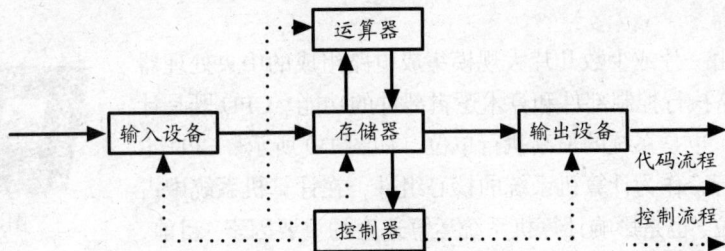

图 1-7 计算机的基本结构

输入设备是计算机中重要的人机接口，用于接收用户输入的命令和程序等信息，并负责将命令转换成计算机能够识别的二进制代码，并放入内存中，输入设备主要包括键盘、鼠标等。输出设备用于将计算机处理的结果以人们可以识别的信息形式输出，常用的输出设备有显示器、打印机等。

计算机工作原理

2. 计算机的工作原理

根据"冯·诺依曼"体系结构，计算机内部以二进制的形式表示和存储指令及数据，要让计算机工作，就必须先把程序编写出来，然后将编写好的程序和原始数据存入存储器中，接下来计算机在无须人员干预的情况下，自动逐条读取并执行指令，因此，计算机只能执行指令并被指令

所控制。

指令是指挥计算机工作的指示和命令，程序是一系列按一定顺序排列的指令，每条指令通常是由操作码和操作数两部分组成，操作码表示运算性质，操作数指参加运算的数据及其所在的单元地址。执行程序和指令的过程就是计算机的工作过程。

计算机执行一条指令时，首先是从存储单元地址中读取指令，并把它存放到CPU内部的指令寄存器暂存；然后由指令译码器分析该指令（译码），即根据指令中的操作码确定计算机应进行什么操作；最后是执行指令，即根据指令分析结果，由控制器发出完成操作所需的一系列控制电位，以便指挥计算机有关部件完成这一操作，同时还为读取下一条指令做好准备。重复执行上述过程，直至执行到指令结束。

3. 微型计算机的硬件组成

计算机硬件是指计算机中看得见、摸得着的一些实体设备。从外观上看，微型计算机主要由主机、显示器、鼠标和键盘等部分组成。其中主机背面有许多插孔和接口，用于接通电源和连接键盘和鼠标等外设；而主机箱内包括光驱、CPU、主板、内存和硬盘等硬件，图1-8所示为微型计算机的外观组成及主机内部硬件。

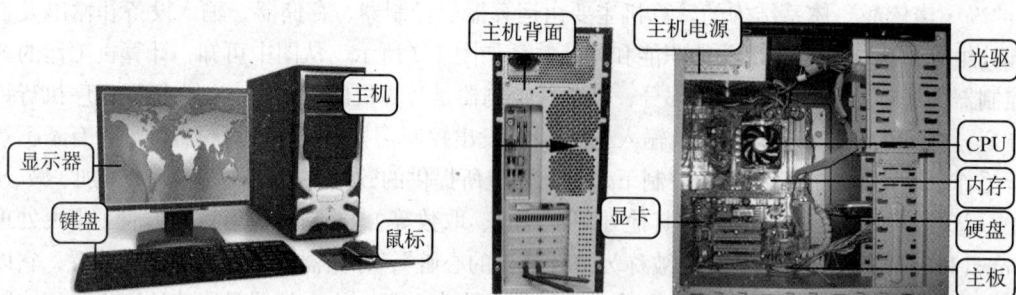

图1-8　微型计算机的外观组成和主机内部硬件

下面将按类别分别对微型计算机的主要硬件进行详细介绍。

（1）微处理器

微处理器是由一片或少数几片大规模集成电路组成的中央处理器（CPU），这些电路执行控制部件和算术逻辑部件的功能。CPU既是计算机的指令中枢，也是系统的最高执行单位，如图1-9所示。CPU主要负责指令的执行，作为计算机系统的核心组件，在计算机系统中占有举足轻重的地位，也是影响计算机系统运算速度的重要因素。目前，

图1-9　CPU

CPU的生产厂商主要有Intel、AMD、威盛（VIA）和龙芯（Loongson），市场上销售的CPU产品基本都是Intel和AMD生产的。

（2）主板

主板（MainBoard）也称为"母板（Mother Board）"或"系统板（System Board）"，它是机箱中最重要的电路板，如图1-10所示。主板上布满了各种电子元器件、插座、插槽和各种外部接口，它可以为计算机的所有部件提供插槽和接口，并通过其中的线路统一协调所有部件的工作。

主板上主要的芯片包括BIOS芯片和南北桥芯片，其中BIOS芯片是一块矩形的存储器，里面存有与该主板搭配的基本输入/输出系统程序，能够让主板识别各种硬件，还可以设置引导系统的设备和调整CPU外频等，如图1-11所示；南北桥芯片通常由南桥芯片和北桥芯片组成，南桥芯片主要负责硬盘等存储设备和PCI总线之间的数据流通，北桥芯片主要负责处理CPU、内存和

显卡三者间的数据交流。

图 1-10 主板

图 1-11 主板上的 BIOS 芯片

（3）总线

总线（Bus）是计算机各种功能部件之间传送信息的公共通信干线，主机的各个部件通过总线相连接，外部设备通过相应的接口电路与总线相连接，从而形成了计算机硬件系统，因此总线被形象地比喻为计算机中的"高速公路"。按照计算机所传输的信息类型，总线可以划分为数据总线、地址总线和控制总线，它们分别用来传输数据、数据地址和控制信号。

① 数据总线

数据总线用于在 CPU 与 RAM（随机存取存储器）之间来回传送需处理、储存的数据。

② 地址总线

地址总线上传送的是 CPU 向存储器、I/O 接口设备发出的地址信息。

③ 控制总线

控制总线用来传送控制信息，这些控制信息包括 CPU 对内存和输入/输出接口的读写信号，输入/输出接口对 CPU 提出的中断请求等信号，以及 CPU 对输入/输出接口的回答与响应信号，输入/输出接口的各种工作状态信号和其他各种功能控制信号。

目前，常见的总线标准有 ISA 总线、PCI 总线、AGP 总线和 EISA 总线。

（4）内存

计算机中的存储器包括内存储器和外存储器两种，其中，内部存储器也称主存储器，简称内存。内存是计算机中用来临时存放数据的地方，也是 CPU 处理数据的中转站，内存的容量和存取速度直接影响 CPU 处理数据的速度，图 1-12 所示为内存条。内存主要由内存芯片、电路板和金手指等部分组成。

从工作原理上看，内存一般采用半导体存储单元，包括随机存储器（RAM），只读存储器（ROM）和高速缓冲存储器（Cache）。平常所说的内存通常是指随机存储器，它既可以从中读取数据，也可以写入数据，当计算机电源关闭时，存于其中的数据会丢失；

图 1-12 内存条

只读存储器的信息只能读出，一般不能写入，即使停电，这些数据也不会丢失，如 BIOS ROM；高速缓冲存储器是指介于 CPU 与内存之间的高速存储器（通常由静态存储器 SRAM 构成）。

内存按工作性能分类，主要有 DDR SDRAM、DDR2、DDR3 和 DDR4 等，目前市场上的主流内存为 DDR4，其内存容量一般为 8 GB 和 16 GB。一般而言，内存容量越大越有利于系统的正常运行。

（5）外存

外储存器简称外存，是指除计算机内存及 CPU 缓存以外的储存器，此类储存器一般断电后仍然能保存数据，常见的外存储器有硬盘、光盘和可移动存储器（如 U 盘等）。

① 硬盘

硬盘（见图 1-13）是计算机中最大的存储设备，通常用于存放永久性的数据和程序，硬盘的内部结构比较复杂，主要由主轴电机、盘片、磁头和传动臂等部件组成，在硬盘中通常将磁性物质附着在盘片上，并将盘片安装在主轴电机上，当硬盘开始工作时，主轴电机将带动盘片一起转动，在盘片表面的磁头将在电路和传动臂的控制下进行移动，并将指定位置的数据读取出来，或将数据存储到指定的位置。硬盘容量是选购硬盘的主要性能指标之一，包括总容量、单碟容量和盘片数 3 个参数，其中，总容量是表示硬盘能够存储多少数据的一项重要指标，通常以 GB 为单位，目前主流的硬盘容量从 40 GB 到 4 TB 不等。此外，通常对硬盘的分类是按照其接口的类型进行分类，主要有 ATA 和 SATA 等接口类型。

② 光盘

光盘驱动器简称光驱（见图 1-14），光驱用来存储数据的介质称为光盘，光盘是以光信息作为存储的载体并用来存储数据，其特点是容量大、成本低和保存时间长。光盘可分为不可擦写光盘（即只读型光盘，如 CD-ROM、DVD-ROM 等）、可擦写光盘（如 CD-RW、DVD-RAM 等）。目前，CD 光盘的容量约为 700 MB，DVD 光盘容量约为 4.7 GB。

③ 可移动存储设备。可移动存储设备包括移动 USB 盘（简称 U 盘）和移动硬盘等，这类设备即插即用，容量也能满足人们的需求，是在使用计算机时必不可少的配件之一，图 1-15 所示为 U 盘。

图 1-13　硬盘　　　　　　图 1-14　光驱　　　　　　图 1-15　U 盘

（6）输入设备

输入设备是向计算机输入数据和信息的设备，是用户和计算机系统之间进行信息交换的主要装置，用于将数据、文本和图形等转换为计算机能够识别的二进制代码并将其输入计算机，键盘、鼠标、摄像头、扫描仪、光笔、手写输入板、游戏杆和语音输入装置等都属于输入设备。下面介绍常用的 3 种输入设备。

① 鼠标

鼠标是计算机的主要输入设备之一，因为其外形与老鼠类似，所以被称为“鼠标”。根据鼠标按键可以将鼠标分为三键鼠标和两键鼠标；根据鼠标的工作原理可以将其分为机械鼠标和光电鼠标；另外，还包括无线鼠标和轨迹球鼠标。

② 键盘

键盘是计算机的另一种主要输入设备，是用户和计算机进行交流的工具，可以直接向计算机输入各种字符和命令，简化计算机的操作。不同生产厂商所生产出的键盘型号各不相同，目前常用的键盘有 107 个键位。

③ 扫描仪。扫描仪是利用光电技术和数字处理技术，以扫描方式将图形或图像信息转换为数字信号的设备，其主要功能是文字和图像的扫描输入。

（7）输出设备

输出设备是计算机硬件系统的终端设备，用于将各种计算结果数据或信息转换成用户能够识别的数字、字符、图像和声音等形式。常见的输出设备有显示器、打印机、绘图仪、影像输出系统、语音输出系统和磁记录设备等。下面介绍常用的 4 种输出设备。

① 显示器

显示器是计算机的主要输出设备，其作用是将显卡输出的信号（模拟信号或数字信号）以肉眼可见的形式表现出来。目前主要有两种显示器，一种是液晶显示器（LCD 显示器），另一种是使用阴极射线管的显示器（CRT 显示器），如图 1-16 所示。LCD 显示器是目前市场上的主流显示器，具有无辐射危害、屏幕不会闪烁、工作电压低、功耗小、重量轻和体积小等优点，但 LCD 显示器的画面颜色逼真度不及 CRT 显示器。显示器的尺寸包括 17 英寸、19 英寸、20 英寸、22英寸、24 英寸和 26 英寸等。

图 1-16　CRT 显示器和 LCD 显示器

② 音箱

音箱在音频设备中的作用类似于显示器，可直接连接到声卡的音频输出接口中，并将声卡传输的音频信号输出为人们可以听到的声音。

③ 打印机

打印机也是计算机常见的一种输出设备，在办公中经常会用到，其主要功能是将文字和图像进行打印输出。

④ 耳机

耳机是一种音频设备，它接收媒体播放器或接收器所发出的信号，利用贴近耳朵的扬声器将其转化成可以听到的音波。

二、计算机的软件系统

计算机软件（Computer Software）简称软件，是指计算机系统中的程序及其文档，程序是计算任务的处理对象和处理规则的描述，是按照一定顺序执行的、能够完成某一任务的指令集合，而文档则是为了便于了解程序所需的说明性资料。

计算机之所以能够按照用户的要求运行，是因为计算机采用了程序设计语言（计算机语言），该语言是人与计算机之间沟通时需要使用的语言，用于编写计算机程序，计算机可通过该程序控制其工作流程，从而完成特定的设计任务。可以说，程序语言是计算机软件的基础和组成部分。

计算机软件总体分为系统软件和应用软件两大类。

（1）系统软件

系统软件是指控制和协调计算机及外部设备，支持应用软件开发和运行的系统，其主要功能是调度、监控和维护计算机系统，同时负责管理计算机系统中各种独立的硬件，使它们可以协调工作。系统软件是应用软件运行的基础，所有应用软件都是在系统软件上运行的。

系统软件主要分为操作系统、语言处理程序、数据库管理系统和系统辅助处理程序等，具体介绍如下。

① 操作系统。操作系统（Operating Systems，OS）是计算机系统的指挥调度中心，它可以为各种程序提供运行环境。常见的操作系统有 DOS、Windows、UNIX 和 Linux 等，如本书项目三中讲解的 Windows 7 就是一个操作系统。

② 语言处理程序。语言处理程序是为用户设计的编程服务软件，用来编译、解释和处理各种程序所使用的计算机语言，是人与计算机交互的一种工具，包括机器语言、汇编语言和高级语言

3 种。计算机只能直接识别和执行机器语言，因此要在计算机上运行高级语言程序就必须配备程序语言翻译程序，翻译程序本身是一组程序，不同的高级语言都有相应的翻译程序。

③ 数据库管理系统。数据库管理系统（Database Management System，DBMS）是一种操作和管理数据库的大型软件，它是位于用户和操作系统之间的数据管理软件，也是用于建立、使用和维护数据库的管理软件，把不同性质的数据进行组织，以便能够有效地查询、检索和管理这些数据。常用的数据库管理系统有 SQL Server、Oracle 和 Access 等。

④ 系统辅助处理程序。系统辅助处理程序也称为软件研制开发工具或支撑软件，主要有编辑程序、调试程序、装备和连接程序、调试程序等，这些程序的作用是维护计算机的正常运行，如 Windows 操作系统中自带的磁盘整理程序等。

（2）应用软件

应用软件是指一些具有特定功能的软件，是为解决各种实际问题而编制的程序，包括各种程序设计语言，以及用各种程序设计语言编制的应用程序。计算机中的应用软件种类繁多，这些软件能够帮助用户完成特定的任务，如要编辑一篇文章可以使用 Word，要制作一份报表可以使用 Excel，这类软件都属于应用软件。表 1-8 所示列举了一些主要应用领域的应用软件，用户可以结合工作或生活的需要进行选择。

表 1-8　主要应用领域的应用软件

软件种类	举　　例
办公软件	Microsoft Office、WPS Office
图形处理与设计	Photoshop、3ds Max 和 AutoCAD
程序设计	Visual C++、Visual Studio、Delphi
图文浏览软件	ACDSee、Adobe Reader、超星图书阅览器、ReadBook
翻译与学习	金山词霸、金山快译和金山打字通
多媒体播放和处理	Windows Media Player、酷狗音乐、会声会影、Premiere
网站开发	Dreamweaver、Flash
磁盘分区	Fdisk、PartitionMagic
数据备份与恢复	Norton Ghost、FinalData、EasyRecovery
网络通信	腾讯 QQ、Foxmail
上传与下载	CuteFTP、FlashGet、迅雷
计算机病毒防护	金山毒霸、360 杀毒、木马克星

本 章 小 结

本章主要讲述计算机的基础知识，详细介绍了计算机的发展历程，计算机中数据的表示方法、多媒体技术的应用和计算机系统知识。计算机的基本理论基础是"冯·诺依曼"的存储程序的"诺依曼机"。计算机系统以二进制为基础，以 CPU 为控制和处理核心，以内存储器为信息交换中心。虽然计算机执行的指令动作很简单，但是通过千百万条指令的汇集（编写程序），计算机却能完成各种简单或复杂的任务。计算机硬件是基础，软件是灵魂，而计算机的指令系统则是硬件提供给软件的接口（界面）。

本章的目的是帮助读者认识计算机，了解计算机的应用范围与基本工作原理，为掌握计算机的使用方法打下坚实的基础。

习 题 一

一、简答题

1. 计算机中的信息为何采用二进制？
2. CPU 的内部结构由哪几部分组成？各个部分的作用是什么？
3. 计算机如何用二进制信息存储静态图像？
4. 计算机标准的输入/输出设备有哪些？
5. 什么是计算机硬件？它由哪几部分组成？各部分的作用是什么？
6. 什么是计算机软件？它由哪几部分组成？各部分的作用是什么？
7. 多媒体的软硬件系统和设备有哪些？简述它们的功能。

二、填空题

1. 冯·诺依曼的存储程序"诺依曼机"的基本思想之一是：计算机由_____、_____、_____、_____和_____五大部分组成。
2. 冯·诺依曼的"_____"式计算机的原理是：程序和数据存进了机器的内存储器，中央处理单元（CPU）能自动一条一条地依次执行指令。
3. $(98)_{10}=(\underline{\quad\quad})_2=(\underline{\quad\quad})_8=(\underline{\quad\quad})_{16}$。
4. 一个完整的计算机系统包括两大部分：_____系统和_____系统。
5. 计算机应用领域中计算机辅助系统可分为以下几个方面：_____、_____和_____。

三、单选题

1. 冯·诺依曼的存储程序"诺依曼机"的基本思想之一是：计算机内部的程序和数据全部采用_____表示。
   A. 二进制 　　　　B. 十进制 　　　　C. ASCII 码 　　　　D. 补码
2. 数制是指用一组固定的符号和统一的规则来记数的方法。这组固定符号中的个数称之为_____。
   A. 数位 　　　　B. 基数 　　　　C. 位权 　　　　D. 幂
3. 将十进制整数 73 转换为二进制整数的结果是_____。
   A. 1001001 　　　　B. 1111001 　　　　C. 1001111 　　　　D. 1010001
4. _____信息是指以文字、声音、图形、图像为载体的信息。
   A. 音频 　　　　B. 原码 　　　　C. 多媒体 　　　　D. 视频
5. 1KB 表示_____。
   A. 1000 bit 　　　　B. 1024 bit 　　　　C. 1000 字节 　　　　D. 1024 字节
6. 在计算机内部，直接与 CPU 交换信息的存储器称为_____。
   A. 内存 　　　　B. 辅助存储器 　　　　C. 移动存储器 　　　　D. 外部存储器
7. _____是计算机工作的存储区，既能读数据，也可以写数据，一切要执行的程序和数据都要先装入该存储器内。
   A. 只读存储器（ROM） 　　　　　　　　B. 随机读/写存储器 RAM

    C. 辅助存储器   D. 移动存储器

8. 计算机的存储系统由_____组成。

    A. ROM 和 RAM   B. 内存和外存   C. 硬盘和软盘   D. 磁带机和光盘

9. 已知字母"G"的 ASCII 码是 47H，则字母"C"的 ASCII 码是_____。

    A. 43H   B. 26H   C. 98H   D. 34H

10. 计算机系统由_____组成。

    A. 主机和外部设备   B. 主机和应用程序

    C. 硬件系统和软件系统   D. 运算器、存储器和控制器

11. 汉字在计算机内的表示方法是_____。

    A. 国标码   B. 机内码

    C. ASCII 码   D. 最高位置 1 的两字节代码

12. 微型计算机中运算器的主要功能是_____。

    A. 控制计算机的运行   B. 算术运算和逻辑运算

    C. 分析指令并执行   D. 负责存取存储器中的数据

13. 通常所说的 32 位微机，指的是这种计算机的 CPU_____。

    A. 是由 32 个运算器组成的   B. 能够同时处理 32 位二进制数据

    C. 包含有 32 个寄存器   D. 一共有 32 个运算器和控制器

14. CPU 不能直接访问的存储器是_____。

    A. ROM   B. RAM   C. Cache   D. 外存储器

15. 在计算机中存储一些定理和推理准则，然后设计程序让计算机自动探索解题的方法。我们把这种计算机的应用称为_____。

    A. 计算机辅助系统   B. 人工智能   C. 数据处理   D. 科学计算

四、判断题（正确，打"√"；错误，打"×"）

1. 存储在磁盘上的程序，必须装入内存才能运行。   （　　）

2. 所有的十进制小数都能准确地转换为有限位的二进制小数。   （　　）

3. 冯·诺依曼的存储程序"诺依曼机"的基本思想是之一：计算机的工作过程由存储程序进行控制。   （　　）

4. 半导体存储器 ROM 是一种易失性存储器件，电源关掉后，存储在其中的信息便丢失。 （　　）

5. 微型计算机的主机箱内并不包括一切外部设备。   （　　）

6. 为了解决 CPU 速度与 RAM 的速度不匹配问题，计算机工作时，系统先将数据由外存读入 RAM 中，再由 RAM 读入 Cache 中，然后 CPU 直接从 Cache 中取数据进行操作。 （　　）

7. 反病毒软件是一种系统软件而不是应用软件。   （　　）

8. 操作系统是直接运行在裸机上的最基本的系统软件，是系统软件的核心，任何其他软件必须在操作系统的支持下才能运行。   （　　）

第二章
Windows 7 操作系统的使用

Windows 7 是由 Microsoft（微软）公司开发的一款具有革命性变化的操作系统，也是当前主流的微机操作系统之一，同时具有操作简单、启动速度快、安全和连接方便等特点，使计算机操作变得更加的简单和快捷。本章将介绍 Windows 7 操作系统的基本操作，包括启动与退出、窗口与菜单操作、对话框操作、系统工作环境定制和使用汉字输入法等内容，并介绍在 Windows 7 中如何利用资源管理器来管理计算机中的文件和文件夹，包括对文件和文件夹进行新建、移动、复制、重命名及删除等操作，以及如何安装程序和打印机硬件、计算器、画图程序等附件程序的使用等。

第一节　操作系统概述

在认识 Windows 7 操作系统前，先了解操作系统的概念、功能与种类。

一、操作系统的概念

操作系统（Operating System，OS）是一种系统软件，用于管理计算机系统的硬件与软件资源，控制程序的运行，改善人机交互界面，为其他应用软件提供支持等，从而使计算机系统所有资源得到最大限度地发挥应用，并为用户提供了方便的、有效的和友善的服务界面。操作系统是一个庞大的管理控制程序，它直接运行在计算机硬件上，是最基本的系统软件，也是计算机系统软件的核心，同时还是靠近计算机硬件的第一层软件，其所处的地位如图 2-1 所示。

二、操作系统的功能

通过前面介绍的操作系统的概念可以看出，操作系统的功能是控制和管理计算机的硬件资源和软件资源，从而提高计算机的利用率，方便用户使用。具体来说，它包括以下 6 个方面的管理功能。

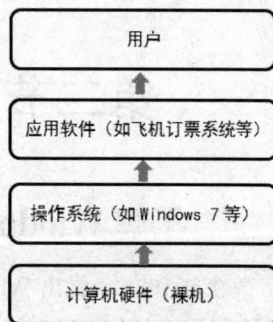

图 2-1　操作系统的地位

1. 进程与处理机管理

通过操作系统处理机管理模块来确定对处理机的分配策略，实施对进程或线程的调度和管理，包括调度（作业调度、进程调度）、进程控制、进程同步和进程通信等内容。

2. 存储管理

存储管理的实质是对存储"空间"的管理，主要指对内存的管理。操作系统的存储管理负责将内存单元分配给需要内存的程序以便让它执行，在程序执行结束后再将程序占用的内存单元收回以便再使用。此外，存储管理还要保证各用户进程之间互不影响，保证用户进程不能破坏系统进程，并提供内存保护。

3. 设备管理

设备管理指对硬件设备的管理，包括对各种输入/输出设备的分配、启动、完成和回收。

4. 文件管理

文件管理又称信息管理，指利用操作系统的文件管理子系统，为用户提供一个方便、快捷、可以共享、同时又提供保护的文件的使用环境，包括文件存储空间管理、文件操作、目录管理、读写管理和存取控制。

5. 网络管理

随着计算机网络功能的不断加强，网络应用不断深入人们生活的各个角落，因此操作系统必须具备计算机与网络进行数据传输和网络安全防护的功能。

6. 提供良好的用户界面

操作系统是计算机与用户之间的接口，因此，操作系统必须为用户提供一个良好的用户界面。

三、操作系统的分类

操作系统可以从以下3个角度分类。

（1）从用户角度分类，操作系统可分为3种：单用户、单任务（如 DOS 操作系统）；单用户、多任务（如 Windows 9x 操作系统）；多用户、多任务（如 Windows 7 操作系统）。

（2）从硬件的规模角度分类，操作系统可分为微型机操作系统、中小型机操作系统和大型机操作系统3种。

（3）从系统操作方式的角度分类，操作系统可分为批处理操作系统、分时操作系统、实时操作系统、PC 操作系统、网络操作系统和分布式操作系统6种。

目前微机上常见的操作系统有 DOS、OS/2、UNIX、LINUX、Windows 和 Netware 等，虽然操作系统的形态多样，但所有的操作系统都具有并发性、共享性、虚拟性和不确定性4个基本特征。

第二节　Windows 7 操作系统概述

一、了解 Windows 操作系统的发展史

微软自 1985 年推出 Windows 操作系统以来，其版本从最初运行在 DOS 下的 Windows 3.0，到现在风靡全球的 Windows XP、Windows 7、Windows 8 和最近发布的 Windows 10。Windows 操作系统的发展主要经历了以下 10 个阶段。

（1）Windows 是由微软公司在 1985 年 11 月发行的，标志着计算机开始进入了图形用户界面时代。1987 年 11 月正式在市场上推出 Windows 2.0，增强了键盘和鼠标界面。

（2）1990 年 5 月发布了 Windows 3.0，它是第一个在家用和办公室市场上取得立足点的版本。

（3）1992 年 4 月发布了 Windows 3.1，只能在保护模式下运行，并且要求至少配置了 1 MB 内存的 286 或 386 处理器的 PC。1993 年 7 月发布的 Windows NT 是第一个支持 Intel 386、486 和 Pentium CPU 的 32 位保护模式的版本。

（4）1995 年 8 月发布了 Windows 95，具有需要较少硬件资源的优点，是一个完整的、集成化的 32 位操作系统。

（5）1998 年 6 月发布了 Windows 98，增强了许多功能，包括提高了执行效能，更好的硬件支持以及扩展的网络功能。

（6）2000 年 2 月发布的 Windows 2000 是由 Windows NT 发展而来的，同时从该版本开始，Microsoft 正式抛弃了 Windows 9X 的内核。

（7）2001 年 10 月发布了 Windows XP，它在 Windows 2000 的基础上增强了安全特性，同时加大了验证盗版的技术，Windows XP 是最为易用的操作系统之一。此后，微软公司于 2006 年发布了 Windows Vista，它具有华丽的界面和炫目的特效。

（8）2009 年 10 月发布了 Windows 7，该版本吸收了 Windows XP 的优点，已成为当前市场上的主流操作系统之一。

（9）2012 年 10 月发布了 Windows 8，采用全新的用户界面，被应用于个人计算机和平板电脑上，启动速度更快、占用内存更少，并兼容 Windows 7 所支持的软件和硬件。

（10）Windows 10 是微软于 2015 年发布的最后一个 Windows 版本，自 2014 年 10 月 1 日开始公测，Windows 10 经历了 Technical Preview（技术预览版）及 Insider Preview（内测者预览版）。

二、启动与退出 Windows 7

在计算机上安装 Windows 7 操作系统后，启动计算机便可进入 Windows 7 的操作界面。

1. 启动 Windows 7

开启计算机主机箱和显示器的电源开关，Windows 7 将载入内存，接着开始对计算机的主板和内存等进行检测，系统启动完成后将进入 Windows 7 欢迎界面，若只有一个用户且没有设置用户密码，则直接进入系统桌面。如果系统存在多个用户且设置了用户密码，则需要选择用户并输入正确的密码才能进入系统。

启动 Windows 7

2. 认识 Windows 7 桌面

启动 Windows 7 后，在屏幕上即可看到 Windows 7 桌面。在默认情况下，Windows 7 的桌面是由桌面图标、鼠标指针、任务栏和语言栏 4 个部分组成，如图 2-2 所示。下面分别对这 4 部分进行讲解。

（1）桌面图标。桌面图标一般是程序或文件的快捷方式，程序或文件的快捷图标左下角有一个小箭头。安装新软件后，桌面上一般会增加相应的快捷图标，如"腾讯 QQ"的快捷图标为，除此之外，还包括"计算机"图标、"网络"图标、"回收站"图标和"个人文件夹"图标等系统图标。双击桌面上的某个图标就可以打开该图标对应的窗口。

（2）鼠标指针。在 Windows 7 操作系统中，鼠标指针在不同的状态下有不同的形状，这样可直观地告知用户当前可进行的操作或系统状态。常用鼠标指针及其对应的状态如表 2-1 所示。

图 2-2　Windows 7 的桌面

表 2-1　鼠标指针形态与含义

鼠标指针	表示的状态	鼠标指针	表示的状态	鼠标指针	表示的状态
	准备状态		调整对象垂直大小		精确调整对象
	帮助选择		调整对象水平大小		文本输入状态
	后台处理		等比例调整对象 1		禁用状态
	忙碌状态		等比例调整对象 2		手写状态
	移动对象		候选		超链接选择

（3）任务栏。任务栏默认情况下，位于桌面的最下方，由【开始】按钮、任务区、通知区域和【显示桌面】按钮（单击可快速显示桌面）4 个部分组成，如图 2-3 所示。

图 2-3　任务栏

（4）语言栏。在 Windows 7 中，语言栏一般浮动在桌面上，用于选择系统所用的语言和输入法。单击语言栏右上角的【最小化】按钮，将语言栏最小化到任务栏上，且该按钮变为【还原】按钮。

3. 退出 Windows 7

计算机操作结束后需要退出 Windows 7。

【例 2.1】　正确退出 Windows 7 并关闭计算机。

（1）保存文件或数据，然后关闭所有打开的应用程序。

（2）单击【开始】按钮，在打开的【开始】菜单中单击　　按钮即可，如图 2-4 所示。

（3）关闭显示器的电源。

退出 Windows 7

图 2-4 退出 Windows 7

第三节 Windows 7 的基本操作

用户要使用 Windows 7 操作系统，首先要认识操作系统的窗口、对话框和【开始】菜单，掌握窗口的基本操作、熟悉对话框各组成部分的操作，同时掌握利用【开始】菜单启动程序的方法。

一、Windows 7 窗口

在 Windows 7 中，几乎所有的操作都要在窗口中完成，在窗口中的相关操作一般是通过鼠标和键盘来进行的。例如，双击桌面上的【计算机】图标，将打开【计算机】窗口，如图 2-5 所示，这是一个典型的 Windows 7 窗口，各个组成部分的作用介绍如下。

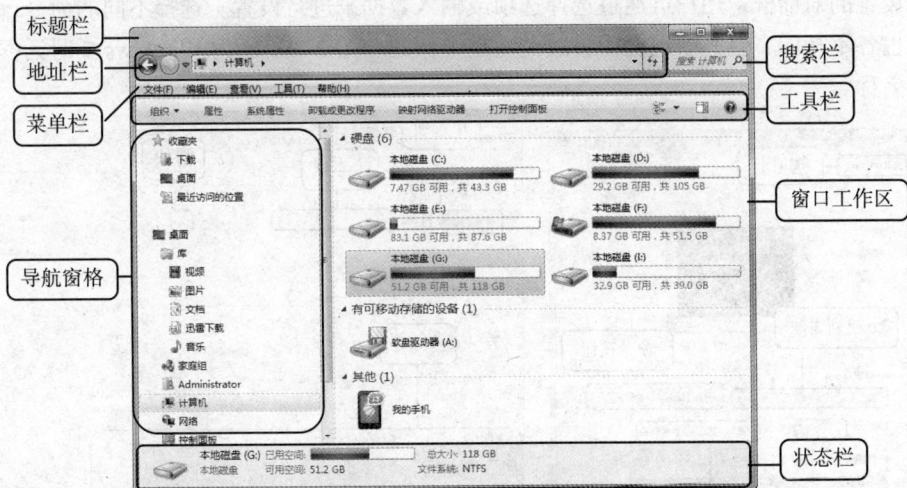

图 2-5 【计算机】窗口的组成

（1）标题栏：位于窗口顶部，右侧有控制窗口大小和关闭窗口的按钮。

（2）菜单栏：菜单栏主要用于存放各种操作命令，要执行菜单栏上的操作命令，只需单击对应的菜单名称，然后在弹出的菜单中选择某个命令即可。在 Windows 7 中，常用的菜单类型主要有子菜单、菜单和快捷菜单（如单击鼠标右键弹出的菜单），如图 2-6 所示。

（3）地址栏：显示当前窗口文件在系统中的位置。其左侧包括【返回】按钮和【前进】按

钮 ，用于打开最近浏览过的窗口。

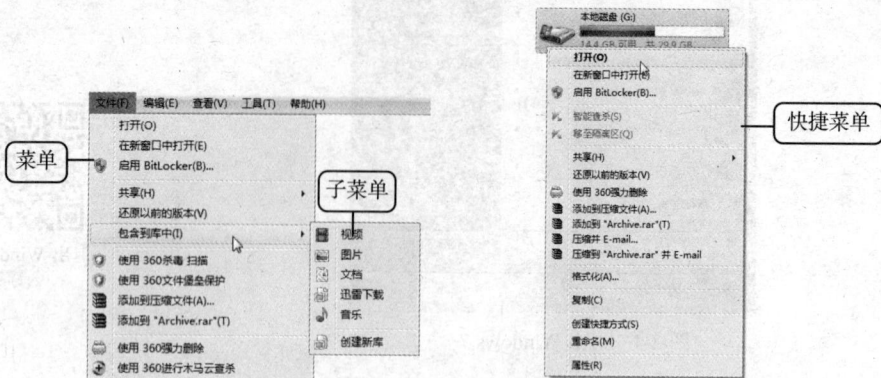

图 2-6　Windows 7 中的菜单类型

（4）搜索栏：用于快速搜索计算机中的文件。

（5）工具栏：会根据窗口中显示或选择的对象同步进行变化，以便用户进行快速操作。其中单击 组织▼ 按钮，可以在打开的下拉列表中选择各种文件管理操作，如复制和删除等操作。

（6）导航窗格：单击可快速切换或打开其他窗口。

（7）窗口工作区：用于显示当前窗口中存放的文件和文件夹内容。

（8）状态栏：用于显示计算机的配置信息或当前窗口中选择对象的信息。

二、Windows 7 对话框

对话框实际上是一种特殊的窗口，执行某些命令后将打开一个用于对该命令或操作对象进行下一步设置的对话框，用户可通过选择选项或输入数据来进行设置。选择不同的命令，所打开的对话框也各不相同，但其中包含的参数类型是类似的。图 2-7 所示为 Windows 7 对话框中各组成元素的名称。

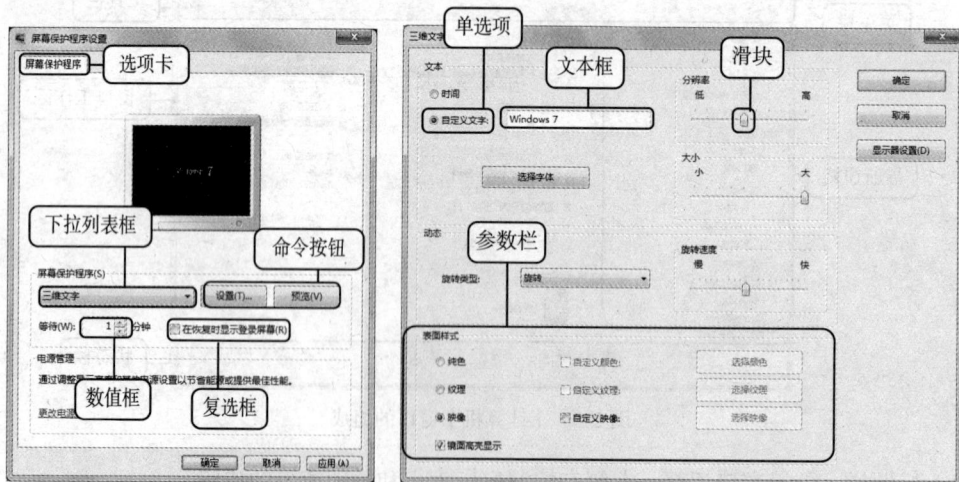

图 2-7　Windows 7 对话框

（1）选项卡。当对话框中有很多内容时，Windows 7 将对话框按类别分成几个选项卡，每个选项卡都有一个名称，并依次排列在一起，单击其中一个选项卡，将会显示其相应的内容。

（2）下拉列表框。下拉列表框中包含多个选项，单击下拉列表框右侧的·按钮，将打开一个下拉列表，从中可以选择所需的选项。

（3）命令按钮。命令按钮用来执行某一操作，如 设置(T)... 、 预览(V) 和 应用(A) 等都是命令按钮。单击某一命令按钮将执行与其名称相应的操作，一般单击对话框中的 确定 按钮，表示关闭对话框，并保存所做的全部更改；单击 取消 按钮，表示关闭对话框，但不保存任何更改；单击 应用(A) 按钮，表示保存所有更改，但不关闭对话框。

（4）数值框。数值框是用来输入具体数值的。如图 3-7 左侧所示的【等待】数值框用于输入屏幕保护激活的时间。用户可以直接在数值框中输入具体数值，也可以单击数值框右侧的【调整】按钮调整数值。单击 按钮可按固定步长增加数值，单击 按钮可按固定步长减小数值。

（5）复选框。复选框是一个小的方框，用来表示是否选择该选项，可同时选择多个选项。当复选框没有被选中时外观为 ，被选中时外观为 。若要单击选中或撤销选中某个复选框，只需单击该复选框前的方框即可。

（6）单选项。单选项是一个小圆圈，用来表示是否选择该选项，只能选择选项组中的一个选项。当单选项没有被选中时外观为 ，被选中时外观为 。若要单击选中或撤销选中某个单选项，只需单击该单选项前的圆圈即可。

（7）文本框。文本框在对话框中为一个空白方框，主要用于输入文字。

（8）滑块。有些选项是通过左右或上下拉动滑块来设置相应数值的。

（9）参数栏。参数栏主要是将当前选项卡中用于设置某一效果的参数放在一个区域，以方便使用。

三、【开始】菜单

单击桌面任务栏左下角的【开始】按钮 ，即可打开【开始】菜单，计算机中几乎所有的应用都可在【开始】菜单中执行。【开始】菜单是操作计算机的重要门户，即使桌面上没有显示的文件或程序，通过【开始】菜单也能轻松找到相应的程序。【开始】菜单主要组成部分如图 2-8 所示。

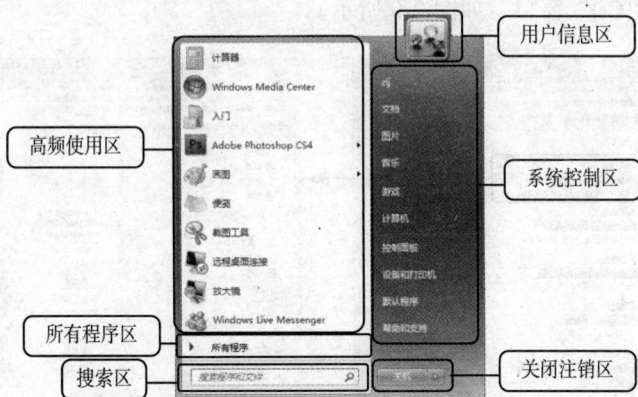

图 2-8 认识【开始】菜单

【开始】菜单各个部分的作用介绍如下。

（1）高频使用区：根据用户使用程序的频率，Windows 会自动将使用频率较高的程序显示在该区域中，以便用户能快速地启动所需程序。

（2）所有程序区：选择【所有程序】命令，高频使用区将显示计算机中已安装的所有程序的启动图标或程序文件夹，选择某个选项可启动相应的程序，此时【所有程序】命令也会变为【返回】命令。

（3）搜索区：在【搜索】区的文本框中输入关键字后，系统将搜索计算机中所有与关键字相关的文件和程序等信息，搜索结果将显示在上方的区域中，单击即可打开相应的文件或程序。

（4）用户信息区：显示当前用户的图标和用户名，单击图标可以打开【用户账户】窗口，通过该窗口可更改用户账户信息，单击用户名将打开当前用户的用户文件夹。

（5）系统控制区：显示了"计算机""网络"和"控制面板"等系统选项，选择相应的选项可以快速打开或运行程序，便于用户管理计算机中的资源。

（6）关闭注销区：用于关闭、重启和注销计算机或进行用户切换、锁定计算机以及使计算机进入睡眠状态等操作，单击 关机 按钮时将直接关闭计算机，单击右侧的 ▶ 按钮，在打开的下拉列表中选择所需选项，即可执行对应操作。

四、管理窗口

下面将举例讲解打开窗口及其中的对象、最小化/最大化窗口、移动窗口、缩放窗口、多窗口的重叠和关闭窗口的操作。

1. 打开窗口及窗口中的对象

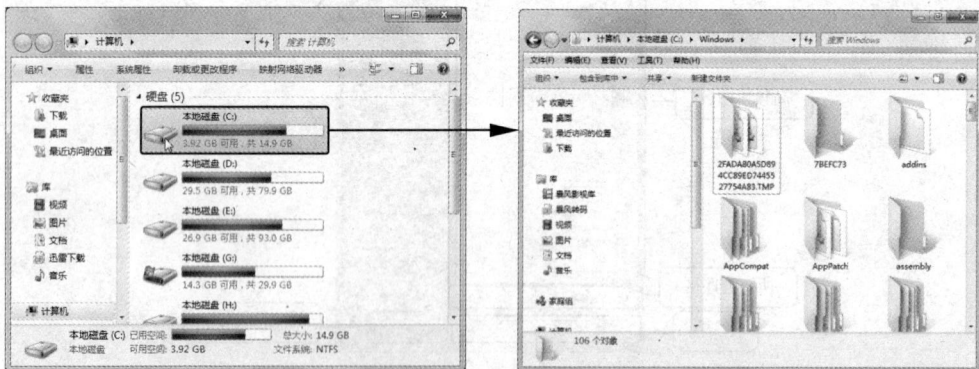

在 Windows 7 中，每当用户启动一个程序、打开一个文件或文件夹时都将打开一个窗口，而一个窗口中包括多个对象，打开某个对象又可能打开相应的窗口，该窗口中可能又包括其他不同的对象。

【例 2.2】 打开【计算机】窗口中"本地磁盘(C:)"下的 Windows 目录。

（1）双击桌面上的【计算机】图标 ，或在【计算机】图标 上单击鼠标右键，在弹出的快捷菜单中选择【打开】命令，将打开【计算机】窗口。

打开窗口及对象

（2）双击【计算机】窗口中的"本地磁盘(C:)"图标，或选择"本地磁盘(C:)"图标后按【Enter】键，打开"本地磁盘(C:)"窗口，如图 2-9 所示。

图 2-9 打开窗口及窗口中的对象

（3）双击"本地磁盘(C:)"窗口中的"Windows 文件夹"图标，即可进入 Windows 目录查看。

（4）单击地址栏左侧的【返回】按钮 ，将返回上一级"本地磁盘(C:)"窗口。

2. 最大化或最小化窗口

最大化窗口可以将当前窗口放大到整个屏幕显示，这样可以显示更多的窗口内容，而最小化后的窗口将以标题按钮形式缩放到任务栏的程序按钮区。

【例2.3】 打开【计算机】窗口中"本地磁盘(C:)"下的 Windows 目录，然后将窗口最大化，再最小化显示，最后还原窗口。

（1）打开【计算机】窗口，再依次双击打开"本地磁盘(C:)"下的 Windows 目录。

（2）单击窗口标题栏右侧的【最大化】按钮，此时窗口将铺满整个显示屏幕，同时【最大化】按钮将变成【还原】按钮，单击【还原】即可将最大化窗口还原成原始大小。

最大化或最小化窗口

（3）单击窗口右上角的【最小化】按钮，此时该窗口将隐藏显示，并在任务栏的程序区域中显示一个图标，单击该图标，窗口将还原到屏幕显示状态。

3. 移动和调整窗口大小

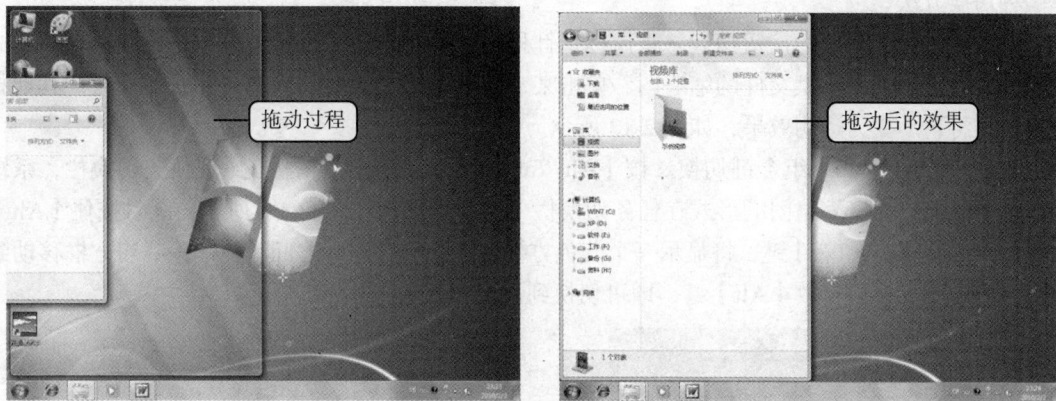

打开窗口后，有些窗口会遮盖屏幕上的其他窗口内容，为了查看到被遮盖的部分，需要适当移动窗口的位置或调整窗口大小。

【例2.4】 将桌面上的当前窗口移至桌面的左侧位置，呈半屏显示，再调整窗口的长宽大小。

移动和调整窗口大小

（1）打开【计算机】窗口，再打开"本地磁盘(C:)"下的"Windows 目录"窗口。

（2）在窗口标题栏上按住鼠标不放，拖动窗口，当拖动到目标位置后释放鼠标即可移动窗口位置。其中将窗口向屏幕最上方拖动到顶部时，窗口会最大化显示；向屏幕最左侧拖动时，窗口会半屏显示在桌面左侧；向屏幕最右侧拖动时，窗口会半屏显示在桌面右侧。图 2-10 所示为将窗口拖至桌面左侧变成半屏显示的效果。

拖动过程

拖动后的效果

图 2-10 将窗口移至桌面左侧变成半屏显示

（3）将鼠标指针移至窗口的外边框上，当鼠标指针变为↔或形状时，按住鼠标不放拖动到窗口变为需要的大小时释放鼠标即可调整窗口大小。

（4）将鼠标指针移至窗口的 4 个角上，当其变为或形状时，按住鼠标不放拖动到需要的大小时释放鼠标，可使窗口的长宽大小按比例缩放。

4. 排列窗口

在使用计算机的过程中常常需要打开多个窗口，如既要用 Word 编辑文档，又要打开 IE 浏览器查询资料等。当打开多个窗口后，为了使桌面更加整洁，可以将打开的窗口进行层叠、堆叠和并排等操作。

【例 2.5】 将打开的所有窗口进行层叠排列显示，然后撤销层叠排列。

（1）在任务栏空白处单击鼠标右键，弹出图 2-11 所示的快捷菜单，选择【层叠窗口】命令，即可以层叠的方式排列窗口，层叠的效果如图 2-12 所示。

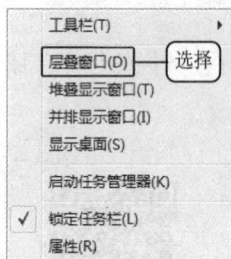

图 2-11　快捷菜单　　　　　　　　　　　图 2-12　层叠窗口

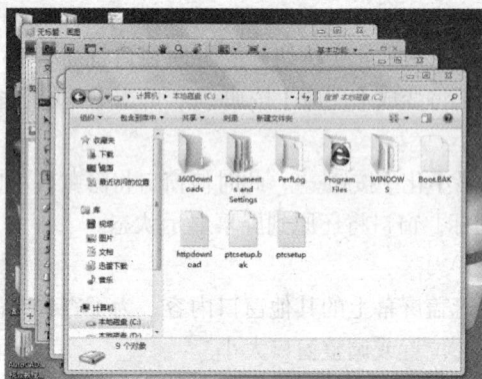

（2）层叠窗口后拖动某一个窗口的标题栏可以将该窗口拖至其他位置，并切换为当前窗口。

（3）在任务栏空白处单击鼠标右键，在弹出的快捷菜单中选择"撤销层叠"命令，恢复至原来的显示状态。

5. 切换窗口

无论打开多少个窗口，当前窗口只有一个，且所有的操作都是针对当前窗口进行的。此时，需要切换成当前窗口，切换窗口除了可以通过单击窗口进行切换外，在 Windows 7 中还提供了以下 3 种切换方法。

（1）通过任务栏中的按钮切换。将鼠标指针移至任务左侧按钮区中的某个任务图标上，此时将展开所有打开的该类型文件的缩略图，单击某个缩略图即可切换到该窗口，在切换时，其他打开的窗口将自动变为透明效果，如图 2-13 所示。

（2）按【Alt+Tab】组合键切换。按【Alt+Tab】组合键后，屏幕上将出现任务切换栏，系统当前打开的窗口都以缩略图的形式在任务切换栏中排列出来，如图 2-14 所示，此时按住【Alt】键不放，再反复按【Tab】键，将显示一个蓝色方框，并在所有图标之间轮流切换，当方框移动到需要的窗口图标上后释放【Alt】键，即可切换到该窗口。

图 2-13　通过任务栏中的按钮切换　　　　　图 2-14　按【Alt+Tab】组合键切换

（3）按【Win+Tab】组合键切换。在按【Win+Tab】组合键时按住【Win】键不放，再反复按

【Tab】键可利用 Windows 7 的 3D 切换界面切换打开的窗口，如图 2-15 所示。

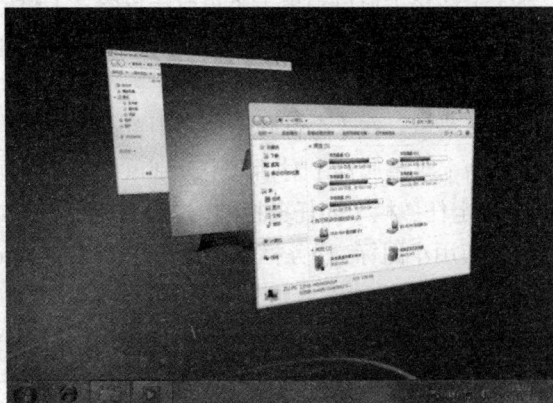

图 2-15　按【Win+Tab】组合键切换

6. 关闭窗口

对窗口的操作结束后要关闭窗口。关闭窗口有以下 5 种方法。

（1）单击窗口标题栏右上角的【关闭】按钮 ❌ 。

（2）在窗口的标题栏上单击鼠标右键，在弹出的快捷菜单中选择【关闭】命令。

（3）将鼠标指针指向某个任务缩略图后单击右上角的 ❌ 按钮。

（4）将鼠标指针移动到任务栏中需要关闭窗口的任务图标上，单击鼠标右键，在弹出的快捷菜单中选择【关闭窗口】命令或【关闭所有窗口】命令。

（5）按【Alt+F4】组合键。

五、认识"个性化"设置窗口

在桌面上的空白区域单击鼠标右键，在弹出的快捷菜单中选择【个性化】命令，将打开图 2-16 所示的【个性化】窗口，可以对 Windows 7 操作系统进行个性化设置。其主要功能及参数设置介绍如下。

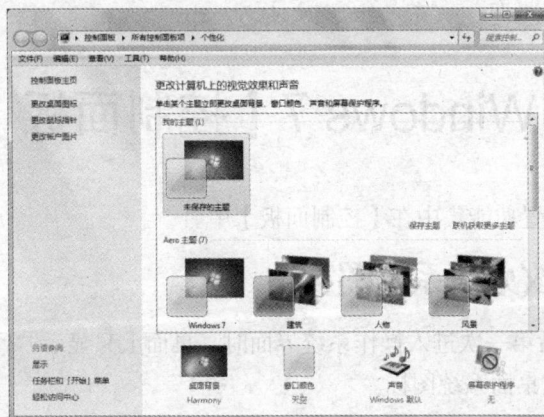

图 2-16　"个性化"窗口

（1）更改桌面图标。在【个性化】窗口中单击【更改桌面图标】超链接，在打开的【桌面图标设置】对话框中的【桌面图标】栏中可以单击选中或撤销选中要在桌面上显示或取消显示的系统图标，并可对图标的样式进行更改。

（2）更改账户图片。在【个性化】窗口中单击【更改账户图片】超链接，在打开的"更改图片"窗口中可以选择新的账户图标样式，选择后将在启动时的欢迎界面和【开始】菜单的用户账户区域中进行显示。

（3）设置任务栏和【开始】菜单。在【个性化】窗口中单击【任务栏和「开始」菜单】超链接，在打开的【任务栏和「开始」菜单属性】对话框中分别单击各个选项卡进行设置。其中，在【任务栏】选项卡中可以设置锁定任务栏（即任务栏的位置不能移动）、自动隐藏任务栏（当鼠标指向任务栏区域时才会显示）、使用小图标、任务栏的位置和是否启用 Aero Peek 预览桌面功能等；在"「开始」菜单"选项卡中主要可以设置【开始】菜单中电源按钮的用途等。

（4）应用 Aero 主题。Aero 主题决定着整个桌面的显示风格，Windows 7 中有多个主题供用户选择。其方法是：在【个性化】窗口的中间列表框中选择一种喜欢的主题，单击即可应用。应用主题后，其声音、背景和窗口颜色等都会随之改变。

（5）设置桌面背景。单击【个性化】窗口下方的【桌面背景】超链接，在打开的【桌面背景】窗口中间的图片列表中可选择一张或多张图片，选择多张图片时需按住【Ctrl】键进行选择，如需将计算机中的其他图片作为桌面背景，可以单击【图片位置（L）】下拉列表框后的 浏览(B)... 按钮来选择计算机中存放图片的文件夹。选择图片后，还可设置背景图片在桌面上的位置和图片切换的时间间隔（选择多张背景图片时才需设置）。

（6）设置窗口颜色。在【个性化】窗口中单击【窗口颜色】超链接，将打开【窗口颜色和外观】窗口，单击某种颜色可快速更改窗口边框、【开始】菜单和任务栏的颜色，并且可设置是否启用透明效果和设置颜色浓度等。

（7）设置声音。在【个性化】窗口中单击【声音】超链接，打开【声音】对话框，在【声音方案】下拉列表框中选择一种 Windows 声音方案，或选择某个程序事件后单独设置其关联的声音。

（8）设置屏幕保护程序。在【个性化】窗口中单击【屏幕保护程序】超链接，打开【屏幕保护程序设置】对话框，在【屏幕保护程序】下拉列表框中选择一个程序选项，然后在【等待】数值框中输入屏幕保护等待的时间，若单击选中【在恢复时显示登录屏幕】复选框，则表示当需要从屏幕保护程序恢复正常显示时，将显示登录 Windows 屏幕。如果用户账户设置了密码，则需要输入正确的密码才能进入桌面。

第四节　Windows 7【控制面板】的使用

Windows 7 将系统设置功能集中在【控制面板】中。

一、添加和更改桌面系统图标

安装好 Windows 7 后第一次进入操作系统界面时，桌面上只显示"回收站"图标，此时可以通过设置来添加和更改桌面系统图标。

【例 2.6】　在桌面上显示"控制面板"图标，显示并更改"计算机"图标。

（1）在桌面上单击鼠标右键，在弹出的快捷菜单中选择【个性化】命令，打开【个性化】窗口。

（2）单击【更改桌面图标】超链接，在打开的【桌面图标设置】对话框中的【桌面图标】栏中单击选中要在桌面上显示的系统图标复选框，若撤销选中某图标则表示取消显示，这里单击选中【计算机】和【控制面板】复选框，并撤销选中【允许主题更改桌面图标】复选框，其作用是应用其他主题后，图标样式仍然不变，如图 2-17 所示。

（3）在中间列表框中选择【计算机】图标，单击更改图标(N)...按钮，在打开的【更改图标】对话框中选择图标样式，如图 2-18 所示。

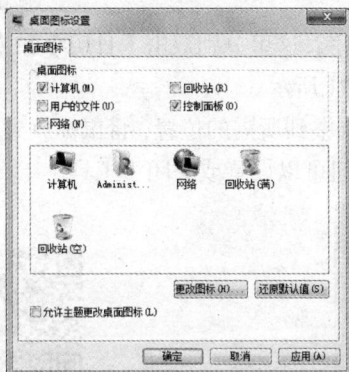

图 2-17　选择要显示的桌面图标

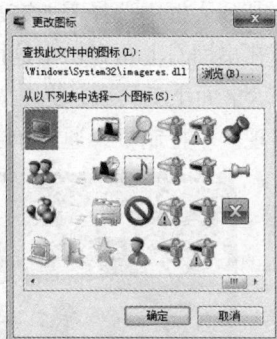

图 2-18　更改桌面图标样式

（4）依次单击确定按钮，应用设置。

二、创建桌面快捷方式

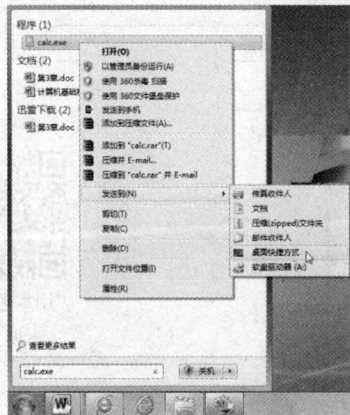

创建的桌面快捷方式只是一个快速启动图标，所以它并没有改变文件原有的位置，因此，若删除桌面快捷方式，不会删除原文件。

【例 2.7】　为系统自带的计算器应用程序"calc.exe"创建桌面快捷方式。

（1）单击【开始】按钮，打开【开始】菜单，在"搜索程序和文件"框中输入"calc.exe"。

（2）在搜索结果中的"calc.exe"程序选项上单击鼠标右键，在弹出的快捷菜单中选择【发送到】/【桌面快捷方式】命令，如图 2-19 所示。

创建桌面快捷方式

（3）在桌面上创建的图标上单击鼠标右键，在弹出的快捷菜单中选择【重命名】命令，输入"My 计算器"，按【Enter】键，完成创建，效果如图 2-20 所示。

图 2-19　选择"桌面快捷方式"命令

图 2-20　创建桌面快捷方式的效果

三、添加桌面小工具

Windows 7 为用户提供了一些桌面小工具程序，既美观又实用。

【例2.8】 添加时钟和日历桌面小工具。

（1）在桌面上单击鼠标右键，在弹出的快捷菜单中选择【小工具】命令，打开【小工具库】对话框。

（2）在其列表框中选择需要在桌面显示的小工具程序，这里分别双击【日历】和【时钟】小工具，即可在桌面右上角显示出这两个小工具，如图2-21所示。

（3）显示桌面小工具后，使用鼠标拖动小工具将其调整到所需的位置，将鼠标放到工具上面，其右侧会出现一个控制框，通过单击控制框中相应的按钮可以设置或关闭小工具。

添加桌面小工具

图 2-21 添加桌面小工具

四、应用主题并设置桌面背景

在 Windows 中可通过为桌面背景应用主题，让其更加美观。

【例2.9】 应用系统自带的"建筑"Aero 主题，并对背景图片的参数进行相应设置。

（1）在【个性化】窗口中的【Aero 主题】列表框中单击并应用"建筑"主题，此时背景和窗口颜色等都会发生相应的改变。

（2）在【个性化】窗口下方单击【桌面背景】超链接，打开"桌面背景"窗口，此时列表框中的图片即为【建筑】系列，单击【图片位置】下拉列表框右侧的▾按钮，在打开的下拉列表中选择【位伸】选项。

（3）单击【更改图片时间间隔】下拉列表框右侧的▾按钮，在打开的下拉列表中选择【1 小时】选项，如图2-22所示。单击选中【无序播放】复选框，将按设置的间隔随机切换，这里保持默认设置，即按列表中图片的排序切换。

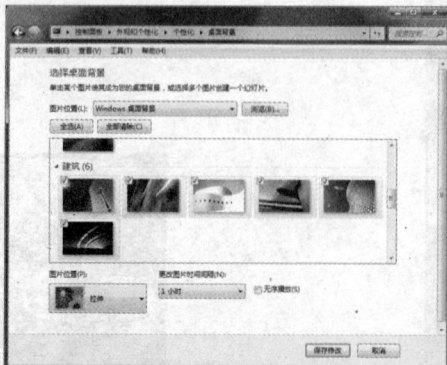

应用主题并设置
桌面背景

图 2-22 应用主题后设置桌面背景

（4）单击 保存修改 按钮，应用设置，并返回【个性化】窗口。

五、设置屏幕保护程序

在一段时间不操作计算机时，通过屏幕保护程序可以使屏幕暂停显示或以动画显示，让屏幕上的图像或字符不会长时间停留在某个固定位置上，从而可以保护显示器屏幕。

【例 2.10】　设置【彩带】样式的屏幕保护程序。

（1）在【个性化】窗口中单击【屏幕保护程序】超链接，打开【屏幕保护程序设置】对话框。

（2）在【屏幕保护程序】下拉列表框中选择保护程序的样式，这里选择【彩带】选项，在【等待】数值框中输入屏幕保护等待的时间，这里设置为"60 分钟"，单击选中【在恢复时显示登录屏幕】复选框，如图 2-23 所示。

（3）单击 确定 按钮，关闭对话框。

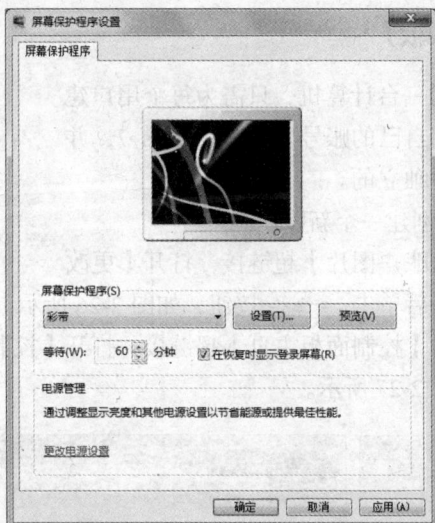

设置屏幕保护程序

图 2-23　设置"彩带"屏幕保护程序

六、自定义任务栏和【开始】菜单

【例 2.11】　设置自动隐藏任务栏并定义【开始】菜单的功能。

（1）在【个性化】窗口中单击【任务栏和「开始」菜单】超链接，或在任务栏的空白区域单击鼠标右键，在弹出的快捷菜单中选择【属性】命令，打开【任务栏和「开始」菜单属性】对话框。

自定义任务栏和【开始】菜单

（2）单击【任务栏】选项卡，单击选中【自动隐藏任务栏】复选框。

（3）单击【「开始」菜单】选项卡，单击【电源按钮操作】下拉列表框右侧的下拉按钮，在打开的下拉列表中选择【切换用户】选项，如图 2-24 所示。

（4）单击 自定义(C)... 按钮，打开【自定义「开始」菜单】对话框，在"要显示的最近打开过的程序的数目"数值框中输入"5"，如图 2-25 所示。

（5）依次单击 确定 按钮，应用设置。

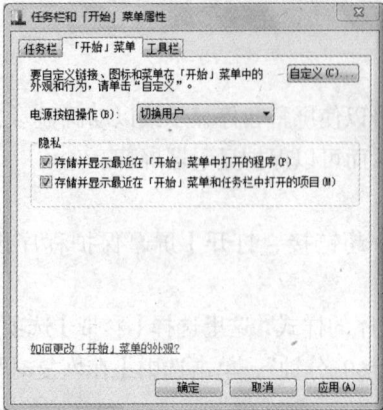

图 2-24　设置电源按钮功能

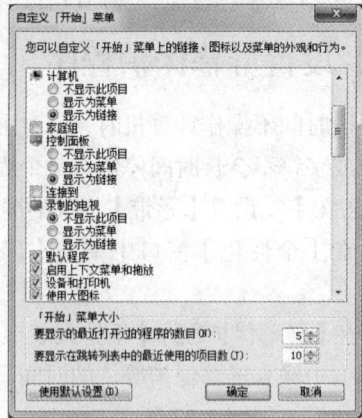

图 2-25　设置要显示的最近打开过的程序的数目

七、设置 Windows 7 用户账户

在 Windows 7 中允许多个用户使用同一台计算机，只需为每个用户建立一个独立的账户即可，每个用户可以用自己的账号登录 Windows 7，并且多个用户之间的 Windows 7 设置是相对独立的。

【例 2.12】　设置账户的图像样式并创建一个新账户。

（1）在【个性化】窗口中单击【更改账户图片】超链接，打开【更改图片】窗口，选择【小狗】图片样式，然后单击 更改图片 按钮，如图 2-26 所示。

设置 Windows 7 用户账户

（2）在返回的【个性化】窗口中单击【控制面板主页】超链接，打开【控制面板】窗口，单击【添加或删除用户账户】超链接，如图 2-27 所示。

图 2-26　设置用户账户图片

图 2-27　单击"添加或删除用户账户"超链接

（3）在打开的【管理账户】窗口中单击【创建一个新账户】超链接，如图 2-28 所示。

（4）在打开的窗口中输入账户名称"公用"，然后单击 创建帐户 按钮，如图 2-29 所示，完成账户的创建，同时完成本任务的所有设置操作。

图 2-28　单击"创建一个新账户"超链接　　　　图 2-29　设置用户账户名称

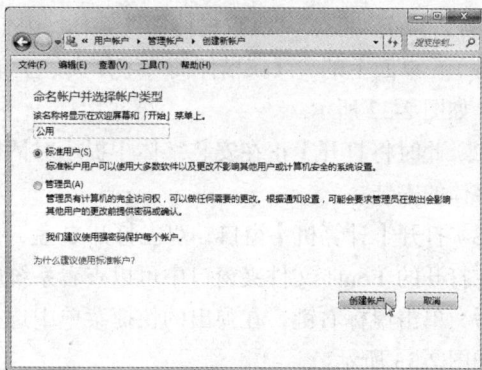

八、添加和删除输入法

Windows 7 操作系统中集成了多种汉字输入法，但不是所有的汉字输入法都显示在语言栏的输入法列表中，此时可以通过添加输入法将适合自己的输入法显示出来。

【例 2.13】　在 Windows 7 语言栏的输入法列表中添加"微软拼音-简捷 2010"，删除"微软拼音输入法 2003"。

（1）在语言栏中的圖按钮上单击鼠标右键，在弹出的快捷菜单中选择"设置"命令，打开"文本服务和输入语言"对话框，如图 2-30 所示。

（2）单击 添加(D) 按钮，打开【添加输入语言】对话框，在【使用下面的复选框选择要添加的语言】列表框中单击【键盘】选项前的 ⊞ 按钮，在打开的子列表中单击选中【微软拼音-简捷 2010】复选框，撤销选中【微软拼音输入法 2003】复选框，如图 2-31 所示。

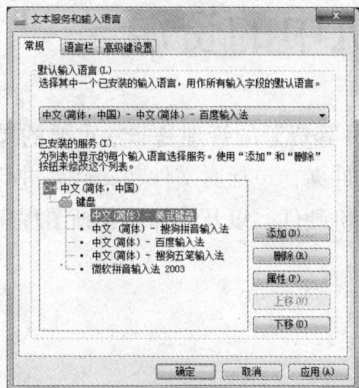

图 2-30　"文字服务和输入语言"对话框　　　　图 2-31　添加和删除输入法

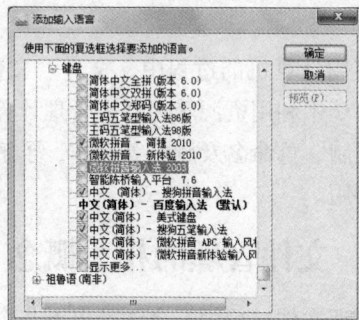

（3）单击 确定 按钮，返回"文本服务和输入语言"对话框，在【已安装的服务】列表框中将显示已添加的输入法，单击 确定 按钮完成添加。

（4）单击语言栏中的圖按钮，可查看添加和删除输入法后的效果。

九、安装与卸载字体

Windows 7 操作系统中自带了一些字体，其安装文件在系统盘（一般为 C 盘）下的 Windows 文件夹下的 Fonts 子文件夹中。用户也可根据需要安装和卸载字体文件。

【例2.14】 安装"汉仪楷体简"字体，并卸载不需要再使用的字体。

（1）在桌面上的"汉仪楷体简"字体文件上单击鼠标右键，在弹出的快捷菜单中选择【安装】命令，如图2-32所示。

（2）此时将打开【正在安装字体】提示对话框，安装结束后将自动关闭该提示对话框，同时结束字体的安装。

（3）打开【计算机】窗口，双击打开C盘，再依次双击打开Windows文件夹和Fonts子文件夹，在打开的Fonts文件夹窗口中可以查看系统中已安装的所有字体，选择不需要再使用的字体文件后，单击鼠标右键，在弹出的快捷菜单中选择【删除】命令，即可将该字体文件从系统中卸载，如图2-33所示。

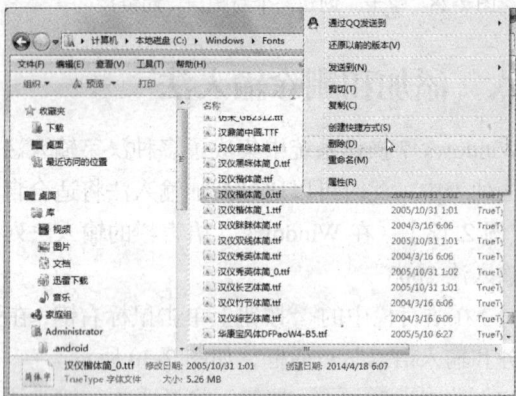

图2-32 安装字体　　　　　　　　　　图2-33 查看和卸载字体文件

第五节　管理计算机中的资源

在使用计算机的过程中，文件、文件夹、程序和硬件等资源的管理是非常重要的操作。在Windows 7中利用资源管理器来管理计算机中的文件和文件夹，包括对文件和文件夹进行新建、移动、复制、重命名及删除等操作，了解安装程序和打印机硬件，以及计算器、画图程序等附件程序的使用。

一、文件管理的相关概念

在管理文件过程中，会涉及以下几个相关概念。

（1）硬盘分区与盘符。硬盘分区是指将硬盘划分为几个独立的区域，这样可以更加方便地存储和管理数据，格式化可使分区划分成可以用来存储数据的单位，一般是在安装系统时会对硬盘进行分区。盘符是Windows系统对于磁盘存储设备的标识符，一般使用26个英文字符加上一个冒号"："来标识，如"本地磁盘(C:)""C"就是该盘的盘符。

（2）文件。文件是指保存在计算机中的各种信息和数据，计算机中的文件包括的类型很多，如文档、表格、图片、音乐和应用程序等。在默认情况下，文件在计算机中是以图标形式显示的，它由文件图标、文件名称和文件扩展名3部分组成，如📄作息时间表.docx表示一个Word文件，其扩展名为.docx。

（3）文件夹。用于保存和管理计算机中的文件，其本身没有任何内容，却可放置多个文件和子文件夹，让用户能够快速地找到需要的文件。文件夹一般由文件夹图标和文件夹名称两部分组成。

（4）文件路径。在对文件进行操作时，除了要知道文件名外，还需要指出文件所在的盘符和文件夹，即文件在计算机中的位置，称为文件路径。文件路径包括相对路径和绝对路径两种。其中，相对路径是以"."（表示当前文件夹）、".."（表示上级文件夹）或文件夹名称（表示当前文件夹中的子文件名）开头；绝对路径是指文件或目录在硬盘上存放的绝对位置，如"D:\图片\标志.jpg"表示"标志.jpg"文件是在 D 盘的"图片"目录中。在 Windows 7 系统中单击地址栏的空白处，即可查看打开的文件夹的路径。

（5）资源管理器。资源管理器是指"计算机"窗口左侧的导航窗格，它将计算机资源分为收藏夹、库、家庭组、计算机和网络等类别，可以方便用户更好、更快地组织、管理及应用资源。打开资源管理器的方法为双击桌面上的"计算机"图标🖥或单击任务栏上的"Windows 资源管理器"按钮📁。打开【资源管理器】对话框，单击导航窗格中各类别图标左侧的◢图标，便可依次按层级展开文件夹，选择需要的文件夹后，其右侧将显示相应的文件内容，如图 2-34 所示。

图 2-34　资源管理器

对文件或文件夹进行复制和移动等操作前，要先选择文件或文件夹，选择的方法主要有以下 5 种。

（1）选择单个文件或文件夹。使用鼠标直接单击文件或文件夹图标即可将其选中，被选中的文件或文件夹的周围将呈蓝色透明状显示。

（2）选择多个相邻的文件和文件夹。可在窗口空白处按住鼠标左键不放，并拖动鼠标框选需要选择的多个对象，再释放鼠标即可。

（3）选择多个连续的文件和文件夹。用鼠标选择第一个对象，按住【Shift】键不放，再单击最后一个对象，可选择两个对象中间的所有对象。

（4）选择多个不连续的文件和文件夹。按住【Ctrl】键不放，再依次单击所要选择的文件或文件夹，可选择多个不连续的文件和文件夹。

（5）选择所有文件和文件夹。直接按【Ctrl+A】组合键，或选择【编辑】/【全选】命令，可以选择当前窗口中的所有文件或文件夹。

二、文件和文件夹基本操作

文件和文件夹的基本操作包括新建、移动、复制、删除和查找等，下面将结合前面的任务要求对操作方法进行讲解。

1. 新建文件和文件夹

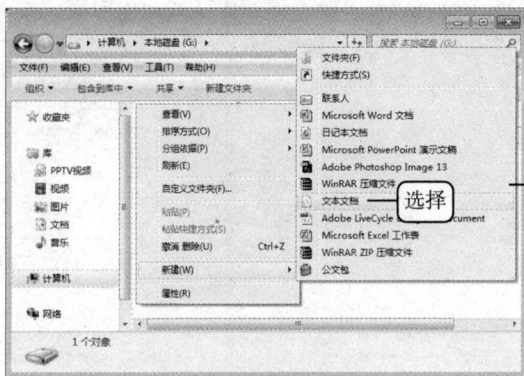

新建文件是指根据计算机中已安装的程序类别，新建一个相应类型的空白文件，新建后可以双击打开并编辑文件内容。如果需要将一些文件分类整理在一个文件夹中以便日后管理，此时就需要新建文件夹。

新建文件和文件夹

【例 2.15】 新建"公司简介.txt"文件和"公司员工名单.xlsx"文件。

（1）双击桌面上的"计算机"图标，打开"计算机"窗口，双击 G 磁盘图标，打开 G:\目录窗口。

（2）选择【文件】|【新建】|【文本文档】命令，或在窗口的空白处单击鼠标右键，在弹出的快捷菜单中选择【新建】|【文本文档】命令，如图 2-35 所示。

（3）系统将在文件夹中默认新建一个名为"新建文本文档"的文件，且文件名呈可编辑状态，切换到汉字输入法输入"公司简介"，然后单击空白处或按【Enter】键，新建的文档效果如图 2-36 所示。

图 2-35　选择新建命令　　　　　　　图 2-36　命名文件

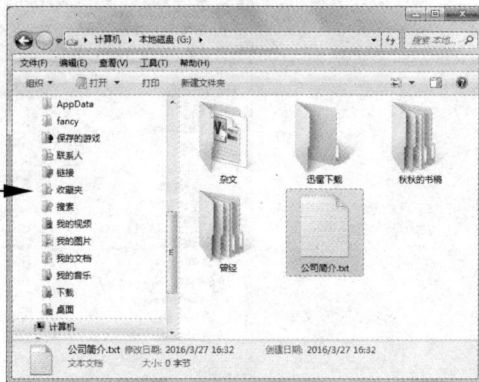

（4）选择【文件】|【新建】|【新建 Microsoft Excel 工作表】命令，或在窗口的空白处单击鼠标右键，在弹出的快捷菜单中选择【新建】|【新建 Microsoft Excel 工作表】命令，此时将新建一个 Excel 文件，输入文件名"公司员工名单"，按【Enter】键，效果如图 2-37 所示。

（5）选择【文件】|【新建】|【文件夹】命令，或在右侧文件显示区中的空白处单击鼠标右键，在弹出的快捷菜单中选择【新建】|【文件夹】命令，或直接单击工具栏中的 新建文件夹 按钮，双击文件夹名称使其呈可编辑状态，并在文本框中输入"办公"，然后按【Enter】键，完成文件夹的新建，如图 2-38 所示。

（6）双击新建的"办公"文件夹，在打开的目录窗口中单击工具栏中的 新建文件夹 按钮，输入子文件夹名称"表格"后按【Enter】键，然后再新建一个名为"文档"的子文件夹，如图 2-39 所示。

（7）单击地址栏左侧的 按钮，返回上一级窗口。

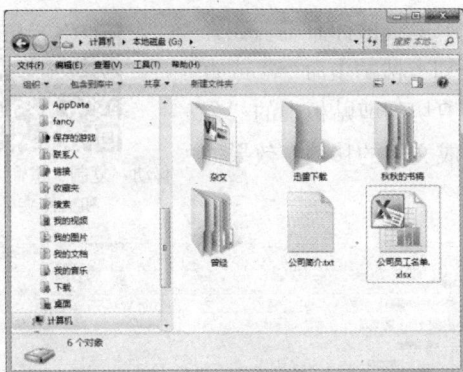

图 2-37　新建 Excel 工作表

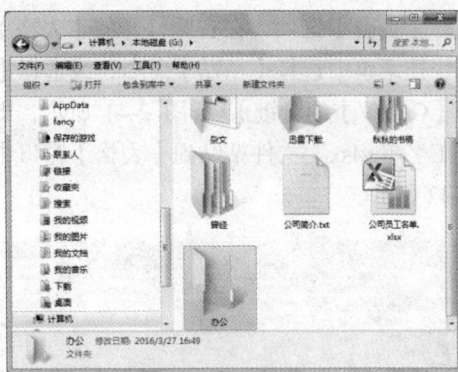

图 2-38　新建文件夹

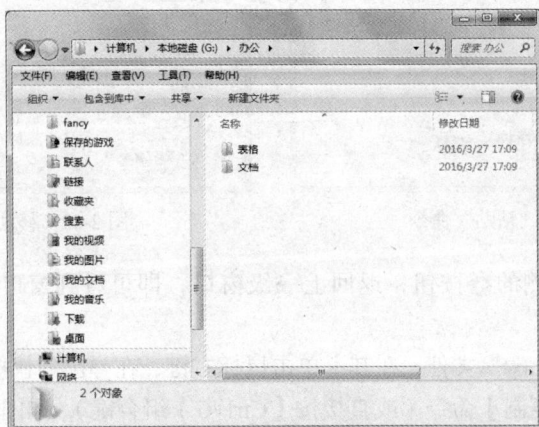

图 2-39　新建子文件夹

> 【注意】对文件进行重命名时，不要修改文件的扩展名部分，一旦修改将可能导致文件无法正常打开，此时将扩展名重新修改为正确模式便可打开。此外，文件名可以包含字母、数字和空格等，但不能会有"?、*、/、\、<、>、:"。

2. 移动、复制、重命名文件和文件夹

移动文件是将文件或文件夹移动到另一个文件夹中以便管理，复制文件相当于为文件做一个备份，即原文件夹下的文件或文件夹仍然存在，重命名文件即为文件更换一个新的名称。

【例 2.16】　移动"公司员工名单.xlsx"文件，复制"公司简介.txt"文件，并将复制的文件重命名为"招聘信息"。

（1）在导航窗格中单击展开"计算机"图标，然后在导航窗格中选择"本地磁盘(G:)"图标。

（2）在右侧窗口中选择"公司员工名单.xlsx"文件，在其上单击鼠标右键，在弹出的快捷菜单中选择"剪切"命令，或选择【编辑】|【剪切】命令（或直接按【Ctrl+X】组合键），如图 2-40 所示，将选择的文件剪切到剪贴板中，此时文件呈灰色透明显示效果。

（3）在导航窗格中单击展开"办公"文件夹，

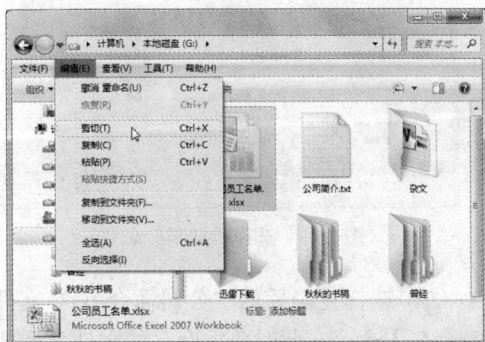

图 2-40　选择"剪切"命令

再选择【表格】选项，在右侧打开的【表格】窗口中单击鼠标右键，在弹出的快捷菜单中选择【粘贴】命令，或选择【编辑】|【粘贴】命令（或直接按【Ctrl+V】组合键），如图 2-41 所示，即可将剪切到剪贴板中的"公司员工名单.xlsx"文件粘贴到【表格】窗口中，完成文件的移动，效果如图 2-42 所示。

移动、复制、重命名文件
和文件夹

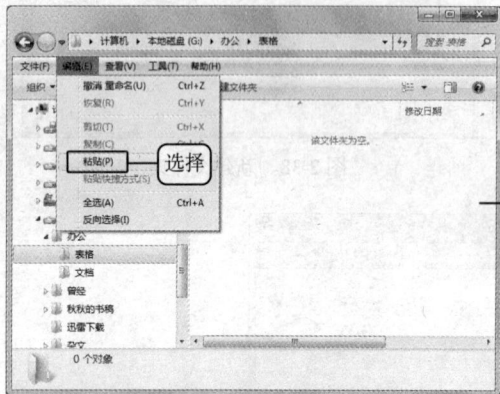

图 2-41　执行"粘贴"命令

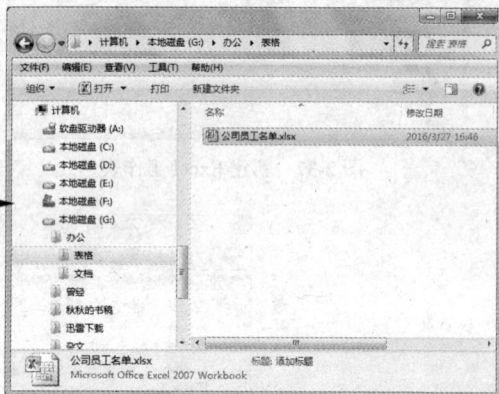

图 2-42　移动文件后的效果

（4）单击地址栏左侧的 按钮，返回上一级窗口，即可看到窗口中已没有"公司员工名单.xlsx"文件。

（5）选择"公司简介.txt"文件，在其上单击鼠标右键，在弹出的快捷菜单中选择【复制】命令，或选择【编辑】|【复制】命令（或直接按【Ctrl+C】组合键），如图 2-43 所示，将选择的文件复制到剪贴板中，此时窗口中的文件不会发生任何变化。

（6）在导航窗格中选择【文档】文件夹选项，在右侧打开的【文档】窗口中单击鼠标右键，在弹出的快捷菜单中选择【粘贴】命令，或选择【编辑】/【粘贴】命令（可直接按【Ctrl+V】组合键），即可将剪切到剪贴板中的"公司简介.txt"文件粘贴到该窗口中，完成文件的复制，效果如图 2-44 所示。

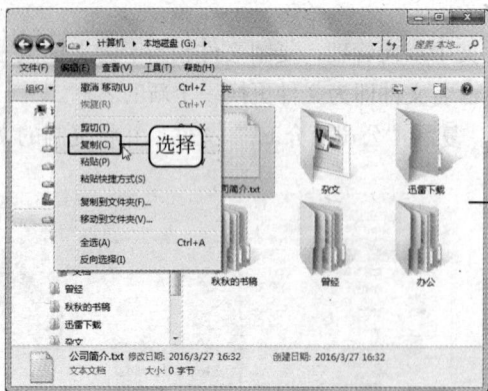

图 2-43　选择"复制"命令

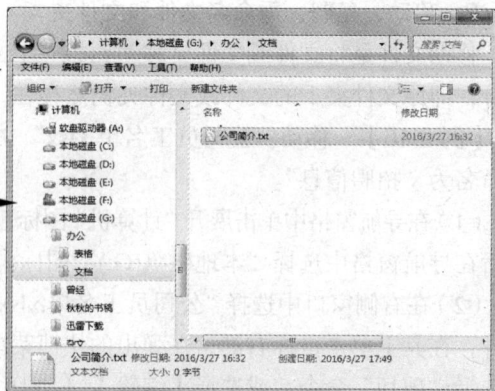

图 2-44　复制文件后的效果

（7）选择复制后的"公司简介.txt"文件，在其上单击鼠标右键，在弹出的快捷菜单中选择【重命名】命令，此时要重命名的文件名称部分呈可编辑状态，在其中输入新的名称"招聘信息"

后按【Enter】键即可。

（8）在导航窗格中选择"本地磁盘（G: ）"选项，即可看到该磁盘根目录下的"公司简介.txt"文件仍然存在。

> 将选中的文件或文件夹拖动到同一磁盘分区下的其他文件夹中或拖动到左侧导航窗格中的某个文件夹选项上，可以移动文件或文件夹，在拖动过程中按住【Ctrl】键不放，即可实现复制文件或文件夹的操作。

3. 删除和还原文件和文件夹

删除一些无用的文件或文件夹，可以减少磁盘上的垃圾文件，释放磁盘空间，同时也便于管理。删除的文件或文件夹实际上是将它们移动到"回收站"中，若误删除文件，则可以通过还原操作找回来。

【例 2.17】 删除并还原被删除的"公司简介.txt"文件。

（1）在导航窗格中选择"本地磁盘（G: ）"选项，然后在右侧窗口中选择"公司简介.txt"文件。

> 删除和还原文件和
> 文件夹

（2）在选择的文件图标上单击鼠标右键，在弹出的快捷菜单中选择"删除"命令，或按【Delete】键，此时系统会打开图 2-45 所示的提示对话框，提示用户是否确定要把该文件放入回收站。

（3）单击 是(Y) 按钮，即可删除选择的"公司简介.txt"文件。

（4）单击任务栏最右侧的"显示桌面"区域，切换至桌面，双击"回收站"图标 ，在打开的窗口中将查看到最近删除的文件和文件夹等对象，在要还原的"公司简介.txt"文件上单击鼠标右键，在弹出的快捷菜单中选择"还原"命令，如图 2-46 所示，即可将其还原到被删除前的位置。

图 2-45 "删除文件"对话框 　　　　　　图 2-46 还原被删除的文件

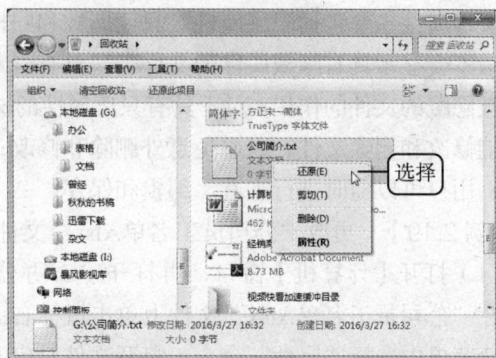

> 选择文件后，按【Shift+Delete】组合键将不通过回收站，直接将文件从计算机中删除。此外，放入回收站中的文件仍然会占用磁盘空间，只有在"回收站"窗口中单击工具栏中的 清空回收站 按钮才能彻底删除。

4. 搜索文件或文件夹

如果用户不知道文件或文件夹在磁盘中的位置，则可以使用 Windows 7 的搜索功能进行查找。搜索时如果忘记文件的名称，可以使用模糊搜索功能，其方法是：用通配符"*"来代替任意数量的任意字符，使用"? "来代表某一位置上的任一个字母或数字，如"*.mp3"表示搜索当前位置下所有类型为 MP3 格式的文件，而"pin?.mp3"则表示搜索当前位置下前 3 个字母为"pin"、第4位是任意字符的MP3格式的文件。

【例2.18】 搜索E盘中的JPG格式的图片。

（1）用户只需在资源管理器中打开需要搜索的位置，如需在所有磁盘中查找，则打开"计算机"窗口；如需在某个磁盘分区或文件夹中查找，则打开具体的磁盘分区或文件夹窗口，这里打开E磁盘窗口。

（2）在窗口地址栏后面的搜索框中输入要搜索的文件信息，如这里输入"*.jpg"，Windows会自动在搜索范围内搜索所有符合文件信息的对象，并在文件显示区中显示搜索结果，如图2-47所示。

（3）根据需要，可以在【添加搜索筛选器】中选择【修改日期】或【大小】选项来设置搜索条件，以缩小搜索范围。

搜索文件或文件夹

图2-47 搜索E盘中的JPG格式文件

5. 设置文件和文件夹属性

文件属性主要包括隐藏属性、只读属性和归档属性3种。用户在查看磁盘文件的名称时，系统一般不会显示具有隐藏属性的文件名，具有隐藏属性的文件不能被删除、复制和更名，以起到保护被隐藏的文件的作用；对于具有只读属性的文件，可以查看和复制，不会影响它的正常使用，但不能修改和删除文件，以避免意外删除和修改；文件被创建之后，系统会自动将其设置成归档属性，用户可以随时进行查看、编辑和保存。

【例2.19】 更改"公司员工名单.xlsx"文件的属性。

（1）打开【计算机】窗口，再打开"G:\办公\表格"目录，在"公司员工名单.xlsx"文件上单击鼠标右键，在弹出的快捷菜单中选择"属性"命令，打开文件对应的"属性"对话框。

（2）在【常规】选项卡下的【属性】栏中单击选中【只读】复选框，如图2-48所示。

图2-48 文件属性设置对话框

（3）单击 应用(A) 按钮，再单击 确定 按钮，完成文件属性的设置。如果是修改文件夹的属性，应用设置后还将打开图2-49所示的"确认属性更改"对话框，根据需要选择应用方式后单击 确定 按钮，即可设置相应的文件夹属性。

注意 在如图2-48所示的对话框中单击 高级(D)... 按钮可以打开"高级属性"对话框，在其中可以设置文件或文件夹的存档和加密属性。

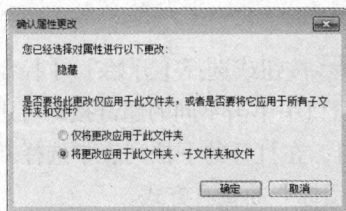

图 2-49　选择文件夹属性应用方式

设置文件和文件夹属性

6. 使用库

库是 Windows 7 操作系统中的一个新概念，其功能类似于文件夹，但它只是提供管理文件的索引，即用户可以通过库来直接访问，而不需要通过保存文件的位置去查找，所以文件并没有真正地被存放在库中。Windows 7 系统中自带了视频、图片、音乐和文档 4 个库，以便将这类常用文件资源添加到库中，根据需要也可以新建库文件夹。

使用库

【例 2.20】　新建"办公"库，将"表格"文件夹添加到库中。

（1）打开"计算机"窗口，在导航窗格中单击"库"图标，打开"库"文件夹，此时在右侧窗口中将显示所有库，双击各个库文件夹便可打开进行查看。

（2）单击工具栏中的 新建库 按钮或选择【文件】/【新建】/【库】命令，输入库的名称"办公"，然后按【Enter】键，即可新建一个库，如图 2-50 所示。

（3）在导航窗格中选择"G:\办公"文件夹，选择要添加到库中的"表格"文件夹，然后选择【文件】/【包含到库中】/【办公】命令，即可将选择的文件夹中的文件添加到前面新建的"办公"库中，以后就可以通过"办公"库来查看文件了，效果如图 2-51 所示。使用同样的方法还可将计算机中其他位置下的相关文件分别添加到库中。

图 2-50　新建库

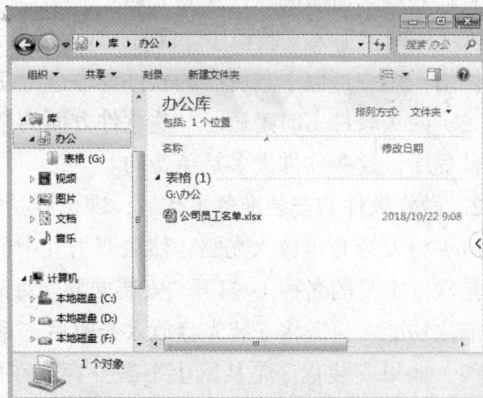

图 2-51　将文件添加到库中

注意　　当不再需要使用库中的文件时，可以将其删除，方法是：在要删除的库文件夹上单击鼠标右键，在弹出的快捷菜单中选择"从库中删除位置"命令即可。

第六节　Windows 7【控制面板】的使用

控制面板中包含了不同的设置工具，用户可以通过控制面板对 Windows 7 系统进行设置，包括管理安装程序和打印机等硬件资源。

在"计算机"窗口中的工具栏中单击 打开控制面板 按钮或选择【开始】/【控制面板】命令即可启动控制面板，如图 2-52 所示。在"控制面板"窗口中单击不同的超链接即可进入相应的子分类设置窗口或打开参数设置对话框。单击 类别 ▼ 按钮，在打开的下拉列表中选择"大图标"选项，查看设置查看方式后的效果，图 2-53 所示为"大图标"的查看方式。

图 2-52 【控制面板】窗口　　　　图 2-53 "大图标"查看方式

一、计算机软件的安装事项

1. 要安装软件，首先应获取软件的安装程序，获取软件有以下几种途径。

（1）从软件销售商处购买安装光盘。光盘是存储软件和文件常用的媒体之一，用户可以从软件销售商处购买所需的软件安装光盘。

（2）从网上下载安装程序。目前，许多的共享软件和免费软件都将其安装程序放置在网络上，通过网络，用户可以下载所需的软件程序进行使用。

（3）购买软件书时赠送。一些软件方面的杂志或书籍也常会以光盘的形式为读者提供一些小的软件程序，这些软件大多是免费的。

2. 做好软件的安装准备工作后，即可开始安装软件。安装软件的一般方法及注意事项如下。

（1）将安装光盘放入光驱，然后双击其中的"setup.exe"或"install.exe"文件（某些软件也可能是软件本身的名称），打开"安装向导"对话框，根据提示信息进行安装。某些安装光盘提供了智能化功能，只需将安装光盘放入光驱后，系统就会自动运行安装。

（2）如果安装程序是从网上下载并存放在硬盘中，则可在资源管理器中找到该安装程序的存放位置，双击其中的"setup.exe"或"install.exe"文件安装可执行文件，再根据提示进行后续操作。

（3）软件一般安装在除系统盘之外的其他磁盘分区中，最好是专门用一个磁盘分区来放置安装程序，杀毒软件和驱动程序等软件则可安装在系统盘中。

（4）很多软件在安装时要注意取消其开机启动选项，否则它们会默认设置为开机启动软件，这样不但会影响计算机启动的速度，还会占用系统资源。

（5）为确保安全，在网上下载的软件应事先进行查毒处理，然后再运行安装。

二、计算机硬件的安装事项

硬件设备通常可分为即插即用型和非即插即用型两种。通常,将可以直接连接到计算机中使用的硬件设备称为即插即用型硬件,如 U 盘和移动硬盘等可移动存储设备,该类硬件无须手动安装驱动程序,与计算机接口相连后系统可以自动识别,从而可以在系统中直接运行。

非即插即用硬件是指连接到计算机后,需要用户自行安装驱动程序的计算机硬件设备,如打印机、扫描仪和摄像头等。要安装这类硬件,还需要准备与之配套的驱动程序,一般会在购买硬件设备时由厂商提供安装程序。

三、安装和卸载应用程序

获取或准备好软件的安装程序后便可以开始安装软件,安装后的软件将会显示在【开始】菜单中的"所有程序"列表中,部分软件还会自动在桌面上创建快捷启动图标。

安装和卸载应用程序

【例 2.21】 安装 Office 2010,并卸载计算机中不需要的软件。

(1)将安装光盘放入光驱中,当光盘成功被读取后,进入光盘中,找到并双击"setup.exe"文件,如图 2-54 所示。

(2)打开"输入您的产品密钥"对话框,在光盘包装盒中找到由 25 位字符组成的产品密钥(产品密钥也称安装序列号,免费或试用软件则无须输入),并将密钥输入文本框中,单击 继续(C) 按钮,如图 2-55 所示。

图 2-54 双击安装文件

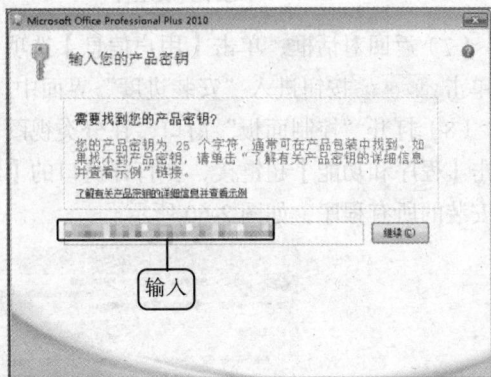

图 2-55 输入产品密钥

(3)打开【许可条款】对话框,对其中条款内容进行认真阅读,单击选中"我接受此协议的条款"复选框,单击 继续(C) 按钮,如图 2-56 所示。

(4)打开【选择所需的安装】对话框,单击 自定义(U) 按钮,如图 2-57 所示。若单击 立即安装(I) 按钮,可按默认设置快速安装软件。

(5)在打开的安装向导对话框中单击【安装选项】选项卡,单击任意组件名称前的 ▣▾ 按钮,在打开的下拉列表中便可以选择是否安装此组件,如图 2-58 所示。

(6)单击【文件位置】选项卡,单击 浏览(B) 按钮,在打开的【浏览文件夹】对话框中选择安装 Office 2010 的目标位置,单击 确定 按钮,如图 2-59 所示。

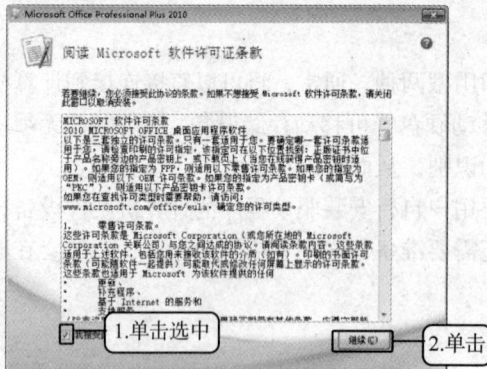

图 2-56　【许可条款】对话框

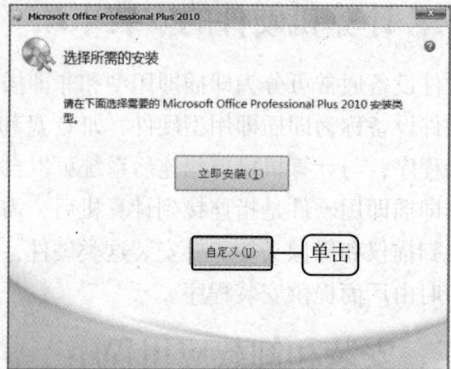

图 2-57　选择安装模式

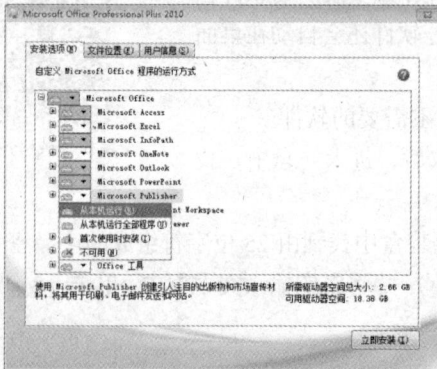

图 2-58　选择安装组件

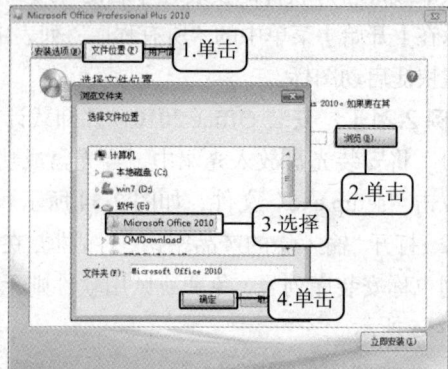

图 2-59　选择安装路径

（7）返回对话框，单击【用户信息】选项卡，在文本框中输入用户名和公司名称等信息，最后单击 立即安装(I) 按钮进入"安装进度"界面中，静待数分钟后便会提示已安装完成。

（8）打开"控制面板"窗口，在分类视图下单击【程序】超链接，在打开的【程序】窗口中单击【程序和功能】超链接，在打开窗口的【卸载或更改程序】列表框中即可查看当前计算机中已安装的所有程序，如图 2-60 所示。

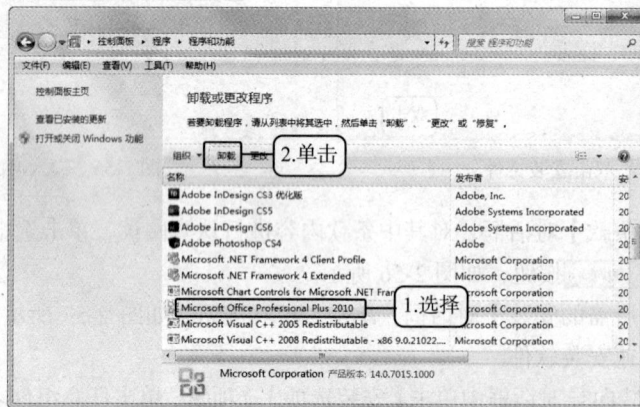

图 2-60　"程序和功能"窗口

（9）在列表中选择要卸载的程序选项，然后单击工具栏中的 卸载 按钮，将打开确认是否卸载程序的提示对话框，单击 是(Y) 按钮即可确认并开始卸载程序。

软件自身提供了卸载功能，可以通过【开始】菜单卸载，其方法是：选择【开始】/【所有程序】命令，在"所有程序"列表中展开程序文件夹，然后选择"卸载"等相关命令（若没有类似命令则通过控制面板进行卸载），再根据提示进行操作便可完成软件的卸载，有些软件在卸载后还会要求重启计算机以彻底删除该软件的安装文件。

四、打开和关闭 Windows 功能

Windows 7 操作系统自带了一些组件程序及功能，包括 IE 浏览器、媒体功能、游戏和打印服务等，用户可根据需要通过打开和关闭操作来决定是否启用这些功能。

打开和关闭 Windows
功能

【例 2.22】　关闭 Windows 7 的"纸牌"游戏功能。

（1）选择【开始】|【控制面板】命令，打开【控制面板】窗口，在分类视图下单击【程序】超链接，在打开的【程序】窗口中单击【打开或关闭 Windows 功能】超链接。

（2）系统检测 Windows 功能后，打开图 2-61 所示的【Windows 功能】窗口，在该窗口的列表框中显示了所有的 Windows 功能选项。若选项前的复选框显示为▣，则表示该功能中的某些子功能被打开；若选项前的复选框显示为☑，则表示该功能中的所有子功能都被打开。

（3）单击某个功能选项前的⊞标记，即可在展开的列表中显示该功能中的所有子功能选项，这里展开【游戏】功能选项，撤销选中【纸牌】复选框，则可关闭该系统功能，如图 2-62 所示。

（4）单击 确定 按钮，系统将打开提示对话框显示该项功能的配置进度，完成后系统将自动关闭该对话框和【Windows 功能】窗口。

图 2-61　"Windows 功能"窗口　　　　图 2-62　关闭"纸牌"游戏功能

五、安装打印机硬件驱动程序

在安装打印机前应先将设备与计算机主机相连接，然后还需安装打印机的驱动程序。当安装其他外部计算机设备时，也可参考安装打印机的方法。

【例 2.23】　连接打印机，然后安装打印机的驱动程序。

（1）不同的打印机有不同类型的端口，常见的有 USB、LPT 和 COM 端口，可参见打印机的使用说明书，将数据线的一端插入机箱后面相应的插口中，再将另一端与打印机接口相连，如图 2-63 所示，然后接通打印机的电源。

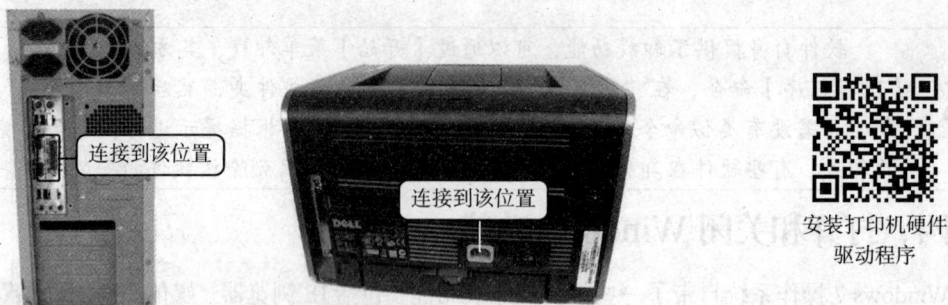

图 2-63　连接打印机

（2）选择【开始】|【控制面板】命令，打开【控制面板】窗口，单击【硬件和声音】【超链接】下方的【查看设备和打印机】超链接，打开【设备和打印机】窗口，在其中单击 添加打印机 按钮，如图 2-64 所示。

（3）在打开的【添加打印机】对话框中选择【添加本地打印机】选项，如图 2-65 所示。

图 2-64　【设备和打印机】窗口

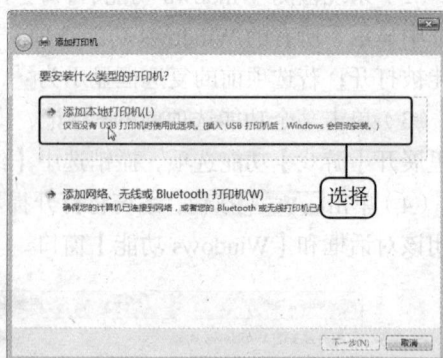

图 2-65　添加本地打印机

（4）在打开的【选择打印机端口】对话框中单击选中【使用现有的端口】单选项，在其后面的下拉列表框中选择打印机连接的端口（一般使用默认端口设置），然后单击 下一步(N) 按钮，如图 2-66 所示。

（5）在打开的【安装打印机驱动程序】对话框的【厂商】列表框中选择打印机的生产厂商，在【打印机】列表框中选择安装打印机的型号，单击 下一步(N) 按钮，如图 2-67 所示。

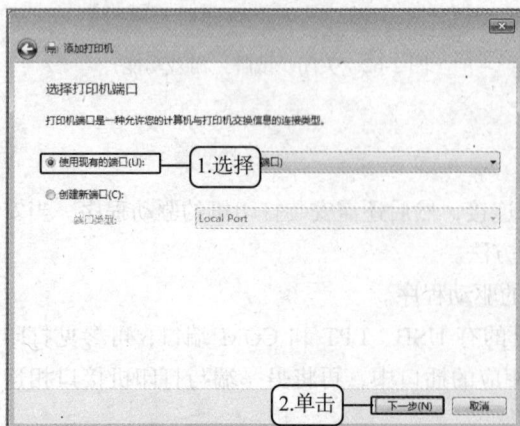

图 2-66　选择打印机端口

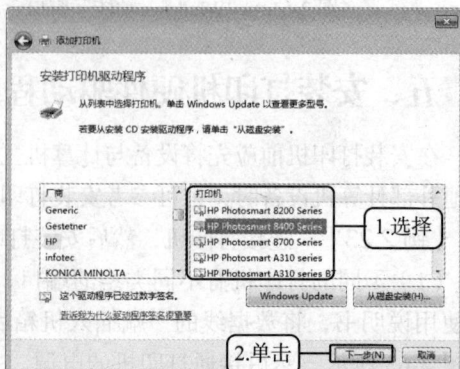

图 2-67　选择打印机型号

（6）打开【键入打印机名称】对话框，在【打印机名称】文本框中输入名称，这里使用默认名称，单击 下一步(N) 按钮，如图 2-68 所示。

（7）系统开始安装驱动程序，安装完成后打开"打印机共享"对话框，如果无须共享打印机，则单击选中"不共享这台打印机"单选项，单击 下一步(N) 按钮，如图 2-69 所示。

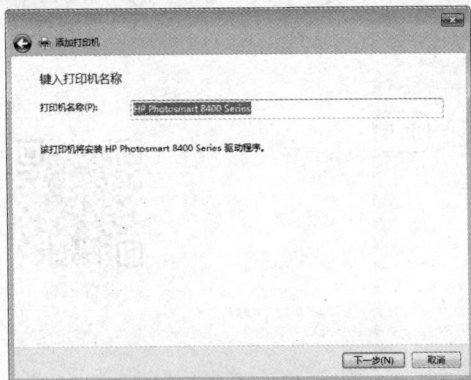

图 2-68　输入打印机名称

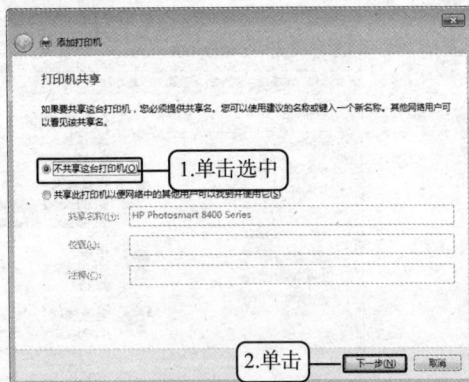

图 2-69　共享设置

（8）在打开的对话框中单击选中【设置为默认打印机】复选框，可设置其为默认的打印机，单击 完成(F) 按钮即可完成打印机的添加，如图 2-70 所示。

（9）打印机安装完成后，在"控制面板"窗口中单击"查看设备和打印机"超链接，在打开的窗口中双击安装的打印机图标，即可根据打开的窗口查看打印机状态，包括查看当前打印内容、设置打印属性和调整打印选项等，如图 2-71 所示。

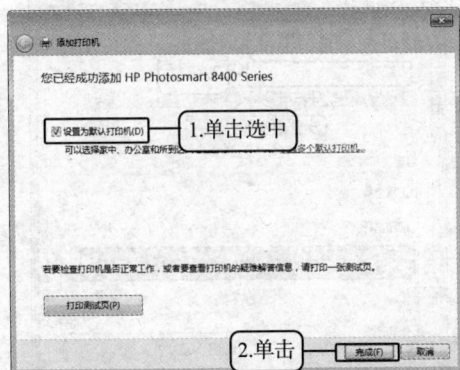

图 2-70　完成打印机的添加

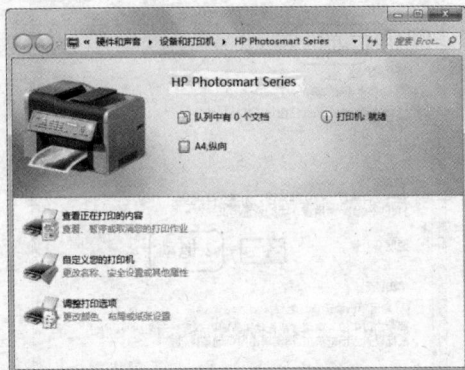

图 2-71　查看安装的打印机

如果要安装网络打印机，则可在图 2-65 所示的对话框中选择"添加网络、无线或 Bluetooth 打印机"选项，系统将自动搜索与本机联网的所有打印机设备，选择打印机型号后将自动安装驱动程序。

六、设置鼠标和键盘

鼠标和键盘是计算机中重要的输入设备，用户可以根据需要对其参数进行设置。

1. 设置鼠标

设置鼠标主要包括调整双击鼠标的速度、更换鼠标指针样式以及设置鼠标指针选项等。

【例2.24】 设置鼠标指针样式方案为"Windows 黑色（系统方案）"，调节鼠标的双击速度和移动速度，并设置移动鼠标指针时会产生"移动轨迹"效果。

（1）选择【开始】|【控制面板】命令，打开"控制面板"窗口，单击【硬件和声音】超链接，在打开的窗口中单击"鼠标"超链接，如图2-72所示。

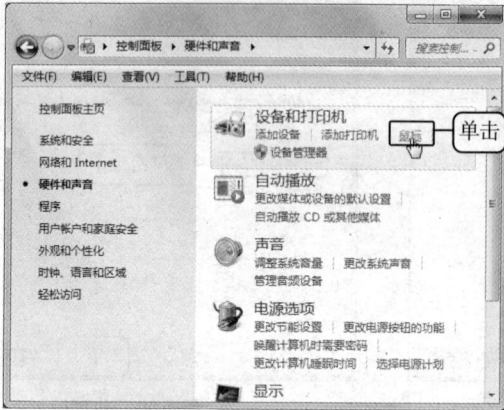

设置鼠标

图2-72 单击【鼠标】超链接

（2）在打开的【鼠标 属性】对话框中单击【鼠标键】选项卡，在【双击速度】栏中拖动【速度】滑动条中的滑动块可以调节双击速度，如图2-73所示。

（3）单击【指针】选项卡，然后单击【方案】栏中的下拉按钮▼，在打开的下拉列表中选择鼠标样式方案，这里选择【Windows 黑色（系统方案）】选项，如图2-74所示。

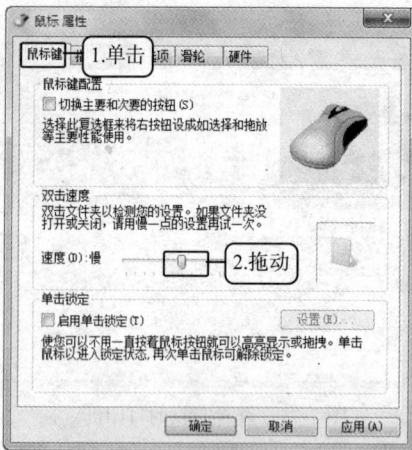

图2-73 设置鼠标双击速度

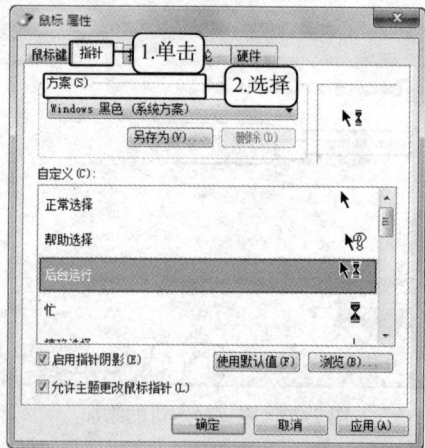

图2-74 选择鼠标指针样式

（4）单击 应用(A) 按钮，此时鼠标指针样式变为设置后的样式。如果要自定义某个鼠标状态下的指针样式，则在"自定义"列表框中选择需单独更改样式的鼠标状态选项，然后单击 浏览(B)... 按钮进行选择。

（5）单击【指针选项】选项卡，在【移动】栏中拖动滑动块可以调整鼠标指针的移动速度，单击选中【显示指针轨迹】复选框，如图2-75所示，移动鼠标指针时会产生【移动轨迹】效果。

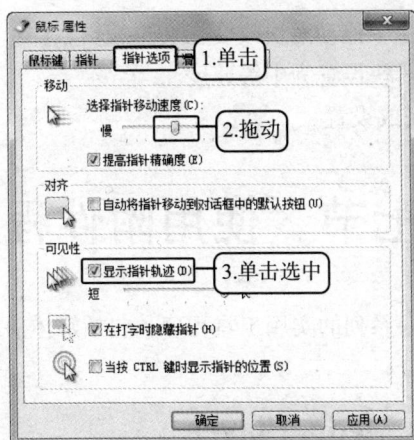

图 2-75 设置指针选项

（6）单击 确定 按钮，即可完成对鼠标的设置。

> **注意** 习惯用左手进行操作的用户，可以在【鼠标 属性】对话框的【鼠标键】选项卡中单击选中【切换主要和次要的按钮】复选框，在其中设置交换鼠标左右键的功能，从而方便用户使用左手进行操作。

2. 设置键盘

在 Windows 7 中，设置键盘主要是调整键盘的响应速度以及光标的闪烁速度。

【例 2.25】 通过设置降低键盘重复输入一个字符的延迟时间，使重复输入字符的速度最快，并适当调整光标的闪烁速度。

（1）选择【开始】|【控制面板】命令，打开【控制面板】窗口，在窗口右上角的【查看方式】下拉列表框中选择【小图标】选项，如图 2-76 所示，切换至【小图标】视图模式。

设置键盘

（2）单击【键盘】超链接，打开图 2-77 所示的【键盘 属性】对话框，单击【速度】选项卡，向右拖动【字符重复】栏中的【重复延迟】滑块，降低键盘重复输入一个字符的延迟时间，如向左拖动，则增长延迟时间；向右拖动"重复速度"滑块，则加快重复输入字符的速度。

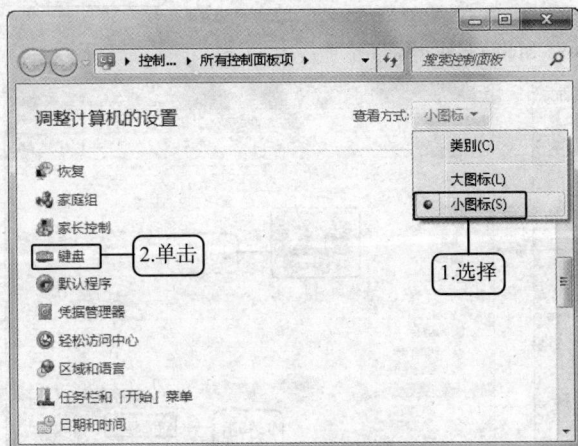

图 2-76 设置【小图标】查看方式

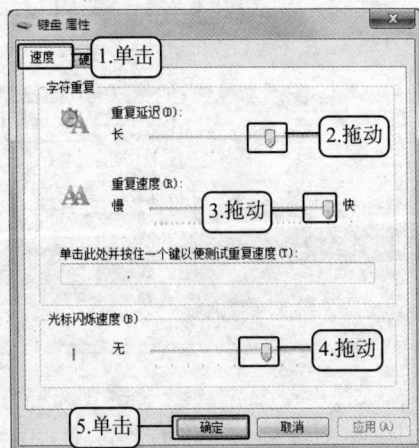

图 2-77 设置键盘属性

（3）在【光标闪烁速度】栏中拖动滑块改变在文本编辑软件（如记事本）中插入点在编辑位置的闪烁速度，如将向左拖动滑块设置为中等速度。

（4）单击 确定 按钮，完成设置。

第七节　使用附件程序

Windows 7 系统中提供了一系列的实用工具程序，包括媒体播放器、计算器和画图程序等。下面简单介绍它们的使用方法。

一、使用 Windows Media Player

Windows Media Player 是 Windows 7 操作系统中自带的一款多媒体播放器，使用它可以播放各种格式的音频文件和视频文件，还可以播放 VCD 和 DVD。只需选择【开始】|【所有程序】|【Windows Media Player】命令，即可启动媒体播放器，其界面如图 2-78 所示。

播放音乐或视频文件的方法主要有以下几种。

（1）在工具栏上单击鼠标右键，在弹出的快捷菜单中选择【文件】|【打开】命令或按【Ctrl+O】组合键，在打开的【打开】对话框中选择需要播放的音乐或视频文件，然后单击 打开(O) 按钮，即可在 Windows Media Player 中播放这些文件，如图 2-79 所示。

图 2-78　Windows Media Player 窗口界面

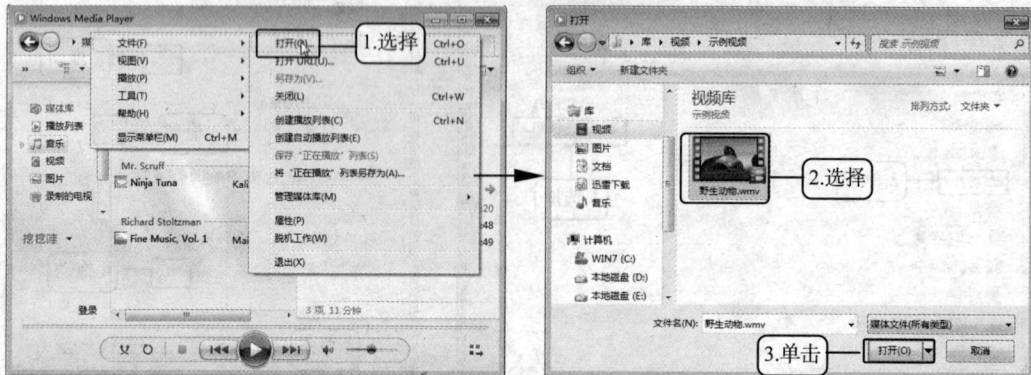

图 2-79　在默认的库视图下打开媒体文件

（2）在窗口工具栏中单击鼠标右键，在弹出的快捷菜单中选择【视图】|【外观】命令，将播放器切换到【外观】模式，然后选择【文件】|【打开】命令，即可打开并播放计算机中的媒体文件，如图 2-80 所示。

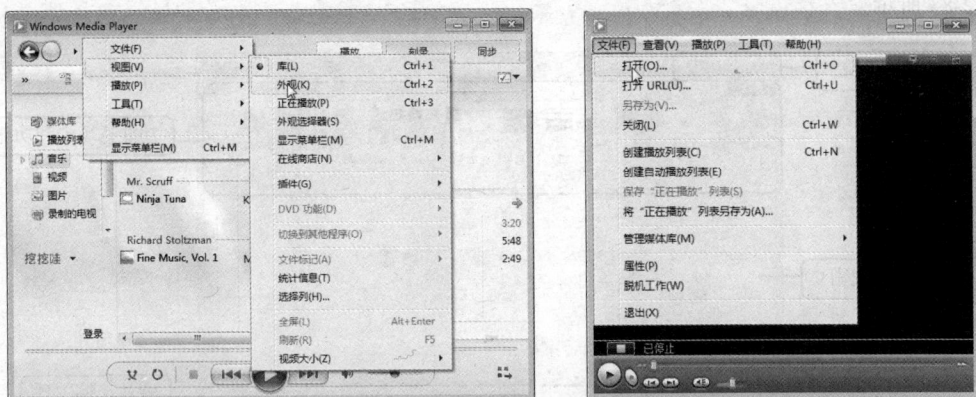

图 2-80　在外观视图下打开媒体文件

（3）Windows Media Player 可以直接播放光盘中的多媒体文件，其方法是：将光盘放入光驱中，然后在 Windows Media Player 窗口的工具栏上单击鼠标右键，在弹出的快捷菜单中选择【播放】|【播放/DVD、VCD 或 CD 音频】命令，即可播放光盘中的多媒体文件。

（4）使用媒体库可以将存放在计算机中不同位置的媒体文件统一集合在一起，通过媒体库，用户可以快速找到并播放相应的多媒体文件。其方法是：单击工具栏中的 创建播放列表(C) 按钮，在导航窗格的"播放列表"目录下将新建一个播放列表，输入播放列表名称后按【Enter】键确认创建，创建后选择导航窗格中的【音乐】选项，在显示区的【所有音乐】列表中拖动需要的音乐到新建的播放列表中，如图 2-81 所示，添加后双击该列表选项即可播放列表中的所有音乐，如图 2-82 所示。

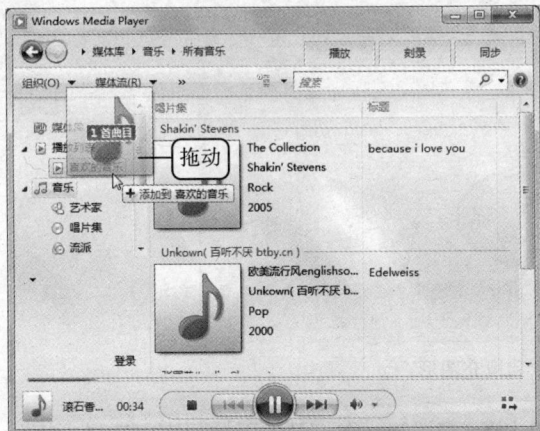

图 2-81　将音乐添加到播放列表

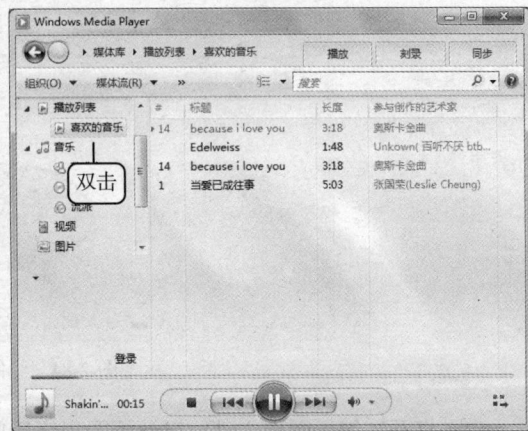

图 2-82　播放播放列表中的音乐

如果是播放视频或图片文件，Windows Media Player 将自动切换到【正在播放】视图模式，如果再切换到【媒体库】模式，将只能听见声音而无法显示视频和图片。

二、使用画图程序

选择【开始】|【所有程序】|【附件】|【画图】命令，启动画图程序，画图程序的操作界面如图 2-83 所示。

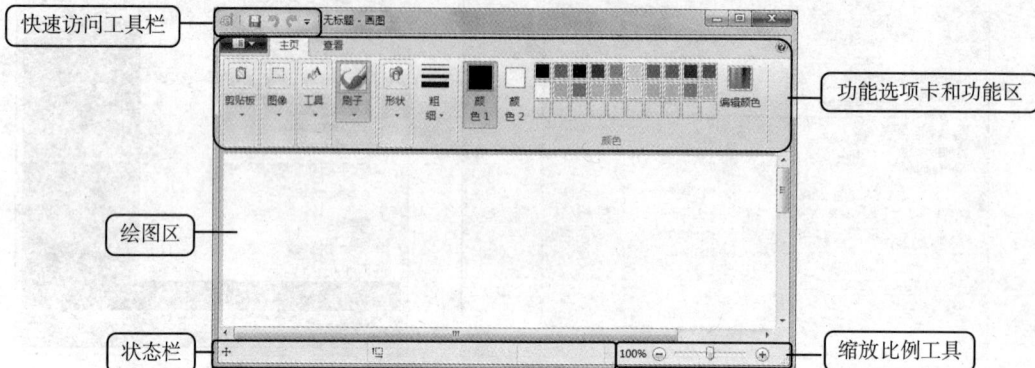

图 2-83　"画图"程序操作界面

画图程序中所有绘制工具及编辑命令都集成在【主页】选项卡中，因此，画图所需的大部分操作都可以在功能区中完成。利用画图程序可以绘制各种简单形状的图形，也可以打开计算机中已有的图像文件进行编辑，其方法如下。

（1）绘制图形。单击"形状"工具栏中的各个按钮，然后在"颜色"工具栏中单击选择一种颜色，移动鼠标指针到绘图区，按住鼠标左键不放并拖动鼠标，便可以绘制出相应形状的图形，绘制图形后单击"工具"工具栏中的"用颜色填充"按钮 ，然后在"颜色"工具栏中选择一种颜色，单击绘制的图形，即可填充图形，如图 2-84 所示。

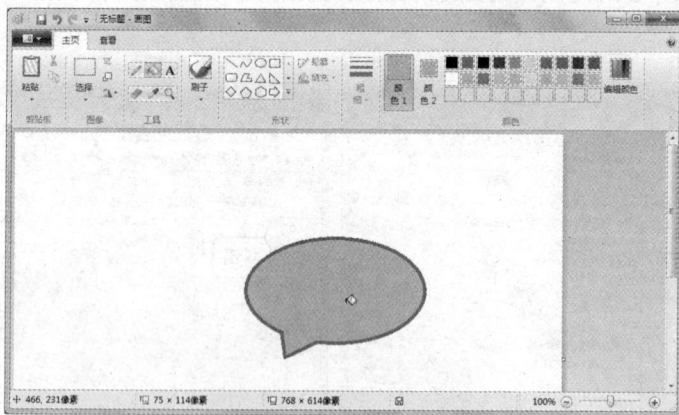

图 2-84　绘制和填充图形

（2）打开和编辑图像文件。启动画图程序后单击 按钮，在打开的下拉列表中选择【打开】选项或按【Ctrl+O】组合键，在打开的【打开】对话框中找到并选择图像，单击 打开(O) 按钮打开图像。打开图像后单击【图像】工具栏中的 旋转 按钮，在打开的下拉列表框中选择需要旋转的方向和角度，可以旋转图形，如图 2-85 所示；单击【图像】工具栏中的 按钮，在打开的下拉列表框中选择【矩形选择】选项，在图像中按住鼠标左键不放并拖动鼠标即可选择局部图像区域，选择图像后按住鼠标左键不放进行拖动可以移动图像的位置，若单击【图像】工具栏中的 裁剪 按钮，将自动裁剪掉多余的部分，留下被框选部分的图像。

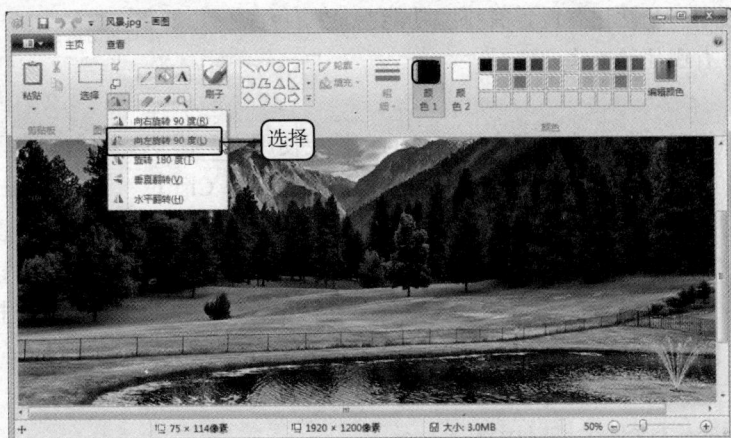

图 2-85　打开并旋转图像

三、使用计算器

当需要计算大量数据，而周围又没有计算工具时，则可以使用 Windows 7 自带的"计算器"程序。它除了具有适合大多数人使用的标准计算模式以外，还有适合特殊情况的科学型、程序员和统计信息等模式。

选择【开始】|【所有程序】|【附件】|【计算器】命令，默认将启动标准型计算器，如图 2-86 所示。计算器的使用与现实中计算器的使用方法基本相同，只需使用鼠标光标单击操作界面中相应的按钮即可进行计算。标准型模式不能完成的计算任务可以选择"查看"菜单下其他类型的计算器命令，主要包括科学型、程序员和统计信息等几种，可用于实现较复杂的数值计算。

图 2-86　标准型计算器

<hr/>

本 章 小 结

本章介绍了操作系统的基本概念及重要性，以及 Windows 7 操作系统的功能、分类和发展历程，详细介绍了 Windows 7 操作系统的使用方法。通过对本章内容的学习，读者能够熟练掌握桌面、窗口、菜单、对话框等基本概念和基本操作；掌握文件的概念，熟练使用【资源管理器】来进行文件管理操作；掌握使用【控制面板】进行系统设置的方法；学会使用系统帮助，能够独立解决操作中的问题；此外还讲解了 Windows 7 自带的一些实用工具的使用方法。

习 题 二

一、简答题
1. 什么是操作系统？它有哪六大功能？
2. 操作系统主要分为哪些种类？

3. 简述 Windows 操作系统的发展历程。

4. 控制面板中"个性化"设置有哪些功能？

5. 排列窗口有哪几种方法？

二、单选题

1. 在"资源管理器"中选定多个不连续的文件要使用_____（组合）键。

    A.【Shift + Alt】   B.【Shift】   C.【Shift + Ctrl】   D.【Ctrl】

2. 在 Windows 中，当一个应用程序窗口被最小化后，该应用程序_____。

    A. 终止运行   B. 暂停运行   C. 继续在后台运行   D. 继续在前台运行

3. 在 Windows 环境下，为了复制一个对象，在用鼠标拖动该对象时应同时按住_____。

    A.【Alt】键   B.【Esc】键   C.【Shift】键   D.【Ctrl】键

4. 下列关于 Windows 7 文件名的说法中，不正确的是_____。

    A. Windows 7 文件名可以用汉字

    B. Windows 7 文件名可以用空格

    C. Windows 7 文件名最长可达 255 个字符

    D. Windows 7 文件名可用各种标点符号

5. Windows 7 操作系统的"桌面"指的是_____。

    A. 整个屏幕   B. 全部窗口   C. 活动窗口   D. 某个窗口

三、填空题

1. 要在应用程序窗口之间进行切换，应按组合键_____。

2. 在"资源管理器"中，选择某一文件后，按【Delete】键，文件将进入_____中。

3. Windows 7 中，选定多个不连续的文件的操作是：单击第一个文件，然后按_____键的同时，单击其他待选定的文件。

4. 在 Windows 7 中，当用鼠标左键在不同驱动器之间拖动对象时，系统默认的操作是_____。

5. 扩展名是 bmp 的文件所代表的文件类型是_____。

6. 用 Windows 7 的"记事本"所创建的文件的扩展名是_____。

7. 在 Windows 7 中，"回收站"是_____中的一块区域。

8. 在 Windows 7 中，为了弹出【显示属性】对话框，应用鼠标_____单击桌面空白处，然后在弹出的快捷菜单中选择 。

四、操作题

1. 正确启动和退出 Windows 7。

2. 改变任务栏的大小和位置，并设置任务栏为自动隐藏或者总在前面。

3. 移动【计算机】窗口，并改变窗口的大小。

4. 在【计算机】窗口中，打开或者隐藏状态栏。

5. 用大图标、小图标、详细信息 3 种方式查看【计算机】窗口中图标。

6. 把桌面的图标按类型进行排列，并在桌面上新建名为"我的办公室"的文件夹。

7. 设置 Windows 在文件夹中显示所有文件和文件夹。

8. 将桌面上的"我的办公室"文件夹以只读形式设置为共享文件夹。

9. 从【开始】|【所有程序】|【附件】中，运行【记事本】程序，输入以下内容。计算题：56875×4578=? 。

10. 从【开始】|【所有程序】|【附件】中，运行【计算器】程序，用计算器计算出上面式子的值，并把结果复制到记事本窗口中等于号的后面，然后把记事本中的文档以"计算.txt"为文件名保存到桌面上的"我的办公室"文件夹中。

11. 从【开始】中启动【搜索】程序，查找刚才建立的"计算.txt"文本文件。

12. 将"我的办公室"文件夹中的"计算.txt"文本文件删除，然后在回收站中执行【还原】操作。

13. 使用 3 种方法对"计算.txt"文本文件重命名。

14. 打开【计算机】窗口，使用组合键【Alt+Printscreen】复制，再打开【画图】程序，执行粘贴操作，并以"图片"为文件名，保存图片到"我的办公室"文件夹中。

15. 查看计算机 D 盘的属性，并对 D 盘执行【磁盘清理】操作。

16. 从【开始】菜单运行【写字板】程序，并输入自己拟定的内容。

17. 按照如下要求设置桌面属性：

（1）更改一个桌面背景的图片，将其平铺在桌面上，观察实际效果。

（2）选择名为"三维文字"的屏幕保护程序，并将文字设为"祝你快乐！"旋转类型：跷跷板式，【等待】时间设置为"5 分钟"，然后观察实际效果。

（3）按自己的喜好更改"计算机"的图标，然后观察实际效果。

18. 打开【资源管理器】，完成以下操作：

（1）D 盘根目录下创建一个名为"实训"的文件夹；

（2）在【实训】文件夹中创建一个名为"计算.txt"的文件

（3）将【计算.txt】文件更名为"公式.txt"；

（4）将【公式.txt】文件设置成"只读"和"隐藏"的属性；

（5）将系统设置成"显示所有文件"的属性。

第三章
Word 2010 文字处理软件

Office 软件是目前常用的办公软件，被广泛应用于文字处理、表格处理、数据处理、演示文稿制作和数据库制作等诸多领域。Office 2010 是 Microsoft 公司发行的办公软件，它是功能性全面、实用性较高的一个版本，给办公带来了诸多便利。

Word 2010 拥有强大的文档制作与编辑功能，常被用于文字的输入、编辑、排版和打印，还可以制作出各种图文并茂的办公文档和商业文档。此外，它还自带了各种模板。通过模板，用户可快速地创建和编辑各种专业文档。

第一节　Word 2010 概述

一、认识 Word 2010

1. Word 2010 的启动

启动 Word 2010 通常有 3 种方法。

（1）单击【开始】|【所有程序】|【Microsoft Office】|【Microsoft Office Word 2010】命令。

（2）双击桌面上的 Word 2010 快捷方式的图标。

（3）直接在【我的电脑】或【资源管理器】中双击指定的 Word 文件名即可。

2. Word 2010 的退出

退出 Word 2010 的操作通常有 5 种。

（1）单击 Word 窗口右上角的【关闭】按钮。

（2）单击【文件】|【退出】命令。

（3）双击 Word 窗口左上角的系统控制菜单。

（4）按组合键【Alt+F4】。

（5）单击 Word 窗口左上角的系统控制菜单，单击【关闭】命令。

需要注意的是，如果软件中同时打开了多个文档，那么无论是使用【关闭】命令，还是单击【关闭】按钮，都只会关闭当前文件。

3. 认识 Word 界面

Word 2010 的工作界面主要由快速访问工具栏、标题栏、功能选项卡与功能区、编辑区和状态栏 5 个部分组成，如图 3-1 所示。各部分的功能介绍如下。

Word 2010 简介

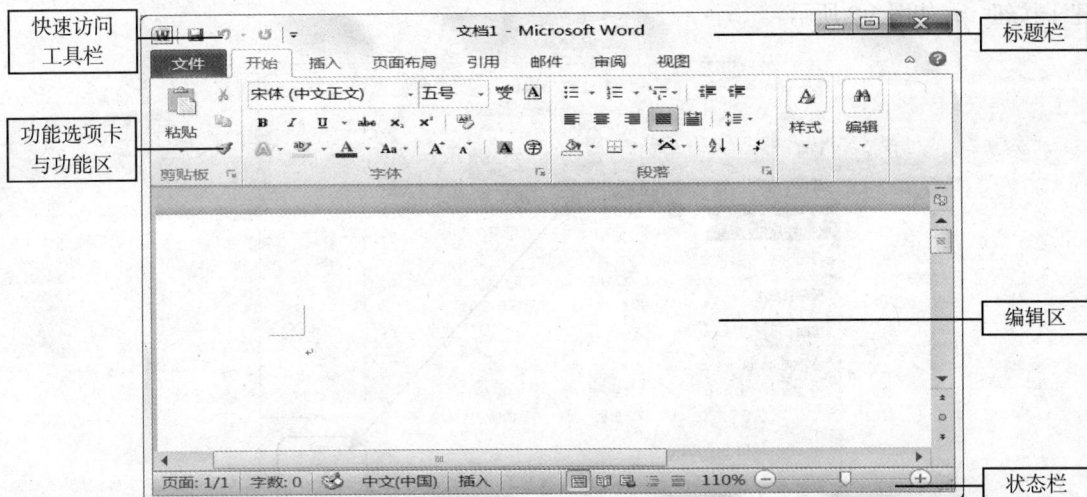

图 3-1 Word 2010 界面

（1）快速访问工具栏

快速访问工具栏的作用是将使用频繁的工具集合在一起，以便用户快速地执行某些命令。单击快速访问工具栏右侧的 按钮，在弹出的下拉列表中可以将使用频繁的工具按钮添加到快速访问工具栏中；也可在打开的下拉列表中选择【其他命令】选项，在打开的【Word 选项】对话框中自定义快速访问工具栏。

（2）标题栏

标题栏包括软件图标、文件名、软件类型窗口控制按钮等，在标题栏空白处双击，可以将窗口在最大化和还原状态之间切换。

（3）功能选项卡与功能区

该区域由功能选项卡和功能区两个部分组成，且这两个部分是相互对应的。单击某个选项卡可打开目标功能区，在功能区中有许多自动适应窗口大小的工具组，这些工具组以命令按钮或下拉列表框的形式显示在功能区中。单击功能区中每个工具组右下角的【功能扩展】按钮，可打开相关的对话框或任务窗格，并进行更详细地设置。

（4）编辑区

编辑区是所有组成部分中最大和最重要的部分，可以完成关于文本编辑的所有操作，该区域的右上角的标尺按钮可以打开或隐藏标尺。打开软件后，在文档编辑区中便可以看到主要用于定位文本的输入文字的文本插入点。

（5）状态栏

该栏位于工作界面的最下方，主要用于显示与当前工作相关的一些信息，左边显示的有文档总页数与当前页数、文档总字数，右边显示的是文档的 5 种不同视图方式、文档显示比例等。

二、新建文档

在启动 Word 2010 之后，用户根据需要创建各种文档，如空白文档、样本模板、本地模板和各种网络模板等。其创建方法分别如下。

（1）创建空白文档：进入软件之后，选择【文件】|【新建】命令，在窗口右侧将显示新建窗格，在【可用模板】栏中双击【空白文档】选项，或选择【空白文档】选项后，在右侧单击【创

建】按钮🗋，如图 3-2 所示。

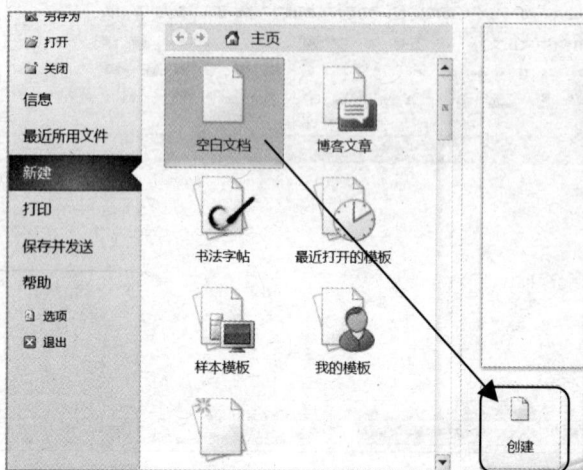

图 3-2　新建空白文档

（2）创建样本文档：选择【文件】|【新建】命令，在窗口右侧将显示新建窗格，在【可用模板】栏中双击【样本模板】选项，在打开的界面中将显示所有的模板，双击模板选项或选择模板选项后单击右侧的【创建】按钮🗋，如图 3-3 所示。

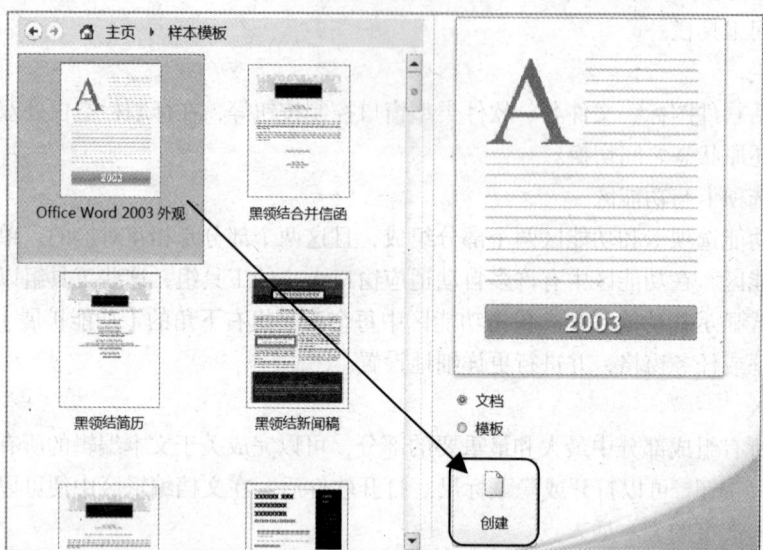

图 3-3　新建样本文档

（3）使用本地模板：打开新建窗口，在【可用模板】栏中选择【我的模板】选项，打开【新建】对话框，在对话框的上方各个选项卡中包含了本地计算机中所有与该组件相关联的文件；选择需要使用的文件之后，单击【确定】按钮，即可在组件中打开文件并对其进行编辑，如图 3-4 所示。

（4）使用网络模板：打开新建窗口，在"Office.com 模板"栏中显示了各种在线模板，双击相应模板，界面中便会显示可提供下载的模板文档，双击之后组件便会自动下载并打开这个模板，如图 3-5 所示。

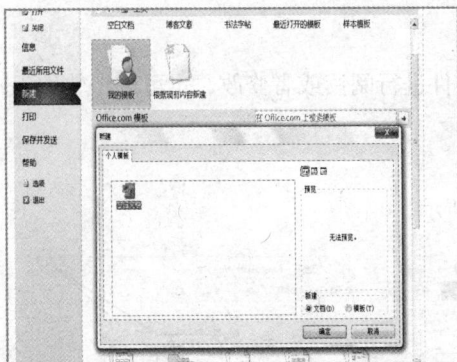

图 3-4　使用本地模板　　　　　　　　　图 3-5　使用网络模板

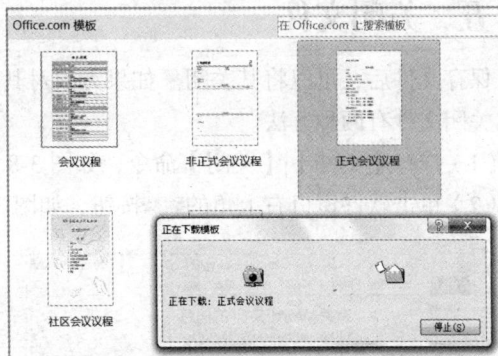

三、打开文件

当用户需要在 Word 2010 中对某份办公文件进行查看时，需要先将其打开，使组件显示该文件中的所有内容，再进行查看。打开文件的方法如下。

（1）用命令打开：打开 Word 2010 后，选择【文件】|【打开】命令，在打开的【打开】对话框中选择需要打开的文档，单击"打开"按钮，如图 3-6 所示。

（2）双击文件打开：打开文件所在的文件夹，双击文件图标，系统将自动识别该文件后打开。

文件基本操作

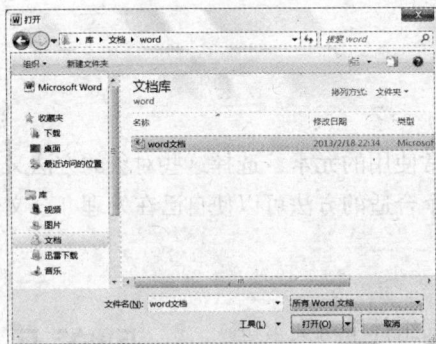

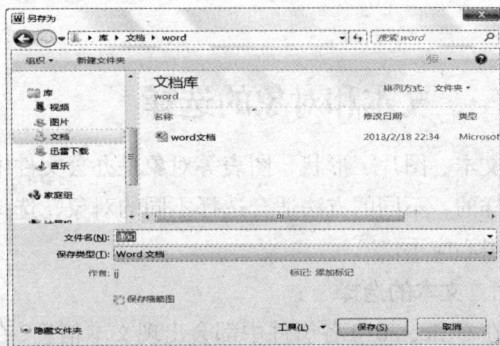

图 3-6　"打开"对话框　　　　　　　　　图 3-7　"另存为"对话框

四、保存文件

用户在对文件制作完成或者修改完成之后，需要将文件进行保存，以方便以后使用。保存文件的方法如下。

（1）选择【文件】|【保存】命令。

（2）选择【文件】|【另存为】命令。

（3）单击快速访问工具栏中的按钮。

（4）按【Ctrl+S】组合键。

执行上述任意一种操作，都将打开"另存为"对话框，在对话框上方和列表框中选择文件的保存位置，在【文件名】文本框中输入文件的名称，单击【保存】按钮即可，如图 3-7 所示。

五、关闭文件

保存文件后，可以将其关闭。如果无须对其他文件进行阅读或者修改，也可以将软件一同关闭。关闭文件有两种方法。

（1）选择【文件】|【关闭】命令，如图 3-8 所示。

（2）单击软件窗口右上角的 ✕ 按钮，如图 3-9 所示。

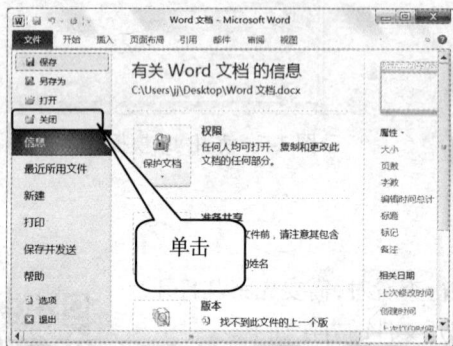

图 3-8　使用"关闭"命令关闭　　　　　　图 3-9　单击 ✕ 按钮关闭

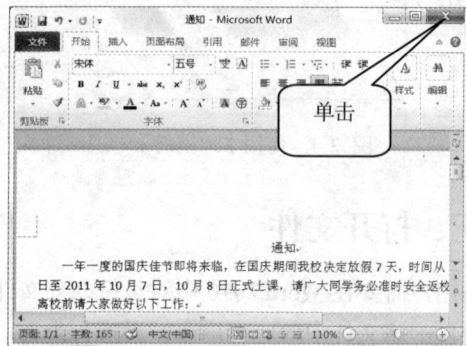

第二节　文档的排版操作

一、文本和对象的选择

文本、图片、形状、图表等对象是办公文件中经常使用的元素，选择这些对象的方法又是多种多样的，不同的方法适合选择不同的对象，选择一个合适的方法可以使自己在处理办公文件时更加得心应手。

1. 文本的选择

在 Office 2010 各组件中都会出现文本信息，在不同组件中对文本进行选择的方法各有异同，这要根据用户的实际情况而定。常见的方法介绍如下。

文本的选择和修改

（1）一般选择法：在需要选择的文本起点处按住鼠标左键不放，然后拖动鼠标至需要选择的文本终点，释放鼠标左键即可。

（2）选择较长的文本内容：先在文本的起点单击，然后按住【Shift】键，再单击文本的结束点，可选择起点到终点连续的文本。

（3）选择不连续的多处文本：拖动鼠标选择第一个需要的文本后，按住【Ctrl】键，再用鼠标选择不同位置的其他文本，可选择多处不连续的文本。

（4）选择单词或词语：将光标定位到需要选择的单词或词组中双击，即可选择。

（5）选择一个段落：在文档中的某一个位置连击 3 次鼠标左键，即可选择该段全部文本。

（6）选择一行或多行：将光标移动到某一行的最左边，当其变为 ◁ 形状时，单击可选择一行，按住鼠标左键不放向下拖动，可选择连续的多行。

（7）选择全部文本：按【Ctrl+A】组合键，可选择文本中的全部内容。

2. 对象的选择

在一个文档中，除了文本以外，都可以称为对象。对象的选择实际上与文本的选择相似，只是需要根据对象的详细情况而决定应该使用何种有效的方法进行选择。选择对象的常用方法如下。

选择图片：单击图片对象，即可将其选择。如果图片不是"嵌入"形式，则选择一张图片后，按住【Shift】键或【Ctrl】键单击其他图片，可选择多张图片，选中的图片四周将出现 8 个控制点，如图 3-10 所示。

图 3-10　选择图片的不同方法

选择表格：表格中的一个方格称为单元格，将鼠标移动到某个单元格的左边界时，鼠标变成一个向右的实心黑箭头，此为单元格的选定条，单击鼠标可选中一个单元格，按住鼠标左键拖动鼠标，可选择多个连续单元格。如果单击表格左上方的十字箭头，则可选择整个表格，如图 3-11 所示。

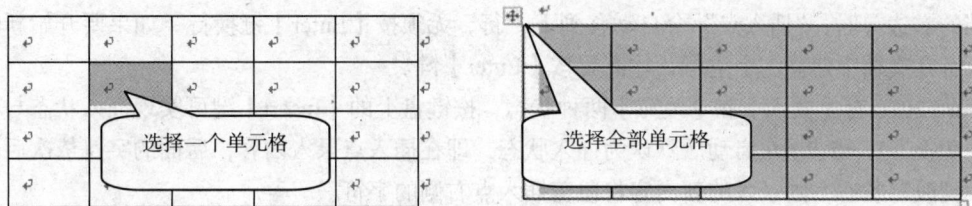

图 3-11　选择表格的不同方法

选择图表和 SmartArt 图形：单击图表和 SmartArt 图形的外框，可将其全部选择；若只单击其中的某个部件，则只选择该项。图 3-12 所示为选择整个图表和选择 SmartArt 图形的一个对象。

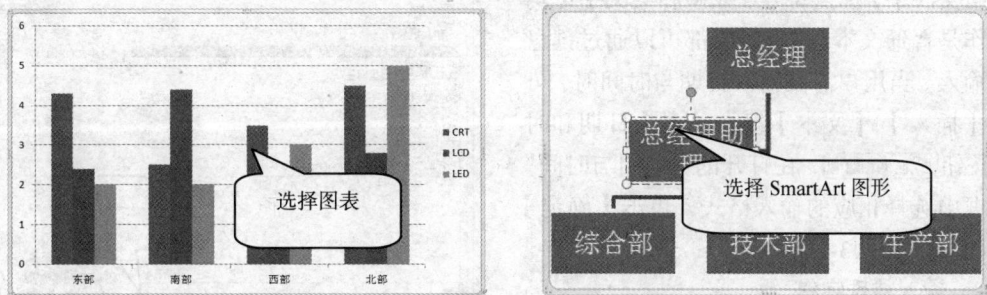

图 3-12　选择图表和 SmartArt 图形

在功能区还有一个选择形状与图片的绝佳工具，即"选择窗格"。选择【开始】|【编辑】组，单击【选择】按钮，在弹出的下拉列表中选择不同的选项即可执行不同的选择方式。选择【选择窗格】选项后，将打开【选择和可见性】窗格，如图 3-13 所示。在该窗格中会显示当前文件中所包含的全部形状与图片，单击某个名称之后，将会自动选中该形状或图片。按住【Shift】键或【Ctrl】键的同时选择，可选择多个对象。

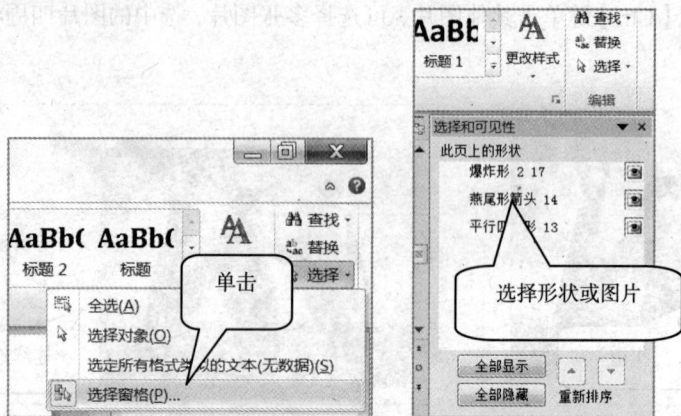

图 3-13　选择窗格

二、文本的输入

一份文档中的主要组成部分是文本。在当前活动的文档窗口里，一个闪烁的竖型光标"Ｉ"被称为"插入点"，它标示着文字输入的位置。在文本的录入过程中，"插入点"不断右移，当到达文档的右边界时，"插入点"会自动移到下一行，无须按【Enter】键换行。如果要开始新的段落，或者在文档中建立一个空行，才需要按【Enter】键。

Word 2010 有【插入】和【改写】两种状态，按键盘上的【Insert】键可实现插入状态与改写状态的切换。Word 2010 启动后默认为插入状态，即在插入点录入内容，后面的字符依次后退。若切换到改写状态，则录入的新内容将覆盖插入点右侧的字符。

在录入过程中，按【Back Space】键，即可删除插入点左侧的一个字符；按【Delete】键，即可删除插入点右侧的一个字符。

文本可大致分为普通文字和特殊字符两种类型。

1. 输入普通文本

中文汉字、标点符号、数字和英文字母均可看作是普通文本。这类对象都可以通过键盘直接输入。当用户需要输入日期与时间时，可选择【插入】|【文本】组，单击【日期和时间】按钮，在打开的"日期与时间"对话框中选择相应的输入格式，单击【确定】按钮即可，如图 3-14 所示。

2. 输入特殊字符

还有些特殊符号是无法直接从键盘输入的，可以选择【插入】|【符号】组，在弹出的

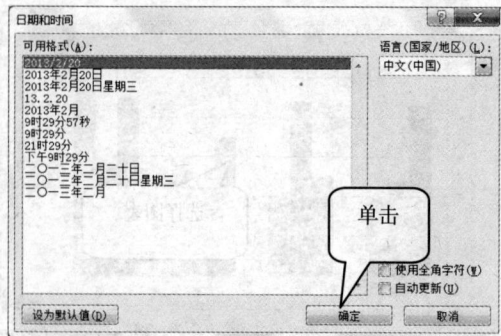

图 3-14　日期与时间对话框

下拉列表中选择【其他符号】选项，【符号】对话框中选择所需要的字符，单击【插入】按钮，如图 3-15 所示。

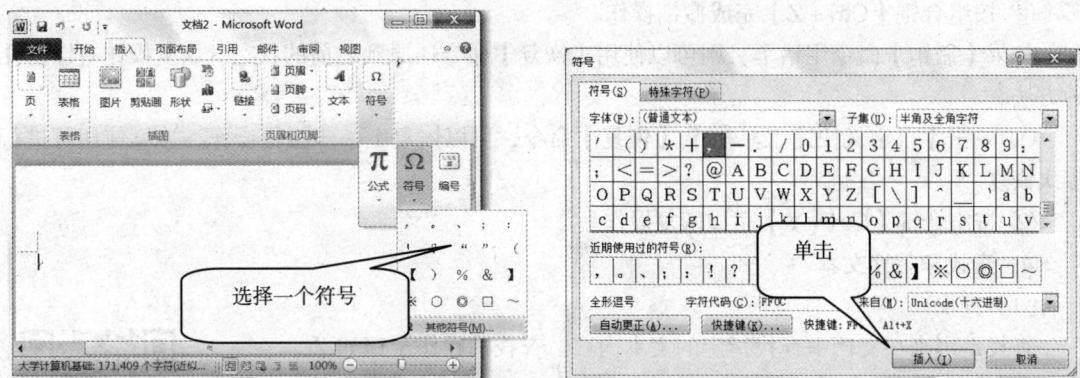

图 3-15　选择选项和"符号"对话框

3. 修改文本

前面介绍了文本的选择方法。选择文本的目的之一就是修改文本的内容，在 Word 2010 中对文本的修改包括移动、复制与粘贴、删除、撤销和恢复文本等操作。

（1）文本的移动

如果需要将文本移动到另一位置，具体操作步骤如下。

① 选中需要移动的文本。

② 单击【开始】|【剪贴板】组中的剪切✂按钮，将选中的文本剪切到剪贴板中。

③ 将插入点定位到目标位置。

④ 再单击【开始】|【剪贴板】组中的粘贴📋按钮，将剪贴板中的文本粘贴到目标位置。

用户也可以使用组合键【Ctrl + X】（剪切）和【Ctrl + V】（粘贴）完成。

（2）文本的复制

可能有不少的文本在多处是相同的。为了不重复输入，可以使用文本的复制功能。利用剪贴板复制文本的操作步骤如下。

① 选中需要复制的文本。

② 单击【开始】|【剪贴板】组中的复制📋按钮，将选中的文本复制到剪贴板中。

③ 将插入点定位到目标位置。

④ 单击【开始】|【剪贴板】组中的粘贴📋按钮，将剪贴板中的文本粘贴到插入点处。

用户也可以组合键【Ctrl + C】（复制）和【Ctrl + V】（粘贴）完成。

另外，还可以用鼠标拖曳实现文本的移动和复制。先选中要移动的文字，然后在选中的文字上按下鼠标左键并拖动鼠标到目标插入处松开，这样选中的文字就被移动到新的位置。如果拖动鼠标的同时按住【Ctrl】键，即可实现文本的复制。

（3）文本的删除

删除一段文本时，先选中要删除的内容，然后按【Delete】或【BackSpace】键即可。如果删除的是一段文本中的某个字符，按【Delect】键删除插入点后面的字符，按退格键删除插入点前面的字符。

（4）撤销和恢复

使用撤销功能可以撤销以前的一步或多步操作，实现撤销操作有以下几种方法。

① 单击【自定义快速工具栏】|【撤销】按钮，即可撤销上一步操作。连续使用可进行多次撤销。

② 按组合键【Ctrl + Z】完成撤销操作。

如果【撤销】命令用错了，则可以使用【恢复】命令还原到之前的状态。恢复操作有以下几种方法。

① 单击【自定义快速工具栏】|【恢复】命令，可以恢复上一步撤销操作。连续使用可进行多次恢复。

② 按组合键【Ctrl + Y】完成恢复操作。

4. 查找和替换文本

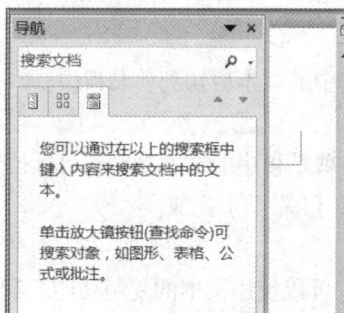

（1）查找

查找是用来在文档中查找指定的文本内容。查找的操作步骤如下。

① 单击【开始】|【编辑】组中的【查找】按钮，这时文档编辑区左侧将显示【导航】栏，如图 3-16 所示。

② 在【搜索文档】文本框中输入要查找的文本，此时右侧的文档编辑区中便会显示与查找内容相符的内容，并用黄色底纹突出显示，如图 3-17 所示。

查找和替换文本

图 3-16 打开"导航"栏

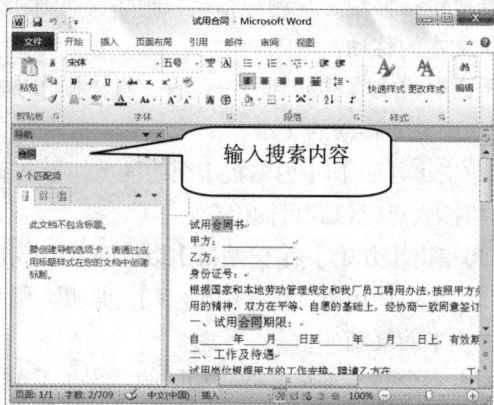

图 3-17 查找内容

（2）替换

替换与查找的方法类似，操作步骤如下。

① 单击【开始】|【编辑】组中的"替换"按钮，打开【查找和替换】对话框，如图 3-18 所示。

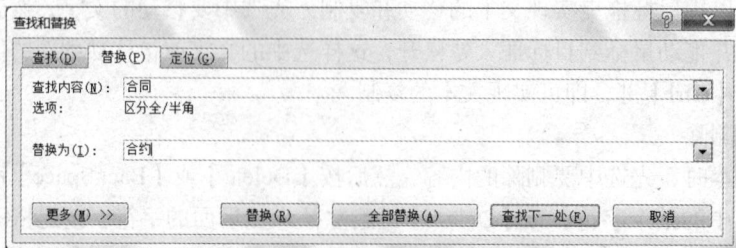

图 3-18 "替换"对话框

② 在【查找内容】文本框中输入要查找修改的文本，在【替换为】文本框中输入替换更正为

的文字。

③ 将光标定位到文档的开始处，然后单击【查找下一步】按钮开始查找，找到第一个符合条件的字符串后，Word 2010 会暂时停止查找，并将查找的字符串反白显示。单击【替换】按钮即可完成字符串替换。

④ 单击【全部替换】按钮，可以完成文档符合条件的全部替换操作。

单击【查找和替换】对话框中的【高级】按钮，打开【搜索选项】栏，在【搜索选项】栏中可以设置搜索的方向，字符的匹配等。

5. 设置文字格式

在一份文档中，会有不同样式和格式的文本。这些不同样式和格式的文本使得文档看上去更加美观，更能吸引眼球。在 Word 2010 中可以轻松通过设置文字格式，增加文档的可读性。文字格式包括字体、字形、字号、颜色、效果、字符间距等。文字格式的设置方法有 3 种，包括使用浮动工具栏、【字体】组合、【字体】对话框进行设置。

文字格式设置

（1）通过浮动工具栏设置

在文档中输入一段文字之后，再将该段文字选中后，将鼠标指针置于文字的右侧边缘，文字的右侧就会出现浮动工具栏。在浮动工具栏中可以对文字的字体、字号和字体颜色等进行设置，如图 3-19 所示。其中浮动工具栏中的各设置选项的作用如下。

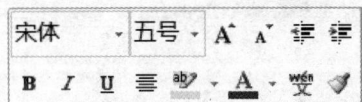

图 3-19　浮动工具栏

① 【字体】下拉列表框：单击【字体】下拉列表框右侧的▼按钮，在弹出的列表框中选择不同的字体选项，即可为文本设置不同的字体效果。

② 【字号】下拉列表框：单击【字号】下拉列表框右侧的▼按钮，在弹出的列表框中选择需要的字号。在中文字号中一般最大是初号，最小是八号，用户也可以使用在"字号"下拉列表框中直接输入数字获取更合适的字号。

③ 【增大字号】按钮 A^+ 和减小字号按钮 A^-：单击 A^+ 按钮可增大所选文本的字号，单击 A^- 按钮可减小所选文本的字号。

④ 【加粗】按钮 B、"倾斜"按钮 I 和"下划线"按钮 U：单击相应的按钮可对所选文本进行加粗、倾斜和下划线的效果处理。

⑤ 【字体颜色】按钮A：选择文本后，单击"字体颜色"按钮A右侧的▼按钮，在弹出的下拉列表中选择不同颜色可为文本设置不同的颜色。

（2）通过【字体】组设置

位于功能区的【字体】组与浮动工具栏的作用相同，都是为了设置字符而存在。但【字体】组中的功能按钮要比浮动工具栏中多，其功能也更强大，如为文字添加删除线、添加底纹和带圈文字等，如图 3-20 所示。其操作与浮动工具栏相似。

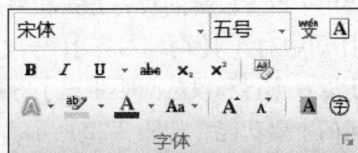

图 3-20　"字体"组

（3）通过【字体】对话框设置

单击【字体】组右下角的【功能扩展】按钮 ，打开图 3-21 所示的"字体"对话框。在该对话框中除了包括浮动工具栏与"字体"组中的所有功能外，还包含了许多强大的功能，如设置字体为空心状、添加文字阴影和调整字符间距等。用户应熟练使用该对话框中的各项功能，会使制

作的文档拥有更加炫目的效果，并且也能提高工作效率。其设置方法为：选择需设置的文字，打开【字体】对话框，设置字体、字形、字号及一些特殊效果后，单击 确定 按钮。

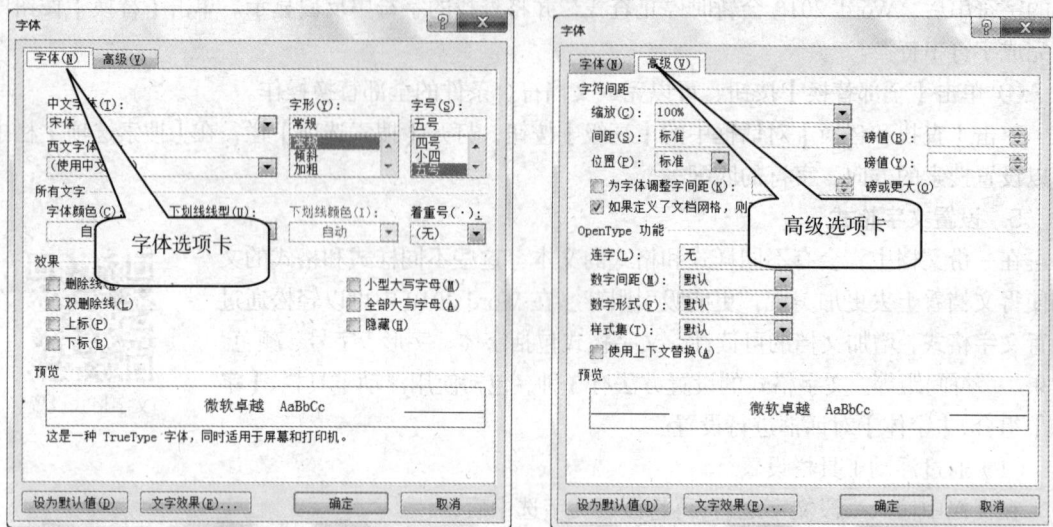

图 3-21　"字体"对话框

6. 设置段落格式

在 Word 2010 中不仅可以对文字进行格式设置，还可以对段落格式进行设置。对段落格式进行设置可以使文档的版式结构更加清晰、层次分明、便于阅读，设置段落格式的方法有 3 种，即通过浮动工具栏、"段落"组、"段落"对话框来设置。

段落常规设置

（1）通过浮动工具栏设置

在选中一整段文字后，将鼠标指针移动到被选中文字的右侧，文字右侧就会显示浮动工具栏。其中用于设置段落格式的按钮作用如下。

① 【居中】按钮 ≡：在选择了需要居中的文本后，单击【居中】按钮 ≡，即可使这些文本呈现居中效果。

② 【增加缩进】按钮 ≢ 和【减少缩进】按钮 ≢：在选择需要设置缩进的文本后，单击【增加缩进】按钮 ≢ 或【减少缩进】按钮 ≢，可改变段落与左边界的距离。

（2）通过"段落"组设置

位于功能区的【段落】组中的功能按钮要比浮动工具栏中多，主要用于设置段落的对齐方式和缩进量，其中包括【左对齐】【右对齐】【居中对齐】【两端对齐】【分散对齐】【减少缩进量】【增加缩进量】以及【行和段落间距距离】等按钮，通过按钮名称即可知道该按钮的主要功能，如图 3-22 所示。

图 3-22　"段落"组

（3）通过【段落】对话框设置

单击【段落】组右下角的【功能扩展】按钮 ，打开图 3-23 所示的【段落】对话框。在该对话框中不但包括了浮动工具栏与【字体】组中的所有功能，还包含了许多强大的功能。通过对话框可一次完成多种段落格式设置。

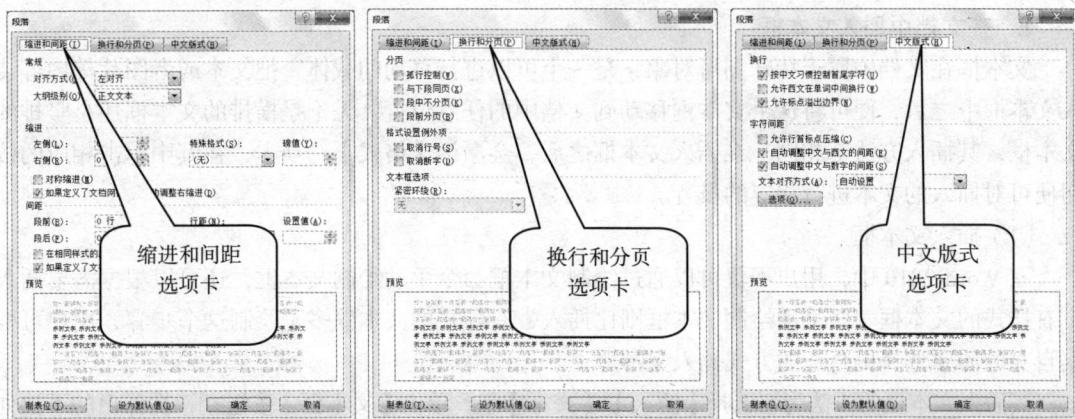

图 3-23 【段落】对话框

7.设置项目符号和编号

项目符号和编号可以使分类和要点更加突出,使文档内容显得层次分明。对于有顺序的项目使用项目编号,而对于并列关系的项目则使用项目符号。为段落创建项目符号和编号,是 Word 2010 提供的自动输入功能之一。为已有内容设置项目符号或编号的设置方法如下。

项目符号、项目
编号、制表位

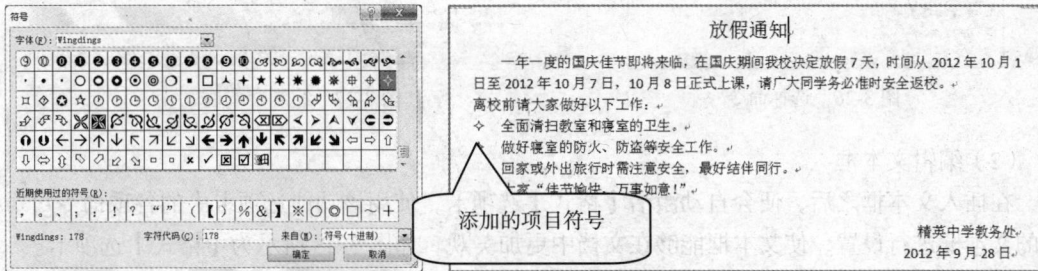

(1)插入项目符号:选择需插入项目符号的段落,然后选择【开始】|【段落】组,单击【项目符号】按钮 ≡ 旁的 ▽ 按钮,在弹出的下拉列表中选择需添加的项目符号,如没有需要的样式,可选择【定义新项目符号】选项。在打开的对话框中单击 符号(S)… 按钮,打开【符号】对话框,在其中选择新的符号样式;最后单击 确定 按钮,如图 3-24所示。

图 3-24 设置项目符号

(2)插入编号:选择需插入项目编号的段落后,然后选择【开始】|【段落】组,单击【编号】按钮 ≡ 旁的 ▽ 按钮,在弹出的下拉列表中选择需要的编号即可,如图 3-25 所示。另外,在设置编号后,单击鼠标右键,在弹出的快捷菜单中选择【设置编号值】命令,可在打开的对话框中设置起始编号值。

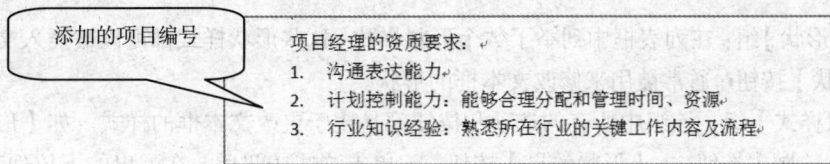

图 3-25 设置编号

8. 在文档中插入文本框

文本框在文档中属于特殊图形对象，是一个可以进行移动的载体。把文本或者图片等内容装入文本框中之后，便可将这个文本框移动到文档中的任意位置。无论是横排的文本框还是竖排的文本框，其插入方法都相同。在插入文本框之后，会激活【格式】选项卡，在其中单击相应的按钮便可对插入的文本进行相应的设置。

（1）插入文本框

在 Word 2010 中，用户不仅可以通过绘制文本框命令手动绘制文本框，还可以根据需要插入带有样式的文本框。而手动绘制文本框则比插入带有样式的文本框多了绘制这个步骤，用户可根据自身的需要选择更合适的方式插入文本框。

其插入文本框的方法为：选择【插入】|【文本】组，单击【文本框】按钮，在弹出的下拉列表中选择任意一个文本框样式，如选择【绘制文本框】选项，如图 3-26 所示。此时光标呈"＋"状显示，返回文档中，按住鼠标左键并拖动，确定绘制大小，释放鼠标后即绘制成功，如图 3-27 所示。

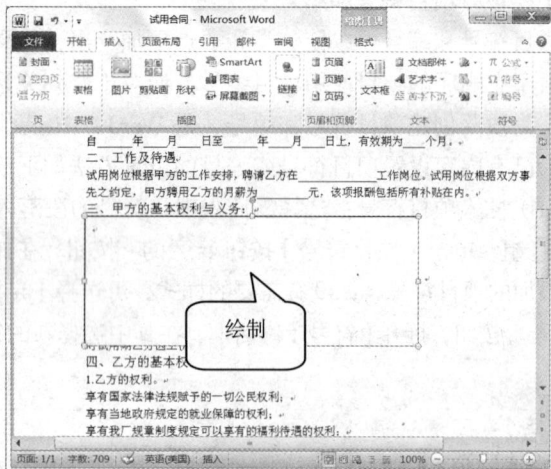

图 3-26　选择命令　　　　　　　　　　图 3-27　绘制文本框

（2）编辑文本框

在插入文本框之后，便会自动激活【格式】选项卡，使用该功能选项卡中的各项命令可对插入的文本框进行设置，使文本框能够在文档中更加美观。如图 3-28 所示为【格式】选项卡。

【格式】选项卡中常用功能组的含义如下。

图 3-28　"格式"选项卡

①【插入形状】组：在列表框中列举了数个形状样式。这些形状样式都可以被插入文本框中。其中【编辑形状】按钮通常被用来修改文本框的形状。

②【形状样式】组：该组中所有的选项和按钮都是用于更改文本框的样式。如【形状填充】按钮、【形状轮廓】按钮、【形状效果】按钮，单击这些按钮后，在弹出的下拉列表框中对文本框的样式进行自定义设置。

③【艺术字样式】组和【文本】组：这两组中的各选项和按钮都是用来设置文本框中文本信息的样式。

④【排列】组：该组被用于设置文本框的位置以及多个文本框的排列顺序。

⑤【大小】组：设置文本框的盖度和宽度则可以在该组中进行。

9. 在文档中插入艺术字

在文档中，可以以图形对象形式插入艺术字，用于制作封面文字或标题文字。

（1）插入艺术字

将插入点移到要插入艺术字的位置，单击【插入】|【文本】组，单击【艺术字】按钮，在弹出的下拉列表中选择一种艺术字样式，然后选择插入文档中的艺术字文本，将其文本内容修改为需要的内容，如图 3-29 所示。插入后，还可选择艺术字，像设置普通文字一样修改字体、字号等操作。

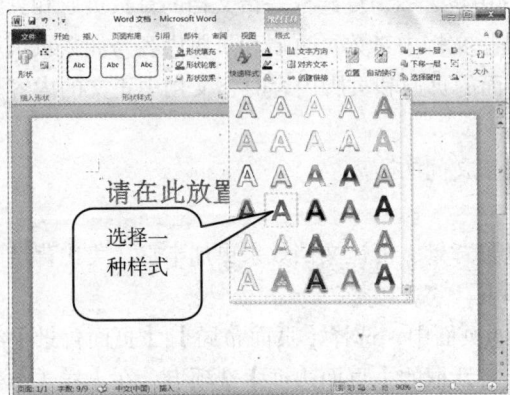

选择一种样式

分栏、首字下沉、分隔符

主题、稿纸、水印、背景

图 3-29 插入艺术字

（2）编辑艺术字

在文档中插入艺术字后，用户可以使用【格式】选项卡中的各项功能对艺术字进行编辑。该【格式】选项卡与绘制"文本框"后出现的【格式】选项卡中的选项一样，此处不再赘述。

10. 文档的页面设置

为了使打印出的文档赏心悦目，必须在打印前进行页面设置，使文档的布局更加合理；同时为了突出文档的特征，还要进行页眉和页脚的插入；而且在打印前充分利用打印设置和打印预览等功能，也可以节省人力和物力。

（1）设置页眉和页脚

页眉和页脚分别位于文档页面的顶部、底部的页边框中，常用于显示文档的附加信息，如标题、页码、日期、徽标或者章节名称等文本或图形信息。操作方法是双击文档页眉/页脚的位置，【设计】选项卡如图 3-30 所示，在该功能选项卡中用户便可执行插入多种内容的操作。

页眉、页脚、页码设置

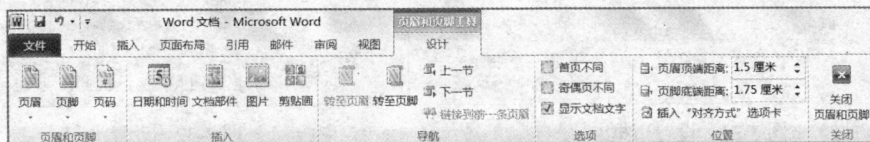

图 3-30 "设计"选项卡

【设计】选项卡中常被用于设置页眉和页脚的各选项和按钮的作用如下。

① 【页眉和页脚】组：在该组中一共有 3 个功能按钮，分别用于在页眉中插入内容、在页脚中插入内容和在页面中插入页码。单击【页眉】按钮或【页脚】按钮，将会打开不同的窗格，在窗格中选择不同选项，插入页眉和页脚的内容也不相同。单击"页码"按钮，在打开的窗格中可选择在文档页面的何处插入页码。

② 【插入】组：该组一共包含 4 个按钮，从各按钮的名称上可以得知，其作用为插入页眉或页脚相应的内容。如单击"日期和时间"按钮，则插入到当前被编辑的页眉和页脚的内容将会是日期和时间。

③ 【导航】组：该组中所含的按钮用于在当前文档中的页眉与页脚进行切换；其中的 上一节 按钮和 下一节 按钮用于在文档中的章节中切换。如当前正在对页眉进行内容编辑，则可单击"转至页脚"按钮，转至该页面的页脚处进行编辑。

④ 【选项】组：该组中包含 3 个复选框，其中 首页不同 复选框是指文档的首页页眉和页脚与其他页面的页眉和页脚不同；奇偶页不同 复选框是指文档中奇数页页眉和页脚内容与偶数页页眉和页脚内容不同；显示文档文字 复选框是指在编辑页面的页眉和页脚内容时，文档中正文的内容呈可见状态显示。

⑤ 【位置】组：该组用于设置页眉和页脚与正文间的距离。

（2）设置背景

背景即文档除内容以外的其他内容，合理设置背景，可让文档效果更加丰富，美化背景可通过设置边框、底纹和水印来实现，其方法分别如下。

① 设置边框：将光标定位于需要设置边框的页面中，选择【页面布局】|【页面背景】组，单击【页面边框】按钮。打开"边框和底纹"对话框的【页面边框】选项卡，在【样式】列表框可选择页面边框的线型，在【颜色】和【宽度】下拉列表中可选择线型的颜色和宽度。如需选择样式更加丰富的边框，则可在【艺术型】下拉列表框中选择，如图 3-31 所示。

② 设置底纹：底纹即页面的背景颜色或图案，打开需设置底纹的文档，选择【页面布局】|【页面背景】组，单击"页面颜色"按钮，在弹出的下拉列表框中选择一种背景颜色，即可将白色的文档背景更改为该颜色。

③ 设置水印：水印即显示在背景中的文字或图案，选择【页面布局】|【页面背景】组，单击【水印】按钮，在弹出的下拉列表框中选择【自定义水印】选项，在打开的对话框中设置水印内容，设置时注意水印的颜色应较浅，如图 3-32 所示。

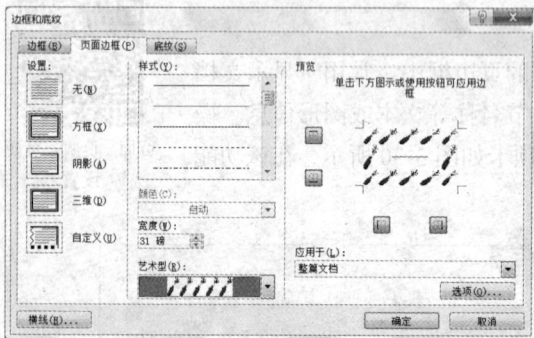

图 3-31 设置边框　　　　图 3-32 设置水印

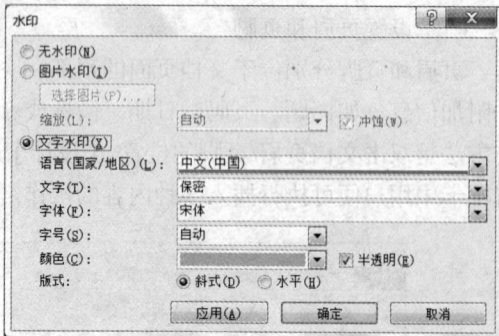

（3）设置纸张

在将文档编辑完成之后，执行打印之前，用户需要根据当前文档的性质对打印纸张进行设置，如设置为 A4，横向打印，文档的上下左右页边距均为 2 厘米等。这些设置可根据文档的需要而进行调整。

下面将设置纸张为纵向、B5、上下左右页边距均为 2 厘米，其具体操作如下。

① 选择【页面布局】|【页面设置】组，单击右下角的【功能扩展】按钮 。打开【页面设置】对话框，选择【页边距】选项卡，在【页边距】栏下的上下左右数值框中分别输入"2 厘米"，在【纸张方向】栏下选择【纵向】选项，如图 3-33 所示。

② 选择【纸张】选项卡，在【纸张大小】栏单击下拉按钮，在弹出的下拉列表中选择 B5 选项，单击 确定 按钮完成设置，如图 3-34 所示。

图 3-33　设置页边距

图 3-34　选择纸张大小

11. 打印文档

文件打印是日常办公中一项重要的内容。要想打印出满意的效果，还需要设置有关的打印参数。打印文档的方法是：选择【文件】|【打印】命令，将在窗口右侧显示打印设置和文档的预览图，如图 3-35 所示，设置打印参数后，单击【打印】按钮 即可开始打印文档。打印设置页面中各设置选项的含义如下。

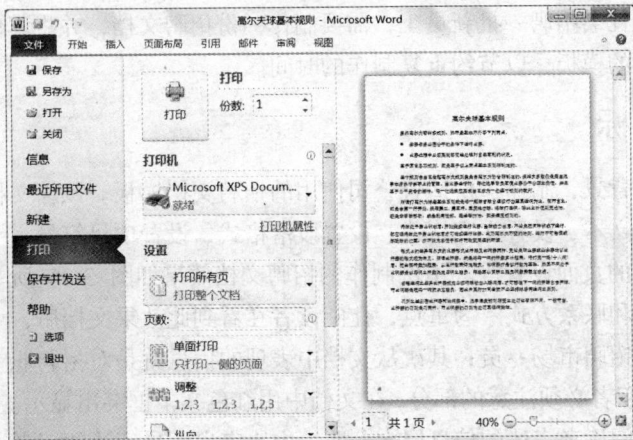

图 3-35　打印设置

① 【打印份数】数值框：在该数值框中输入某个数字之后，再单击【打印】按钮🖶，打印机将会打印出相应的份数。单击数值框后面的"增加"按钮▲或者"减少"按钮▼，也可对数值框中的数字进行设置。

② 【打印机】下拉列表框：如果计算机连接了多台打印机，在该下拉列表框中可选择具体执行打印操作的打印机。

③ 【打印机属性】超链接：单击该链接之后，打开当前所选择的打印机的设置对话框，可对打印机的一些参数进行设置。

④ 打印页面选项：默认选择是【打印所有页面】选项，单击该选项之后会弹出下拉列表，在列表中用户可选择多种打印页面的方式，如打印当前页面和打印自定义范围等。在该选项下面有一个文本框，该文本框用于设置被打印的页数，如在该文档中只需要打印第 3 页中的内容，那么只需在该文本框中输入"3"。

⑤ 纸张打印方向选项：默认情况下选择是【纵向】打印，单击该选项后在弹出的下拉列表中还可以选择"横向"打印。

⑥ 纸张大小选项：默认情况下选择是 A4 纸张打印，单击这个选项后在弹出的列表中还可以选择多种纸张形式进行打印，如 A3、A5 和 A6 等，这个选项需要根据当前文档的性质进行选择。

⑦ 页边距选项：单击该选项之后在弹出的下拉列表中可选择多种系统设定的页面边距选项。用户也可选择【自定义边距】选项，在打开的【页面设置】对话框中，用户可自行输入页边距的数值。

⑧ 预览栏：进行打印设置后，界面右侧将实时显示文档的打印预览效果，单击窗口右下角的【放大】按钮⊕、【缩小】按钮⊖对预览文档的显示大小进行调整。

⑨ 【页面设置】超链接：单击该超链接之后，将打开【页面设置】对话框，在对话框中用户可进行页边距设置、纸张设置和打印版式设置等。

第三节　实用案例之一——制作招聘文档

一、案例背景

某公司最近面向社会招聘一批新员工，需要制作一份招聘文档，并将其保存为在往后的招聘工作中可以多次使用的模板，以节约重复制作的时间。

二、案例目标

针对上述的案例背景，制作一份适合公司使用的招聘文档模板。该篇文档中包含的内容有输入文本、选择和修改文本、设置文字格式、设置段落格式、设置项目符号、文本框的使用和文档的页面设置等。本例制作的招聘文档效果如图 3-36 所示。该效果以"招聘和联系方式"为重点，让阅读者在看到此效果文档后，明白此文档的目的是招聘市场专员；其次从文档中表现的信息就是对招聘职位的阐述，这也是求职者必须注意的部分，在文档中用红色文本框突出显示。总之，该文档效果向阅读者表述的信息层次分明、中心突出，易于让阅读者理解。

制作招聘文档案例

	工作性质：全职
	工作地点：武汉
	发布日期：2012 年 2 月 9 日
	截止日期：2012 年 3 月 9 日
	招聘人数： 10 人
	薪水： 3500 以上
	工作经验： 1 年
	学历：大专

市 场 专 员

● 职位描述
◇ 任职条件
✓ 团队合作意识强
✓ 无疾病、有责任心
✓ 从事相关工作优先考虑
✓ 具有敏锐的观察能力

● 公司简介
全叶实业有限公司是一家涉足智能化工程、消防工程、通讯运营、生物科技和奢侈品经营等多行业的集团公司。成立于 1997 年。公司注册资金 5000 万元，是一家致力于研发、生产、销售并安装及维护弱电智能化系列产品为主体的高新科技企业。公司经营所涉内容，包括通信自动化(CA)、建筑设备自动化(BA)、办公自动化(OA)、综合安保联控(SA)、消防自动化(FA)、机房及弱电和通信综合管网的建设等领域。

创业十余年以来，公司始终专注于弱电智能化、传感信息化等领域的建设与服务，通过项目方案的高性价比设计，与核心产品提供时的优化配置相结合的方式，来全面满足业内不同层面业主解决方案的思路与需要，使弱电系统的高集成性与设计配置的高灵活性成为本公司的经营目标与特色。正是为了不断提升这种执业理念，全力打造人才队伍的专业化、工程质量的品牌化和企业信誉的优尚化才真正成为了企业创新发展道路上的航标与方向。

● 应聘方式
◇ 邮寄方式
有意者请将自荐信、学历、简历(附 1 寸照片)寄往武汉市洪山区 99 号(邮编 430000)。
◇ 电子邮件方式
有意者请将自荐信、学历、简历等以正文形式发送至 qysy@sina.com。

合则约见，拒绝来访
联系电话：027-12345678
联系人：王小姐

注：公司一周后通知您是否需要参加复试，请保持畅通的联系方式。

图 3-36 招聘文档最终效果

三、制作过程

（1）新建一个空白文档。选择【插入】|【文本】组，单击"文本框"按钮，在弹出的下拉列表中选择"绘制文本框"按钮，此时鼠标指针变成黑色十字形状，在页面左上角画一个高 4 厘米，宽 4 厘米的文本框。可拖动文本框周围的控点修改文本框的大小，或在自动弹出的【格式】|【大小】组中修改高度和宽度的值。

（2）双击文本框边沿，在打开的【格式】|【文本框样式】组中，设置【形状填充】为【标准色】"深红"，【形状轮廓】为【主题颜色】"蓝色，强调文字颜色 1，淡色 40%"。在【格式】|【形状样式】组中，设置【形状效果】|【阴影】为【外部】"右下斜偏移"。

（3）单击文本框中央，输入文字"聘"，选中文字，在【开始】|【字体】组中设置字体"华文新魏""65"号，在【开始】|【段落】组中设置"居中"。

（4）在该文本框右侧再绘制一个"竖排文本框"，双击文本框边缘，在打开的【格式】|【文本框样式】组中，设置【形状轮廓】为"无轮廓"。单击文本框中央，输入文字"市场专员"，选中文字，在【开始】|【字体】组中设置字体为"华文中宋"、字号为"小四"，在【开始】|【段落】组中设置"分散对齐"。

（5）在最右侧再插入一个文本框，双击文本框的边缘，在打开的【格式】|【文本框样式】组中，设置【形状轮廓】为【标准色】"深红"，然后在文本框中输入"工作性质、工作地点、发布日期、截止日期、招聘人数、薪水、工作经验、学历"等相关内容。将文字设置为"宋体""五号"字，段落对齐方式为"两端对齐"。

（6）输入"职位描述、公司简介、应聘方式"等标题及内容，选中"职位描述、公司简介、应聘方式"3个标题，在【开始】|【字体】组中设置"宋体""五号""加粗""橙色，强调文字颜色6，深色50%"；单击【开始】|【段落】组右下角的"功能扩展"按钮 ，在打开的"段落"对话框中设置【特殊格式】为"首行缩进"，磅值为"2字符"；单击【开始】|【段落】组中的"项目符号"按钮，选择项目符号库中的●符号。

（7）选中上述3个标题下的正文文字，在【开始】|【字体】组中设置"宋体""五号"。单击【开始】|【段落】组右下角的"功能扩展"按钮 ，在打开的"段落"对话框中设置【特殊格式】为"首行缩进"，磅值为"2字符"；选中"任职条件、邮寄方式、电子邮件方式"3行，在【开始】|【字体】组中设置"宋体""五号""加粗"；单击【开始】|【段落】组中的"项目符号"按钮，选择项目符号库中的◇符号。选中"任职条件"下面的四行文字，单击【开始】|【段落】组中的"项目符号"按钮，选择项目符号库中的✓符号。

（8）在最下面添加一个文本框，双击文本框的边缘，在打开的【格式】|【文本框样式】组中，设置【形状填充】为【标准色】"深红"，然后在文本框中输入联系方式等相关内容。将文字设置为"宋体""五号"，文字颜色为"白色，背景1"，段落对齐方式为"居中"。

（9）输入最后一行"注意"的文字，在【开始】|【字体】组中设置"宋体""五号"，字体颜色为：标准色"红色"。

（10）完成文档后，选择【文件】|【保存】命令。打开【另存为】对话框，在"文件名"文本框中输入"招聘文档"文字，在"保存类型"下拉列表框中选择"Word文档（*.docx）"选项，单击 保存(S) 按钮。即可保存文档。

第四节　丰富 Word 文档内容

一、在文档中添加图片

通常情况下，海报、公司宣传册或者产品说明书中都是图文并茂，这是为了使阅读者在阅读时不会觉得枯燥乏味。同时，也能使用户能更清楚、形象地表达出文档的含义。

1. 添加剪贴画

Office 2010 中内置了很多剪贴画，在为文档添加图片时，用户可根据自身的需要，将其中各类型的剪贴画添加到 Word 文档中。

下面以在"宣传海报.docx"文档中添加"百合花"剪贴画为例，介绍添加剪贴画的方法。其具体操作如下。

（1）打开"宣传海报.docx"，将光标定位到第一段结束文档处，按【Enter】键换行到下一行行首。

（2）选择【插入】|【插图】组，单击"剪贴画"按钮 ，打开"剪贴画"窗格，在"搜索文字"文本框中输入"花"，单击 搜索 按钮，如图 3-37 所示。

（3）单击搜索列表中的第一张剪贴画，将其添加到文档中，如图 3-38 所示。单击该窗格右上角的 × 按钮，关闭窗格。

图 3-37　搜索剪贴画

图 3-38　添加剪贴画

2．添加本地图片文件

在日常工作中，用户会接触到许多图片文件，在将这些图片文件保存在本地计算机中之后，若有需要可以随时使用。而这可以弥补剪辑库和 Office 在线平台中资源不足的缺陷。

添加图片的操作为：选择【插入】|【插图】组，单击【图片】按钮，打开【插入图片】对话框。在该对话框中选择要插入的图片，单击 插入(S) 按钮将该图片插入文档中，如图 3-39 所示。

3．编辑剪贴画和图片

在文档中添加了剪贴画和本地图片之后，用户还可以对这些添加的图片对象进行编辑和调整，以满足自己的需求。

下面将对"宣传海报.docx"文档中的图片进行缩放、旋转，调整亮度和对比度，设置色彩、样式和效果等操作，终效果如图 3-40 所示。具体操作如下：

插入剪贴画、图片

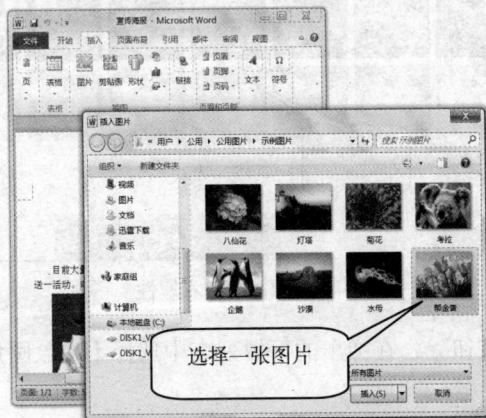

图 3-39　添加本地图片

图 3-40　最终效果

（1）打开"宣传海报.docx"文档，选择文档中的图片，将鼠标指针移动到图片的右上角，当鼠标指针呈双向空心箭头时，按住鼠标左键。当鼠标指针呈"＋"状时，向外拖动，放大图片，如图 3-41 所示。

（2）将鼠标指针移动到图片上方的绿色圆点处，此时鼠标指针呈空心箭头形状，按住鼠标左键，向右拖动，使图片向右旋转，如图 3-42 所示。

图 3-41　缩放图片

图 3-42　旋转图片

（3）选择文档中的图片，单击【格式】选项卡，然后单击【调整】组中的【更正】按钮，在弹出的下拉列表中选择如图 3-43 所示的选项，更改该图片的属性。

（4）单击【调整】组中的【颜色】按钮，在弹出的下拉列表中选择图 3-44 所示的选项，更改该图片的属性。

美化图片

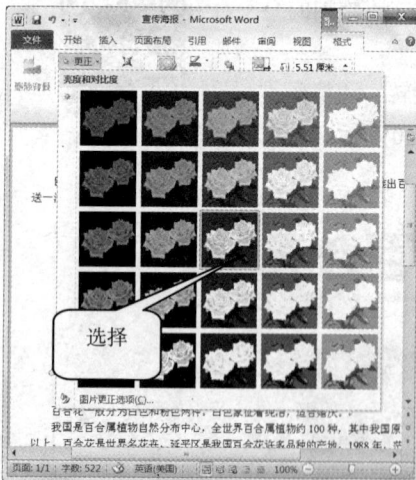

图 3-43　更改图片属性

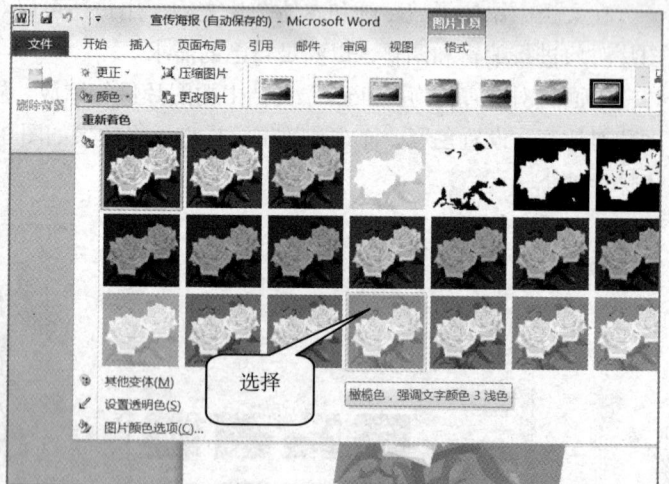

图 3-44　更改图片色彩属性

（5）单击【图片样式】组中的【快速样式】按钮，在弹出的下拉列表中选择【映象圆角矩形】选项，更改该图片的样式，如图 3-45 所示。

（6）单击【图片样式】组中的【图片效果】按钮，在弹出的下拉列表中选择【预设 2】选项，更改该图片的呈现效果，如图 3-46 所示。

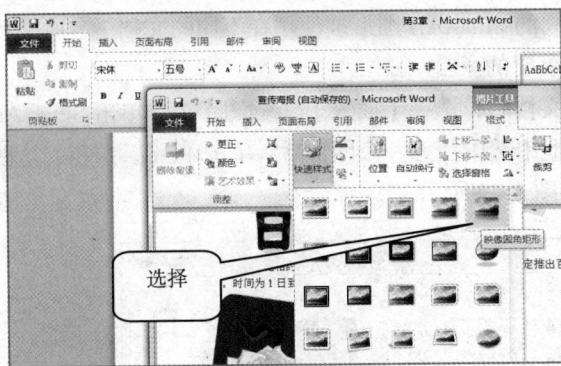

图 3-45　更改图片样式

图 3-46　更改图形效果

4. 设置图文混排

图文混排就是指令图片与文本内容按一定规则排列，能让文档更加美观。

下面将对"宣传海报.docx"中的图片与文本进行"中间居左，四周型文字环绕"方式排列，介绍图文混排的方法，最终效果如图 3-47 所示。其具体操作如下。

（1）打开"宣传海报.docx"文档，选择文档中的图片。

（2）选择【格式】|【排列】组，单击【位置】按钮▒。

（3）在弹出的下拉列表的【文字环绕】栏中选择【中间居左，四周型文字环绕】选项，设置完成，文档中的图片与文本便呈相应格式显示，如图 3-48 所示。

图 3-47　最终效果

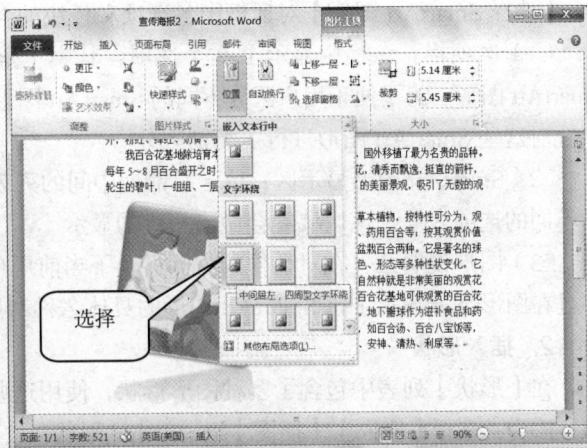

图 3-48　选择排列方式

二、插入 SmartArt 图形和形状

在文档中添加 SmartArt 图形和形状的方法类似，并且它们在文档中的表现作用也类似，都是为了使文档所表达的信息更加清楚、流畅。SmartArt 图形是信息和观点的可视表达形式，可以使文字之间的关联表示得更加紧密。用户使用 SmartArt 图形功能可以使制作文档插入图形时速度更快，并且可以轻松地制作出公司组织结构图、流程图和关系图等一系列图形。

插入 SmartArt 图形

1. 插入 SmartArt 图形

在 SmartArt 图形中包含了列表类、流程类、循环类、层次结构类、关系类和图片类等各种类

型的图形文件，用户可根据需要进行选择，不同的 SmartArt 图形被使用在不同的文档中，所能表现的效果也不一样，所以找到准确的定位是很重要的。

插入 SmartArt 图形的方法是：进入 Word 文档后，选择【插入】|【插图】组，单击 SmartArt 按钮 ，在打开的"选择 SmartArt 图形"对话框中选中任意一个图形后，单击 [确定] 按钮，这时文档中便会显示选择插入的 SmartArt 图形，如图 3-49 所示。

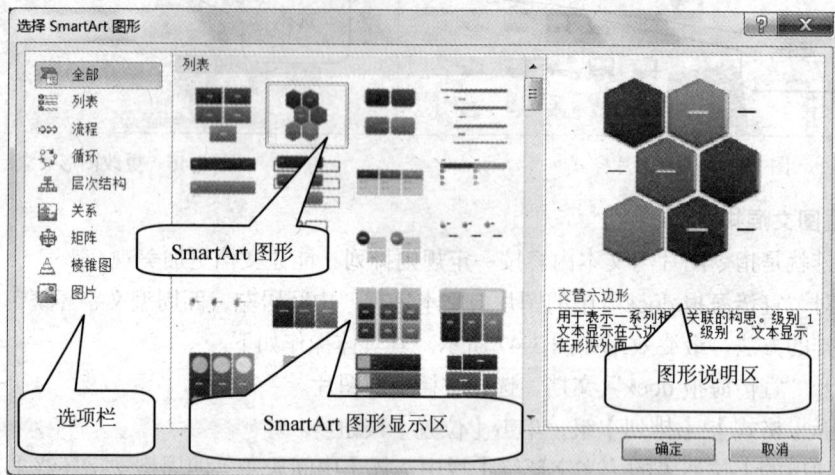

图 3-49　使用 SmartArt 图形

【选择 SmartArt 图形】对话框中各选项和板块的含义如下。

（1）选项栏：该栏中显示了 9 个选项，其中【全部】选项中包含了后面 8 个选项中所有的 SmartArt 图形。为了便于用户区分不同的 SmartArt 图形，并能够快速地应用需要的 SmartArt 图形，系统对这些 SmartArt 图形进行了类别区分。

（2）SmartArt 图形显示区：位于对话框中间的列表部分便是 SmartArt 图形显示区，在左侧选择不同的选项之后，该区域便会做出相应的显示。

（3）图形说明区：在对话框的右侧显示了当前用户在 SmartArt 图形显示区中所选择的图形，并且在图形下方显示了该 SmartArt 图形的具体名称和用途。

2. 插入形状

在【形状】列表中包含了多种图形形状，使用这些形状可以使用户制作的文档更美观。其添加方法为：选择【插入】|【插图】组，单击"形状"按钮 ，在弹出的下拉列表中选择任意形状，返回 Word 文档中，当鼠标指针呈"＋"状显示时，按住鼠标左键并拖动鼠标，即可绘制所选择的图形，如图 3-50 所示。

3. 编辑 SmartArt 图形

将 SmartArt 图形添加到文档中之后，还可以对其进行编辑，以达到更好的表现效果，使文档更加美观。而在对 SmartArt 图形的编辑过程中，会用到【设计】选项卡和【格式】选项卡中的功能按钮。

常使用的编辑 SmartArt 图形的功能操作方法如下。

（1）调整位置：先在 SmartArt 图形上单击鼠标右键，在弹出的快捷菜单中选择【其他布局选项】命令，在打开的对话框中选择【文字环绕】选项卡；再在环绕方式栏中选择【浮于文字上方】选项，单击 [确定] 按钮，返回文档；最后对 SmartArt 图形进行任意拖动，调整其位置。

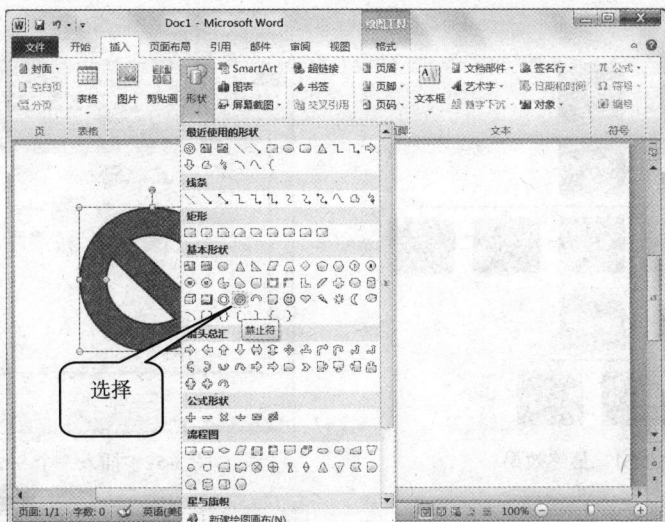

图 3-50　添加形状图形

（2）缩放：将鼠标指针移动到 SmartArt 图形四周的某一个角上，当鼠标指针变为双向空心箭头形状时，按住鼠标左键不放，向内或外拖动，即可对 SmartArt 图形进行缩放操作。

（3）增减 SmartArt 图形中形状的个数：在选择 SmartArt 图形后，选择【设计】|【创建图形】组，单击"添加形状"按钮，可对 SmartArt 图形中的形状个数进行增加；选择要删除的 SmartArt 图形形状，按【Delete】键即可将其删除。

（4）更改布局：在选择 SmartArt 图形后，选择【设计】|【布局】组，在【更改布局】选项栏中选择任意选项后，即可成功更改布局。

（5）更改颜色：在选择 SmartArt 图形后，选择【设计】|【SmartArt 样式】组，在【更改颜色】按钮，在弹出的下拉列表中选择任意选项后，即可成功更改颜色。

（6）更改 SmartArt 样式：在选择 SmartArt 图形后，选择【设计】|【SmartArt 样式】组，在【快速样式】选项栏中选择任意选项后便可成功更改。

（7）更改 SmartArt 图形中的样式：在选择 SmartArt 图形后，选择【格式】|【形状】组，单击【更改形状】按钮，在弹出的下拉列表中选择任意形状后，即可成功更改。

（8）更改 SmartArt 图形中的形状样式：选择【格式】|【形状样式】组，单击【快速样式】选项栏中选择任意选项后即可成功更改。

（9）更改 SmartArt 图形中的文字样式：选择【格式】|【艺术字样式】组，单击【快速样式】选项栏中选择任意选项后即可成功更改。

下面将创建一个"组织结构"的文档，并实现更改 SmartArt 图形的布局、颜色、样式、排列方式和大小等操作，最终效果如图 3-51 所示。其具体操作如下：

（1）新建一个空白文档，选择【插入】|【插图】组，单击【SmartArt】按钮，在弹出的下拉列表中选择一种图形，如图 3-52 所示。

（2）如果图形不合适，可以更改 SmartArt 图形的布局，选中 SmartArt 图形，单击【设计】|【布局】组中的【更改布局】按钮，在弹出的下拉列表中选择【标记的层次结构】选项，如图 3-53 所示。

（3）选中 SmartArt 图形中多余的形状，按【Delete】键将其删除，只保留主体部分。

（4）选中 SmartArt 图形中最后一个选择后单击【创建图形】组中【添加形状】按钮后的下拉按钮，在弹出的下拉列表中分别选择【在前面添加形状】和【在下方添加形状】选项。其效果如

图 3-54 所示。

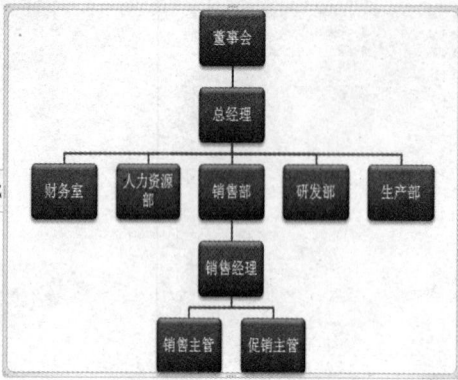

图 3-51 最终效果

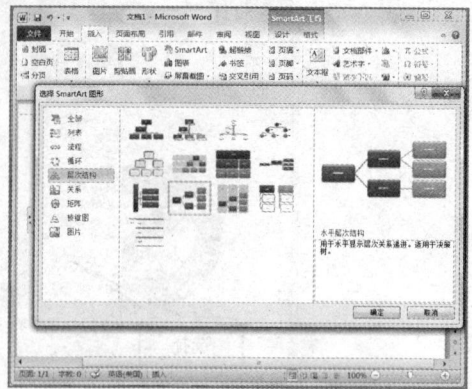

图 3-52 插入一个 SmartArt 图形

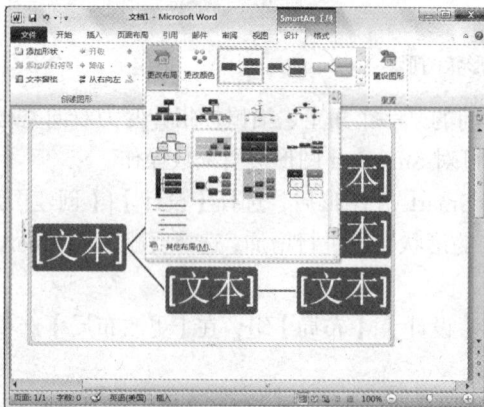

图 3-53 选择【标记的层次结构】选项

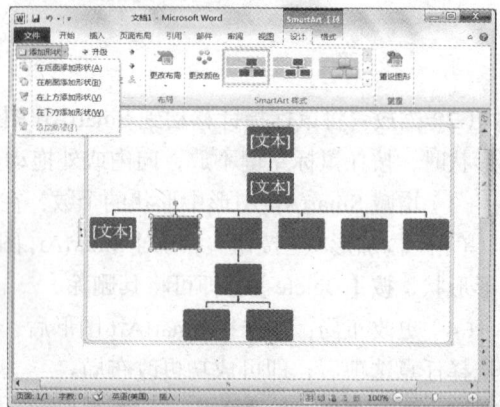

图 3-54 添加形状后的效果

（5）选择【设计】|【SmartArt 样式】组，在【快速样式】选项栏中选择【强烈效果】选项，如图 3-55 所示。

（6）选择【设计】|【SmartArt 样式】组，单击【更改颜色】按钮，在弹出的下拉列表【强调文字颜色 2】栏中选择【彩色填充-强调文字颜色 2】选项，如图 3-56 所示。

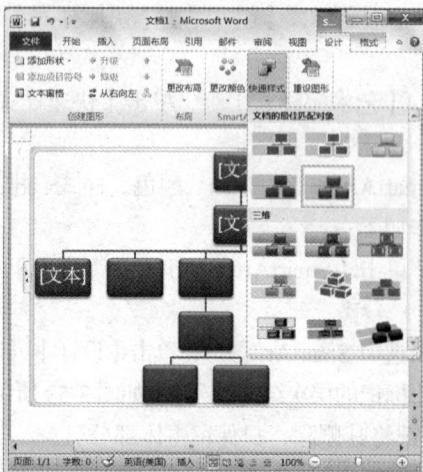

图 3-55 更改 SmartArt 图形样式

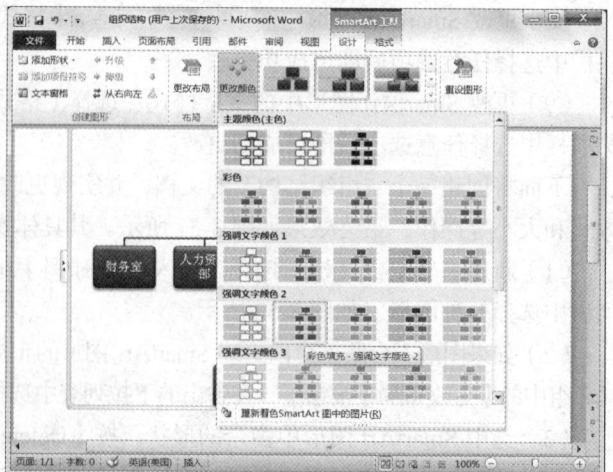

图 3-56 更改 SmartArt 图形颜色

（7）单击最上面一个 SmartArt 图形中的占位符，然后输入"董事会"文本，按照从上往下的顺序在 SmartArt 图形中输入"总经理、财务室、人力资源部、销售服、研发部、生产部、销售经理、销售主管和促销主管"文本。其效果如图 3-51 所示。

三、在文档中插入表格

通常用户在制作一份 Word 文档时可能需要插入一些表格信息，使文档更加专业化。Word 2010 具有强大的表格功能，用户可以方便地控制文字的排版与定位。

1. 创建表格

Word 文档中的表格通常被用来存储和管理一组或者多组数据信息，这样可以更清楚、直观地将数据表现出来。而在 Word 2010 中创建表格的方法通常有自动插入表格、通过对话框创建表格、创建 Excel 表格、创建已有样式的表格和手动绘制表格 5 种，其具体操作方法如下。

创建表格

（1）自动插入表格：选择【插入】|【表格】组，单击"表格"按钮🔲，在弹出的下拉列表中移动鼠标指针，在文档中便会自动显示相应的表格信息，选中后单击，在文档中便会自动生成相应的表格，如图 3-57 所示。

（2）通过对话框创建表格：选择【插入】|【表格】组，单击"表格"按钮🔲，在弹出的下拉列表中选择"插入表格"选项。在打开的【插入表格】对话框中对将要创建的表格信息进行设置，单击 确定 按钮，如图 3-58 所示。

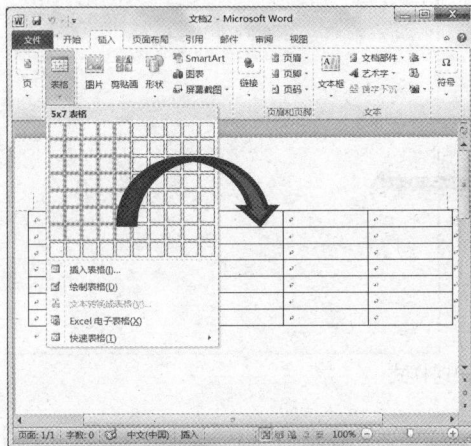

图 3-57 自动插入表格　　　　　图 3-58 通过对话框创建表格

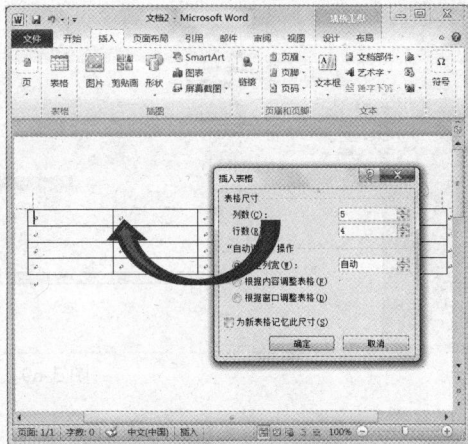

（3）创建 Excel 表格：选择【插入】|【表格】组，单击【表格】按钮🔲，在弹出的下拉列表中选择【Excel 电子表格】选项。即可在该文档中创建出 Excel 表格，如图 3-59 所示。

（4）创建已有样式的表格：选择【插入】|【表格】组，单击【表格】按钮🔲，在弹出的下拉列表中选择【快速表格】选项，在打开的【内置】栏中单击需要创建的表格样式，即可在该文档中创建表格，如图 3-60 所示。

（5）手动绘制表格：选择【插入】|【表格】组，单击【表格】按钮🔲，在弹出的下拉列表中选择【绘制表格】选项，当鼠标指针呈笔的形状显示时，按住鼠标左键并拖动，即可绘制出表格的边框，再将鼠标指针移动至框内，在靠近上边框的位置按住鼠标左键向下拖动，即可绘制出竖内线；在靠近左边框的位置按住鼠标左键向右拖动，即可绘制出横内线，如图 3-61 所示。

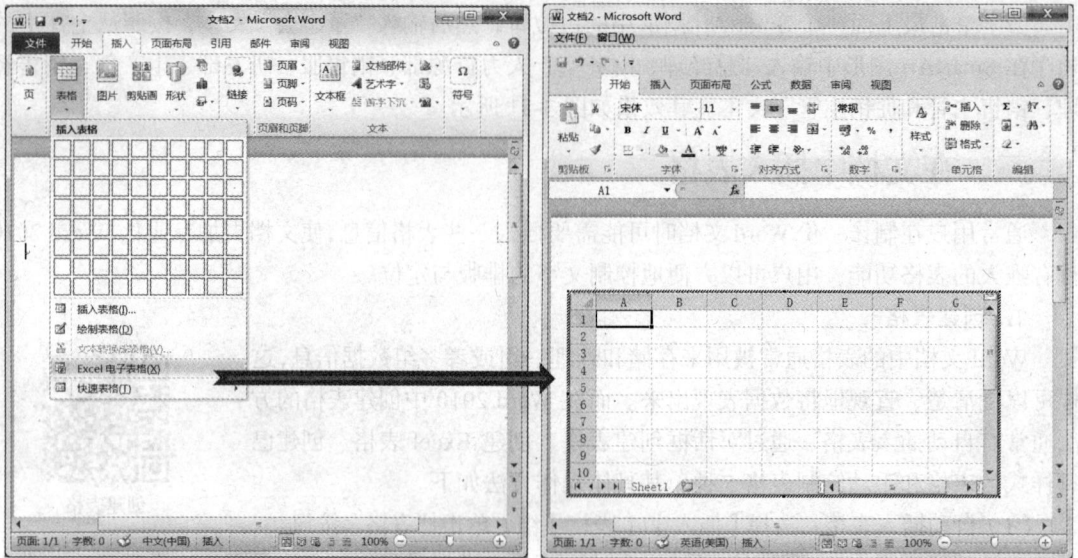

图 3-59　创建 Excel 表格

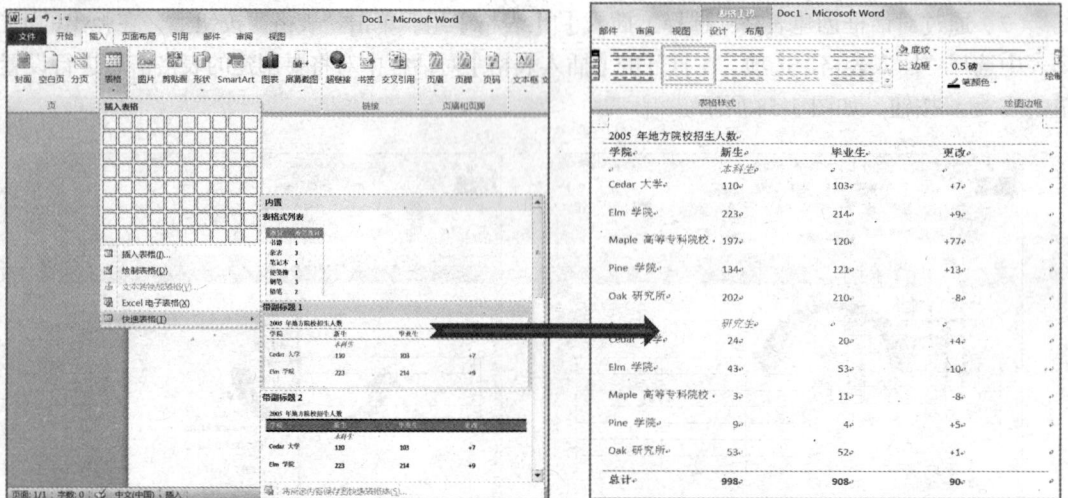

图 3-60　应用快速样式

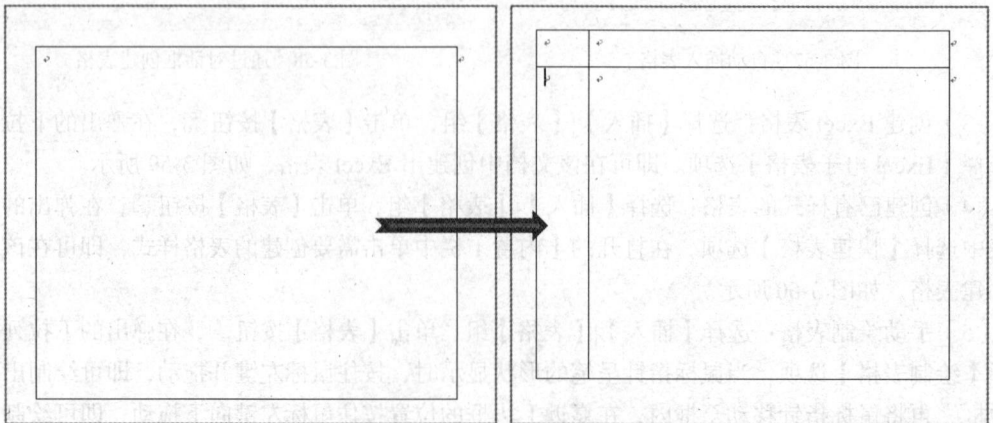

图 3-61　绘制表格

2. 编辑表格

创建完表格后，便会出现属于表格特有的【设计】和
【布局】选项卡，在这两个选项卡中可对所创建的表格进行
编辑操作，使文档中的表格更加美观。在对表格进行编辑
之前一般要先选择表格内容，其选择方法参考本章第二节
对象的选择。

底纹与边框　　表格合并与拆分、
　　　　　　　　对齐方式

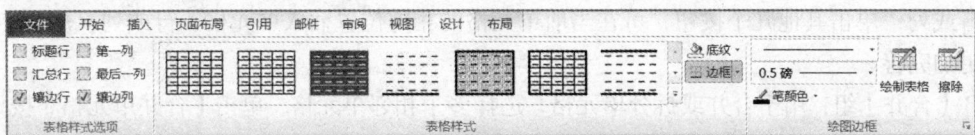

（1）使用【设计】选项卡编辑表格

【设计】选项卡主要用于美化表格内容，通过使用该功能美术功底较为薄弱的用户也可制作出
专业的表格效果，图 3-62 所示为【设计】选项卡，各个组的作用如下。

图 3-62　"设计"选项卡

①【表格样式选项】组：在该组中包含了 6 个复选框，其中，选中 标题行、 汇总行、 第一列
或 最后一列复选框，会使表格中对应的行列位置显示为特殊格式；选中 镶边行或 镶边列复选框
后，会使表格中相应的奇数和偶数行列以不同样式显示，这样可增加表格的可读性。

②【表格样式】组：在该组左侧的列表框中可直接选择需要的表格样式，如图 3-63 所示；"底
纹"按钮 用于设置单元格的底纹颜色；"边框"按钮 用于设置表格的边框样式。

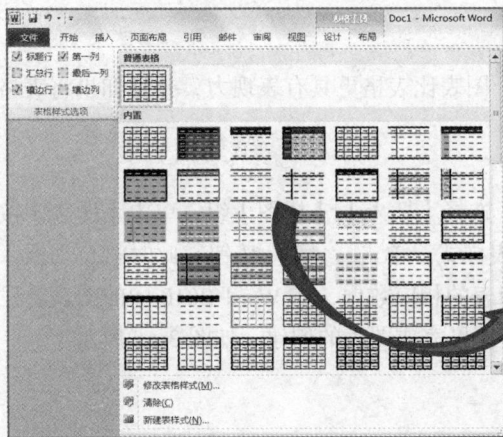

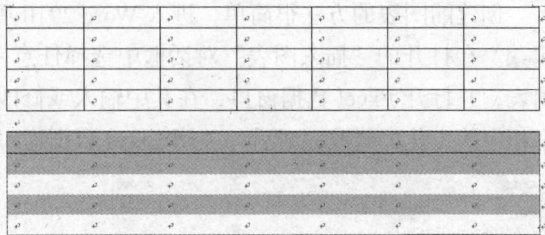

图 3-63　更改表格样式

③【绘图边框】组：通过该组可自定义表格的边框，在左侧的两个下拉列表框中可选择表格
边框的样式、粗细，单击【笔颜色】按钮 ，在弹出的下拉列表中可选择边框的颜色，单击【绘
制表格】按钮 ，可再次自行绘制单元格。

（2）使用【布局】选项卡编辑表格

选择【布局】选项卡，便可看到有诸多用于编辑表格的功能按钮与选项，合理使用这些功能
按钮与选项，将会大大提高表格编辑的效率与质量，也可使文档中的表格更具有实用价值。图 3-64
所示为【布局】选项卡。

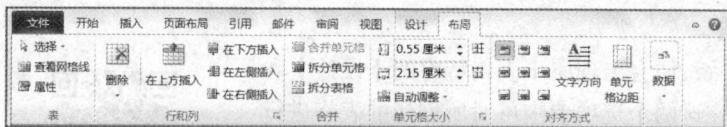

图 3-64　【布局】选项卡

其中常用于编辑表格的各个组的功能如下。

①【表】组：用于表格的选择属性设置，单击【选择】按钮，可在弹出的下拉列表中选择需要选择的表格内容，单击【属性】按钮，打开【表格属性】对话框，可设置表格与文字的环绕关系，以及表格中各行、列的高度等。

②【行和列】组：用于对表格的行或列进行操作，单击【删除】按钮，可删除选择的单元格、行或列；单击其他几个按钮，可在当前单元格的相应位置插入单元格、行或列，从而使表格内容更加完善。

③【合并】组：用于合并或拆分单元格，选择多个相邻单元格，单击【合并单元格】按钮，即可合并单元格；选择要拆分的单元格，单击【拆分单元格】按钮，会出现【拆分单元格】对话框，选择要拆分的列数和行数，单击　确定　按钮即可。

④【单元格大小】组：用于设置选择的单元格的高度和宽度，在相应的数值框中输入数值即可，也可自行拖动表格的边框线进行调整。

⑤【对齐方式】组：用于设置内容与单元格的关系，单击相应的按钮可以设置文字的对齐方式、文字的方向以及单元格的边距。

⑥【数据】组：用于对表格中的数据进行简单计算和排序等操作。

四、在文档中插入图表

在文档中不仅可以插入表格，还可以插入图表，图表比表格更具有表现力，并且如果将表格与图表结合起来在文档使用，会使文档可读性更好。

1. 创建图表

创建的图表的方法很简单，进入 Word 2010 后，选择【插入】|【插图】组，单击【图表】按钮。在打开的"插入图表"对话框中选择任意图表样式，单击　确定　按钮，此时将自动插入图表，并打开 Excel 数据窗口，在其中输入或修改图表的相应数据，在 Word 2010 中的图表将发生相应的变化，修改完成后，关闭 Excel 数据窗口，即可完成图表的创建，如图 3-65 所示。

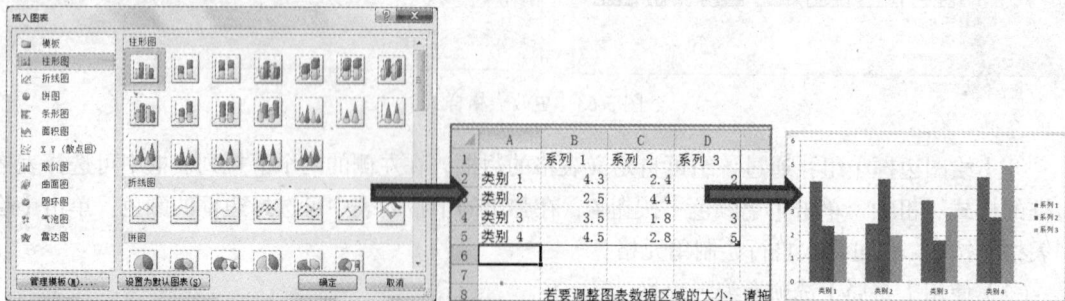

图 3-65　创建图表

2. 编辑图表

在将图表成功创建在文档中之后，便可在打开的 Excel 窗口中编辑该图表的数据信息，并且还可以在出现的【设计】【布局】和【格式】选项卡中对图表的其他部分进行编辑。

（1）使用【设计】选项卡编辑图表

与使用【设计】选项卡编辑表格一样，需要先选中当前文档中已创建的图表，然后选择【设计】选项卡，即可对该图表进行编辑。图 3-66 所示为【设计】选项卡。

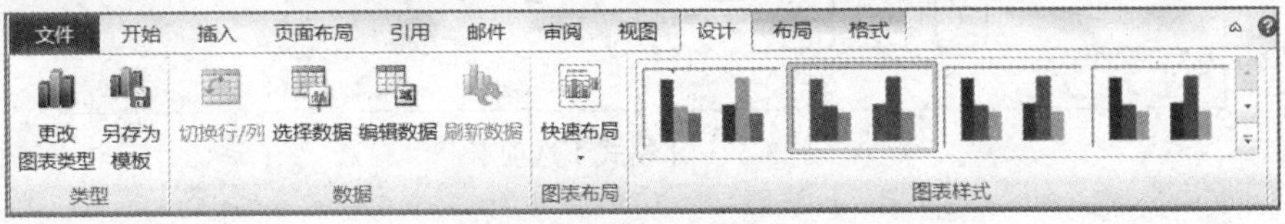

图 3-66 【设计】选项卡

图表工具的【设计】选项卡中各组的含义如下。

①【类型】组：在该组中包含了【更改图表类型】按钮和【另存为模板】按钮，前者用来将现有的图表更改为其他图表；后者是将文档中现有的图表储存在本地计算机中的其他位置，便于以后的重复使用。

②【数据】组：主要用于编辑图表对应的数据，从而更新表格内容，单击【编辑数据】按钮，可再次启动 Excel 对数据进行编辑。

③【图表布局】组：在【快速布局】选项栏中选择任意图表布局选项，在文档中的图表便会做出相应显示变化。

④【图表样式】组：在【快速样式】选项栏中选择图表样式选项，在文档中的图表便会做出相应的显示变化。

（2）使用【布局】选项卡编辑图表

在成功创建并选择图表之后，便会进入到该选项卡中，如图 3-67 所示。在该选项卡中可自行添加图片、形状和文本框等，还可为图表添加适合的标签和坐标轴，这样会使图表的可读性更好。

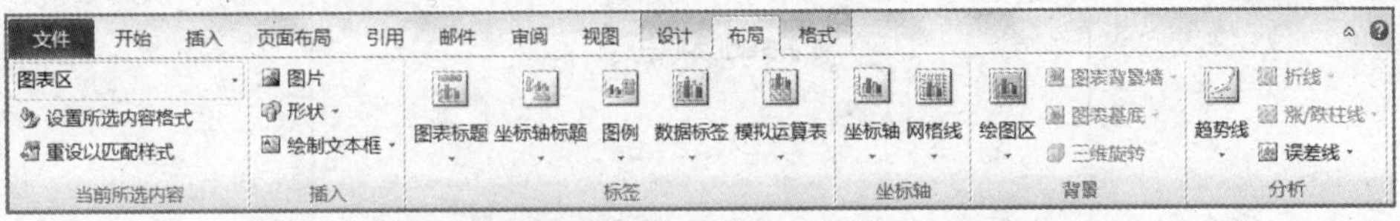

图 3-67 【布局】选项卡

【布局】选项卡中主要选项的功能介绍如下。

①【插入】组：该组中所包含的 3 个按钮用于在图表中插入相应的对象，在单击相应的功能按钮之后，便会打开相应的对话框或者窗口，再选择需要插入图表中的对象，并确认操作后，文档中的图表便会做出相应显示。

②【标签】组：该组中一共包含了 5 种添加标签的按钮，单击不同的按钮之后将会打开不同内容的窗格，在窗格中选择相应的选项后，文档中的图表便会做出相应的显示变化。

③ 美化图表功能按钮：在对图表进行美化的过程中，要用到【坐标轴】【网格线】【图表背景墙】【图表基底】和【三维旋转】等功能按钮，在单击这些按钮之后，只要根据相应的提示进行操作，即可将文档中的图表制作得更加美观。

（3）使用【格式】选项卡编辑图表

旋转【格式】选项卡后，用户可在该选项卡中对图表中的形状样式、文字样式、对象的排列方式和图表的大小进行任意设置，这些设置都是为了使文档中的图表能展现出更好的效果，让人阅读起来更加舒适。图 3-68 所示为【格式】选项卡，对图表的各种编辑方法与编辑 SmartArt 图形的格式类似，此处不再赘述。

图 3-68　【格式】选项卡

第五节　实用案例之二——制作销售部业绩报告

一、案例背景

全叶实业有限公司财务部招来了一名新员工，眼看快到月末了，该制作公司销售部本月度的业绩报告了，这次领导让该员工制作出跟以往不一样的报告表，要求报告表图文并茂，能让人一眼看出谁在本月的业绩排第一名。

二、案例目标

要求制作出一个包含表格与图表的销售业绩报告表，并且在报告表中体现出业绩情况、资金到位情况和业绩提成情况，使读者能以最快的速度了解其中所包含的内容。

图 3-69 所示为制作的业绩报告表。业绩报告是办公中经常制作的一类文档，要体现公司的

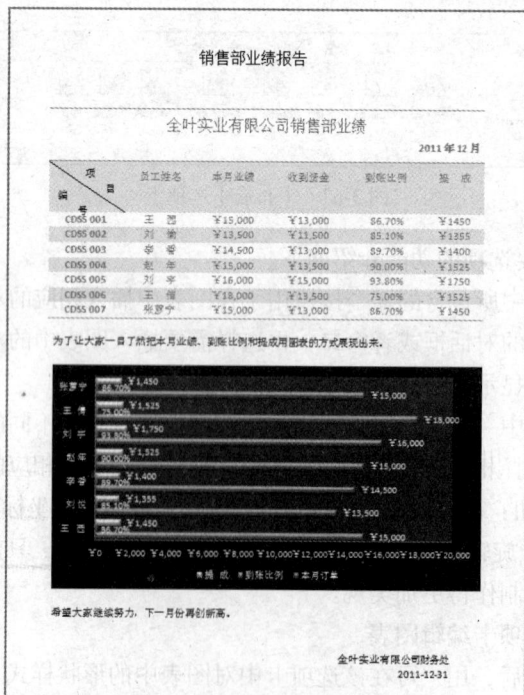

图 3-69　销售部绩效报告

业绩，就要通过数据"说话"，数据一般不宜使用文字表达，最好使用表格和图表来表达。根据公司和销售的产品不同，每个表格包含的内容也有所不同。本销售报告主要体现每个员工的销售业绩、到账比例和提成等，整个表格以浅绿色作为底色，清新、自然；图表用柱形图体现，可直观地看出每个员工的销售情况，浅色的柱形图配黑色的背景，使整个图形更加清晰。

三、制作过程

1. 制作表格

（1）启动 Word 2010，在新建的空白文档中输入文档的标题"销售部业绩报告"，并将标题设置为"宋体""三号"和"居中"显示。

（2）按两次【Enter】键，选择【插入】|【表格】组，单击【表格】按钮，在弹出的下拉列表中按住鼠标左键并拖动，当列表中显示的表格列数和行数为 6×8 时，释放鼠标。

（3）选中表格的第一行，选择【布局】|【单元格大小】组中【高度】中设置"1.86 厘米"；选择表格左上角第一个单元格，然后选择【设计】|【绘图边框】组，单击【功能扩展】按钮，打开"边框和底纹"对话框。

（4）在打开的【边框和底纹】对话框中单击右侧的▨按钮，再单击 确定 按钮。

（5）将表格表头斜线设置好之后，选择【插入】|【文本】组，单击"文本框"按钮，在打开的窗格中选择【绘制文本框】命令，当光标呈"+"状显示时，在文档空白处按住鼠标左键拖动鼠标，松开鼠标之后即绘制完成。

（6）在绘制的文本框中输入【项】，然后将其拖动至第一个单元格中，再使用同样的方法绘制 3 个文本框，然后在文本框中分别输入【目】【编】和【号】，再将它们分别拖动至表中合适的位置，如图 3-70 所示。

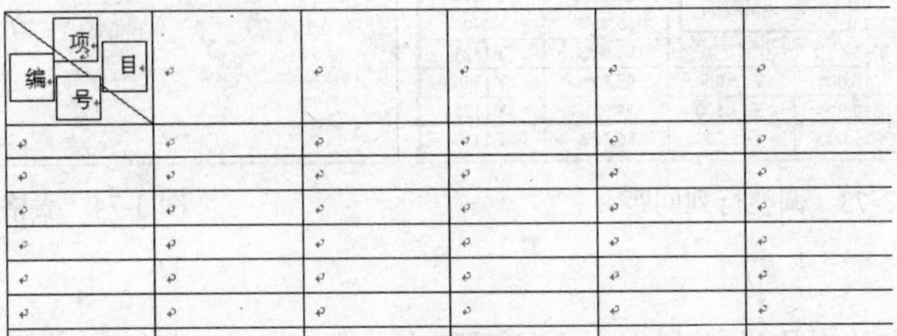

图 3-70 文本放置位置

（7）选择【项】文本框，在其上单击鼠标右键，在弹出的快捷菜单中选择【设置形状格式】命令。

（8）打开【设置形状格式】对话框，选择【填充】选项后，选中◉ 无填充(N)单选按钮。再选择"线条颜色"选项，选中◉ 无线条(N)单选按钮，单击 关闭 按钮即可。使用同样的方法，对其他 3 个文本框进行同样的设置。

（9）选择表格第一行，选择，选择【布局】|【行和列】组，单击【在上方插入】按钮，插入一行表格，再选择【设计】|【绘图边框】组，单击"擦除"按钮，将新插入的表格行中的内线全部擦除，如图 3-71 所示。

（10）在当前的表格第一行中输入"全叶实业有限公司销售部业绩"，再按【Enter】键换行输入"2011 年 12 月"，如图 3-72 所示。

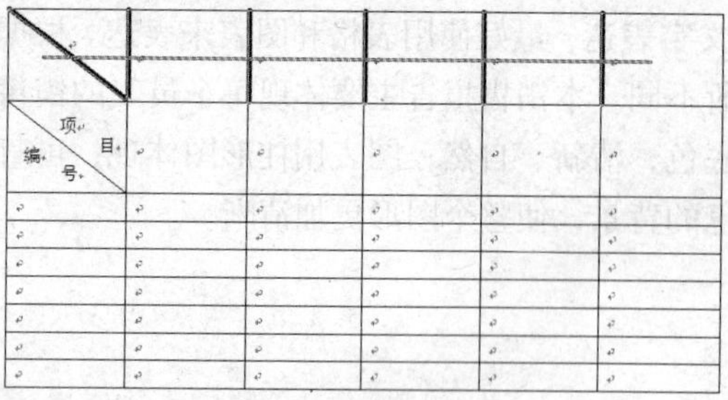

图 3-71　擦除多余内线

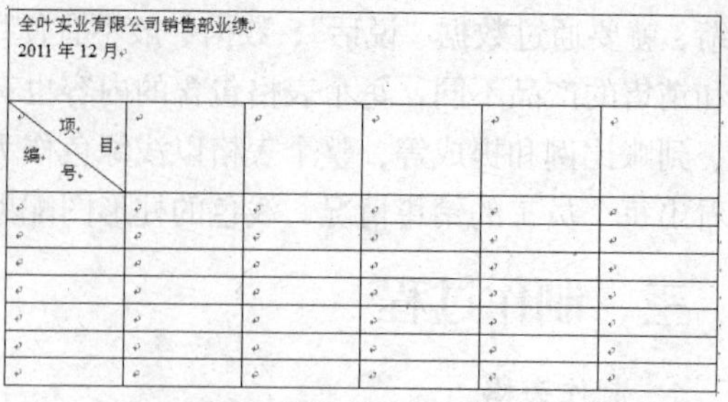

图 3-72　输入文本

（11）在表格中输入如图 3-69 所示的其他文本，并根据文本内容调整行列间距，选择项目栏中的 5 列标题文本，选择【开始】|【段落】组，单击【行和段落间距】按钮，在弹出的下拉列表中先选择 2.0 选项，再选择【增加段前间距】选项，如图 3-73 所示。

（12）选择【设计】|【表格样式】组，在【快速样式】选项栏中选择【浅色底纹-强调文字颜色 3】选项，此时表头的斜线消失，使用前面的方法再次加入斜线。

（13）选择标题文本，将其设置为"三号、居中、不加粗"。选择日期文本，将其设置为"文本右对齐"，再选择整个表格将文字格式设为"五号、居中"，如图 3-74 所示。

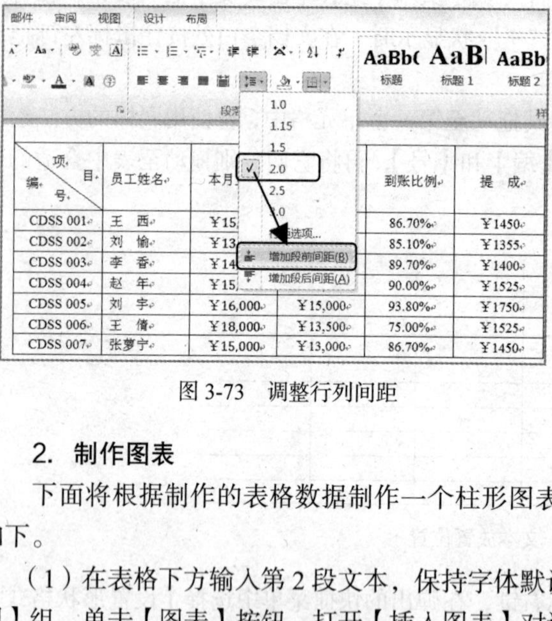

图 3-73　调整行列间距

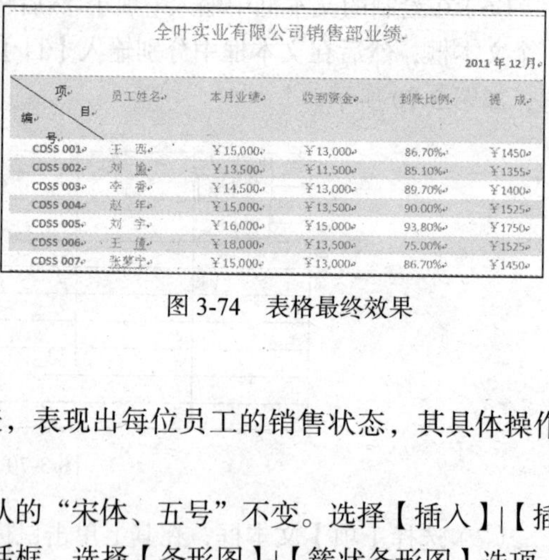

图 3-74　表格最终效果

2. 制作图表

下面将根据制作的表格数据制作一个柱形图表，表现出每位员工的销售状态，其具体操作如下。

（1）在表格下方输入第 2 段文本，保持字体默认的"宋体、五号"不变。选择【插入】|【插图】组，单击【图表】按钮，打开【插入图表】对话框，选择【条形图】|【簇状条形图】选项，单击 确定 按钮，如图 3-75 所示。

（2）自动打开 Excel 窗口，在表格中输入如图 3-76 所示的数据，关闭 Excel 表格即可得到所需的图表。

（3）选择【设计】|【图表样式】组，在【快速样式】选项栏中选中"样式 47"选项。选择【设计】|【图表布局】组，在"快速样式"选项栏中选中"布局 4"选项。然后调整该图表的大小，使其与上面的表格相对应。

（4）输入第 3 段及落款文本，选择【文件】|【保存】选项，打开【另存为】对话框，在该对话框的【文件名】文本框中输入"全叶实业有限公司销售部业绩"即可。

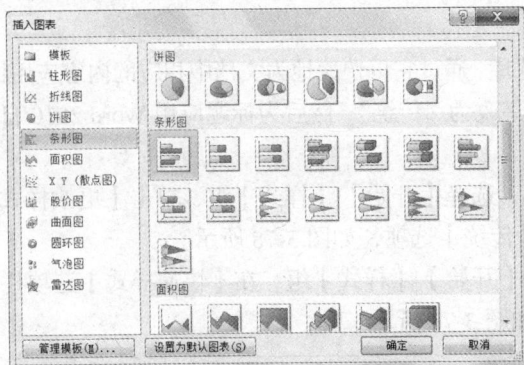

图 3-75　选择图表

	A	B	C	D
1		本月订单	到账比例	提 成
2	王 西	￥15,000	86.70%	￥1,450
3	刘 悦	￥13,500	85.10%	￥1,355
4	李 香	￥14,500	89.70%	￥1,400
5	赵 年	￥15,000	90.00%	￥1,525
6	刘 宇	￥16,000	93.80%	￥1,750
7	王 倩	￥18,000	75.00%	￥1,525
8	张萝宁	￥15,000	86.70%	￥1,450
9				

图 3-76　输入的数据

第六节　Word 长文档编辑与办公自动化

一、样式

在日常处理的办公文档中，大多数文档都具有相同或相似的格式，用户可将其中具有代表性的格式保存为样式，以后在对类似的内容进行排版时就可应用该样式，从而提高工作效率。下面将在"公司简报"文档中应用系统自带的样式和自行设置的样式，完成整个文档的排版操作，其效果如图 3-77 所示。

长文档编辑 1　　长文档编辑 2

工作简报

一月份，按照上级的总体部署和我公司的工作计划，为进一步搞好我公司的经营和管理，在加强货款回收工作和做好日常工作的同时，主要还需做到以下的工作：

一、加强部门的协调工作

我分公司近年来与运输公司的关系一直处于不协调状态，为了缓和与运输公司的关系，确保 12 年货运工作的顺利进行，我公司加强了与运输公司的沟通、协调和联系工作，通过各种方式联络感情、沟通思想、消除误会、增进了解，在工作上求得理解和支持。

　　　系统自带的样式

二、加强与工商、税务等部门的联系，为企业的发展营造和谐外部环境

在办理分公司工商登记、税务登记以及员工社保关系、公积金关系的衔接等相关事宜时，相继遇到一些需协调的问题，为了做好这些工作，我分公司在加强向当地党委、政府汇报工作，取得支持的同时，通过各种渠道，进一步加强了与税务、工商、社保等相关部门的协调和联系工作。

　　　自行设置的样式

三、加强仓储环境检查工作

仓储环境随时保持了清洁、干燥、通风，并定期巡检消防器材、电源线路及防盗设施，对查出的隐患及时进行了整改。最近库房办公场所水管管道生锈、老化、导致接口处有水往外浸流。发现这一情况后，为避免库存放的货物受潮或污损，及时采取防范措施，并及时请工人对水管进行检修，对管道进行改造。

四、加强了对往季存货的管理和业务资料的保管工作

对尚未发出的货物进行及时清点，对往季的收货、发货原始凭证等业务资料进行了妥善保管，并保证其完整、准确。

五、加强员工业务能力的培训，提高了员工队伍整体业务素质和工作能力

为了进一步提高员工的业务处理效率和转输数据的准确率，提高员工的业务水平和公司的市场竞争力，更好地为广大客户服务，分公司本着实际、实用、实效的原则，利用晚上下班时间开展了多次电脑操作方面的知识培训，并特请来专业老师就电子文档和电子表格制作方面的知识为员工进行了详细的讲解。培训活动受到了员工的一致好评，我分公司今后还将陆续开展类似的培训。通过培训，员工们一致反映：一是提高了操作计算机的水平，增长了知识，增强了工作能力，二是激活了大家的求知欲和工作热情。员工们并表示一定要努力做好各自的工作，为促进股份公司的经营和发展发挥积极的作用。

　　　长文档编辑 3

图 3-77　公司简报

1. 应用系统自带的样式

Word 2010 自带了一个拥有丰富样式的样式库，通过它可快速地为文档中相应的内容应用样式。

下面在"公司简报"文档中将当前的样式集改为"传统"，然后为标题应用 Word 2010 自带的"标题"样式，其具体操作如下。

（1）编辑"公司简报"文档中的文字内容，选择【开始】|【样式】组，单击【更改样式】按钮 ，在弹出的下拉列表中选择【样式集】|【传统】选项，如图 3-78 所示。

（2）将光标定位在表上的任意位置，选择【开始】|【样式】组，在【快速样式】选项栏中选择样式"标题"，即可将标题设置为该样式，如图 3-79 所示。

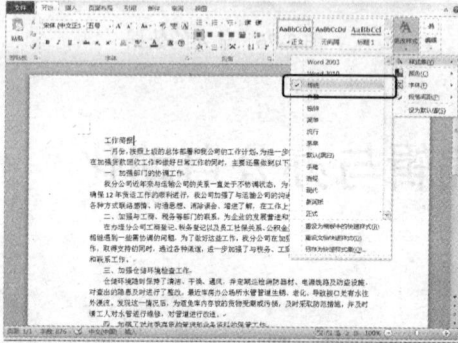

图 3-78　更换样式

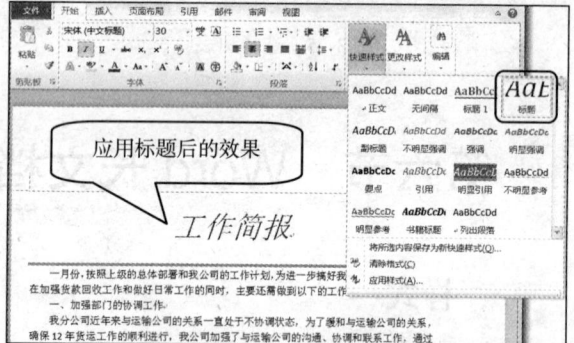

图 3-79　为标题设置样式

2. 自定义样式并应用

系统自带的样式有限，可能无法满足实际的需要，在 Word 2010 中用户可根据当前文档的要求自定义需要的样式，然后再应用。

下面将继续进行上例操作，新建一个名为"小标题"的样式，设置其字体和段落格式后，将文档中的所有小标题应用该样式，其具体操作如下。

应用样式

（1）将文本插入点定位到正文第二段中，选择【开始】|【样式】组，单击其右下角的【扩展功能】按钮 。

（2）打开【样式】窗格，单击【新建样式】按钮 ，在打开对话框的【名称】文本框中输入【小标题】，在【格式】栏的"字体"下拉列表框中选择【黑体】选项，在【字号】下拉列表框中选择【小四】选项，在【颜色】下拉列表框中选择深蓝色，如图 3-80 所示。

（3）单击 格式(O)▼ 按钮，在弹出的下拉列表中选择【段落】选项，打开【段落】对话框，设置其段前、段后值都为"0.5"行，依次单击 确定 按钮，如图 3-81 所示。

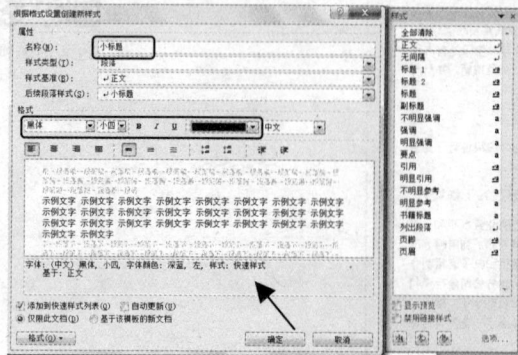

图 3-80　设置样式的字体

图 3-81　设置样式的段落

（4）返回文档编辑区，可发现文本插入点所在的段落已应用样式，并且【样式】窗格中有新建的【小标题】样式，将文本插入点定位到正文第四段中，在【样式】窗格中选择【小标题】选项。

（5）使用该方法依次为文档中的其他相应段落应用【小标题】样式，完成后单击【样式】窗格右上角的×按钮将其关闭。

二、审阅文档

在日常办公中，审阅分为两种：一种是自行审阅，另一种是传给他人审阅。审阅可帮助用户减少最终文档的错误。在 Word 2010 中审阅的方法有多种，常用的有拼写和语法检查、翻译、简繁转换、批注和修订等。

1. 拼写和语法检查

Word 2010 提供了拼写和语法检查功能，该功能可以检查文档中是否存在有语法错误的句子及拼写错误的单词，帮助用户检查文档中的错误及不足。

下面使用拼写和语法检查功能检查"公司简介.docx"文档中的错误，其具体操作如下。

（1）打开"公司简介.docx"文档，可发现文档中有些内容下方有红色或绿色的波浪线，表示这些内容可能有错误，选择【审阅】|【校对】组，单击【拼写和语法】按钮 。

（2）打开【拼写和语法】对话框，在上方的列表框中显示了出现错误的句子，其中可能错误的内容以红色显示，在下方的"建议"列表框中显示了系统提供的修改建议，选择正确的选项【Sony】，单击 更改(C) 按钮，完成修改，如图 3-82 所示。

（3）上方的列表框中自动显示下一处错误内容，提示"柳江市"错误，由于这是一个地名，不是错误，则单击 全部忽略(G) 按钮。

（4）检查完成后，系统自动打开对话框提示检查完成，单击 确定 按钮，返回文档，可发现文本下方不再显示提示错误的波浪线，如图 3-83 所示。

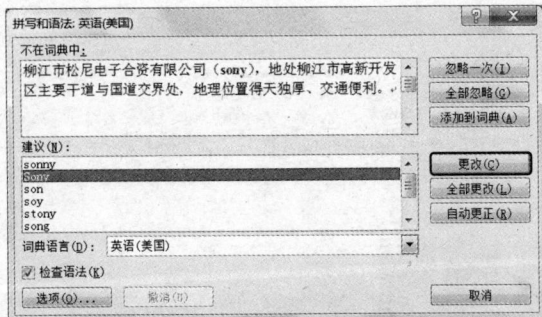

图 3-82 "拼写和语法"对话框

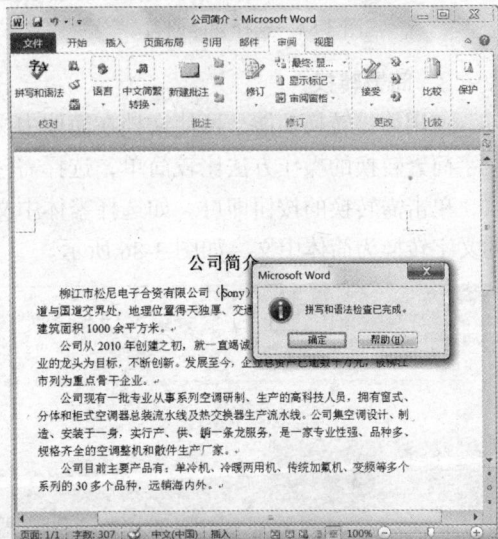

图 3-83 检查完成

2. 翻译功能

Word 2010 提供了功能强大的翻译功能，通过该功能可将文档中转换为各个国家的语言，虽然其正确率达不到 100%，但还是给日常使用带来了极大的便利。

下面将"公司简介.docx"文档由中文翻译为英文，其具体操作如下。

（1）打开"公司简介"文档，选择【审阅】|【语言】组，单击【翻译】按钮下方的按钮，在弹出的下拉列表中选择【选择转换语言】选项。

（2）打开【翻译语言选项】对话框，在【选择文档翻译语言】栏的【翻译为】下拉列表框中选择【英语（美国）】选项，单击 确定 按钮，如图3-84所示。

（3）选择【审阅】|【语言】组，单击【翻译】按钮下方的按钮，在弹出的下拉列表中选择【翻译文档】选项。

（4）打开【翻译整个文档】对话框，提示将发送整个文档到网站中进行翻译，单击 发送(S) 按钮。

（5）稍后将自动启动浏览器，并在其中显示翻译的文档，如图3-85所示。选择所有的翻译内容，按【Ctrl+C】组合键进行复制，再切换到Word文档中，按【Ctrl+V】组合键进行粘贴。

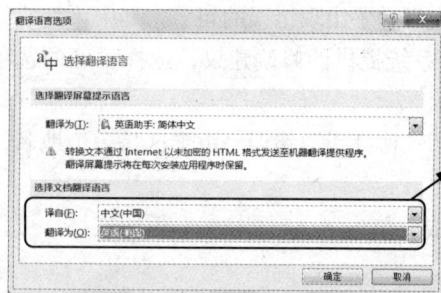

图 3-84 选择翻译语言

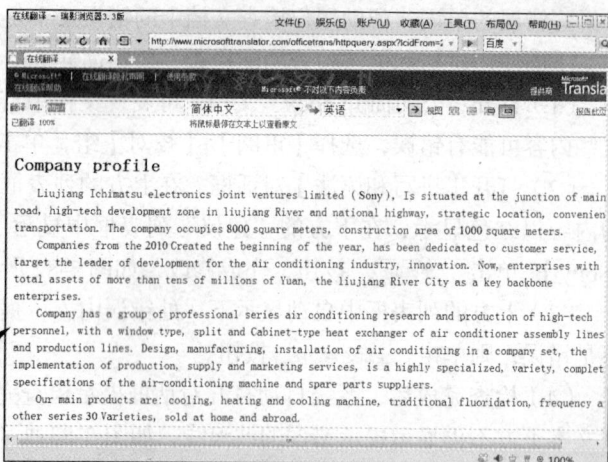

图 3-85 翻译结果

3. 简繁转换

使用简繁转换功能，可使文档在简体中文和繁体中文之间切换，从而满足不同场合的需求。文字简繁转换的操作方法比较简单，选择需转换的文字内容，再选择【审阅】|【中文简繁转换】组，单击需转换的按钮即可。如选择繁体中文文字后，单击 简繁转简 按钮，Word 2010 即可将选择的文字转换为简体中文，如图3-86所示。

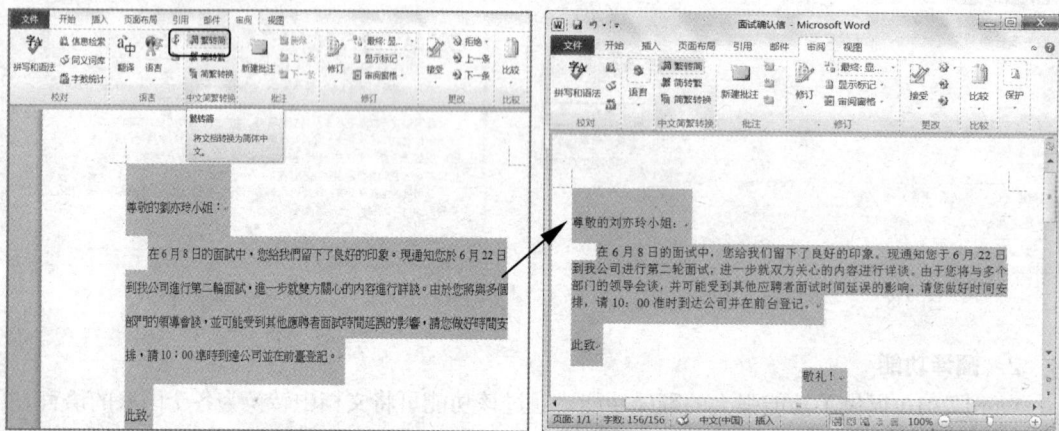

图 3-86 转换为简体中文的效果

4. 通过批注审阅

在办公过程中，如需审阅其他人员发送的 Word 文档，并提出修改建议，可通过批注功能来实现。下面将为"面试确认信.docx"文档添加批注内容，让作者再添加部分内容，使信件内容更完整。其具体操作如下。

（1）打开"面试确认信.docx"文档，选择需插入批注的文本，这里选择正文的最后一行。选择【审阅】|【批注】组，单击【新建批注】按钮▣。

（2）此时文档右侧将自动插入红色的文本框，在其中输入具体的批注内容，即自己的疑问和作者需添加的内容，如图 3-87 所示。

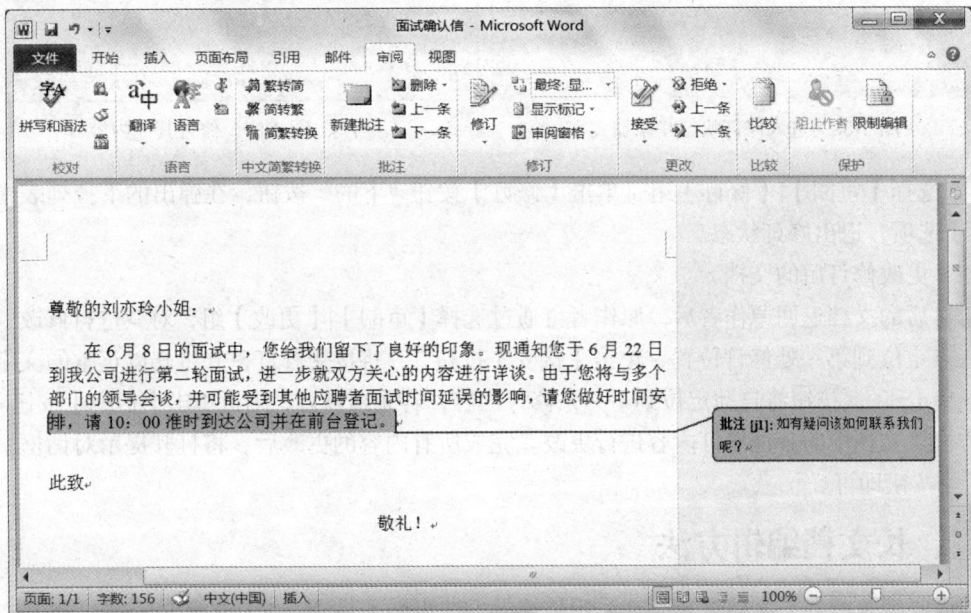

图 3-87 添加批注

5. 通过修订审阅

在审阅他人制作的文档时，可直接对其进行修改，并将修改的情况用不同颜色的文字和删除线表现出来，让原作者知道修改的内容。修订完成后，原作者可根据修订内容同意修改或拒绝修改，完成整个文档的制作。

（1）修订文档

修订文档与批注不同的是，修订可直接将修改效果显示出来，更便于原作者对文档进行修改。

下面以修订"用电管理制度.docx"文档为例，介绍添加、删除、移动、修改等主要修订操作，其具体操作方法如下。

① 打开"用电管理制度.docx"文档，选择【审阅】|【修订】组，单击【修订】按钮✍下的▾按钮，在弹出的下拉列表中选择【修订】选项，进入修订状态。

② 将文本插入点定位到第一条的"潜力,"后，输入需添加的内容，此时添加的内容将以红色下划线的形式显示，如图 3-88 所示。

③ 按照常规的修改文档的方法对文档中有误的内容依次进行移动、删除、添加等操作，其修改的内容将以不同的颜色和符号显示，如图 3-89 所示。

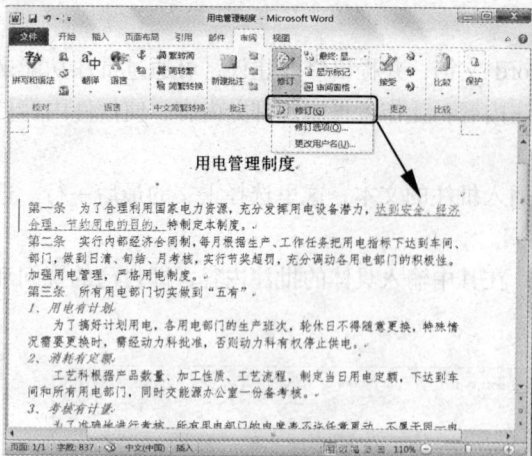

图 3-88 进入修订状态并添加文字

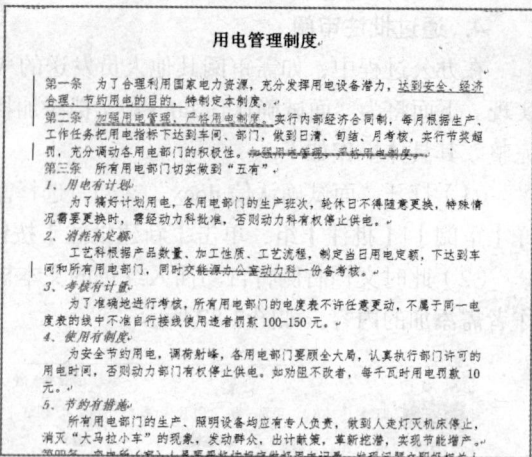

图 3-89 修订其他内容

④ 选择【审阅】|【修订】组，单击【修订】按钮下的 ▾ 按钮，在弹出的下拉列表中选择【修订】选项，退出修订状态。

（2）更改修订后的文档

修订后的文档返回原作者后，原作者可通过选择【审阅】|【更改】组，对其进行修改。将文本插入点定位到第一处修订位置，单击【接受】按钮，将接受修订，并将其以正常的文字效果显示，单击 ▾ 下一条 按钮将自动定位到下一条修订内容，若无须修订，则可单击【拒绝】按钮。可用此方法对文档中的其他修订内容进行更改。完成所有内容的更改后，将打开提示对话框，单击 确定 按钮即可。

三、长文档编辑方法

当需要编辑的办公文档过长时，采用传统的方法可能不易理清文档的整体结构，也不方便对其进行编辑，此时可使用 Word 2010 的一些特殊功能，如大纲视图、文档结构图和书签等。

1. 使用大纲视图模式浏览文档

大纲视图是 Word 2010 的一种视图方式，通过它可方便地查看文档的内容结构，并可对其进行调整。

下面将使用大纲视图模式浏览"员工绩效考核管理办法.docx"文档，显示 4 级标题以上的内容，并对其中有误的地方进行调整。其具体操作如下。

（1）打开"员工绩效考核管理办法.docx"文档，选择【视图】|【文档视图】组，单击"大纲视图"按钮进入大纲视图。

（2）选择【大纲】|【大纲工具】组，在【显示级别】下拉列表框中选择"4级"，在下方查看并了解文档的整体结构，如图 3-90 所示。

（3）将文本插入点定位到"第一章"中，选择【大纲】|【大纲工具】组，单击【展开】按钮 ✚，将显示"第一章"下的全部内容，如图 3-91 所示，若单击━按钮，则只显示标题。

（4）将文本插入点定位到"第二章"中，选择【大纲】|【大纲工具】组，单击【升级】按钮 ◆，将该标题升级，如图 3-92 所示。

（5）将文本插入点定位到"第十条"中，选择【大纲】|【大纲工具】组，单击两次【上移】按钮 ▲，将其移动到"第八条"前，然后依次修改顺序号。

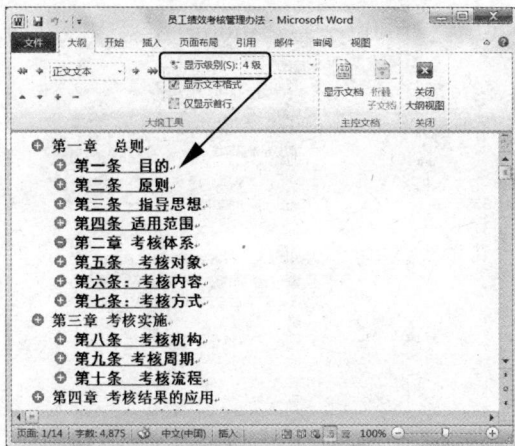

図 3-90　进入大纲视图并显示标题

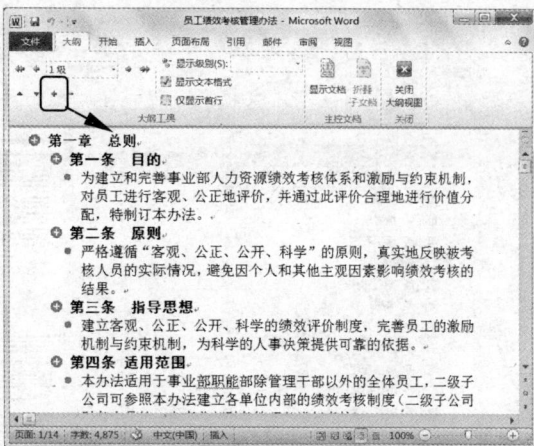

图 3-91　显示展开内容

（6）依照修改普通文本的方法对大纲视图中的内容进行修改，包括删除多余的冒号、使文本对齐等，使其结构清晰，格式正确，单击【关闭大纲视图】按钮 █ 退出大纲视图，如图 3-93 所示。

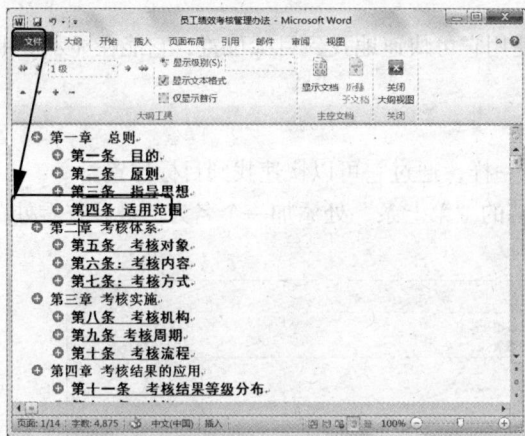

图 3-92　升级文本

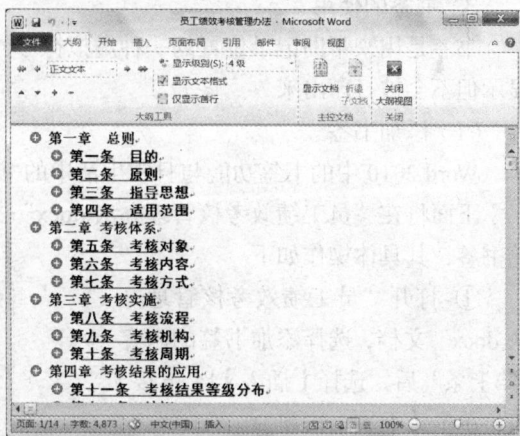

图 3-93　修改其他内容

2. 导航窗格在长文档编辑中的使用

导航窗格是 Word 2010 新增的功能之一，它在长文档的编辑过程中的主要作用是定位，选择【视图】|【显示】组后，选中 ☑ 导航窗格复选框，将在文档左侧显示导航窗格，它包含了 3 个选项卡，选择不同的选项卡，可显示不同的内容，其作用分别如下。

（1）【浏览您文档中的标题】选项卡▤：选择该选项卡，将在窗格中显示文档的所有标题，单击某个标题即可在右侧的文档编辑区中快速定位到该标题，如图 3-94 所示。

（2）【浏览您文档中的页面】选项卡▦：选择该选项卡，将在窗格中显示页面缩略图，单击某个缩略图即可在右侧的文档编辑区中快速定位到该页，如图 3-95 所示。

（3）【浏览您当前搜索的结果】选项卡▤：选择该选项卡，在上方的文本框中输入需定位的内容，如"流程"，在下方将显示文档中所有包含文本"流程"的地方，单击某个选项，即可在右侧的文档编辑区中快速定位到该位置，如图 3-96 所示。

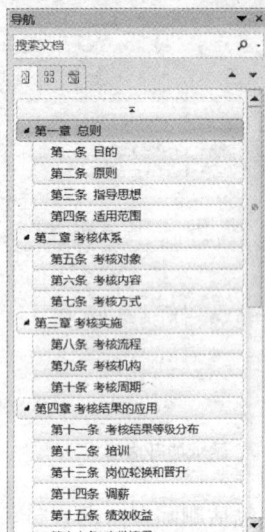

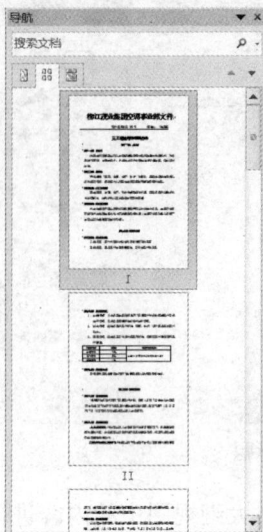

| 图 3-94　浏览标题 | 图 3-95　浏览页面 | 图 3-96　浏览搜索结果 |

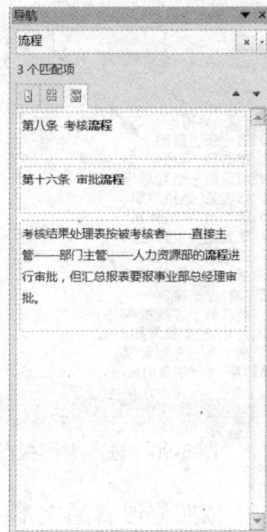

3. 书签的使用

书签是用来帮助记录位置的一种虚拟符号，使用它可快速地找到目标位置，它能在显示屏上显示但不会被打印出来。

（1）添加书签

Word 2010 中的书签功能与日常生活中的书签一样，通过它可以快速找到目标位置。

下面将在"员工绩效考核管理办法.docx"文档的"第七条"处添加一个名为"最后查看处"的书签，其具体操作如下。

① 打开"员工绩效考核管理办法.docx"文档，选择添加书签的内容"第七条"后，选择【插入】|【链接】组，单击【书签】按钮 。

② 打开【书签】对话框，在【书签名】文本框中输入自定义的书签名称"最后查看处"，单击 添加(A) 按钮，如图 3-97 所示。

（2）定位书签

在插入书签后，就可以很方便地通过添加的书签名定位所查找的文本。

图 3-97　"书签"对话框

下面将继续上例的操作，快速定位到"第七条"，其具体操作如下：

① 重新打开已添加书签的文档，选择【插入】|【链接】组，单击【书签】按钮 。

② 打开【书签】对话框，在【书签名】文本框下方的列表框中选择需要定位的书签名称"最后查看处"，单击 定位(G) 按钮，如图 3-98 所示。将快速定位到"最后查看处"书签所在的位置，并将其选中。

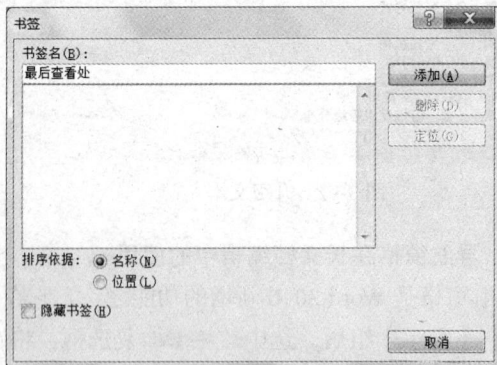

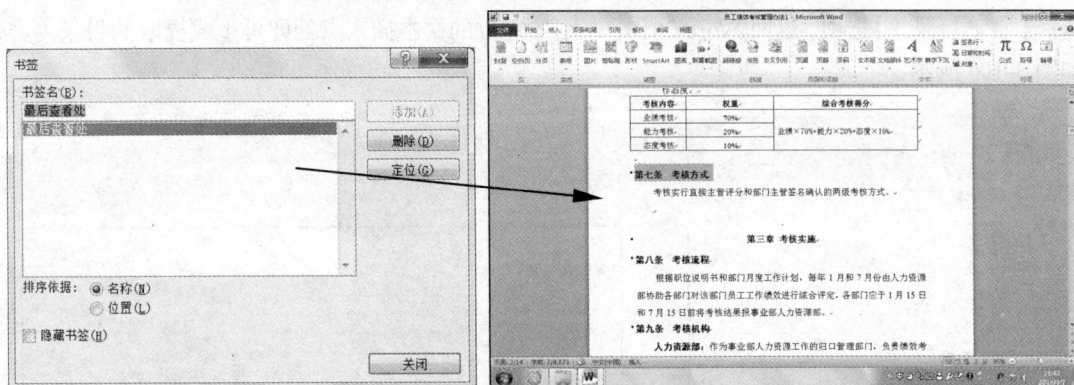

图 3-98　书签的位置

四、制作文档封面和目录

目前办公中的很多文档都要求制作封面和目录，它们就像文档的"门面"一样，Word 2010 拥有自动制作封面和目录的功能，通过它们可以快速地制作出专业的封面和目录。

1. 制作文档封面

封面用于表现文档的标题、制作者、公司等主要信息，Word 2010 自带了封面功能，用户可使用系统提供的封面，也可自行制作封面。系统自带的封面样式比较美观，只需经过少量改动即可生成一个美观、使用的封面，其具体操作方法是：打开要插入封面的文档，选择【插入】|【页】组，单击"封面"按钮下方的按钮，在弹出的下拉列表中选择所需的封面样式，如选择"拼版型"选项，如图 3-99 所示，即可在文档首页插入封面，然后可根据实际需要进行修改。

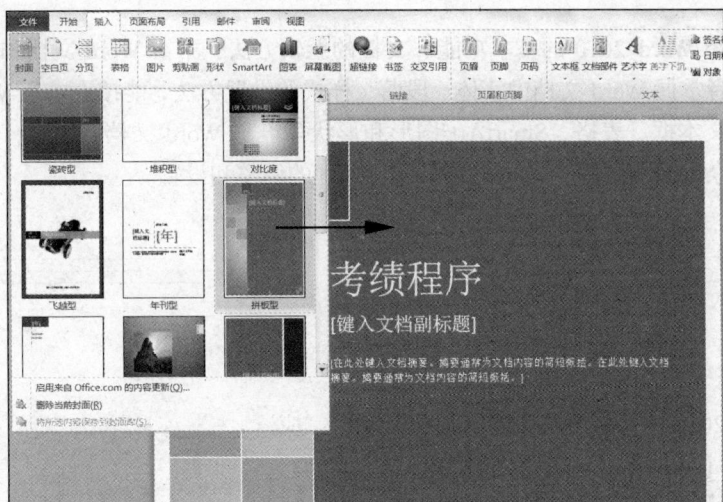

图 3-99　制作封面

2. 制作文档目录

目录在办公的长文档中也应用较多，通过目录用户可以快速了解当前文档的主要内容。Word 2010 提供了目录制作功能，用户无须手动提取目录和页数，通过简单的操作即可完成。其具体操作方法是：打开要制作的文档，将文本插入点定位到文档中需插入目录的位置，选择【引用】|【目录】组，单击"目录"按钮下方的按钮，在弹出的下拉列表中选择所需要的目录样式，如

选择【自动目录1】选项，返回 Word 2010，在刚才定位的文本插入点处即可生成提取的目录内容，如图 3-100 所示。

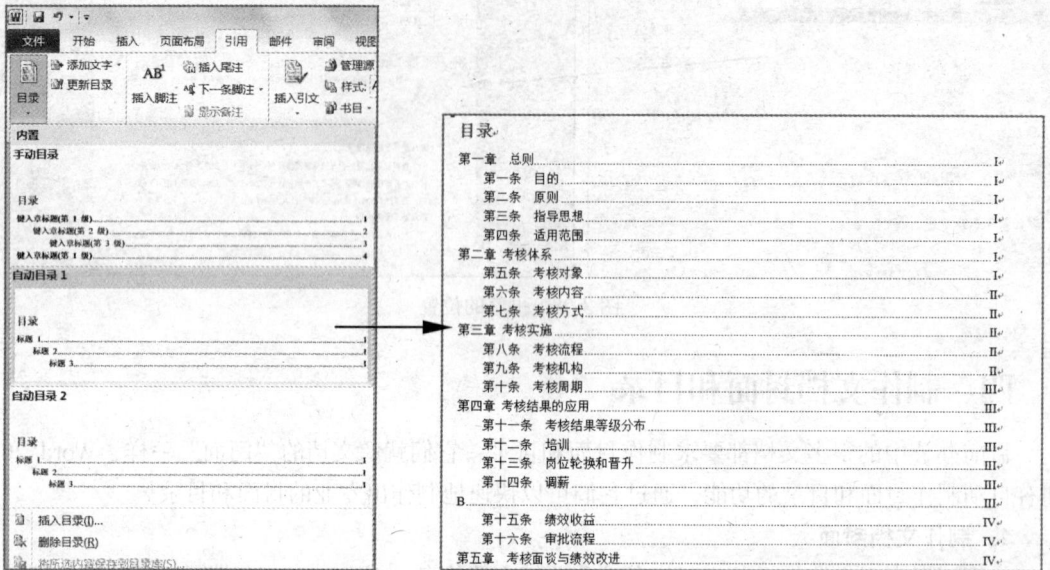

图 3-100　制作文档目录

本 章 小 结

本章主要介绍 Word 2010 的基本功能、文档的编辑方法，丰富 Word 文档和长文档的编辑技巧。其中要求读者掌握 Word 文档中字体、段落、样式的设置方法，能按需求在 Word 文档中插入图片、艺术字、文本框、表格、SmartArt 图形和形状等丰富 Word 文档的内容，了解长文档的特点，能设置较复杂的页眉页脚，对页面布局进行合理的调整和设置。

习 题 三

一、单选题

1. 在 Word 2010 中，若要将文件另外保存一份，应_____。
   A. 选择【文件】|【另存为】命令
   B. 选择【文件】|【保存】命令
   C. 单击自定义快速工具栏中的【保存】按钮
   D. 按【Ctrl+S】组合键

2. 在 Word 2010 中，用户按下回车键，便在文档中插入_____。
   A. 空格　　　　　B. 回车　　　　　C. 段落结束标记　　　D. 打印控制符

3. Word 文档默认扩展名是_____。
   A. .txt　　　　　B. .docx　　　　　C. .wri　　　　　D. .dot

4. 利用 Word 2010 编辑文档，间距默认时，段落中文本行的间距是_____。

    A. 单倍行距　　　　B. 多倍行距　　　　C. 最小值　　　　D. 固定值

5. 下列有关 Word 2010 的叙述中，不正确的是_____。

    A. 在 Word 2010 中可以查找带格式的文本

    B. 在 Word 2010 中输入文本时，文字将出现在光标前面

    C. 在【段落】对话框中可设置行间距和字符间距

    D. 文档中可以插入艺术字

6. 在 Word 2010 中，不能插入的是_____。

    A. 图片　　　　　　B. SmartArt 图形　　C. 屏幕截图　　　　D. 文档

7. 在 Word 2010 中，下面关于"页眉和页脚"的说法正确的是_____。

    A. 页眉和页脚在【页面布局】选项卡中添加的

    B. 页眉和页脚的内容是系统自动设置的

    C. 页眉和页脚可以是页码、日期、简单文字、文档的题目

    D. 页眉和页脚不能是图片

二、填空题

1. 在 Word 2010 中，必须在_____视图方式或打印预览中才会显示出用户设定的页眉和页脚。

2. 字符格式设置好后，如果在其他的字符当中也要应用相同的字符格式，我们可以使用_____将字符格式复制到其他字符中，而无须重新设置。

3. 在 Word 2010 中，剪贴板最多容纳_____项内容。

4. 在 Word 2010 中，将鼠标移动到选定区，当它变成空心箭头的形状时，单击鼠标左键一下可_____，单击两下可_____，单击三下可_____。

5. 在【插入单元格】对话框中：①若选中【活动单元格下移】单选框，则在所选定单元格的_____，插入新的单元格。②若选中【整行插入】单选框，则在所选定单元格的_____，插入整行的单元格。

6. 在 Word 2010 中，若将文本中各处出现的"计算机"全部改成斜体的"电脑"，则最简便的方法是执行_____操作。

三、操作题

（1）使用 Word 2010 创建一份表格型个人简历。

（2）依照图 3-101 样文进行如下操作：

① 录入文本内容，设置正文字体为"宋体"，字号为"小四"。设置页眉和页脚，在页眉居中输入"散文欣赏"，在页面底端页脚处设置页码为"普通数字 2"。

② 将正文设置成"三栏"格式，并显示"分隔线"。

③ 将标题设置为艺术字，字体为"华文行楷"，字号为"44"，式样为艺术字库中的第 2 行第 5 列，艺术字形状为"双波形 2"，环绕方式为"嵌入型"。

④ 将正文的第 1 段设置为"首字下沉"格式，下沉行数为"2"。

⑤ 搜索一幅与荷塘月色有关的图片并插入文档中，设置环绕方式为"四周型"。

⑥ 在"心里颇不宁静"词组上加批注"揭示文化背景"。

散文欣赏

荷塘月色

这几天心里颇不宁静。今晚在院子里坐着乘凉，忽然想起日日走过的荷塘，在这满月的光里，总该另有一番样子吧。月亮渐渐地升高了，墙外马路上孩子们的欢笑，已经听不见了，妻在屋里拍着闰儿，迷迷糊糊地哼着眠歌。我悄悄地披了大衫，带上门出去。

沿着荷塘，是一条曲折的小煤屑路。这是一条幽僻的路；白天也少人走，夜晚更加寂寞。荷塘四面，长着许多树，蓊蓊郁郁的。路的一旁，是些杨柳，和一些不知道名字的树。没有月光的晚上，这路上阴森森的，有些怕人。今晚却很好，虽然月光也还是淡淡的。

路上只我一个人，背着手踱着。这一片天地好像是我的；我也像超出了平常的自己，到了另一世界里。我爱热闹，也爱冷静；爱群居，也爱独处。像今晚上，一个人在这苍茫的月下，什么都可以想，什么都可以不想，便觉是个自由的人。白天里一定要做的事，一定要说的话，现在都可不理。这是独处的妙处，我且受用这无边的荷香月色好了。

批注 [U1]：揭示文化背景

图 3-101　荷塘月色样文

第四章
Excel 2010 电子表格处理软件

Excel 2010 是一个出色的电子表格软件，也是 Microsoft 公司 Office 2010 办公系列软件的一个组成部分。Excel 2010 具有强大的数据计算与分析功能，可以把数据用各种统计图表的形式形象的表现出来，被广泛应用于统计分析、财务管理和分析、经济行政管理等各个方面，深受广大办公、统计和财务人员的青睐，成为当今世界最流行的电子表格制作软件之一。

第一节　Excel 2010 概述

Excel 2010 能够方便的制作出各种电子表格，还可使用公式和函数对数据进行复杂的运算，并具有对数据进行分析预测的功能，用各种图表来表示数据十分直观明了。

一、认识 Excel 2010 的窗口

1. Excel 2010 的启动和退出

（1）启动 Excel 2010

启动 Excel 2010 的方法通常有 3 种。

① 单击【开始】|【所有程序】|【Microsoft Office】|【Microsoft Office Excel 2010】命令。

② 双击桌面上的 Excel 快捷方式图标。

Excel 2010 的启动和退出

③ 直接在【资源管理器】或【我的电脑】中双击指定的 Excel 文件。

（2）退出 Excel 2010

退出 Excel 2010 的方法通常有 3 种。

① 单击 Excel 窗口右上角的【关闭】按钮。

② 单击【文件】|【退出】命令。

③ 双击 Excel 窗口左上角的【系统控制】菜单按钮。

在执行退出操作时，如果没有对工作簿文件进行修改，则可以立即关闭并退出 Excel；如果有未保存的修改，Excel 会打开【另存为】对话框询问是否对修改进行保存，在给出选择后才可以退出 Excel。

Excel 2010 的操作界面

2. 操作界面

启动 Excel 2010 后，系统自动建立了一个新的名为"Book1"的空工作簿。中文 Excel 2010

窗口（见图 4-1）由快速访问工具栏、标题栏、功能选项卡与功能区、编辑区和状态栏 5 个部分组成，除了快速访问工具栏、标题栏、功能选项卡与功能区的使用方法与 Word 2010 完全相同外，另外还多了名称框、编辑栏、工作表标签和工作表区域。

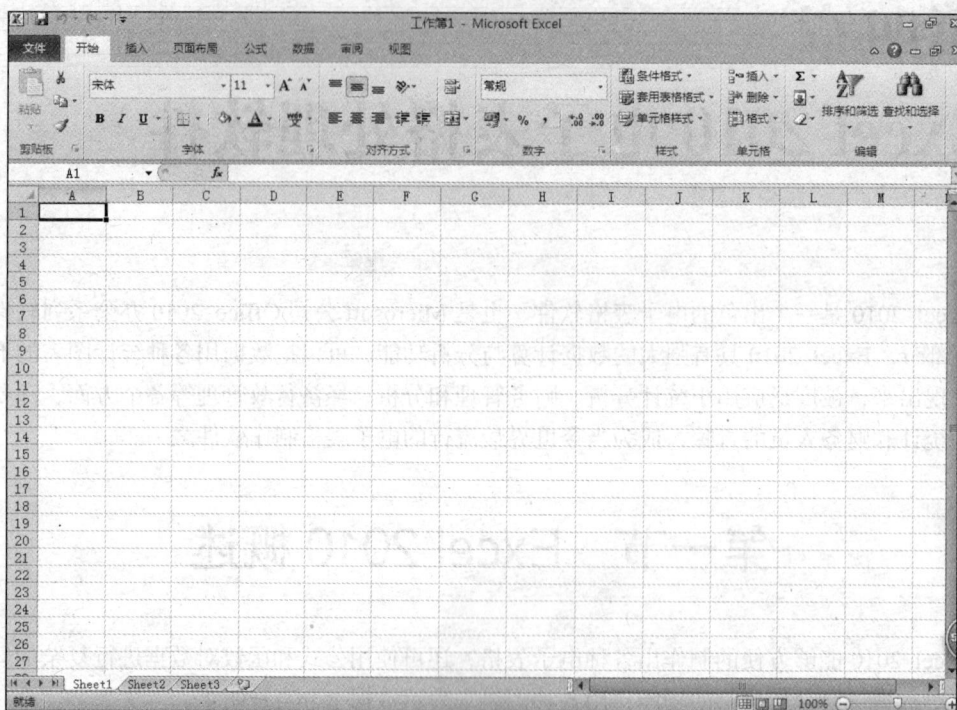

图 4-1　Excel 2010 窗口界面

（1）标题栏

Excel 2010 窗口的最上面为标题栏，标题栏显示当前工作簿文件的名字。

（2）功能选项卡与功能区

功能选项卡与功能区分别是"文件""开始""插入""页面布局""公式""数据""审阅""视图"和"加载项"。

（3）名称框

名称框也称活动单元格地址框，用来显示当前活动单元格的位置，如单元格 A1。在此框中输入要编辑单元格的地址，即可将该单元格设置为当前活动单元格。

（4）编辑框

编辑框可用来显示和编辑活动单元格中的数据和公式。选中某单元格后，就可在编辑框中输入或编辑数据，此时，名称框和编辑框中间出现 3 个按钮，左边按钮表示"取消"，它的功能是使单元格恢复到输入以前的状态；中间的按钮表示"确认"，它的功能是确定输入栏中的内容为当前选定单元格的内容；右边按钮表示"插入函数"，它的功能是在单元格中插入函数。

（5）工作表标签

工作表标签用于标识当前的工作表位置和工作表名称。Excel 默认显示 3 个工作表标签，当工作表数量较多时，可以使用其左侧的浏览按钮进行查看。

工作簿、工作表和单元格

（6）工作表区域

工作表区域用以记录或编辑数据，所有数据都将存放在这个区域中。

3．工作簿、工作表和单元格

在 Excel 2010 中，工作簿、工作表和单元格是构成 Excel 表格的三大主要元素。

（1）工作簿

通常工作簿是指电子表格文件，是 Excel 2010 环境中用来存储并处理工作数据的文件，即 Microsoft Office Excel 产生的文件，其拓展名通常为".xls"或".xlsx"。

（2）工作表

工作表是 Excel 工作簿的一部分，也称电子表格。在工作簿中，默认一个工作簿有 3 个工作表，以工作标签的形式显示在工作表的底部。每个工作表有一个名字，显示在工作表标签上，如 Sheet1、Sheet2 和 Sheet3。

（3）单元格

单元格是 Excel 表格中行与列的交叉部分，它是组成表格的最小单位，也是最基本的存储和处理数据的单元。每个单元格都有一个名字，其命名方式是根据其所在的位置决定的，如工作表中最左上角的单元格名称为 A1，即表示该单元格位于 A 列 1 行，而 B3：F7 则表示 B3 单元格到 F7 单元格之间的所有单元格区域。这也就是它的"引用地址"。需要注意的是，单元格名列号在前，行号在后。

在引用单元格时（如公式中），就必须使用单元格的引用地址。如果在不同工作表中引用单元格，为了加以区分，通常在单元格地址前加工作表名称，例如，Sheet2!D3 表示 Sheet2 工作表的单元格 D3。如果在不同的工作簿之间引用单元格，则在单元格地址前加相应的工作簿和工作表名称，例如，[Book2]Sheet1!B1 表示 Book2 工作簿 Sheet1 工作表中的单元格 B1。

二、Excel 2010 的基本操作

1．工作簿的创建和保存

（1）创建工作簿

启动 Excel 之后，系统会自动创建一个空白的工作簿，默认的文件名是 Book1。如果要重新建立一个文件，可以单击【文件】|【新建】命令，或单击【常用】工具栏上的【新建】图标，打开【新建工作簿】任务窗格，如图 4-2 所示，单击【空白工作簿】即可。

（2）保存工作簿

在 Excel 工作表中，将数据编辑完毕后就可以保存了。单击【文件】|【保存】命令，如果是第一次保存文件，将会打开【另存为】对话框，如图 4-3 所示，用户可以在对话框中选择保存位置、输入文件名、选择文件保存类型。Excel 默认的保存类型是"Excel 工作簿（*.xlsx）"。

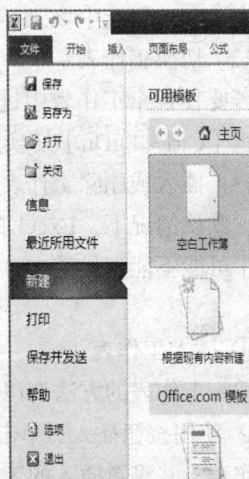

图 4-2　【新建工作簿】任务窗格

2．工作表的基本操作

在工作簿中，工作表是 Excel 的工作平台，每个工作表都以工作表标签的形式显示在工作表编辑区底部，以方便用户进行切换。为了能更好地编辑工作簿，不仅可以编辑工作簿中的单元格，还可以编辑工作簿中的工作表。

（1）选定工作表

一个工作簿可能包含多张工作表，如果想对某一张或某几张工作簿进行操作，需要先选择工作表，被选中的工作表标签呈高亮显示。选择工作表的方法和选择单元格的方法类似，具体方法如下。

选定工作表

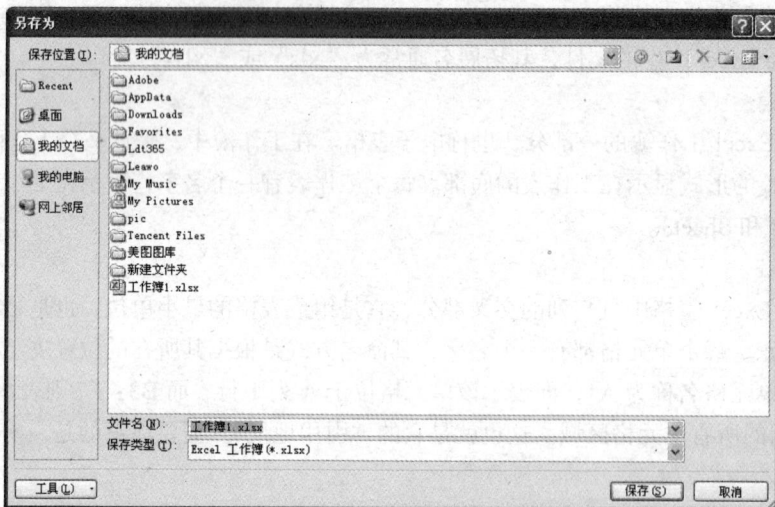

图 4-3 【另存为】对话框

① 选择单张工作表：单击工作表标签可选择单张工作表。

② 选择不连续的工作表：选择一张工作表后按住【Ctrl】键不放，再单击其他工作表，可选择多张不连续的工作表。

③ 选择连续的工作表：选择一张工作表后，按住【Shift】键不放，在选择不相邻的另一张工作表，即可选择这两张工作表及这两张工作表之间的所有工作表。

④ 选择全部工作表：在工作表标签上单击鼠标右键，在弹出的快捷菜单中选择【选定全部工作表】命令，可选中该工作簿中所有的工作表。

（2）切换工作表

若要在各个工作表中进行切换，可以使用组合键【Ctrl + PgUp】切换到前一张工作表，使用组合键【Ctrl + PgDn】切换到后一张工作表。

（3）插入或删除工作表

在默认情况下，Excel 的工作簿中只提供了 3 个工作表，在实际应用中可能不能满足需求，所以需要根据实际情况手动插入或删除工作表。

① 插入工作表

插入工作表的方法有以下几种。

插入或删除工作表

a. 使用按钮插入：单击工作表标签最后的【插入工作表】按钮，在工作表的最后插入一个新的工作表，并将新插入的工作表作为当前编辑工作表。

b. 使用快捷键插入：按【Shift+F11】组合键，可在当前编辑工作表的前方插入一个新的工作表，并将插入的工作表作为当前编辑工作表。

c. 使用鼠标右键插入：在工作表标签上单击鼠标右键，在弹出的快捷菜单中选择【插入】命

令，如图 4-4 所示，打开【插入】对话框，在【常用】选项卡中选择【工作表】选项，单击【确认】按钮，即可在右键单击的工作表前方插入一个新的空白工作表。

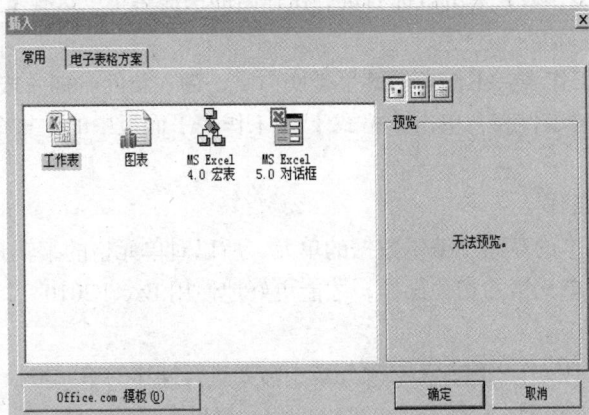

图 4-4　【插入】对话框

② 删除工作表

工作表不仅能插入，也能被删除。删除工作表也有多种方法，其具体方法如下。

a. 使用菜单删除：选择一张或多张工作表后，选择【开始】|【单元格】组，单击【删除】按钮下方的按钮，在弹出的下拉列表中选择【删除工作表】选项。

b. 使用鼠标右键删除：选择一张或多张工作表后，在工作表标签上单击鼠标右键，在弹出的快捷菜单中选择【删除】命令，即可删除选择的工作表。

c. 执行删除工作表命令后，如果被删除的工作表中有数据，将会打开一个对话框，如图 4-5 所示。单击该对话框中的【删除】按钮，可以删除该工作表；若单击【取消】按钮，则保留该工作表。

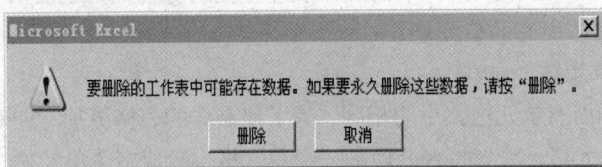

图 4-5　【删除】对话框

（4）移动或复制工作表

移动工作表可调整工作表的位置，复制工作表可将同一类型的工作表复制多个，具体操作方法如下。

① 选择该工作表，移动光标至工作表的标签上，按住鼠标左键不放并向右拖动至目标标签位置，拖动完成后释放鼠标，即可移动工作表。

② 选择工作表，并在该工作表的标签上单击鼠标右键，在弹出的快捷菜单中选择【复制和移动工作表】命令。在弹出【移动或复制工作表】对话框的【下列选定工作表之前】选项框中选择具体选项，若选中【建立副本（C）】复选框，工作表在移动的同时还会复制一份。

移动或复制工作表　　重命名工作表

（5）重命名工作表

为了便于用户对工作表进行使用和管理，可以对工作表进行重命名，操作方法有如下几种。

① 选中要更名的工作表，单击鼠标右键，在弹出的快捷菜单中选择【重命名】命令，键入新的名称后按【Enter】键确定。

② 双击要更名的工作表，工作表标签呈黑底白字，键入新的名称后按【Enter】键确定。

③ 选中要重命名的工作表，单击【格式】|【工作表】面板中的【重命名】命令，输入新的工作表名即可。

3. 单元格的基本操作

因为单元格是最基本的存储及编辑数据的单元，所以对单元格的编辑是编辑工作簿最基本的操作。只有熟练掌握了单元格的相关操作，才能更好地使用 Excel 2010。

（1）选择单元格

在对单元格进行其他操作之前，都必须先选中需要进行操作的单元格。与 Word 2010 中选择文本类似，选择 Excel 2010 的单元格也有多种方法，其中选择单个、连续的区域及不连续的区域等操作方法与 Word 2010 类似。与 Word 2010 不同的几种选择方法如下。

选择单元格

① 选择单个单元格：将鼠标指针移至需选中的单元格上，当鼠标指针变为 "+" 形状时，单击该单元格即可选中鼠标指针所在的单元格。

② 选择正行或整列单元格：将鼠标指针移到需选择行或列单元格的行号或列标上，当鼠标指针变为 "↓" 或 "→" 形状时单击鼠标左键，即可选择该行或该列的所有单元格。

③ 选择连续行或单元格：将鼠标指针移至行号或列标上，当鼠标指针变为 "↓" 或 "→" 形状时单击鼠标，并拖动鼠标指针选择连续行或列的所有单元格。

合并与拆分单元格

④ 选择工作表中的所有单元格：单击工作表左上角行标与列标的交叉处按钮或按【Ctrl+A】组合键即可选择工作表中所有的单元格。

（2）合并与拆分单元格

新建的工作簿中的所有单元格大小均相同，为了使制作的表格更加专业和美观，有时需要将多个单元格合并成一个单元格，或者将合并后的一个单元格拆分成多个单元格，具体操作如下。

① 合并单元格

在制作一个表格的表头时，通常需要将其进行合并操作，才能突出该表格所要表达的主题。

下面将选择合适的单元格区域，对其进行合并居中操作，使该工作簿的表头能居中显示。其具体操作方法为：选择【开始】|【对齐方式】组，单击【合并后居中】按钮，如图 4-6 所示。自动将所选择的单元格区域进行合并居中处理。

图 4-6 【合并居中】功能区

② 拆分单元格

在 Excel 2010 中不仅可以合并单元格，还可拆分单元格，其方法为：

选择已合并的单元格，再选择【开始】|【对齐方式】组，单击【合并后居中】按钮。

选择已合并的单元格，再选择【开始】|【对齐方式】组，单击【合并后居中】按钮旁的按钮，在弹出的下拉列表中选择【取消单元格合并】选项。

（3）删除单元格

在编辑表格的过程中，不仅可能出现单元格缺失的情况，还可能出现单元格过多的情况，此时可以将多余的单元格进行删除，其操作方法如下。

① 使用对话框删除：选择【开始】|【单元格】组，单击【删除】按钮，在弹出的下拉列表中选择【删除单元格】选项，打开如图 4-7 所示的【删除】对话框，在该对话框中选择相应的删除方式后单击【确定】按钮。

删除单元格

② 使用右键删除：在选中的单元格或单元格区域上单击鼠标右键，在弹出的快捷菜单中选择【删除】命令，也可打开【删除】对话框。

（4）调整行高和列宽

因为新建的工作簿中的单元格大小有限，所以如果单元格中内容过多，将不能完全显示该单元格中的内容，此时除了将多个单元格进行合并外，还可以手动调整单元格的行高和列宽。

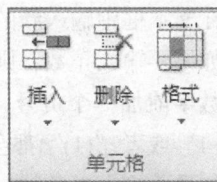

图 4-7 【删除】功能区

根据在 Excel 表格中输入数据的多少，通常可采用以下 4 种方法调整行高和列宽。

① 使用对话框调整：选择相应的单元格，再选择【开始】|【单元格】组，单击【格式】按钮，在弹出的下拉列表中选择【行高】或【列宽】对话框中可输入适当的数值来调整行高和列宽。

调整行高和列宽

② 自动调整：选择相应的单元格，单击【格式】按钮，在弹出的下拉列表中选择【自动调整行高】或【自动调整列宽】命令，根据单元格中的内容自动调整行高和列宽。

③ 拖动鼠标调整行高和列宽：将光标移到行号或列标的分割线上，按住鼠标左键不放，此时在鼠标指针右上角出现一个提示条，并显示当前位置处的行高或列宽值，拉动鼠标即可改变行高或列宽，其改变后大小的值将显示在鼠标指针右上角的提示条中。

④ 双击自动调整：在行号或列标上双击鼠标左键，即可根据单元格中的内容对单元格的行高或列宽进行自动调整。

第二节　Excel 2010 的编辑操作

一、Excel 2010 的编辑技巧

1. 输入数据

在 Excel 单元格中输入数据通常有 3 种方法。

① 单击单元格，光标形状变为十字形时，可在该单元格中输入数据，然后按【Enter】键、【Tab】键或选择"↑""↓""←"和"→"方向键定位到其他单元格继续输入数据。

② 双击单元格，光标形状变为"I"型时，就可以进行数据的输入了。

③ 单击单元格，在编辑栏内输入数据，最后用鼠标单击控制按钮，来"取消"或"确定"输入的内容。

（1）输入数值常量

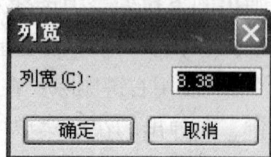

数值常量就是数字。一个数字只能由正号（+）、负号（-）、小数点（.）、百分号（%）、千位分隔符（,）、数字0~9等字符组成，数值常量默认的对齐方式是右对齐。如果输入的数据过长，单元格中只能显示数字的前几位，或者以一串"#"提示用户该单元格无法显示这个数据，可以通过调整单元格的列宽使其正常显示，具体操作是，选中该列，单击【格式】|【列】|【列宽】命令，打开【列宽】对话框，在文本框中输入新的列宽值即可，如图4-8图所示。

输入数据的3种方法　输入数值常量

图4-8　【调整列宽】

如果要输入正数，则直接输入数字即可。如果要输入负数，必须在数字前加一个负号"-"或者给数字加一个圆括号。例如，输入"-1"或者"(1)"都会得到-1。

如果要输入百分数，可直接在数字后面输入百分号%。例如，要输入50%，则在单元格中先输入50，再输入%。

如果要输入小数，直接输入小数点即可。

如果要输入分数"2/3"呢？实际上Excel会将用户输入的"2/3"自动转换成"2月3日"，所以，如果要输入正确的分数，前面需要加"0"和空格。即若要输入分数，必须在单元格内输入"0 2/3"。

输入文本常量

（2）输入文本常量

文本常量包含汉字、大小写英文字母、数字、特殊字符等。如果要把数值作为文本类型处理的话，则要在数字前输入单引号（'），例如，输入电话号码"1352741****"。如果输入的文本过长，内容将扩展到相邻列显示。文本常量默认的对齐方式是左对齐。

（3）输入时间日期

在 Excel 中常用的日期输入格式有 3 种："07-1-11""07/1/11"和"11-Jan-07"，其中"07-1-11"为默认格式。时间型数据的输入格式有"9:25""8:14PM"等。

输入时间日期

（4）输入相同数据

若要在不同单元格中输入相同的数据，可以先选中要输入相同数据的单元格，然后在编辑栏中键入数据内容，最后按组合键【Ctrl + Enter】即可。

2. 数据的快速填充

在制作表格的过程中，经常会输入一些相同或有规律的数据，如果采用手动方式录入，不仅耗费大量的人力和精力，而且容易出错。为了避免此类情况发生，可使用Excel 2010提供的数据填充功能。

数据的快速填充

（1）填充相同的内容

在制作 Excel 工作簿的过程中，如需在某一个单元格区域中输入相同内容时，可以先在一个单元格中输入，然后使用Excel 2010的填充功能快速将其余部分进行填充，以提高录入速度。

具体操作方法为：选择工作簿中需要输入相同内容的单元格，然后移动鼠标至该单元格右下

角的控制柄上，当鼠标指针的形状变为十字形状时，按住鼠标左键不放，并向下拖动，释放鼠标，即可在拖动的单元格区域中填充相同的内容。

（2）填充有规律的内容

Excel 2010 的填充功能不仅可以填充相同的内容，还可以填充有一定规律的数据，可快速完成枯燥且烦琐的录入工作。

在工作簿中先输入两个有一定规律的数据，并选择这两个单元格所在的单元格区域，然后将鼠标指针移至该单元格右下角的控制柄上，当鼠标指针变为十字形状时，按住鼠标左键不放，并向下拖动，到达目标位置时再释放鼠标。

（3）使用鼠标右键拖动控制柄填充

在填充内容时，不但可以按住鼠标左键拖动，还可以使用鼠标右键拖动。这两者的区别在于，使用鼠标右键按住控制柄进行拖动可以在完成拖动后弹出快捷菜单，在菜单中可以选择需要填充的数据类型。

下面将新建工作簿，使用 Excel 2010 的自动填充功能在表格中填充日期和星期，但是无须填充每一天的日期，只需填充工作日的日期，以便于工作上的时间管理。其具体操作如下。

新建工作簿，在工作簿中输入数据后再选择单元格，并将光标移至带单元格右下角的控制柄上，鼠标指针变为十字形状时，按住鼠标右键不放，并向下拖动，当到达目标位置时再释放鼠标，并在弹出的快捷菜单中选择【以工作日填充】命令，如图 4-9 所示。选择命令后将会自动在拖动的单元格区域中填充工作日序列的数据，如图 4-10 所示。

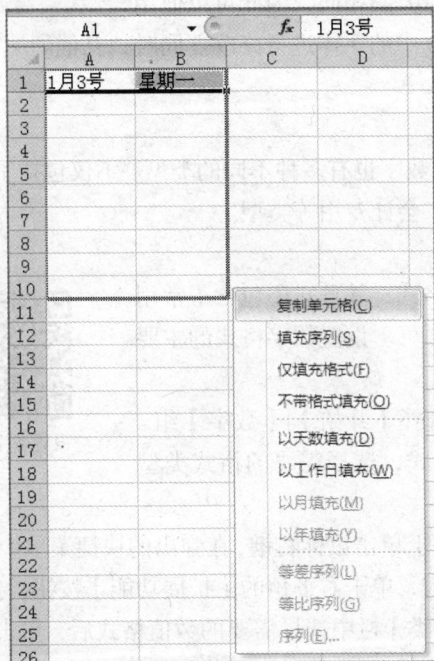

图 4-9 【填充】1　　　　　　　　　　　　　　图 4-10 【填充】2

（4）使用对话框填充数据

使用鼠标拖动单元格只能填充系统设置好的序列或类型，对于一些特殊的填充序列系统将无能为力。针对这个问题，用户可通过【序列】对话框解决。

其操作方法是：选择【开始】|【编辑】组，单击【填充】按钮，在弹出的下拉列表中选择【系

列】选项，即可打开【序列】对话框，如图 4-11 所示，各项目栏具体功能如下。

①【步长值】文本框：设置如等差或等比序列的这类有规律地填入数据的步长值。

②【终止值】文本框：设置填充数据的终止值，表示当填充数据达到这个值时，将自动停止填充。

③【日期单位】栏：默认为灰色不可选，只有当在【类型】栏中选中【日期】单选按钮后才可激活该栏，可用于设置日期的填充类型。

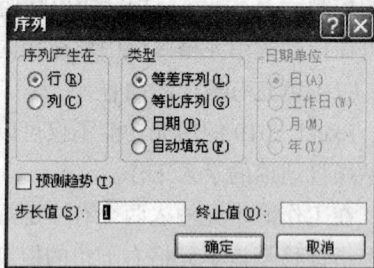

图 4-11　【序列】对话框

二、自定义美化表格

为了使 Excel 表格更美观，可在 Excel 表格中输入完数据后，可通过设置文字和数字格式、单元格对齐方式、边框和底纹等对电子表格进行美化。

1. 设置字体格式

在单元格中输入的文字、数字、字母等默认都是"11 号"大小的"宋体"字体，所以为了使 Excel 2010 中各类数据更加分明而且有层次，就需要对其中数据的字体进行修改。

修改 Excel 2010 中字体格式的方法与 Word 2010 中设置字体的方法类似，其【开始】|【字体】组中的按钮作用与 Word 2010 的相同，因此可以使用 Word 2010 中对字体进行设置的方法对 Excel 2010 中的字体进行修改。同时，其他的填充颜色、字体颜色、加粗和倾斜等操作方法也相同。

设置字体格式

2. 设置数字格式

Excel 2010 作为专业的数据处理软件，其中的数字也有多种不同的类型，不仅包括了常规型，还包括了常用的货币型、日期和时间型、数值型、会计专用等类型。

（1）设置数字格式

在 Excel 2010 中可以轻松地修改各类数字的格式，并且它还包含了常用的数值格式类型，在需要使用时，只需进行选择即可。设置数字格式的主要方法有以下两种。

① 通过【数字】组设置：选择单元格后，选择【开始】|【数字】组，在【数字格式】下拉列表框中包含了多种数字样式，选择需要的格式类型即可将所选单元格中的数字设置为选中的格式。

设置数字格式

② 通过对话框设置：选择单元格后，在单元格上单击鼠标右键，在弹出的快捷菜单中选择【设置单元表格格式】命令或选择【开始】|【数字】组，单击右下角的【扩展功能】按钮，打开【设置单元格格式】对话框的【数字】选项卡。在【分类】栏中选择需要的数值格式后，单击【确定】按钮即可成功设置。

（2）设置数字的自定义格式

通过【数字】组合对话框直接选择设置的数字格式基本能满足日常需求，但若需要使用 001、002 之类等特殊形式的数字时，便不能胜任了。此时可对单元格中的数字进行自定义格式的设置，使其能满足需求。

其具体操作方法为：打开工作簿，选择单元格区域，再选择【开始】|【数字】组，单击右下角的【扩展功能】按钮，打开【设置单元格格式】对话框。

在"数字"选项卡中选择【分类】栏中的【自定义】选项，在"类型"文本框中输入"000"，如图 4-12 所示。然后单击【确定】按钮，即可将所选单元格区域中的数值修改为以 0 开头的数字，如图 4-13 所示。

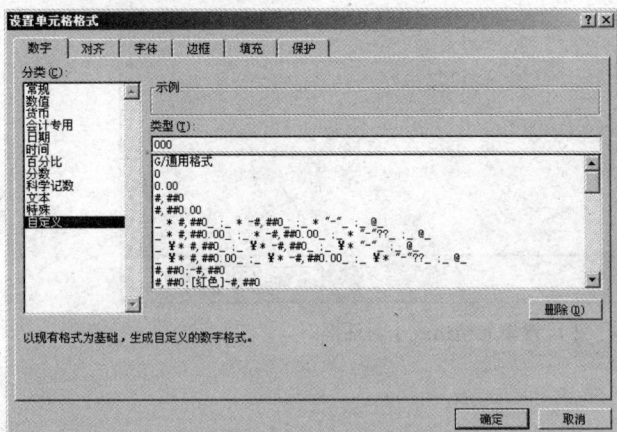

图 4-12　【设置单元格格式】对话框　　　　　图 4-13　自定义类型

3. 设置单元格对齐方式

直接在单元格中输入的文本默认为左对齐，数字为右对齐，当输入的内容过多时，这种对齐方式看起来既不美观也影响阅读，此时利用【对齐方式】组和【设置单元格格式】对话框中的【对齐】选项卡可以很方便地修改对齐方式，其方法主要有两种，分别如下。

① 通过【对齐方式】组设置：通过【开始】|【对齐方式】组中的对齐按钮进行修改的方法与 Word 2010 中类似，即选择单元格后再单击所需的对齐方式按钮即可。所不同的是在 Excel 2010 中的该组中增加了 3 个水平对齐按钮，即【顶端对齐】【垂直居中】和【底端对齐】，用于设置单元格中数据的垂直对齐方式。

设置单元格对齐方式　　　添加边框和底纹

② 通过对话框设置：选择单元格后，在单元格上单击鼠标右键，在弹出的快捷菜单中选择【设置单元格格式】命令，打开【设置单元格格式】对话框的【对齐】选项卡。在【文本对齐方式】中选择需要设置的【水平对齐】和【垂直对齐】方式后，单击【确定】按钮。

4. 添加边框和底纹

直接在 Excel 2010 中输入完数据后，还不能算完成表格的制作。由于 Excel 2010 中原本存在的边框不能直接被打印机等设备打印出来，而且大部分表格为了增强视觉效果还添加了底纹，因此在增加层次感的同时，也提升了表格的可阅读性。

添加边框和底纹的方法有多种，比较常用的是通过【数字】组中的【边框】按钮和通过【字体】组中的【边框】和【填充】选项卡进行添加，其具体操作如下。

打开工作簿，选择单元格区域，再选择【开始】|【数字】组，单击该组右下角的【扩展功能】按钮，在弹出的对话框中选择【边框】选项或【填充】，如图 4-14 所示。

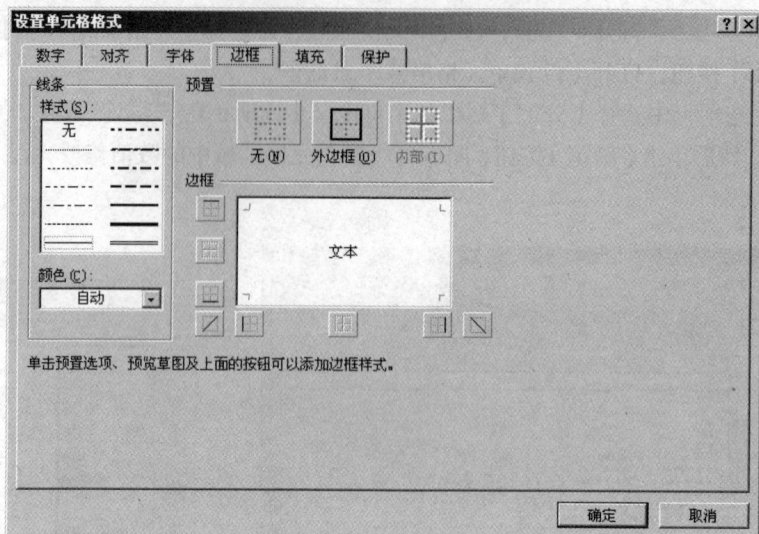

图 4-14　【设置单元格格式】对话框

三、工作表的计算

Excel 2010 具备强大的数据分析和处理功能，公式是 Excel 2010 常用的一种数据处理手段，使用公式对工作表进行数据计算等处理时，不仅能快速地计算数据，而且能根据后期对数据的修改而自动更新数据。

公式由 3 部分组成：等号、运算数和运算符，如图 4-15 所示。运算数可以是数值常量、单元格或单元格区域，甚至是 Excel 2010 提供的函数。

$$=D3*E3$$

图 4-15　公式的组成示例

可通过以下步骤创建公式：

① 选中输入公式的单元格；

② 输入等号"="；

③ 在单元格或者编辑框中输入公式；

④ 按【Enter】键，完成公式的创建。

公式的使用

1. 插入函数

函数是 Exce 2010 自带的一些已经定义好的公式。函数处理数据的方式和公式的处理方式是相似的。例如，使用公式" = F4 + F5 + F6 + F7 + F8 + F9 + F10 + F11 + F12"与使用函数" = SUM(F4:F12)"，其结果是相同的。使用函数不但可以减少计算的工作量，而且可以减少出错的概率。

插入函数

函数的基本格式为：函数名（参数 1，参数 2……）。

① 函数名代表了该函数的功能，例如，常用的 SUM 函数实现数值相加功能；MAX 函数计算最大值；MIN 函数计算最小值；AVERAGE 函数计算平均数。

② 不同类型的函数要求不同类型的参数，可以是数值、文本、单元格地址等。

插入函数的操作方法如下：

① 选中插入函数的单元格；

② 单击【插入函数】按钮，打开【插入函数】对话框，如图 4-16 所示；

③ 在【选择函数】列表框中选择需要的函数，单击【确定】按钮。在打开的【函数参考】对话框中设置计算区域，如图 4-17 所示。

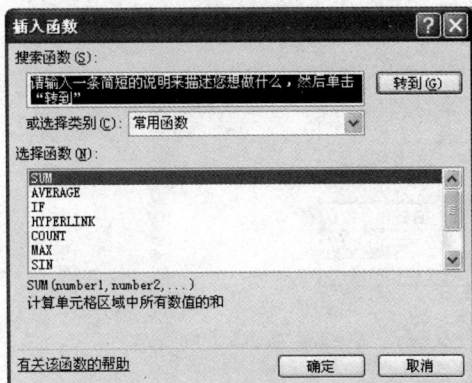

图 4-16 【插入函数】对话框

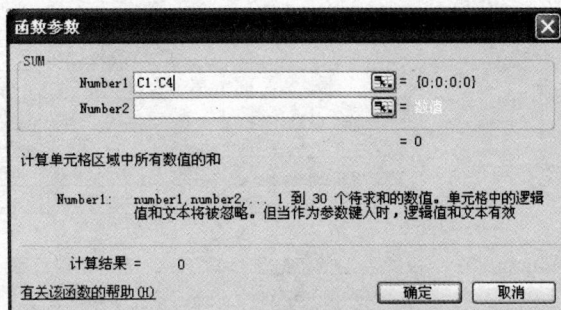

图 4-17 【函数参考】对话框

2. 公式和函数的复制

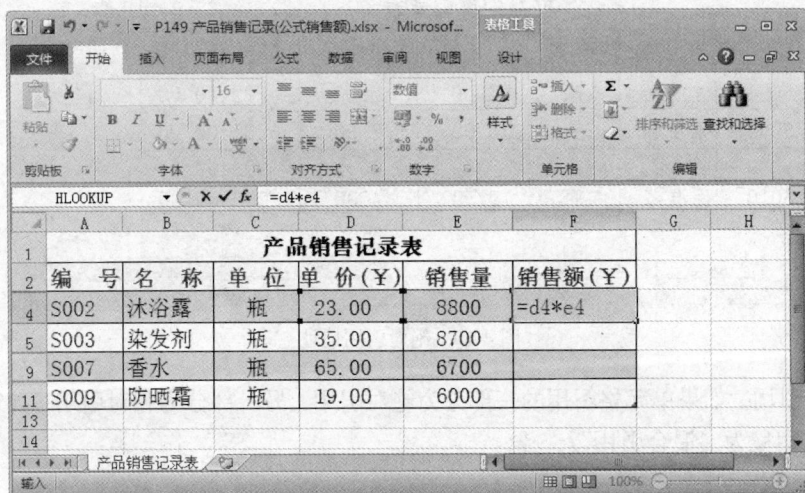

在 Excel 2010 中，利用公式复制和自动填充功能，可以减少重复操作。在复制或自动填充公式时，如果公式中有单元格的引用，则自动填充的公式会根据单元格的引用情况产生不同的变化。Excel 2010 之所以具备如此功能是因为单元格的相对引用地址和绝对引用地址。

在 Excel 中，单元格的引用有 3 种表现形式：相对引用、绝对引用和混合引用。

公式和函数的复制

（1）相对引用。在公式的复制或自动填充时，随着计算对象的位移，公式中被引用的单元格也发生相对位移。如图 4-18 所示，计算 S002 的销售额使用公式 "=D4*E4"，其中 D4 和 E4 就是相对引用形式。为了计算 S002～S009 的销售额，可以通过公式复制方式，即计算 S003 销售额时，公式自动引用为 "=D5*E5"；计算 S007 销售额时，公式自动引用为 "=D9*E9"。

图 4-18 单元格相对引用

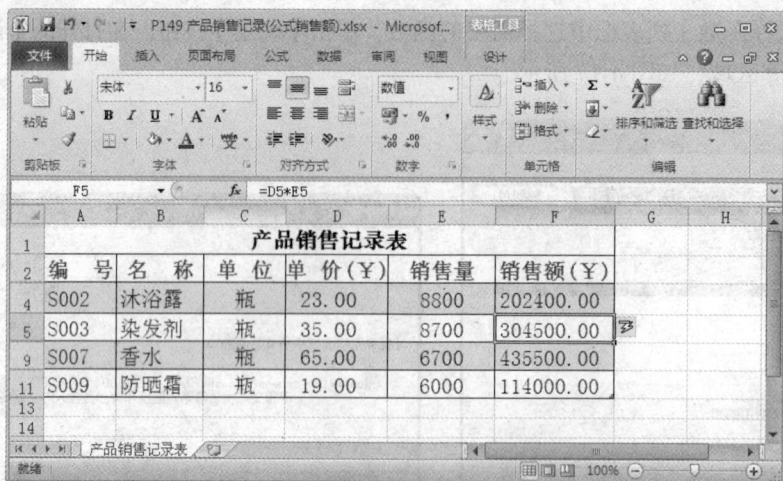

图 4-18 单元格相对引用（续）

（2）绝对引用。公式中引用的单元格不随计算对象位移的变化而变化。绝对引用地址的表示方法是在行号和列号之前都加一个"$"符号，例如，计算 S002 的销售额的公式更改为"=$D$4*$E$4"，其中$B$2 和$D$2 是绝对引用形式。将此公式复制填充到 S002～S009 的销售额的单元格中，结果如图 4-19 所示。可见"$"符号就像一把"锁"，锁住了参与运算的单元格，使它们不会随着计算对象位移的变化而变化。

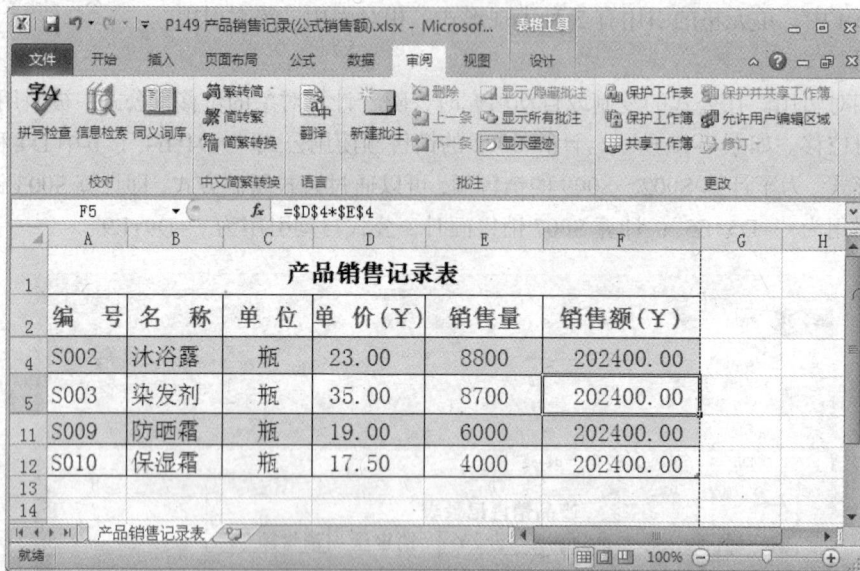

图 4-19 绝对引用地址

（3）混合引用。如果单元格引用的一部分为绝对引用，另一部分为相对引用，如$D2 或 D$2，我们把这类引用称为"混合引用"。

四、数据图表

Excel 2010 提供的图表功能是用图形的方式来表现工作表中数据与数据之间的关系，从而使数据展现地更加直观。

在 Excel 2010 中，图表可以分为两种类型：一种是新建的图表与源数据不在同一个工作表中，称为图表单；另一种是图表与源数据在同一个工作表中，作为该工作表中的一个对象，称为插入式图表。单击【插入】选项卡的【图表】面板，选择相应图表类型按钮，即可完成创建数据图表的工作。

学生成绩表的建立

五、任务 1：学生成绩表的建立

【任务要求】

1. 建立如图 4-20 所示的学生成绩表，并以"期末考试成绩统计表"为文件名进行保存。
2. 输入学生的学号、姓名等基本信息以及各科成绩。
3. 对表格内容进行格式化编辑。

图 4-20　学生成绩登记表

【操作步骤】

1. 创建工作簿

启动 Excel 2010，创建一个空白工作簿，单击【文件】|【保存】命令，打开【另存为】对话框，选择适当的保存位置，以"期末考试成绩登记表"为文件名进行保存。

2. 输入基本数据

（1）输入表格标题

单击单元格 A1，在光标插入点处输入标题"期末考试成绩统计表"。

（2）输入列标题

"期末考试成绩统计表"中包含学生的"学号""姓名"以及四门课程的成绩，以上均可作为当前表格的列标题。

单击单元格 A2，输入"序号"；单击单元格 B2，输入"学号"；单击单元格 C2，输入"姓名"；以此类推，分别在单元格 D2、E2、F2、G2 中输入"语文""数学""英语"和"计算机"，如图 4-21 所示。

（3）根据设定的列标题，输入基础数据

① "序号"列的输入。在单元格 A3 中输入序号"1"，将光标停留在单元格的右下角，当出现填充柄"+"时，同时按住鼠标左键和【Ctrl】键，拖动鼠标至单元格 A32，即可在单元格区域 A1:A20 内自动生成序号，如图 4-22 所示。

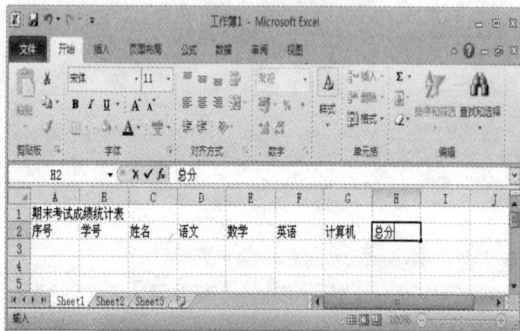

图 4-21　输入列标题

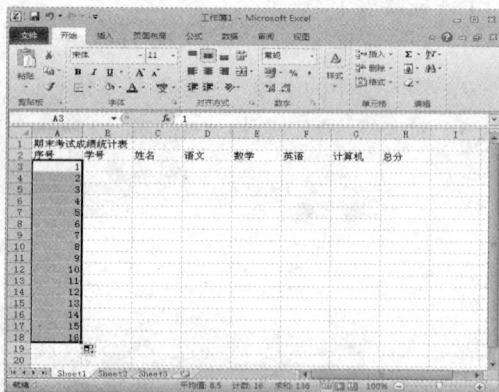

图 4-22　序号的填充输入

② "学号"列的输入。单元格的默认输入格式是【常规】，如果学号中的第一个数值为"0"，Excel 2010 会自动取消，所以在输入数值前，先把单元格的格式改为【文本】。

具体操作步骤为：单击要输入数据的单元格 B3，单击【数字】|【单元格】面板，打开【单元格格式】对话框。在此对话框中单击【数字】标签，选择【分类】列表中的"文本"，如图 4-23 所示，单击【确定】按钮。设置完成后，可在单元格 B3 中输入学号"07062101"，然后利用填充柄在单元格区域 B3:B32 中自动填充其他的学号，如图 4-24 所示。

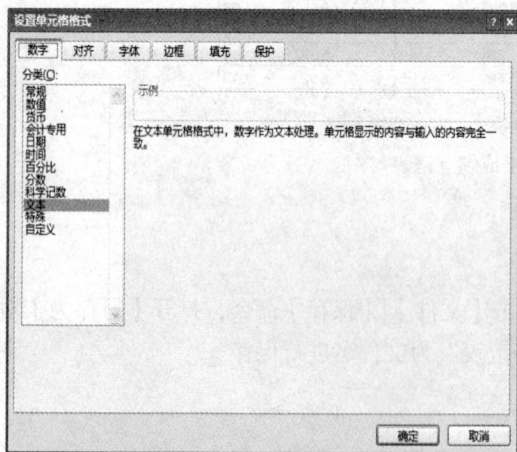

图 4-23　【单元格格式】对话框

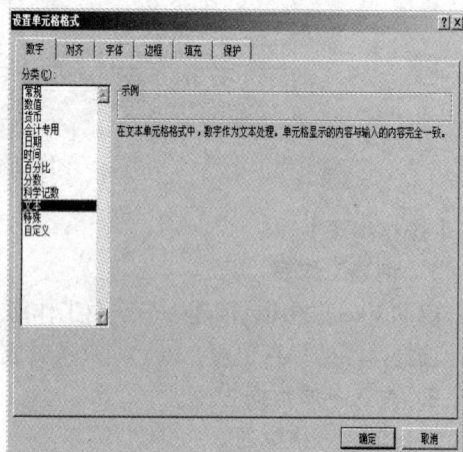

图 4-24　学号数据的填充过程

③ 其他数据列的输入。在单元格区域 C3:C20 内依次输入"姓名""语文""数学""英语"和"计算机"的成绩，由于会出现重复数据，因此可采用复制、粘贴的方法输入。

3. 设置单元格格式

表格中的数据输入完成后，要对表格进行格式化设计，使表格看上去更加美观。

（1）合并标题行

选中单元格区域 A1:G1，单击【开始】选项卡中的【对齐方式】面板的【合并后居中】命令，标题会自动居中显示，如图 4-25 所示。

图 4-25 【合并后居中】命令

（2）设置对齐方式

Excel 2010 初始默认格式为文本左对齐，数字右对齐。为了使表格更加美观，可以把所有的内容都居中显示。选中单元格区域 A1:G20，单击【开始】选项卡中的【对齐方式】面板的【居中】，所有的数据均会居中对齐，如图 4-26 所示。

图 4-26 【居中】命令

（3）设置工作表边框

Excel 2010 工作表中默认的网格是在表格编辑时为用户提供的一个参考依据，在表格预览和打印时均不能显示，如果希望在打印表格时出现网格线，就需要设置表格边框，具体操作如下。

① 选中单元格区域 A1:G20，单击【开始】|【数字】右边的扩展按钮，打开【单元格格式】对话框。

② 在【单元格格式】对话框中单击【边框】标签，在【预置】选项中选择【外边框】和【内部】两个选项。外边框的线条样式可以适当加粗，以作区分，在中间的预览窗口中可以查看边框效果，如图 4-27 所示。

③ 单击【确定】按钮，返回工作表，显示设置后的效果，如图 4-28 所示。

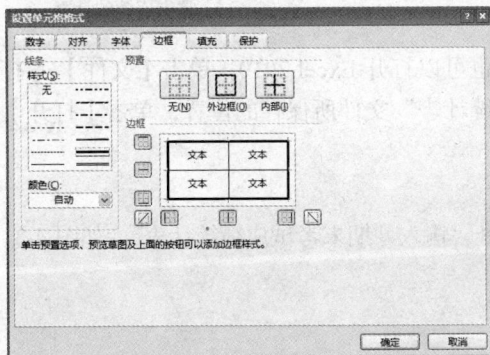

图 4-27 【设置边框】对话框

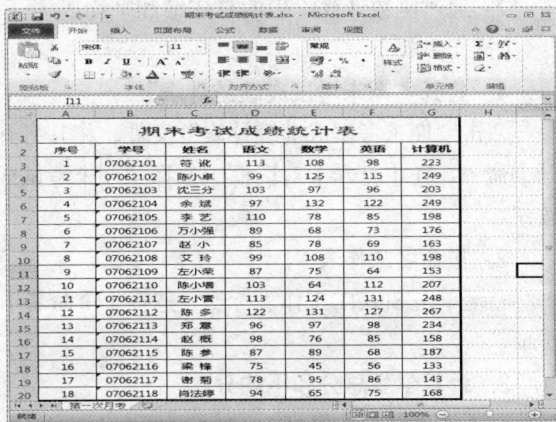

图 4-28 边框设置效果

（4）设置底纹

具体操作步骤如下。

① 选中单元格区域 A2:G20，打开【单元格格式】对话框，单击【填充】标签。

② 在【背景色】选项区中选择"白色，背景 1，深色 35%"，也可以单击右边的【图案样式】下拉列表，选择一种填充图案。选择完底纹颜色后，单击【确定】按钮显示设置效果，如图 4-29 所示。

（5）美化标题

单击标题单元格，单击【开始】选项卡中的【字体】面板中，选择"隶书"；在【字号】下拉列表中选择"22"；单击【加粗】按钮，设置字体颜色为"深红"。效果如图 4-30 所示。

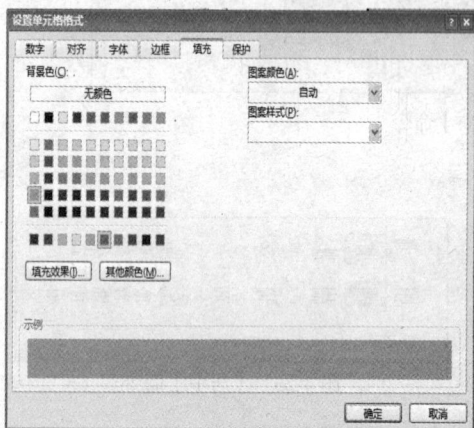

图 4-29　设置底纹颜色

期末考试成绩统计表

序号	学号	姓名	语文	数学	英语	计算机
1	07062101	符 沈	113	108	98	223
2	07062102	陈小卓	99	125	115	249
3	07062103	沈三分	103	97	96	203
4	07062104	余 斌	97	132	122	249

图 4-30　美化标题效果

4. 保存文件

单击【文件】|【保存】命令，保存"期末考试成绩统计表"。

六、任务 2：学生成绩的计算

【任务要求】

1. 将 Sheet1 工作表重命名为"期末考试成绩统计表原始数据"，并对原始数据进行复制。

2. 通过函数计算学生的总成绩和平均成绩。

【操作步骤】

1. 打开"期末考试成绩统计表"

学生成绩的计算

双击"期末考试成绩统计表"文件，将其打开。也可以打开 Excel 2010，单击【文件】|【打开】命令，在【打开】对话框中选择"期末考试成绩统计表"文件所保存的位置，单击【打开】按钮。

2. 重命名工作表

右键单击 Sheet1 工作表标签，选择【重命名】命令，输入"期末考试成绩统计表"，如图 4-31 所示。

3. 计算学生总分和平均分

（1）添加新的数据列

在"期末考试成绩统计表" H2 单元格中输入"总分"，在单元格 I2 中输入"平均分"，如图 4-32 所示。

（2）通过 SUM 函数和 AVERAGE 函数计算每个学生的总成绩和平均成绩

① 计算单元格 H3 中的数值。选中单元格 H3，单击【公式】选项卡中的【最近使用的函数】下的【SUM】，如图 4-33 所示。

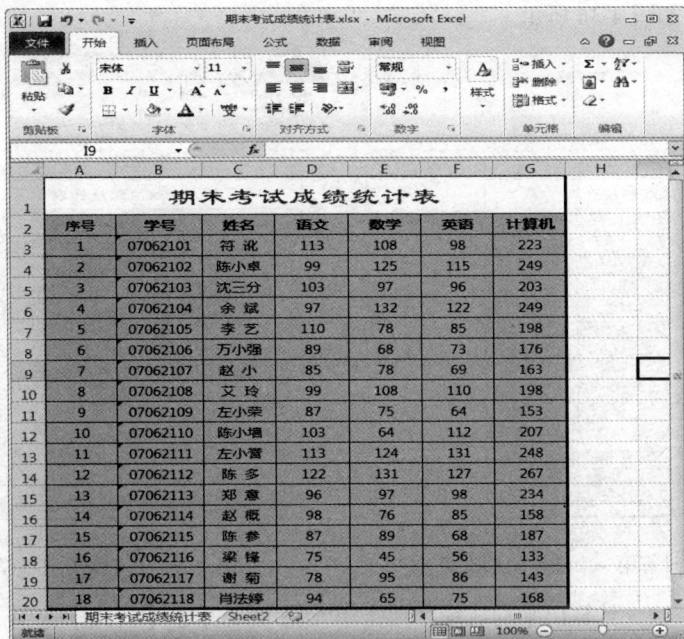

图 4-31 对工作表重命名

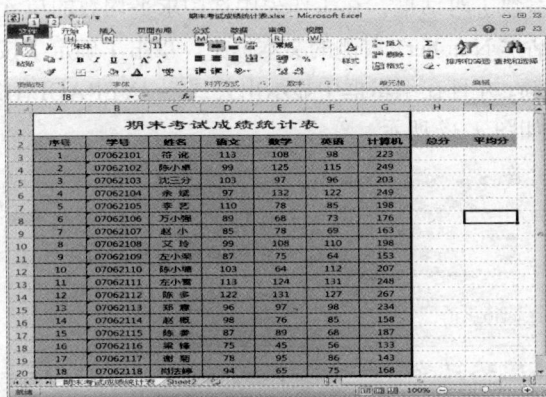

图 4-32 添加新数据列

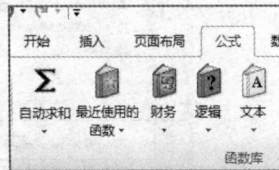

图 4-33 【函数】

② 打开【函数参数】对话框。在工作表中选中进行求和的单元格区域 D3:G3，此区域会显示在【函数参数】对话框的 Number1 右侧的文本框中，如图 4-34 所示。

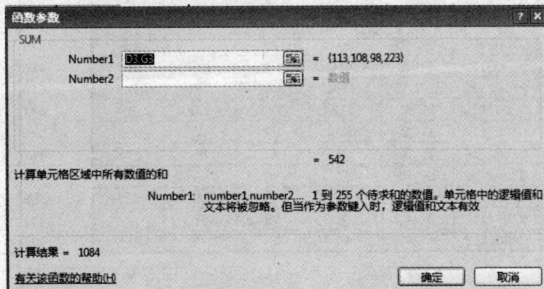

图 4-34 选择求和区域

③ 单击【确定】按钮，返回工作表。在单元格 H3 中显示总成绩，并且在编辑框中显示函数公式 "=SUM(D3:G3)"，如图 4-35 所示。将光标置于单元格 H3 的右下角，拖动填充柄，填充其他学生的总成绩，如图 4-36 所示。

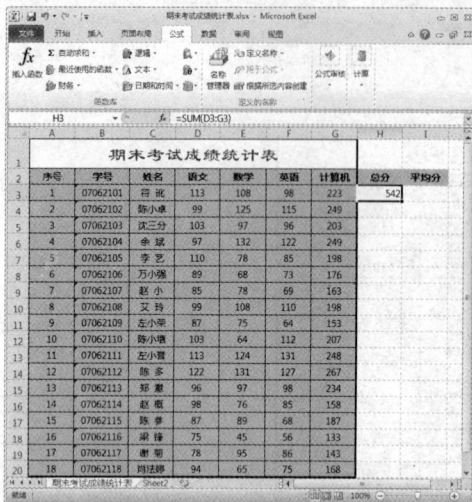

图 4-35　计算第一个学生的总成绩

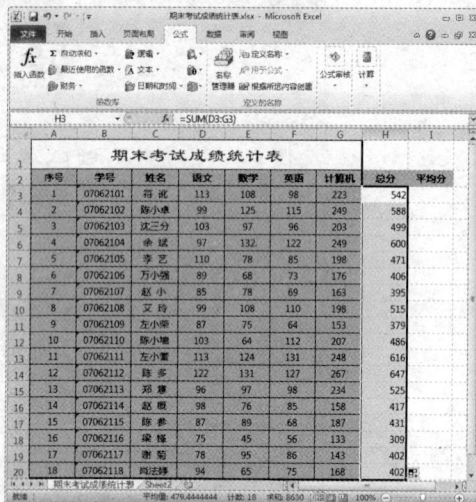

图 4-36　自动填充其他学生总成绩

④ 用同样的方法，计算出平均成绩。单击单元格 I3，单击【公式】选项卡中的【最近使用的函数】下的【AVERAGE】。

⑤ 单击【确定】按钮，弹出【函数参数】对话框，在工作表中选中求平均数的单元格区域 D3:G3，此区域会显示在【函数参数】对话框 Number1 右侧的文本框中。单击【确定】按钮，返回工作表。此时在单元格 I3 中显示平均成绩，并且在编辑框中显示出公式 "=AVERAGE(D3:G3)"。拖动填充柄，填充其他学生的平均成绩，如图 4-37 所示。

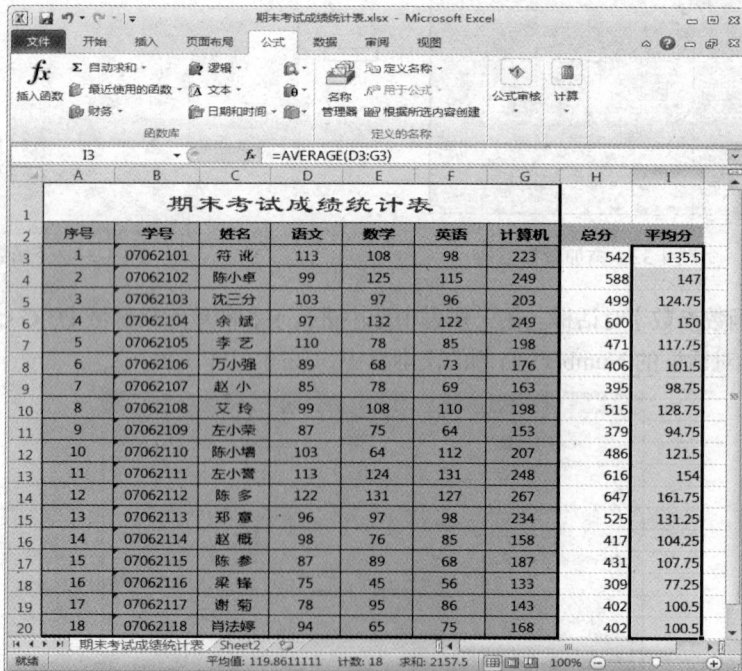

图 4-37　计算平均成绩

（3）格式化数据

① 设置平均成绩的小数位数。选中单元格区域 I3:I20，单击【开始】|【数字】右边的扩展按钮，打开【单元格格式】对话框。

② 在【单元格格式】对话框中单击【数字】标签列表中的"数值"，设置小数位数为"0"，单击【确定】按钮，返回工作表，小数位数被自动去掉，平均成绩都成为整数，如图 4-38 所示。

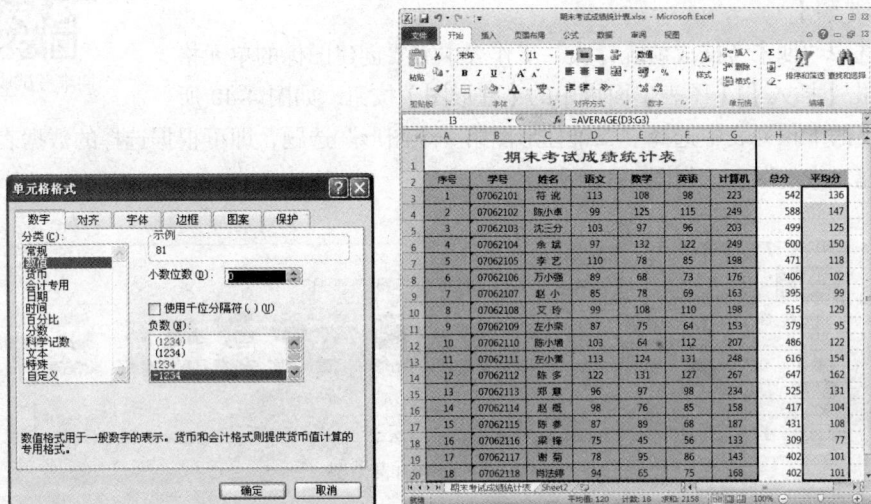

图 4-38　平均成绩去掉小数位成为整数

（4）修改工作表的边框格式

因为该工作表增加了两个新的数据列，因此要重新更改表格的框线。

① 选中单元格区域 A1:I1，单击【格式】工具栏中的【合并及居中】命令按钮两次，标题会自动居中。

② 选中整个表格，单击【开始】|【数字】右边的扩展按钮，打开【单元格格式】对话框。方法同任务 1 中边框的设置，如图 4-39 所示。

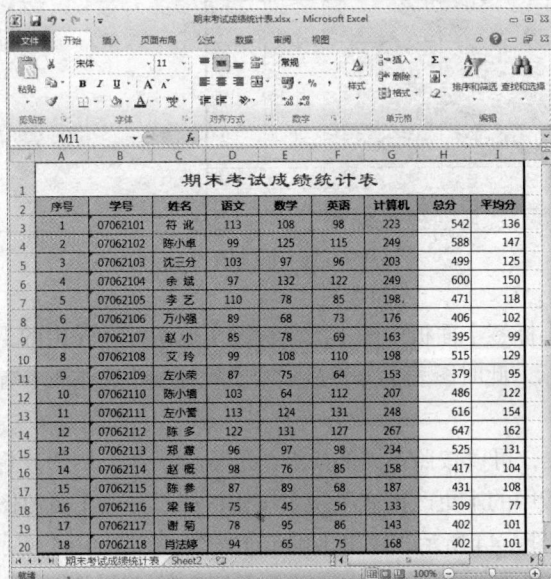

图 4-39　设置表格边框线

七、任务3：期末考试成绩图表

【任务要求】

以任务2中完成的"统计表"为基础。建立图表类型为折线图，显示每个学生的平均分。

【操作步骤】

（1）选中"期末考试成绩统计表"工作表中需要创建图标的单元格 A2:I7，单击【插入】|【图表】面板中的【柱形图】按钮，如图 4-40 所示。在弹出的下拉列表中选择"二维柱形图第一个图形"选题，即可根据选择的数据表在当前工作表中创建对应的图表，如图 4-41 所示。

图 4-40　选择图表类型

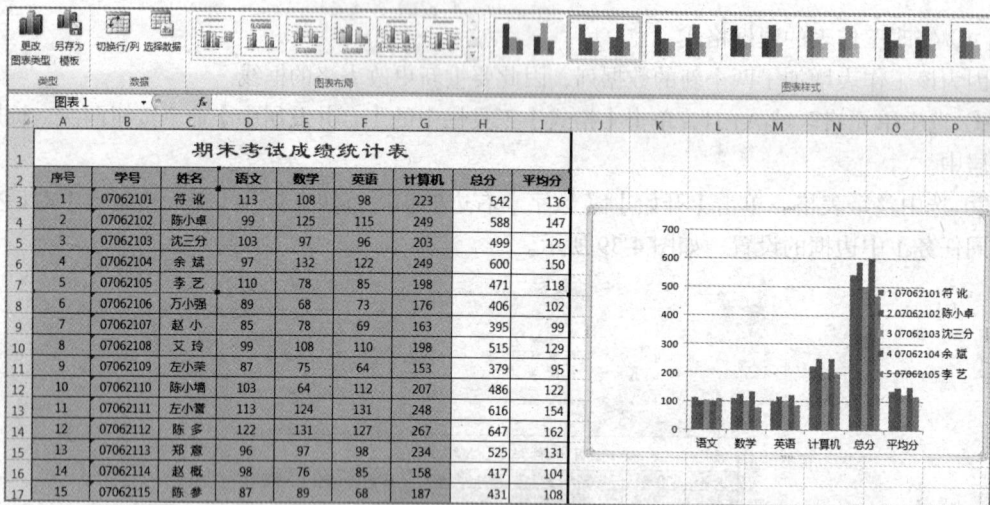

图 4-41　创建图表

（2）选择【布局】|【标签】面板中的【图表标题】按钮，在弹出的下拉列表中选择【图标上方】选项，如图 4-42 所示。此时图表上方将显示【图表标题】文本框，输入标题"成绩统计表"，如图 4-43 所示。

（3）对创建好的图表，可以按照不同的要求，进行再设计。例如，想要修改图表的类型，选择【设计】|【类型】面板中的【更改图表类型】按钮，在打开的【更改图表类型】对话框中选择"折线图"图表类型，如图 4-44 所示。单击【确定】按钮，如图 4-45 所示。

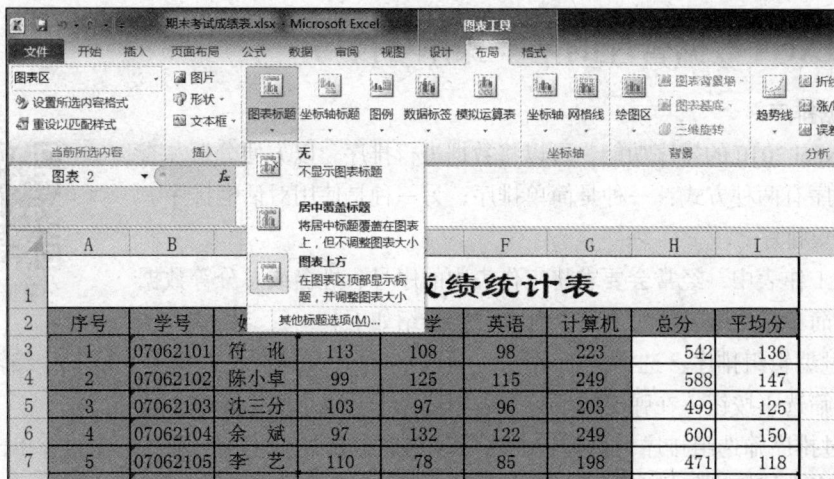

图 4-42　单击图表标题

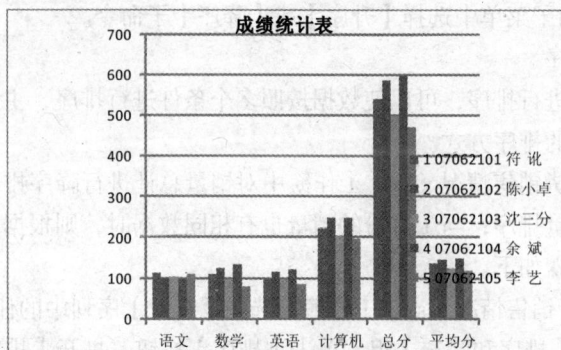

图 4-43　输入图表标题

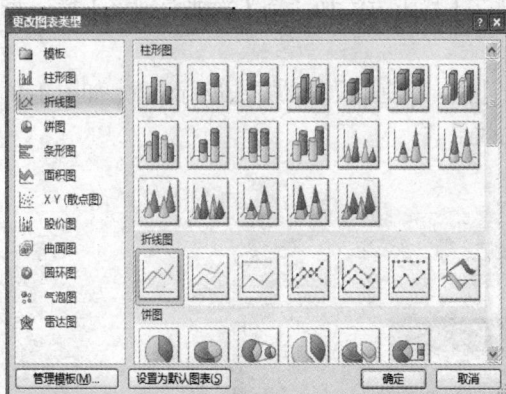

图 4-44　完成图表类型的更改

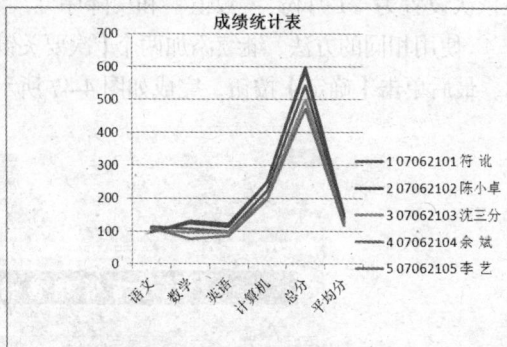

图 4-45　完成图表类型更改

第三节　Excel 2010 的数据分析与管理

　　Excel 2010 最大的优势是可对表格中的数据进行管理操作，能使用户的工作和学习更加自如。Excel 2010 对数据的智能化管理主要包括根据需要进行数据排序、数据筛选和数据分类总汇。

一、Excel 数据管理的基本操作与技巧

1. 数据排序

使用 Excel 2010 的排序功能，可以将数据进行排序，以方便分析和查看数据。排序有两种方式：一种是简单排序；另一种是使用对话框排序。

（1）简单排序

在制作工作表中，经常会要求将工作表中的序号、姓名或总分等数据进行排序。简单排序的方法主要有 3 种，分别介绍如下。

数据排序

① 通过编辑组排序：选择位于序列中的任意一个单元格后，选择【开始】|【编辑】组，单击【排序或筛选】按钮，在弹出的下拉列表中选择【升序】或【降序】选项。

② 通过排序筛选组排序：选择单元格后，选择【数据】|【排序和筛选】组，单击【升序】按钮或【降序】按钮进行排序。

③ 通过鼠标右键排序：选择单元格后，在单元格上单击鼠标右键，在弹出的快捷菜单中选择【排序】命令，在弹出的子菜单中选择【升序】或【降序】子命令。

（2）使用对话框排序

利用对话框对数据进行排序，可以使数据按照多个条件进行排序，主要针对简单排序后仍然有相同数据的情况进行的排序方式。

下面将在"君子百货销售情况.xlsx"工作簿中对销量总计进行降序排序，当序列中有相同数据时，根据1月份的销量排序；当1月份的销量也有相同数据时，则根据2月份的销量排序，依次类推。其具体操作步骤如下。

① 编辑【君子百货销售情况.xlsx】工作簿，选择【总计】序列中的任意单元格。

② 选择【数据】|【排序和筛选】组，单击【排序】按钮，打开【排序】对话框，并将【主要关键字】栏依次设置为【总计】【数值】和【降序】。

③ 单击【添加条件（A）】按钮，在【主要关键字】栏下方添加一个【次要关键字】栏，并将栏依次设置为"1月份""数值"和"降序"。

④ 使用相同的方法，继续添加两个【次要关键字】栏，并使用类似的方法进行设置，如图4-46所示，最后单击【确定】按钮，完成如图4-47所示的效果。

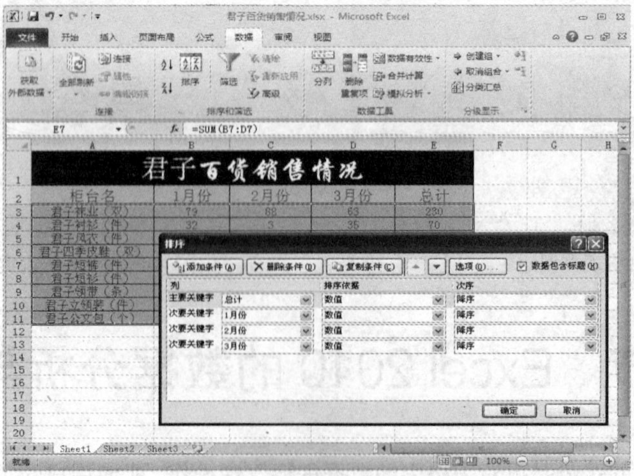

图 4-46 设置【排序】对话框

图 4-47 完成【排序】

2. 数据筛选

在制作大型工作表中若只需显示满足条件的数据，暂时隐藏电子表格中不符合条件的数据信息，则可使用 Excel 2010 提供的数据筛选功能。

（1）自动筛选

自动筛选是数据筛选方法中的一种，主要通过筛选器进行。

下面在"食品销量表.xlsx"工作簿中将销售记录中的"顶美味果冻""顶美味土豆片"和"顶美味豆腐干"这 3 条记录筛选出来，隐藏其他记录。其具体操作方法如下。

① 打开"饰品销量表.xlsx"工作簿（\实例素材\第 4 章\食品销量表.xlsx），选择 A2:E2 单元格区域，然后选择【数据】|【排序和筛选】组，单击【筛选】按钮，使选择的表头中显示下拉按钮。

② 单击表头中的下拉按钮，弹出筛选器，在其中取消选中除"顶美味果冻""顶美味土豆片"和"顶美味豆腐干"外的复选框，如图 4-48 所示。

③ 完成设置后单击【确定】按钮，表格中将只显示符合条件的记录，如图 4-49 所示。

④ 单击表头的下拉按钮，在弹出的下拉列表中选择【按颜色筛选】选项，在弹出的下级菜单中选择响应命令，可按颜色进行筛选；选择【文本筛选】或【数字筛选】，在弹出的下级菜单中选择相应命令，可按等于、不等于、大于、介于、高于平均值等多种模式进行筛选。

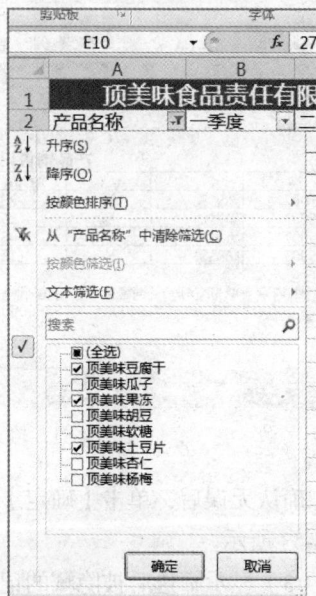

图 4-48 筛选器

⑤ 若筛选其中提供的筛选模式不能满足需求，还可以进行自定义筛选，其方法是：单击表头的下拉按钮，在弹出的下拉列表中选择【数字筛选】|【自定义筛选】选项，在打开的【自定义自动筛选方式】对话框中进行设置即可。图 4-50 所示为筛选出大于 100 且小于 120 的记录。

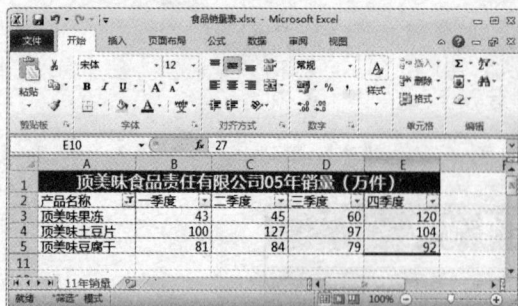

图 4-49　筛选结果

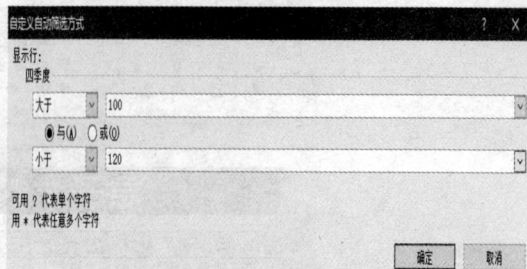

图 4-50　设置自定义对话框

（2）高级筛选

如果要对数据进行更为详细的筛选，则可使用高级筛选功能，利用 Excel 2010 提供的高级筛选功能可以筛选出同时满足多个条件的记录。

下面将对表格中的数据进行高级筛选，使表格中只显示同时满足单价大于 10、销量大于 4000、销售额大于 100000 这 3 个条件的记录。其具体操作步骤如下。

① 打开"产品销售记录.xlsx"工作簿，并在 B14:D15 单元格区域中输入筛选条件，如图 4-51 所示。

② 选择【数据】|【排序和筛选】组，单击【高级】按钮，在打开【高级筛选】对话框的【列表区域】文本框中输入需要被筛选的区域"D2:F12"，在【条件区域】文本框中输入设定的条件"B14:D15"，如图 4-52 所示。

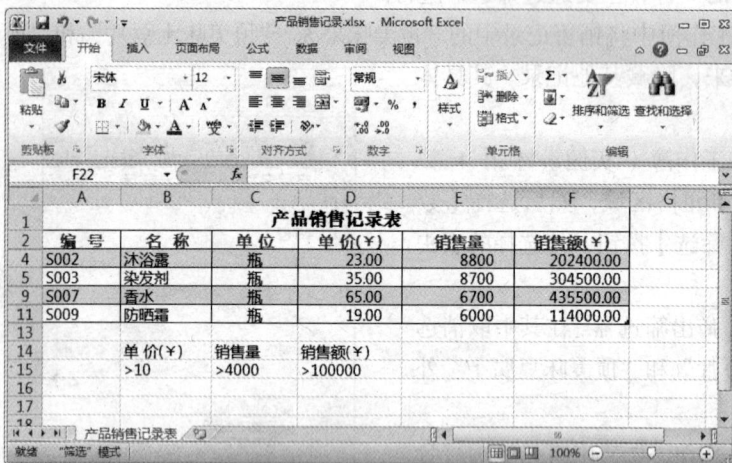

图 4-51　输入筛选条件

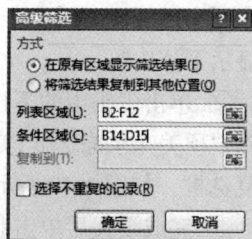

图 4-52　设置【高级筛选】对话框

确认无误后，单击【确定】按钮，即可对数据进行筛选，并将筛选的结果显示在单元格，如图 4-53 所示。

（3）显示筛选后被隐藏的记录

当对表格中的数据进行筛选后，其中部分记录将会被隐藏，如果需要显示被隐藏的记录，则可将其显示出来，显示记录的方法如下。

选择【数据】|【排序和筛选】组，单击【清除】按钮，将隐藏的记录显示出来。

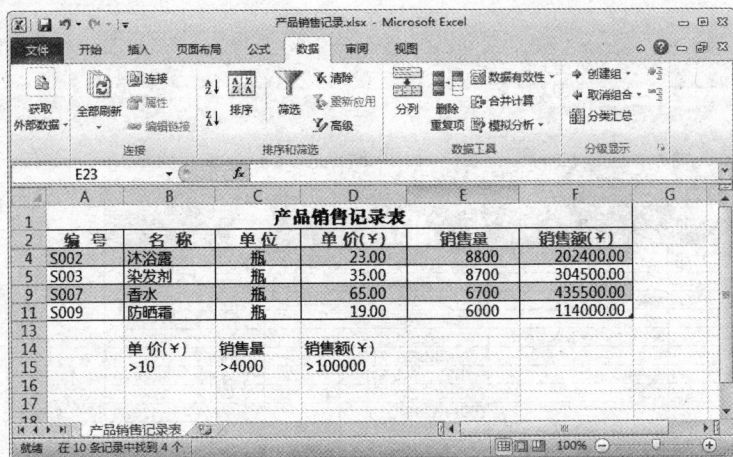

图 4-53　筛选结果

3. 数据的分类汇总

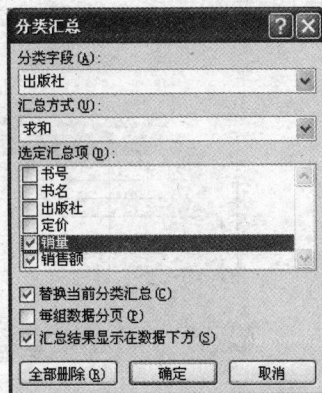

数据的分类汇总是指根据表格中的某一列数据将所有记录进行分类，然后再对每一类记录分别进行汇总，使表格中性质相同的内容汇总到一起，以达到使工作表的结构更清晰的目的。

（1）创建分类汇总

要创建分类汇总，首先要在工作簿中对数据进行排序，然后在进行分类汇总的操作。

下面将对【图书销量表.xlsx】工作簿中的数据进行分类汇总，使其中相同出版社出版的图书汇总到一起，并统计出不同出版社所出版图书的销售额的总和，其操作步骤如下。

数据的分类汇总

① 打开"图书销量表.xlsx"工作簿，选择其中【出版社】栏中的任意一条记录，然后选择【数据】|【排序和筛选】组，单击"升序"按钮，将"出版社"栏中的记录按出版社的名称进行排序。

② 完成排序后，选择【数据】|【分级显示】组，单击【分类汇总】按钮，打开【分类汇总】对话框。

③ 在【分类汇总】下拉列表框中选择【出版社】选项，在【汇总方式】下拉列表框中选择【求和】选项，最后在【选定汇总项】栏中选中"销量"和"销售额"复选框，如图 4-54 所示。

图 4-54　设置【分类汇总】对话框

④ 完成对话框的设置后，单击【确定】按钮，即可完成分类汇总的操作，其效果如图 4-55 所示。

（2）隐藏和显示明细数据

创建分类汇总后，为了方便用户查看汇总的数据，可将各个汇总所包含的明细数据进行隐藏或显示操作，其操作方法如下。

① 隐藏明细数据：对表格创建了分类汇总后，在表格行号左侧将显示出分级树目录中的"－"按钮或选择【数据】|【分级显示】组，单击【隐藏明细数据】按钮隐藏相应的数据，如图 4-56 所示。

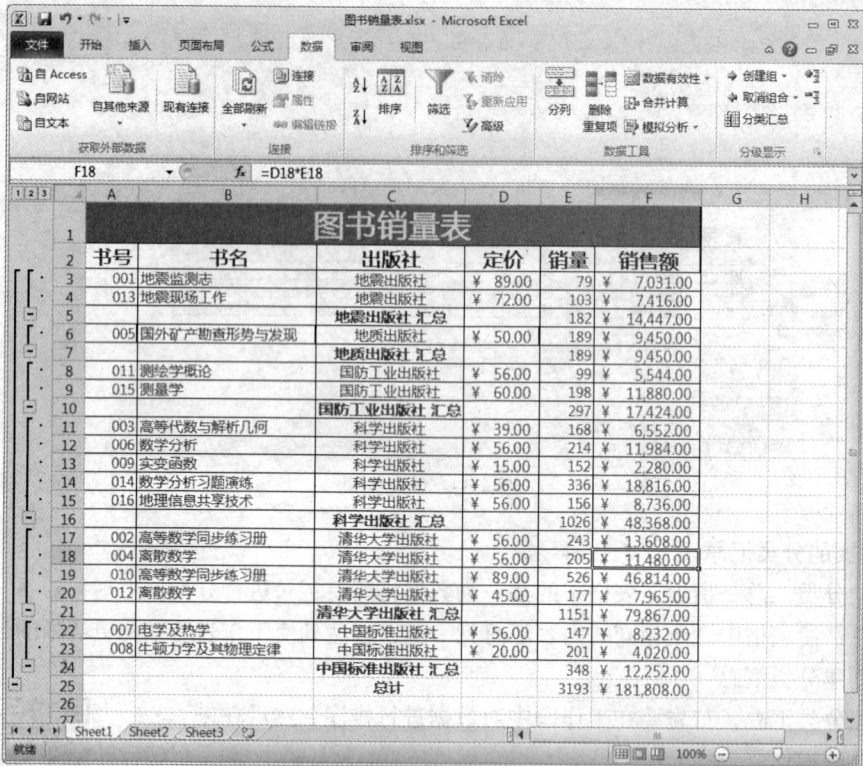

图 4-55　完成分类汇总

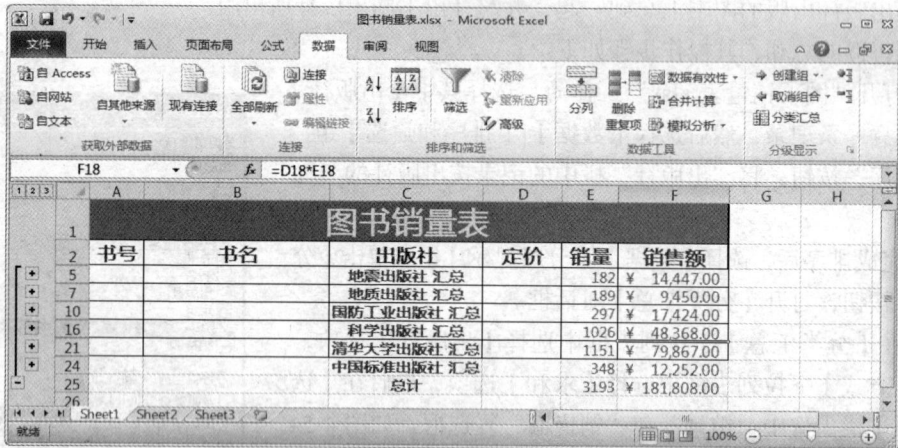

图 4-56　隐藏明细数据

② 显示明细数据：当对明细数据进行隐藏操作后，其行号左侧的分级树中的 ▬ 按钮将变为 ▪ 按钮，单击 ▪ 按钮或选择【数据】|【分级显示】组，再单击【显示明细数据】按钮将显示明细数据。

（3）清除和删除分类汇总

当分类汇总创建完成后，如果需要删除分类汇总创建的分级树，且要保留分类汇总的数据可以清除分级显示；如果需要将工作表还原到分类汇总之前的工作状态则可将其删除。其方法分别如下。

① 清除分类汇总：选择【数据】|【分级显示】组，单击【取消组合】按钮下方的下拉箭头，在弹出的下拉列表中选择【清除分级显示】选项，删除分级树。

② 删除分类汇总：选择【数据】|【分级显示】组，单击【分类汇总】按钮，在打开的【分类汇总】对话框中单击【全部删除】按钮将创建的分类汇总删除。

二、任务 1：职工工资发放表

【任务要求】

1. 创建如图 4-57 所示的"职工工资发放表"。

2. 使用公式计算出"应发工资"和"实发工资"的结果。

3. 按照"实发工资"升序以及"应发工资"升序排序。

4. 使用自动筛选，显示"实发工资"大于或等于 2500 元以上的员工名单。

职工工资发放表

5. 使用高级筛选，显示"奖金"大于或等于 500 元以上，"实发工资"大于或等于 2500 元以上的职员。

图 4-57　职工工资发放表

【操作步骤】

1. 创建工作簿并输入基本数据

启动 Excel 2010，创建一个空白工作簿。单击单元格 A1，输入"职工工资发放表"，在单元格区域 A2:J2 中分别输入列标题"序号""姓名""部门""职务""基本工资""岗位津贴""奖金""应发工资""所得税"和"实发工资"，如图 4-58 所示。

根据设定的列标题，输入基本数据。选中单元格区域 A2:J12，单击【格式】工具栏中的【居中】按钮，将所有的数据居中对齐。

2. 设置单元格格式

（1）选中单元格区域 A1:J1，单击【格式】工具栏中的【合并及居中】按钮，合并单元格并使标题居中显示，如图 4-59 所示。

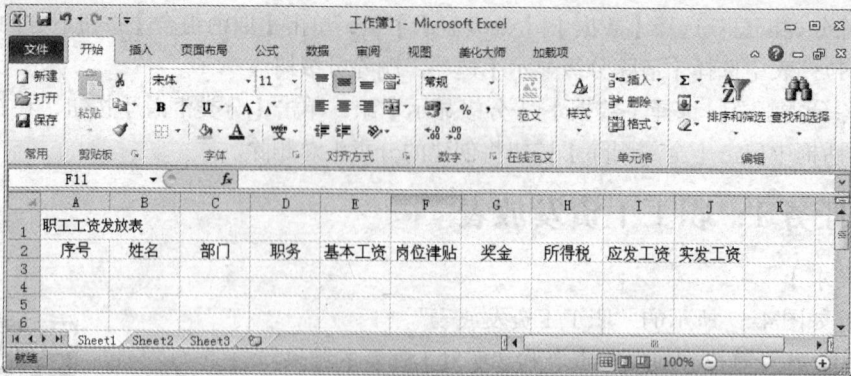

图 4-58　输入标题

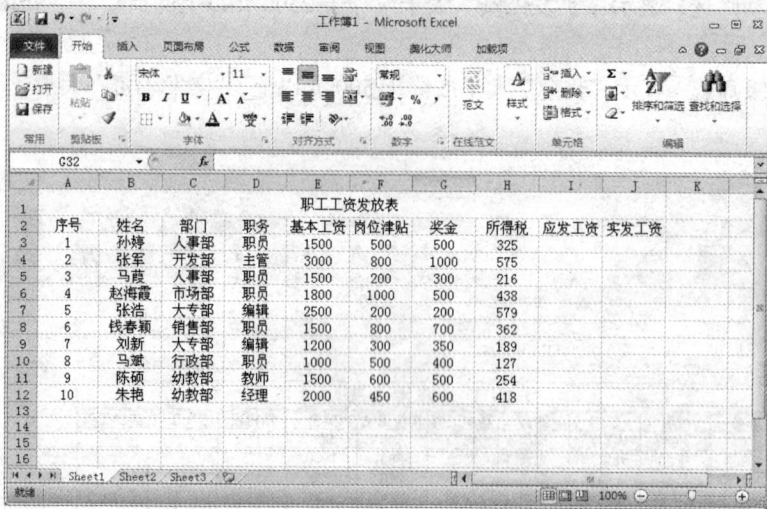

图 4-59　标题居中显示

（2）选中单元格 A1，在【格式】工具栏中设置标题的【字体】为"黑体"、【字号】为"18"、【字形】为"加粗"，设置后的效果如图 4-60 所示。

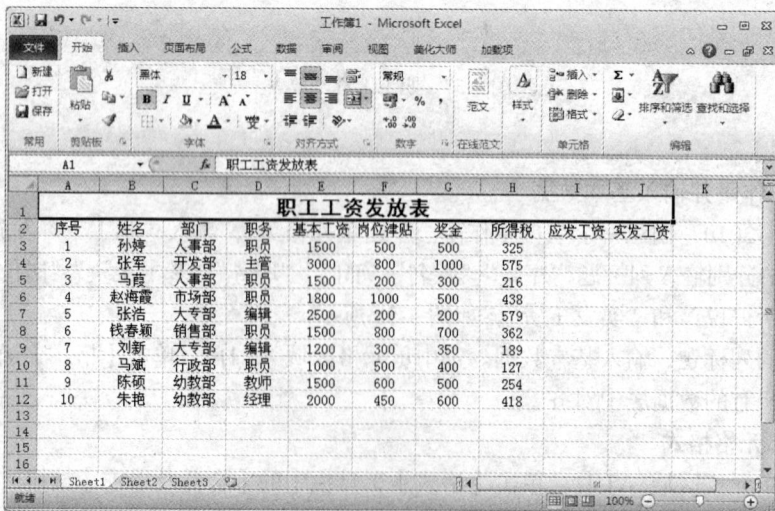

图 4-60　设置标题格式

（3）选中单元格区域 A2:J2，设置列标题的【字体】为"黑体"，【字号】为"12"，如图 4-61 所示。

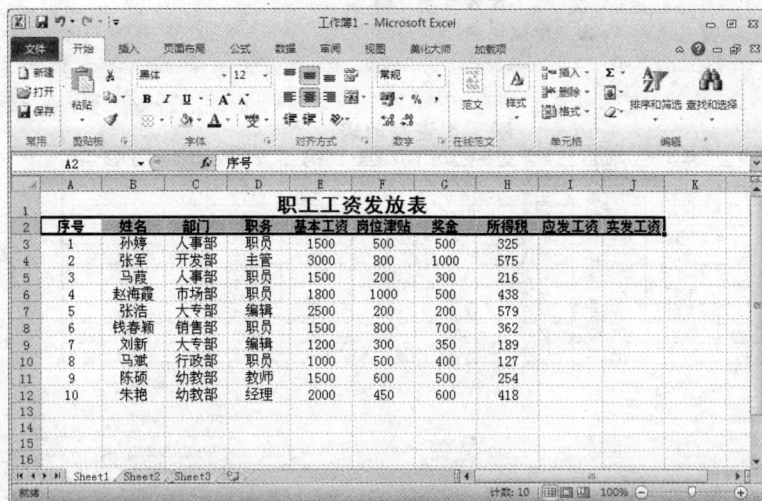

图 4-61　设置标题行

（4）选中单元格区域 A1:J12，右键单击打开【单元格格式】对话框，选择【边框】标签，设置内外边框，如图 4-62 所示。设置好后单击【确定】按钮，设置边框后的效果如图 4-63 所示。

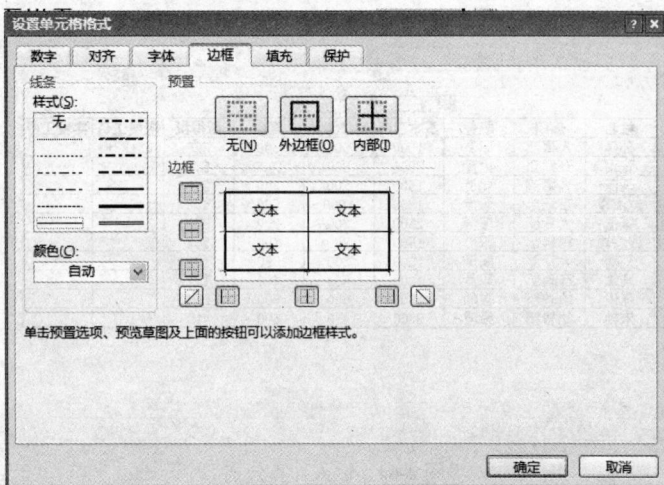

图 4-62　设置表格边框

（5）双击 Sheet1 工作表标签，将工作表标签更名为"职工工资发放表"。

（6）单击【文件】|【另存为】命令，打开【另存为】对话框，选择保存的路径，输入文件名为"职工工资发放表"，单击【保存】按钮，保存完毕。

3. 计算"应发工资"列

应发工资＝基本工资+岗位津贴+奖金。

（1）打开"职工工资发放表"文件，计算"孙婷"的应发工资。选中单元格 I3，输入"="，然后依次选择单元格 E3、F3、G3，执行加法操作，编辑框将显示"=E3+F3+G3"，如图 4-64 所示。

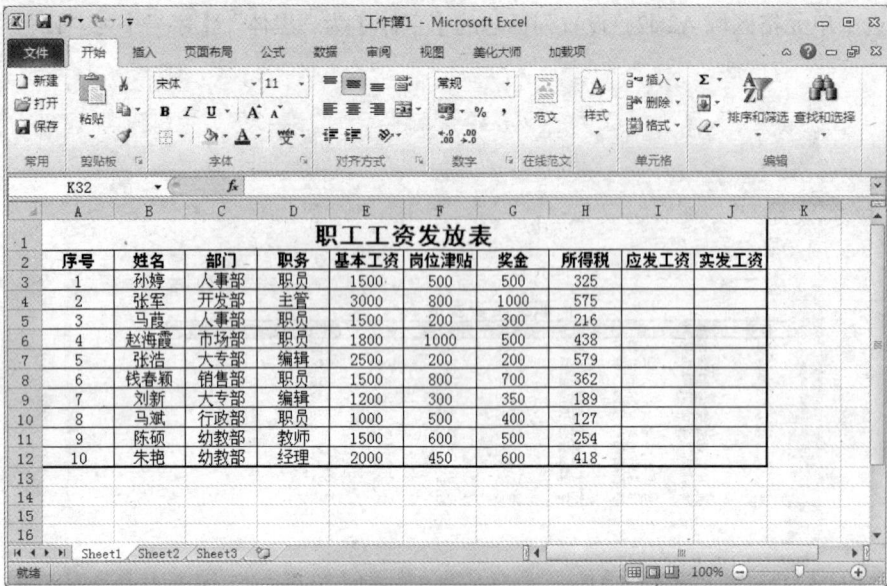

图 4-63　显示表格边框

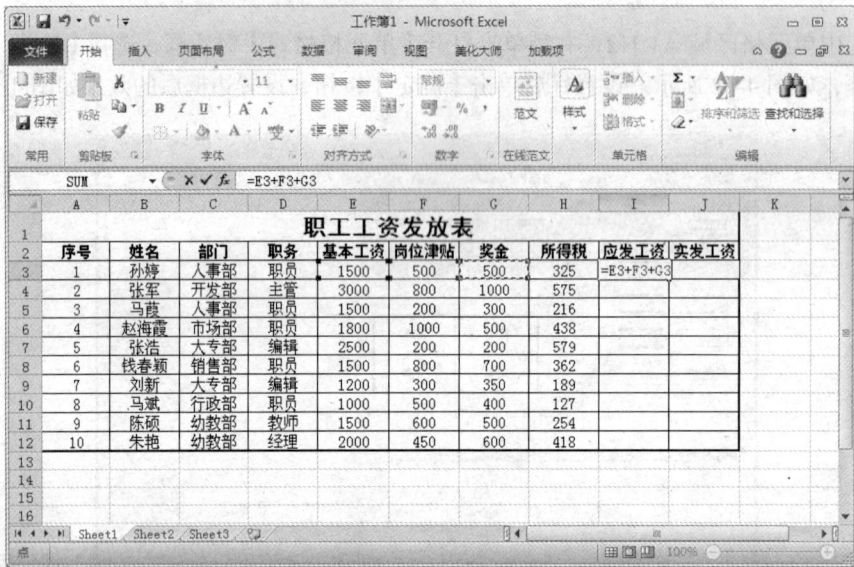

图 4-64　输入计算公式

（2）单击编辑框前的"√"图标，或者直接按【Enter】键，确认公式输入完毕。单元格 I3 中显示计算结果，如图 4-65 所示。

（3）利用填充柄，拖动鼠标至单元格 H12，自动填充其他职工的应发工资，如图 4-66 所示。

4. 计算"实发工资"列

实发工资 = 应发工资 - 所得税。

（1）计算出"张婷"的实发工资。选中单元格 J3，输入"="，然后依次选择单元格 H3 和 I3，执行减法操作，编辑框中显示公式"=I3-H3"，如图 4-67 所示。

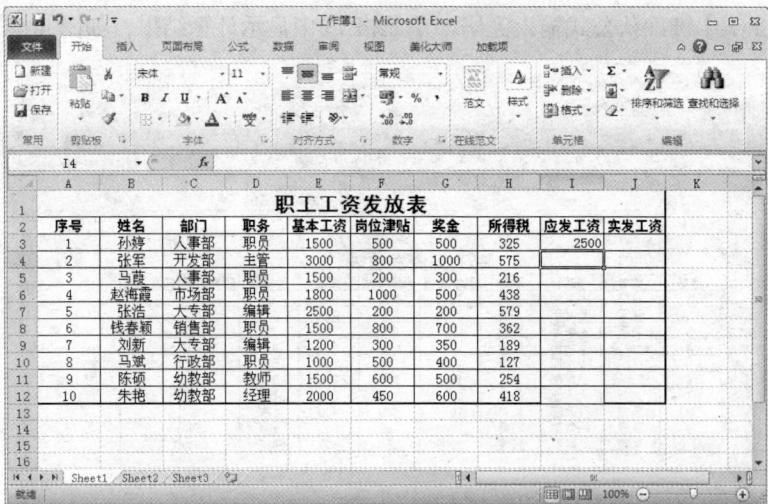

图 4-65 计算应发工资

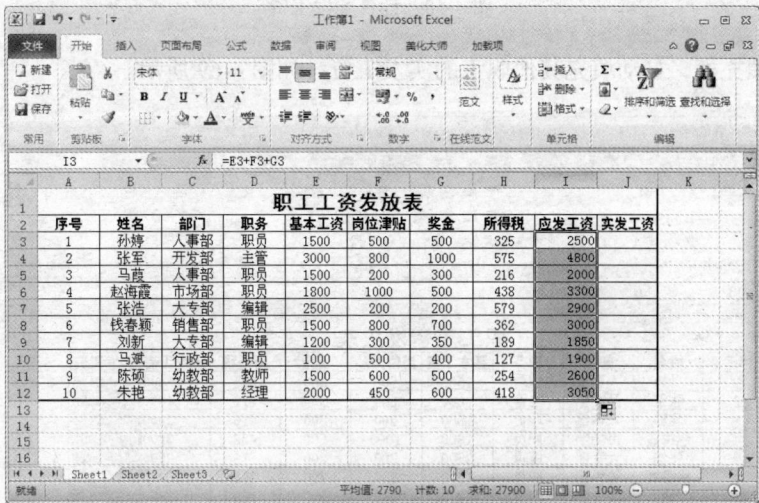

图 4-66 自动填充其他应发工资

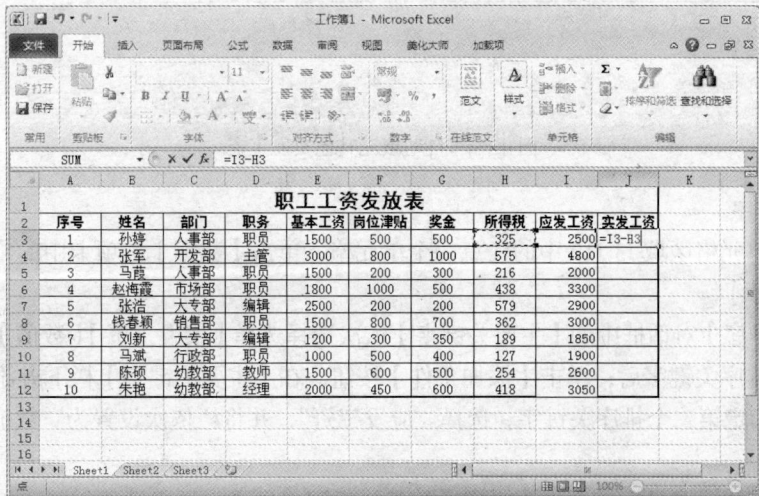

图 4-67 输入计算公式

（2）按【Enter】键确认公式输入完毕。单元格 J3 中显示计算结果，如图 4-68 所示。

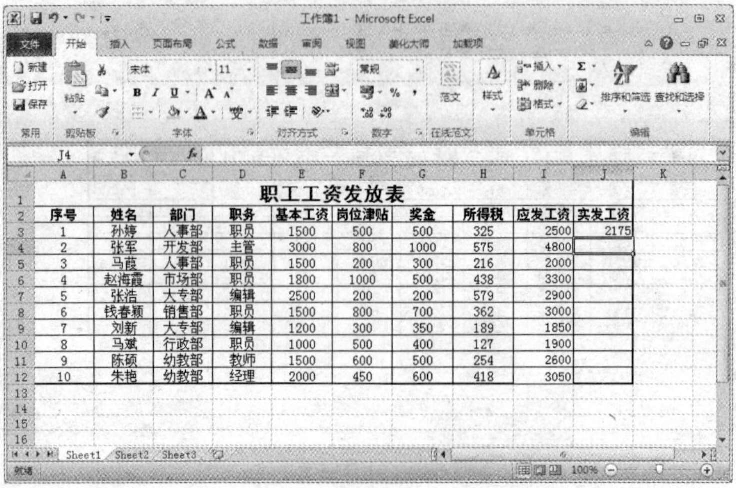

职工工资发放表

序号	姓名	部门	职务	基本工资	岗位津贴	奖金	所得税	应发工资	实发工资
1	孙婷	人事部	职员	1500	500	500	325	2500	2175
2	张军	开发部	主管	3000	800	1000	575	4800	
3	马葭	人事部	职员	1500	200	300	216	2000	
4	赵海霞	市场部	职员	1800	1000	500	438	3300	
5	张浩	大专部	编辑	2500	200	200	579	2900	
6	钱春颖	销售部	职员	1500	800	700	362	3000	
7	刘新	大专部	编辑	1200	300	350	189	1850	
8	马斌	行政部	职员	1000	500	400	127	1900	
9	陈硕	幼教部	教师	1500	600	500	254	2600	
10	朱艳	幼教部	经理	2000	450	600	418	3050	

图 4-68　计算实发工资

（3）使用填充柄，自动填充其他职工的实发工资，如图 4-69 所示。

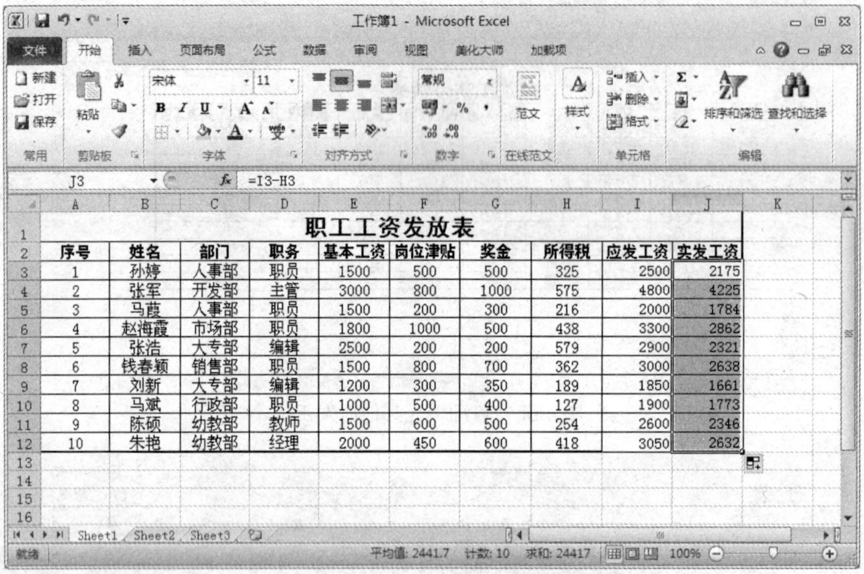

职工工资发放表

序号	姓名	部门	职务	基本工资	岗位津贴	奖金	所得税	应发工资	实发工资
1	孙婷	人事部	职员	1500	500	500	325	2500	2175
2	张军	开发部	主管	3000	800	1000	575	4800	4225
3	马葭	人事部	职员	1500	200	300	216	2000	1784
4	赵海霞	市场部	职员	1800	1000	500	438	3300	2862
5	张浩	大专部	编辑	2500	200	200	579	2900	2321
6	钱春颖	销售部	职员	1500	800	700	362	3000	2638
7	刘新	大专部	编辑	1200	300	350	189	1850	1661
8	马斌	行政部	职员	1000	500	400	127	1900	1773
9	陈硕	幼教部	教师	1500	600	500	254	2600	2346
10	朱艳	幼教部	经理	2000	450	600	418	3050	2632

图 4-69　自动填充其他实发工资

5. 数据排序

（1）选中单元格区域 J3:J12 中的任意一个单元格，单击【数据】选项卡中的【排序和筛选】面板中的【排序】。

（2）在【排序】对话框中的【主要关键字】依次选择选择【实发工资】【数值】【升序】选项，确定了第一个排序关键字后；单击【添加条件】按钮，在【主要关键字】栏下方添加一个【次要关键字】栏，确定第二个排序关键字，选择“应发工资”，并将栏依次设置为“数值”和“升序”，如图 4-70 所示。

（3）设置好排序条件后，单击【确定】按钮，返回工作表，排序结果如图 4-71 所示。

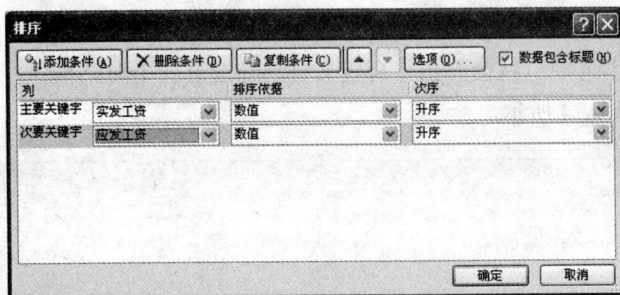

图 4-70　设置排序关键字

图 4-71　排序结果

6. 自动筛选

（1）选中工作表中的任意单元格，单击【数据】选项卡中的【排序和筛选】面板中的【筛选】命令，在每个列标题的后面均会出现一个下拉箭头，如图 4-72 所示。

图 4-72　筛选过程

（2）单击"实发工资"后面的下拉箭头，如图4-73所示。在下拉列表中选择【数字筛选】选项中的【大于或等于】选项，就会弹出【自定义自动筛选方式】对话框，在后面的值区域中输入或选择"2500"，如图4-74所示。

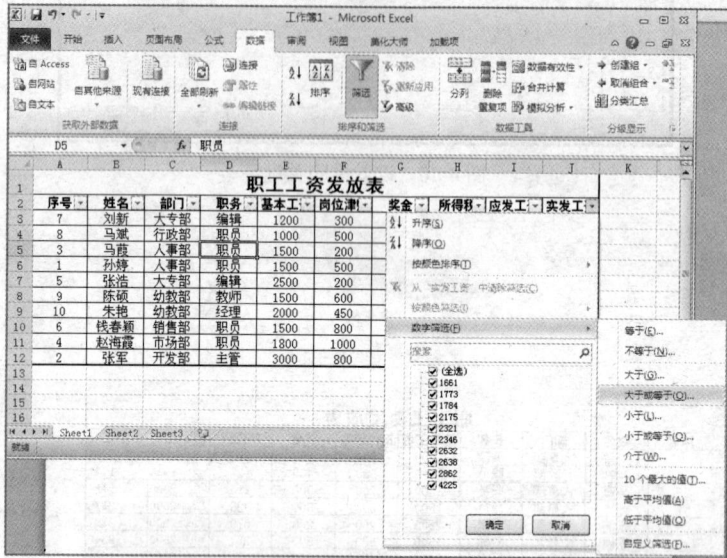

图4-73　筛选过程

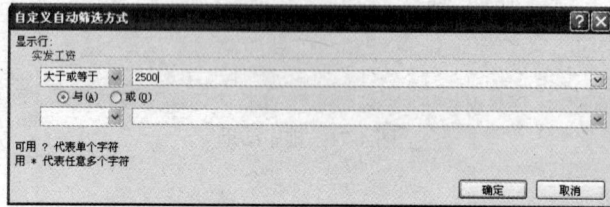

图4-74　【自定义自动筛选方式】对话框

（3）输入完筛选条件后，单击【确定】按钮，工作表会自动筛选出工资在2500元以上的人员名单，如图4-75所示。

图4-75　筛选结果

7. 高级筛选

（1）在图 4-76 所示的"职工工资发放明细表"中的空白处键入筛选的条件，其中第一行为筛选项字段名，第二行为对应的筛选条件。需要注意的是，条件区域必须与数据清单有一空行或者空列的间隔。

（2）选中工作表中的任意单元格，单击【数据】选项卡中【排序和筛选】面板里的【筛选】命令，打开【高级】对话框，在【列表区域】文本框中显示或选择数据清单所在单元格区域地址（一般为系统自动识别），单击【条件区域】文本框右侧的【　　】按钮，选择筛选条件所在的单元格区域，操作后的结果如图 4-77 所示。

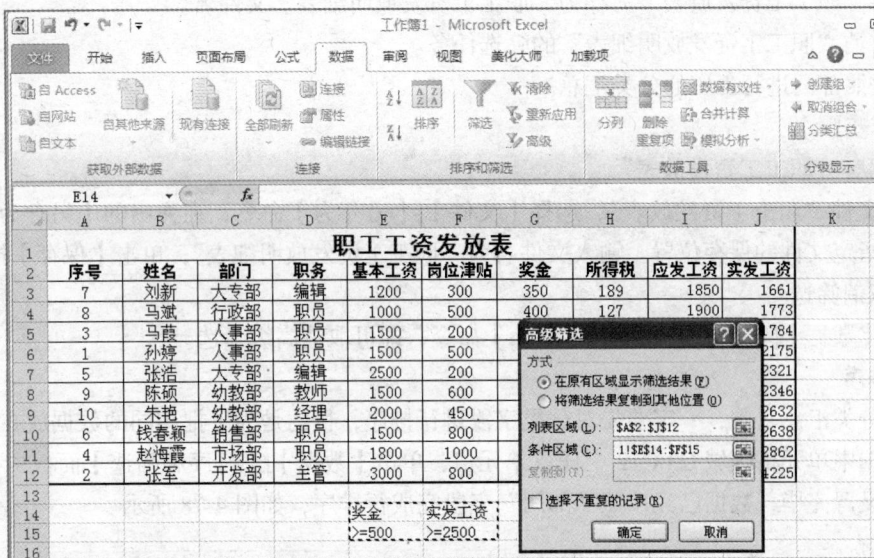

图 4-76　输入高级筛选条件

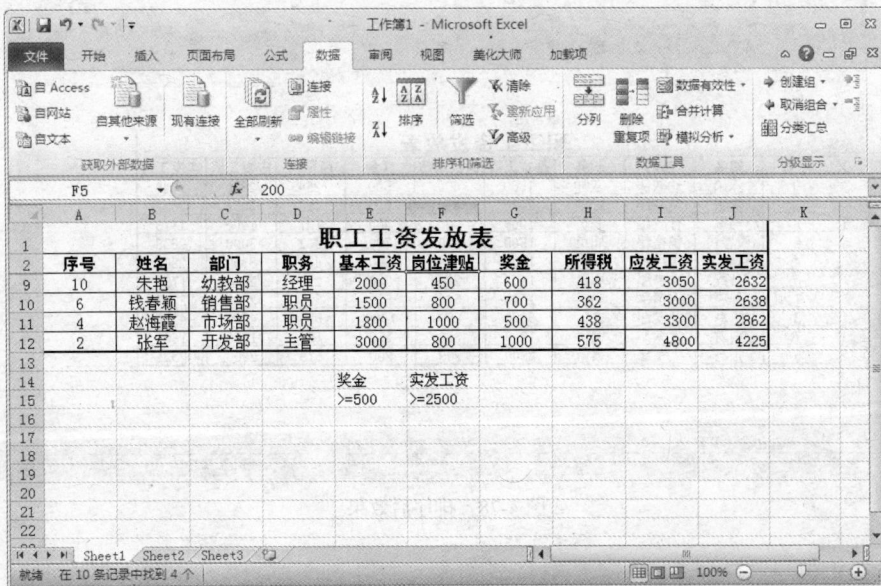

图 4-77　高级筛选结果

8. 保存文件

选择【文件】|【另存为】命令，在弹出的【另存为】对话框中，重新指定文件的保存位置，输入文件名为“职工工资发放表”，【保存类型】为默认的“Excel 工作簿（*.xlsx）”，单击【保存】按钮。

三、任务 2：职工工资发放明细表

提示：本任务是在任务 1 的基础数据上完成的。

【任务要求】

1. 将“职工工资发放表”另存为“职工工资发放明细表”文件名。
2. 取消“职工工资发放明细表”的筛选任务。
3. 按照部门进行工资的分类汇总。

【操作步骤】

1. 另存“职工工资发放表”

打开文件“职工工资发放表”，选择【文件】|【另存为】命令，在弹出的【另存为】对话框中，重新指定文件的保存位置。输入文件名为“职工工资发放明细表”，单击【保存】按钮即可。

2. 取消筛选

单击【数据】|【排序和筛选】|【清除】命令，即可取消高级筛选。

3. 排序

在做分类汇总之前，一定要先对分类字段进行排序，目的是为了把相同的数据放在一起。

（1）选中单元格区域 C3:C12 中任意单元格，单击【数据】|【排序和筛选】面板中 A Z↓或 Z A↓。

（2）设置完毕，数据已经按照“部门”字段完成行排序，如图 4-78 所示。

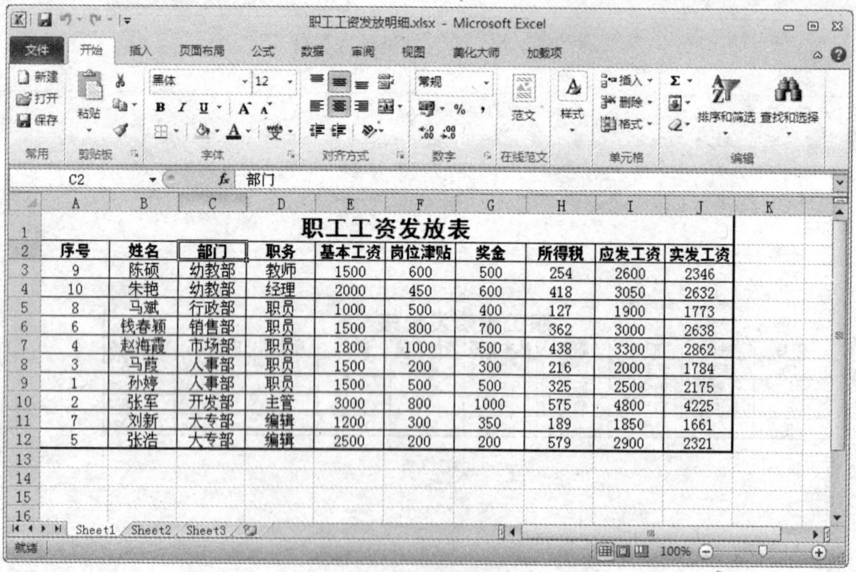

序号	姓名	部门	职务	基本工资	岗位津贴	奖金	所得税	应发工资	实发工资
9	陈硕	幼教部	教师	1500	600	500	254	2600	2346
10	朱艳	幼教部	经理	2000	450	600	418	3050	2632
8	马斌	行政部	职员	1000	500	400	127	1900	1773
6	钱春颖	销售部	职员	1500	800	700	362	3000	2638
4	赵海霞	市场部	职员	1800	1000	500	438	3300	2862
3	马葭	人事部	职员	1500	200	300	216	2000	1784
1	孙婷	人事部	职员	1500	500	500	325	2500	2175
2	张军	开发部	主管	3000	800	1000	575	4800	4225
7	刘新	大专部	编辑	1200	300	350	189	1850	1661
5	张浩	大专部	编辑	2500	200	200	579	2900	2321

图 4-78　排序后效果

4. 分类汇总

（1）单击【数据】|【分类汇总】命令，打开【分类汇总】对话框，在【分类字段】下拉列表中选择“部门”；在【汇总方式】下拉列表中选择【求和】；在【选定汇总项】列表框中选择【实

发工资】复选项，如图 4-79 所示。

（2）设置好分类汇总的条件后，单击【确定】按钮，分类汇总效果如图 4-80 所示。

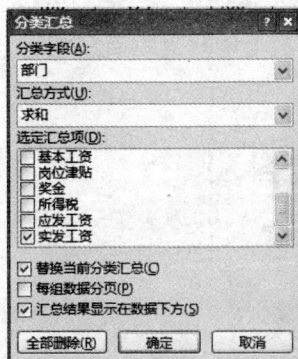

图 4-79　设置分类汇总

图 4-80　类汇总显示

从图 4-72 中可以看出，在数据清单的左侧，有【隐藏明细数据符号】（－）的标记。单击"－"号，可隐藏原始数据清单数据而只显示汇总后的数据结果，同时"－"号变成"＋"号，单击"＋"号即可显示明细数据。

如果要取消分类汇总效果，则需要再次打开【分类汇总】对话框，单击【全部删除】按钮即可。

四、任务 3：职务结构透视表

【任务要求】

根据"职工工资发放明细表"，建立职务结构透视表。

【操作步骤】

1. 单击【插入】|【表格】面板，单击【数据透视表】对话框。

2. 选择数据来源及报表类型后，选择数据区域，单击【确定】按钮，如图 4-81 所示

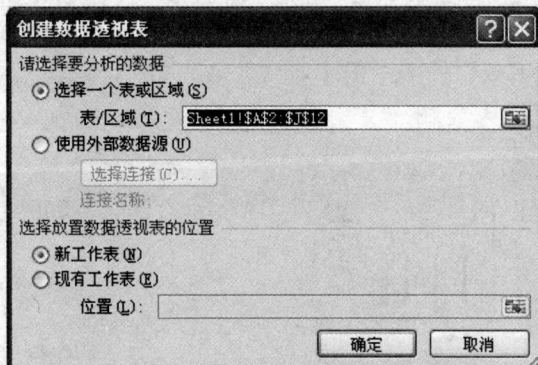

图 4-81　数据透视表

3. 打开【数据透视表】布局对话框，开始拖动"职务"字段到"列"区域，拖动"部门"字段到"行"区域，拖动"职务"字段到"数据"区域，如图 4-82 所示。

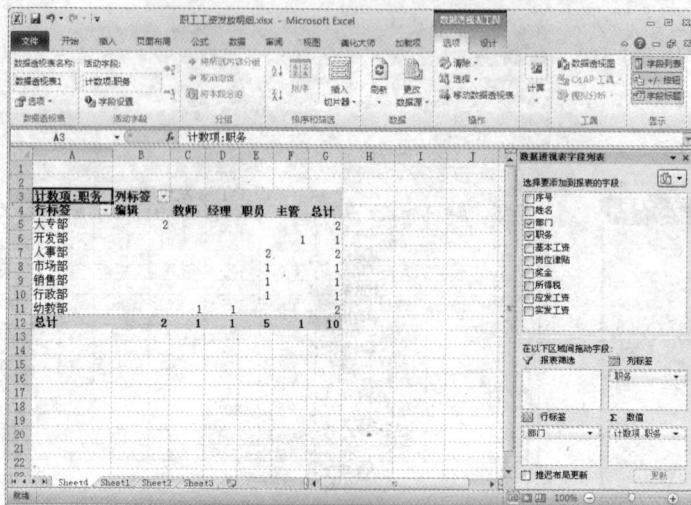

图 4-82　数据透视表向导——布局

注：在数据透视表的【布局】框中，分为页字段、行字段、列字段和数据项。

♦　页字段：在数据透视表中指定为页方向的字段。在页字段中，既可以显示所有项的汇总，也可以一次只显示一个项，而筛选掉其他数据。

♦　行字段：数据透视表中按行显示的字段。

♦　列字段：数据透视表中按列显示的字段。

♦　数据项：在数据透视表中要汇总的数据。

4. 设置好布局后，数据透视表就创建完成。

除了可以建立透视表以外，还可以建立透视图。建立数据透视图的具体操作步骤是单击【插入】|【表格】面板，单击【数据透视图】对话框，与建立透视表的步骤相同，最后显示出的数据透视图如图 4-83 所示。

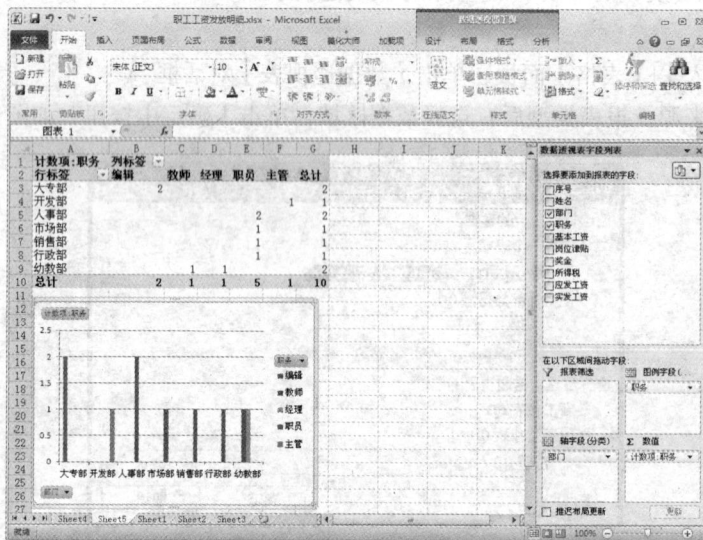

图 4-83　数据透视图

本 章 小 结

　　本章主要介绍了 Excel 2010 的基本编辑操作，包括数据输入、工作表和单元格的格式化，此外还介绍了 Excel 的高级操作，包括数据排序、筛选和分类汇总等。

　　利用 Excel 2010 可以方便快捷地制作电子表格，并且可以对电子表格中的数据进行统计和计算，还可以对表格中的数据进行分析和筛选，可极大地提高用户的工作效率。

习 题 四

一、单选题

1. 在 Excel 2010 工作簿中，默认包含的工作表个数是_____。
    A. 1　　　　　　　B. 2　　　　　　　C. 3　　　　　　　D. 4

2. 在 Excel 2010 的地址引用中，如果引用了其他的工作表中的地址，则需要在该工作表名和引用地址之间加入符号_____。
    A. ！　　　　　　　B. $　　　　　　　C. @　　　　　　　D. %

3. 若要在 Excel 2010 工作表的某单元格内输入数字字符串"456"，正确的输入方法是_____。
    A. 456　　　　　　B. '456　　　　　　C. =456　　　　　　D. "456"

4. 在 Excel 2010 中利用"自动填充"功能，可以_____。
    A. 对若干连续单元格自动求和　　　　B. 对若干连续单元格制作图表
    C. 对若干连续单元格进行复制　　　　D. 对若干连续单元格快速输入有规律的数据

5. 在 Excel 2010 工作表中，单元格 C4 中有公式"＝A3+$C$5"，在第 3 行之前插入一行之后，单元格 C5 中的公式是_____。
    A. ＝A4+$C$6　　B. ＝A4+$C$5　　C. ＝A3+$C$6　　D. ＝A3+$C$5

6. 在 Excel 2010 的数据清单中，若根据某列数据对数据清单进行排序，可以利用工具栏上的【降序】按钮，此时用户应该先_____。
    A. 选取该列数据　　　　　　　　　　B. 选取整个数据清单
    C. 单击数据清单中任意单元格　　　　D. 单击该列数据中任意单元格

7. 在 Excel 2010 的工作表中，单元格区域 A1:C3 中输入数值 10，若在 D1 单元格内输入公式"=SUM（A1,C3）"，则 D1 的显示结果为_____。
    A. 20　　　　　　　B. 30　　　　　　　C. 60　　　　　　　D. 90

8. 在 Excel 2010 工作表中，下列_____是正确的区域表示法。
    A. A1?D4　　　　　B. A1..D4　　　　　C. A1:D4　　　　　D. A1>D4

9. 在 Excel 2010 工作表中，如果没有预先设定整个工作表的对齐方式，系统默认的对齐方式中数值是_____。
    A. 左对齐　　　　　B. 中间对齐　　　　C. 右对齐　　　　　D. 视具体情况而定

10. 在 Excel 2010 工作表中，当希望使标题位于表格中央时，可以使用对齐方式中的_____。

    A. 置中   B. 合并及居中   C. 分散对齐   D. 填充

二、填空题

1. 若在 Excel 2010 工作表中的单元格 A3 中输入 5/20，该单元格显示结果为_____。

2. 在 Excel 2010 工作表中，若要选择不连续的单元格，先单击第一个单元格，按住_____键不放，再单击其他单元格。

3. 在单元格中，若未设置特殊的格式，数值数据会_____对齐。

4. 在对数据进行分类汇总前，必须对数据进行_____操作。

5. 在输入一个公式之前必须先输入_____符号。

三、操作题

启动 Excel 2010，在 Sheet1 工作表中输入如下数据：

班级	姓名	计算机	英语	高数	总分	平均分
机电	文章	78	88	67		
计算机	徐明	72	79	64		
电子	王华	90	78	82		
电子	李一	81	74	67		
计算机	王子	77	60	52		
机电	东东	77	65	82		
机电	白雪	81	71	87		

要求：

（1）使用函数，分别完成对每位学生的总分（计算机＋英语＋高数）和平均分的计算，要求结果保留 1 位有效数字。

（2）将表格内容的字号设置为 12 号，标题行的各单元格设置为"红色""黑体"，居中显示，并添加"细对角线条纹"，底纹颜色设置为"浅蓝色"，单元格背景设置为"黄色"，将"班级"单元格设置为"蓝色""倾斜"，居中显示，将"姓名"列中的数据设置为"深绿色""粗体""倾斜"，居中显示，表格边框线使用细实线。

（3）在表格最后一行后插入三行，在"高数"一列下方分别输入"最高分""最低分""平均成绩"，使用函数对表格中的"总分""平均分"列计算最高分、最低分和平均成绩。

（4）使用"分类汇总"方法，按"班级"分类汇总"总分"和"平均分"的平均值。

（5）数据汇总后，先将明细数据隐藏，然后用汇总数据建立"三维簇状柱形图"，图表标题为"成绩汇总表"。

第五章
PowerPoint 2010 演示文稿制作软件

PowerPoint 2010 是一个专门用来制作演示文稿的 Office 2010 组件，用户可以使用 PowerPoint 2010 制作出精美的演示文稿，并可在文稿中加上动画、特技效果、声音以及其他多媒体效果。

本章将详细介绍 PowerPoint 2010 的演示文稿的编辑、演示文稿的动画设置、插入声音和视频、设置超链接和演示文稿的放映。

第一节　PowerPoint 2010 界面

PowerPoint 2010 作为 Office 的三大核心组件之一，主要用于幻灯片的制作与播放。通过它，用户能够轻松制作出生动且图文并茂的演示文稿。PowerPoint 2010 中的新增功能为演示文稿带来更强的表现力。通过它自带的各种模板，读者可快速地创建和编辑各种类型演示文稿。

1. PowerPoint 2010 的启动和退出

（1）启动 PowerPoint 2010

启动 PowerPoint 2010 的方法通常有如下 3 种。

① 单击【开始】|【所有程序】|【Microsoft Office】|【Microsoft Office PowerPoint 2010】命令。

② 若桌面上有 PowerPoint 2010 应用程序的快捷方式，即可在桌面上双击快捷方式图标启动。

启动 PowerPoint 2010

③ 在【资源管理器】或【我的电脑】窗口中打开 PowerPoint 2010 文件即可。

（2）退出 PowerPoint 2010

退出 PowerPoint 2010 的方法通常有如下 4 种。

① 单击【文件】|【退出】命令。

② 双击窗口左上角的【系统控制】按钮。

③ 单击窗口右上角的【关闭】按钮。

④ 使用组合键【Alt+F4】。

2. 认识 PowerPoint 2010 界面

PowerPoint 2010 的工作界面与 Word 2010 界面的下半部分已经完全不同，PowerPoint 2010 的下半部分由【幻灯片|大纲】窗格、幻灯片编辑区、状态栏和备注窗口组成。这 4 个部分是 PowerPoint 2010 的特色组成部分，也是主要操作区域。在状态栏中所显示的数据会根据当前【幻灯片|大纲】窗格中的幻片数量和相应主题变化，如图 5-1 所示。PowerPoint 2010 特有部分的作用

介绍如下。

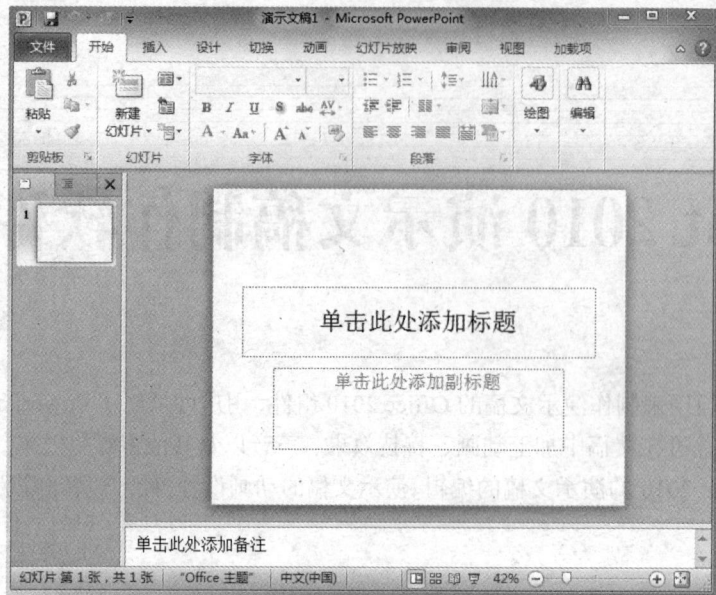

图 5-1　PowerPoint 2010 界面

① 【幻灯片|大纲】窗格：用于显示演示文稿的幻灯片数量及位置，包括【大纲】和【幻灯片】两个选项卡，选择不同的选项卡可在不同的窗格间切换。在【大纲】窗格状态下可修改幻灯片的文本等内容；在【幻灯片】窗格状态下可浏览整个演示文稿的结构。

② 幻灯片编辑区：用于显示和编辑幻灯片，是整个演示文稿的核心，所有幻灯片都通过它完成制作。

③ 备注窗口：供演讲者查阅该幻灯片信息，以及在播放演示文稿时对幻灯片添加说明和注释。

④ 状态栏：状态栏的左侧显示了幻灯片的总张数和当前选择的张数，其后则显示了当前演示文稿的主题信息，右侧则为 4 个演示文稿观看模式按钮，单击不同按钮将进入不同的观看模式。

第二节　演示文稿的基本操作

演示文稿和幻灯片是一种包含与被包含的关系，单独的一张张内容就是幻灯片，它们的集合就是一个完整的演示文稿，幻灯片的任何操作都必须在创建的演示文稿中进行。

一、新建演示文稿

若要用 PowerPoint 2010 制作演示文稿，第一步就是创建演示文稿，PowerPoint 2010 提供了多种创建演示文稿的方式，创建空白演示文稿的方法非常简单。除此之外，还可以据模板和主题创建演示文稿，其方法分别介绍如下。

新建演示文稿

1. 根据模板创建演示文稿

根据模板创建的演示文稿中已具备一定的文字内容、提示内容和版式等。选择【文件】|【新

建】命令，在右侧的【可用的模板和主题】栏中选择【样本模板】选项。在打开的列表框中选择
需要的选项，单击【创建】按钮▯即可。图 5-2 所示为根据"都市相册"模板创建的演示文稿。

图 5-2　根据模板创建演示文稿

2. 根据主题创建演示文稿

与根据模板创建的演示文稿不同，根据主题创建的演示文稿中会自带设计的主题样式。选择
【文件】|【新建】命令，在右侧的【可用的模板和主题】栏中选择【主题】选项。在打开的列表
框中选择需要的选项，单击【创建】按钮▯即可。图 5-3 所示为根据"暗香扑面"主题创建的演
示文稿。

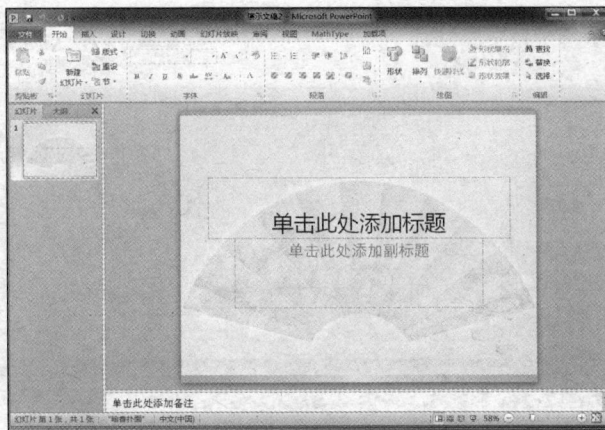

图 5-3　根据主题创建演示文稿

二、新建幻灯片并应用版式

演示文稿通常都由多张幻灯片组成，而新建的空白演示文稿只有一张
幻灯片，因此在制作演示文稿的过程中，需要新建多张幻灯片并设置其版
式，主要有以下两种方法。

（1）选择【开始】|【幻灯片】组，单击"新建幻灯片"按钮下方的▼
按钮，在弹出的下拉列表中选择一种幻灯片版式，即可在新建幻灯片的同
时应用所选择的版式，如图 5-4 所示。

新建幻灯片

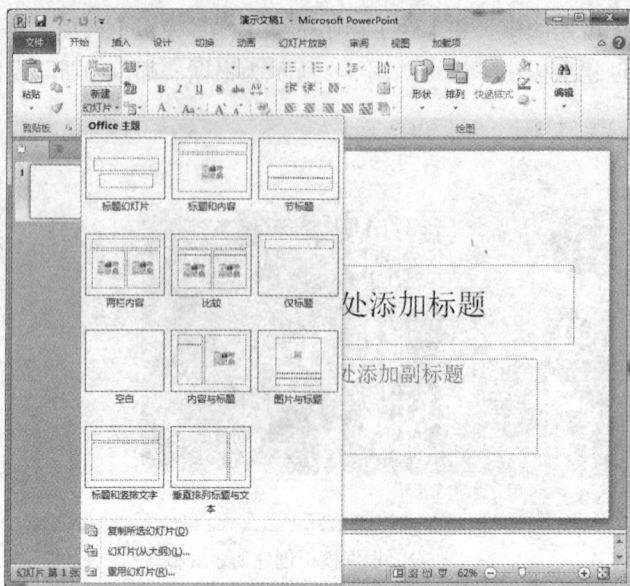

图 5-4　新建幻灯片并应用版式

（2）在【幻灯片】窗格中按【Enter】键或【Ctrl+M】组合键，在幻灯片上单击鼠标右键，在弹出的快捷菜单中选择【新建幻灯片】命令即可新建幻灯片，选择【开始】|【幻灯片】组，单击【版式】按钮右侧的▼按钮，在弹出的下拉列表中选择一种幻灯片版式，即可为新建的幻灯片应用版式，如图 5-5 所示。

图 5-5　为新建的幻灯片应用版式

三、移动与复制幻灯片

1. 移动幻灯片

在制作幻灯片的过程中，若发现某张幻灯片安排不合理，则可通过移动幻灯片的方法，将其移动至目标位置。下面介绍移动幻灯片的几种方法。

（1）通过快捷菜单移动：在【幻灯片】窗格中要移动的幻灯片上单击鼠标右键，在弹出的快捷菜单中选择【剪切】命令；选择某张幻灯片，在其上方单击鼠标右键，在弹出的快捷菜单中选择【粘贴】命令，即可将剪切的幻灯片移动至当前选择的幻灯片前。

移动、复制幻灯片

（2）通过拖动方法移动：在【幻灯片】窗格中，单击要移动的幻灯片，按住鼠标并拖动至目标位置处释放即可，在拖动过程中，光标呈 状。

（3）通过功能组移动：在【幻灯片】窗格中，选择要移动的幻灯片，再选择【开始】|【剪贴板】组，单击【剪切】按钮。选择要粘贴幻灯片相邻的某张幻灯片，再选择【开始】|【剪贴板】组，单击【粘贴】按钮，即可将剪切的幻灯片移动至当前选择的幻灯片后。

2. 复制幻灯片

复制幻灯片的方法与移动幻灯片的方法类似，如在移动幻灯片择"剪切"命令，则在复制幻灯片时选择【复制】命令即可；也可通过拖动的方法复制幻灯片，除用前面讲解的移动幻灯片类似的方法复制幻灯片外，还可选择【开始】|【幻灯片】组，单击"新建幻灯片"按钮下方的 按钮，在弹出的下拉列表中选择"复制所选幻灯片"选项，即可在当前选择的幻灯片后复制出一张相同的幻灯片。

四、删除幻灯片

当演示文稿中有多余的幻灯片时就应该将其删除，删除幻灯片的同样可以在"幻灯片|大纲"窗格和幻灯片浏览视图中进行。下面分别介绍各种删除方法。

（1）通过按钮删除幻灯片：选择要删除的幻灯片，再选择【开始】|【幻灯片】组，单击【删除】按钮，即可完成删除操作。

删除幻灯片

（2）通过快捷菜单删除幻灯片：选择要删除的幻灯片，单击鼠标右键，在弹出的快捷菜单中选择【删除幻灯片】命令。

（3）使用键盘删除幻灯片：选择要删除的幻灯片，按【Delete】键即可将其删除。

第三节　在演示文稿中添加内容

新创建演示文稿只是搭建了演示文稿的框架，用户还需增加文本、图片和图表等内容对演示文稿进行完善。

一、添加文本

文本是演示文稿中不可或缺的一部分，它既可以通过在幻灯片中默认的占位符中输入，也可以在幻灯片的任意位置绘制文本框并在其中输入，还可以输入艺术字，其方法如下。

1. 占位符中输入文本

绝大部分幻灯片版式中都有占位符，可以对占位符本身进行调整、移动，复制、粘贴及删除等操作。单击占位符，将光标定位于其中，切换到合适的输入法，在其中输入文本即可。

2. 在文本框中输入文本

文本框与占位符极为相似，PowerPoint 2010 提供了横排文本框和垂直文本框两种形式，使用文本框可以在幻灯片中任意位置添加文字信息。选择【插入】|【文本】，单击"文本框"按钮，在弹出的下拉列表中选择需要的选项，将鼠标指针移动到幻灯片编辑区中，此时光标变为+或 形状，按住鼠标左键不放的同时拖动鼠标至目标位置处时松开鼠标，完成文本框的插入操作。然后就可以在其中输入文本。

3. 输入艺术字

文本框和占位符中的文本只能设置单纯的字体格式，不能设置漂亮的艺术字样式。选择【插入】|【文本】组，单击【艺术字】按钮 A ，在弹出的下拉列表中选择需要的艺术字样式。系统自动在幻灯片中插入一个占位符，并显示"请在此键入您自己的内容"，直接输入文本即可添加艺术字。

添加艺术字

二、添加图片

在制作幻灯片的过程中，还可使用插入图片功能使制作出来的幻灯片图文并茂。用户可通过两种途径插入图片，一种是插入剪贴画，另一种是插入来自文件的图片。

1. 插入剪贴画

剪贴画是 Office 2010 自带的剪辑库中的图片，用户除了可通过功能组进行剪贴画的插入外，还可通过占位符中的相应按钮进行插入。具体操作方法如下。

剪贴画、图片

（1）打开 PPT 演示文稿，选择【插入】|【图像】组，单击【剪贴画】按钮 。

（2）打开"剪贴画"任务窗格，在"搜索文字"文本框中单击 搜索 按钮。

（3）在搜索的剪贴画列表中选择要插入的剪贴画，如图 5-6 所示，将其插入幻灯片中，然后单击【剪贴画】任务窗格右上角的【关闭】按钮。

图 5-6　插入剪贴画

2. 插入来自文件的图片

在 PowerPoint 2010 中，若系统提供的剪贴画不能满足用户的需要，此时可将外部文件中的图片插入幻灯片中。插入外部图片的方法也可分两种，其操作方法与插入剪贴画的方法相同。选择【插入】|【插图】组，单击【图片】按钮或在占位符中单击【图片】按钮，在打开的【插入图片】对话框的查找范围下拉列表框中选择图片在电脑中的保存路径，在其下的列表框中选择要插入的图片，然后单击插入按钮，即可将图片插入幻灯片中。

三、添加 SmartArt 图形

SmartArt 图形可以直观地表现出文本内容之间的联系，而且更加美观，可以增强幻灯片的表现力。添加 SmartArt 图形的具体操作如下。

（1）打开 PPT 演示文稿，选择一张幻灯片，再选择【插入】|【插图】组，单击 SmartArt 按钮，打开【选择 SmartArt 图形】对话框，选择"基本列表"SmartArt 图形，单击确定按钮将其插入幻灯片中，如图 5-7 所示。

添加 SmartArt 图形

（2）选择 SmartArt 图形的第一个形状，再单击 添加形状 按钮，在弹出的下拉列表中选择"在后面添加形状"选项添加形状，如图 5-8 所示，使用相同方法再添加一个形状并输入文本。

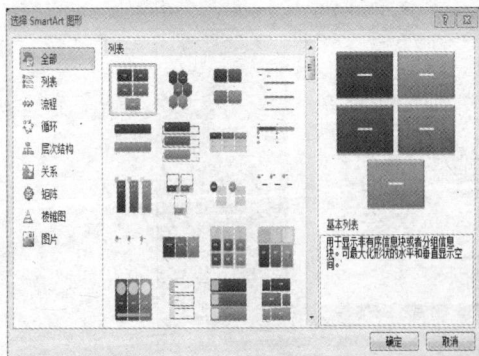

图 5-7　选择 SmartArt 图形

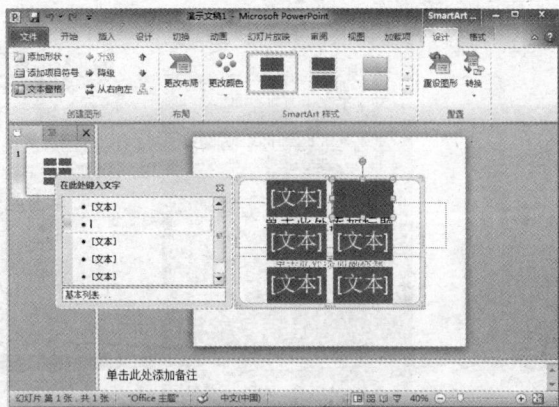

图 5-8　添加形状

（3）单击【更改颜色】按钮，在弹出的下拉列表框中选择【彩色-强调文字颜色】选项，如图 5-9 所示。

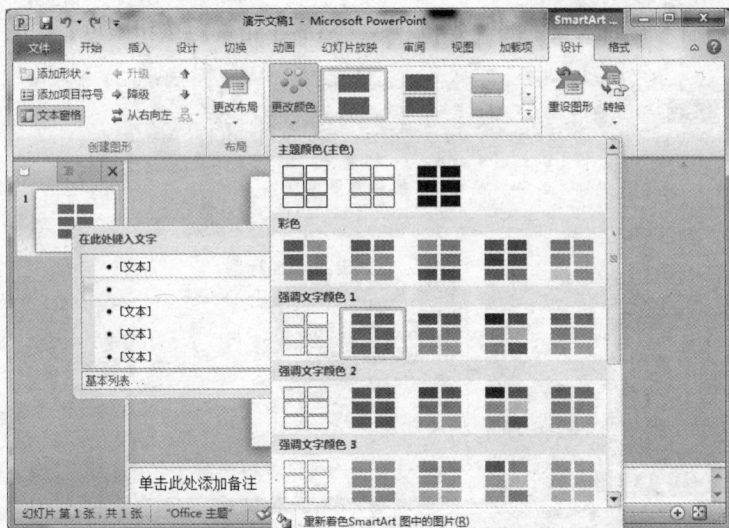

图 5-9　设置颜色

四、添加表格

在数据较多的情况下，使用表格可方便地引用、分析或辅助展示幻灯片中的其他内容，如办公中常常涉及的销售数据报告、生产报表和财务预算演示等。在幻灯片中插入表格同样有两种方法，分别介绍如下。

1. 通过菜单命令插入

选择幻灯片后，选择【插入】|【表格】组，单击【表格】按钮，在弹出的下拉列表中移动鼠标指针，选择要插入的表格行列数，如图 5-10 所示，单击后即可在幻灯片中插入对应行列数的表格。

插入表格

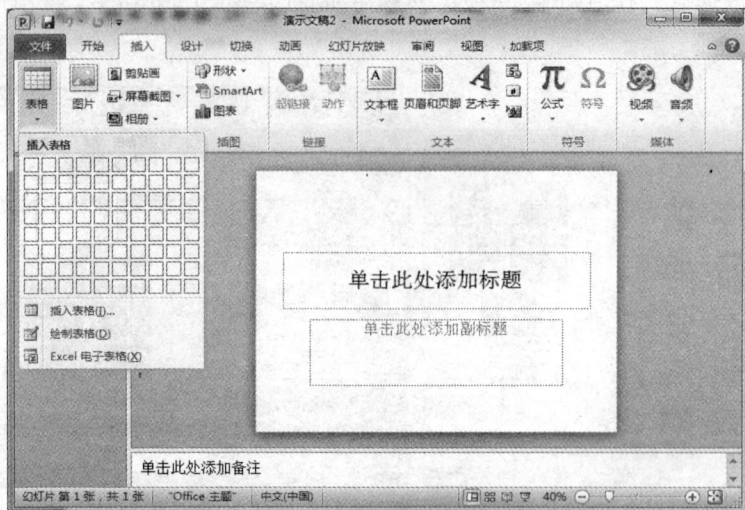

图 5-10　通过菜单命令插入表格

2. 通过占位符插入

在幻灯片的占位符中单击【插入表格】按钮，在打开的【插入表格】对话框的【列数】和【行数】数值框中分别输入要插入表格的行数和列数，然后单击确定按钮即可，如图 5-11 所示。

图 5-11　通过占位符插入表格

五、添加图表

插入图表并对图表中的数据进行修改后，图表就能直观地展示数据了。在幻灯片中插入图表的方法与插入表格、图片等对象的方法相似，具体操作方法如下。

（1）打开 PPT 演示文稿，选择一张幻灯片，单击项目栏占位符中的【插入图表】按钮▮▮。

（2）打开【插入图表】对话框，选择【柱形图】栏中的【簇状圆柱图】选项，单击确定按钮，如图 5-12 所示。

插入图表

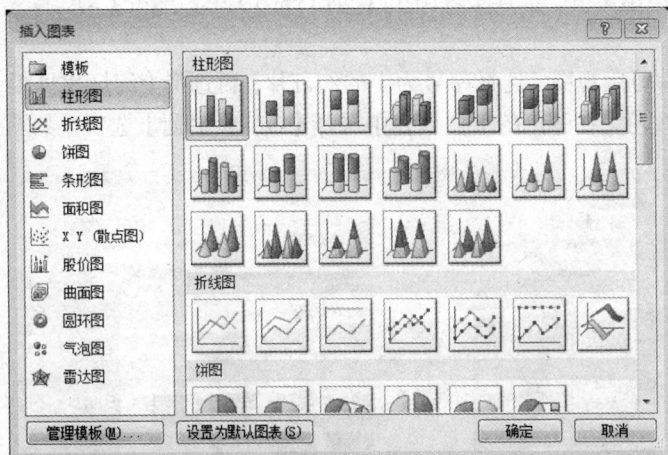

图 5-12　选择图表类型

（3）系统将自动打开 Excel 2010 应用程序，并在幻灯片中插入图表。

（4）在 Excel 2010 中修改数据内容，修改后的效果如图 5-13 所示，关闭后返回 PowerPoint 2010 程序界面即可查看插入的图表。

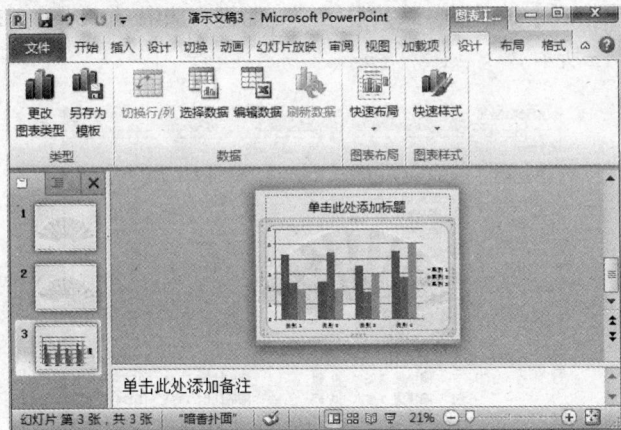

图 5-13　图表中显示的数据

第四节　演示文稿的编辑

PowerPoint 2010 有一个优点，就是可以将演示文稿中的所有幻灯片都设置为统一的版式和背景，设置幻灯片外观的方法有 3 种：母版、幻灯片主题和幻灯片背景。

一、设计幻灯片母版

通过自定义幻灯片母版，用户可以制作出符合场合要求、更具吸引力、更贴近演示文稿内容，以及更能表现制作者风格的演示文稿。设计幻灯片母版的具体操作如下。

（1）打开 PPT 演示文稿，选择【视图】|【母版视图】组，单击【幻灯片母版】按钮。

母版

（2）打开幻灯片母版视图，选择序号为 1 的幻灯片，再选择【幻灯片母版】|【编辑主题】组，单击【主题】下拉按钮，在弹出的下拉列表中选择【Office 主题】选项，如图 5-14 所示。

图 5-14　为母版选择主题样式

（3）选择标题幻灯片母版，再选择【幻片母版】|【背景】组，单击右下角的【扩展功能】按钮。打开【设置背景格式】对话框，默认显示填充面板，选中 ⊙ 图片或纹理填充(P) 单选按钮，单击 文件(F)... 按钮，如图 5-15 所示。

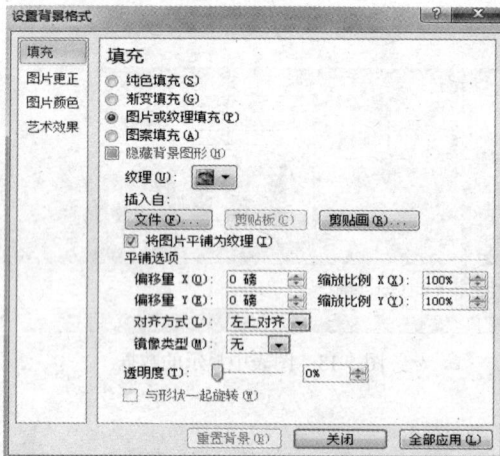

图 5-15　设置背景格式

（4）打开【插入图片】对话框，在查找范围下拉列表框中选择图片的保存路径，此处选择"图片库中的示例图片"，在中间的列表框中选择"郁金香.jpg"选项，单击插入按钮将图片设置为幻灯片背景，如图 5-16 所示。

图 5-16　选择背景图片

（5）关闭该对话框，返回幻灯片母版编辑区，选择标题占位符，再选择【开始】|【字体】组，将其字体设置为"黑体、54 号"，颜色设置为"橙色"。

（6）选择第 1 张幻灯片，将鼠标指针定位到需设置项目符号的第 1 级文本处，选择【开始】|【段落】组，单击【项目符号】按钮 ☷▾，在弹出的下拉列表中选择【项目符号和编号】选项，打开【项目符号和编号】对话框，在打开的【项目符号和编号】列表框中选择➤图标，单击【确定】按钮。将鼠标指针定位到需设置项目符号的第 2 级文本处，使用相同的方法为其设置项目符号◆。返回幻灯片母版视图状态，用户即可看到第 1 级和第 2 级文本中添加的项目符号，如图 5-17 所示。

图 5-17　设置项目符号

（7）选择【插入】|【文本】组，单击【页眉和页脚】按钮▨️，打开【页眉和页脚】对话框，选中☑️日期和时间(D)复选框，系统默认选中◉自动更新(U)单选按钮，选中☑️幻灯片编号(N)和☑️页脚(F)复选框，在下方的文本框中输入"华中师范大学武汉传媒学院"，最后选中☑️标题幻灯片中不显示(S)复选框，单击全部应用按钮，返回母版编辑状态，如图 5-18 和图 5-19 所示。

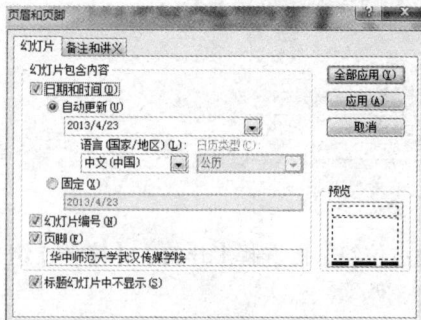

图 5-18　设置页眉页脚

图 5-19　查看母版

（8）在【关闭】组中单击【关闭母版视图】按钮即可退出幻灯片母版的编辑状态。

二、制作讲义母版

讲义母版是为方便演讲者在展示演示文稿时使用的母板形式。讲义母板中显示了每张幻灯片的大致内容、要点等，讲义母版就是设置该内容在纸稿中的显示方式。制作讲义母版主要包括设置每页纸张上显示的幻灯片数量、排列方式，以及页面和页脚的信息等。

打开演示文稿，选择【视图】|【母版视图】组，单击【讲义母版】按钮▨️，即可进入讲义母版编辑状态，如图 5-20 所示。在"页面设置"组中可设置讲义方向、幻灯片方向和每页幻灯片显示的数量，在【占位符】组中可通过选中或取消选中复选框来显示或隐藏相应内容，在讲义母版中还可移动各占位符的位置、设置占位符中的文本样式等。在【关闭】组中单击【关闭母版视图】按钮即可退出讲义母版的编辑状态。

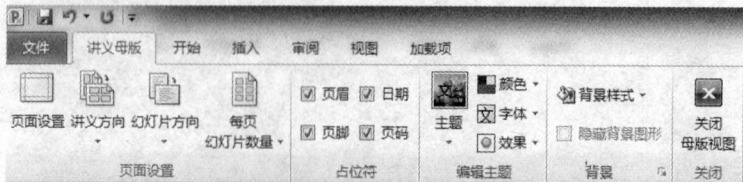

图 5-20　【讲义母版】功能区

三、制作备注母版

备注是指演讲者在幻灯片下方输入的内容，根据需要可将这些内容打印出来。要想使这些备注信息显示在打印的纸张上，就需要对备注母版进行设置。

选择【视图】|【母版视图】组，单击【备注母版】按钮 ，即可进入备注母版编辑状态，如图 5-21 所示。在【页面设置】组中可设置纸张的大小、幻灯片的排列方向；在【占位符】组中可通过选中或取选中复选框来显示或隐藏相应内容。备注母版与讲义母版一样，都可移动各占位符的位置、设置占位符中的文本样式等。设置完成后，单击【关闭备注母版】按钮即可退出备注母版视图。

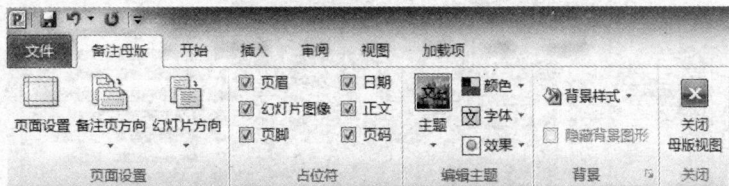

图 5-21　"备注母版"功能区

四、设置幻灯片主题

幻灯片主题和 Word 2010 软件中提供的样式类似，不仅可从外观上对幻灯片的背景进行设置，还可根据需要对主题的颜色、字体和效果进行设置，其具体操作如下。

（1）打开 PPT 演示文稿，选择【设计】|【主题】组，选择【波形】选项，演示文稿中的所有幻灯片都将应用选择的主题样式，如图 5-22 所示。

设置幻灯片主题

图 5-22　选择"波形"主题

（2）选择【设计】|【主题】组，单击 颜色 按钮，在弹出的下拉列表中选择【穿越】选项，如图 5-23 所示。

（3）在幻灯片编辑区可查看到幻灯片的颜色已更改。选择【设计】|【主题】组，单击 字体 按钮，在弹出的下拉列表中选择【暗香扑面】选项，如图 5-24 所示，返回幻灯片编辑区即可查看幻灯片设置后的效果。

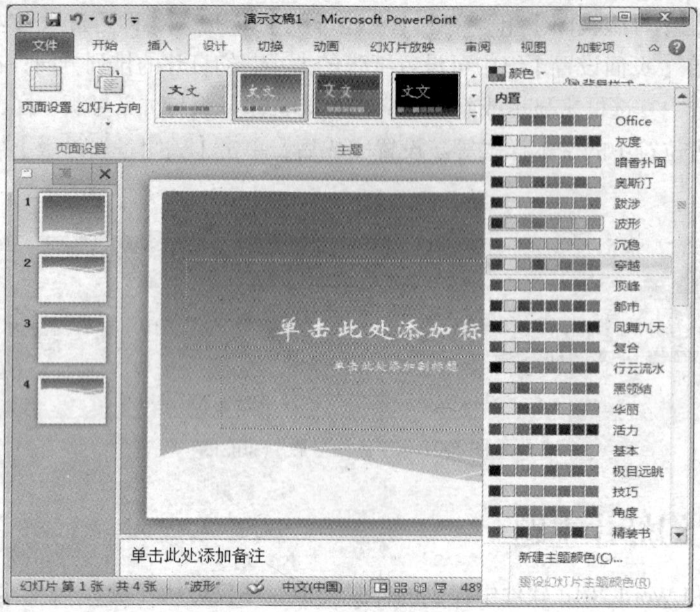

图 5-23　设置颜色

图 5-24　设置字体

五、自定义幻灯片背景

制作的幻灯片是否美观，背景的选择举足轻重。制作时可选择系统提供的背景颜色进行设置，也可根据演示文稿的具体需求进行自定义设置。

（1）打开 PPT 演示文稿，选择【设计】|【背景】组，单击 背景样式 按钮，在弹出的下拉列表中选择【设置背景格式】选项，如图 5-25 所示。

（2）在打开的【设置背景格式】对话框中，选择左侧的【填充】选项卡，在打开的界面中选中 渐变填充(G) 单选按钮，单击【预设颜色】按钮，在弹出的下拉列表中选择【茵茵绿原】选项，如图 5-26 所示。

背景

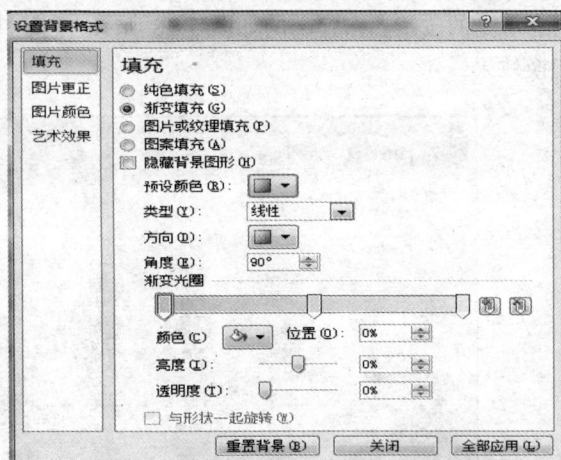

图 5-25　背景样式　　　　　　　　　　　　图 5-26　"设置背景格式"对话框

（3）在【类型】下拉列表框中选择【射线】选项；单击【方向】按钮，在弹出的下拉列表中选择【中心辐射】选项；在【亮度】数值框中输入"100%"；在【透明度】数值框中输入"12%"；单击【全部应用】按钮应用背景格式设置，并关闭该对话框，如图 5-27 所示。返回幻灯片编辑区，即可看到当前幻灯片的背景已经更改。

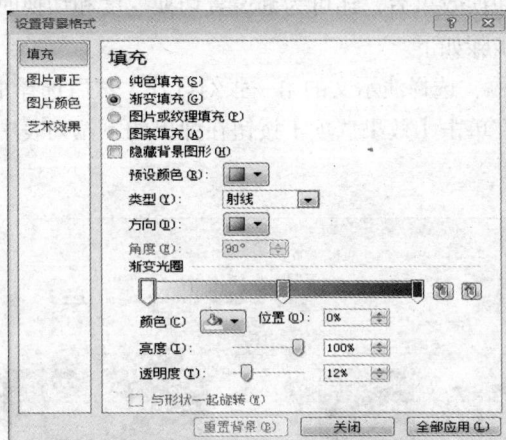

图 5-27　设置填充类型和方向

第五节　演示文稿的动画设置

在完成演示文稿的制作和设计后，可以为幻灯片设置切换效果，并对幻灯片中的各个对象依次设置动画，使幻灯片在放映的过程中具有动态效果。

一、添加幻灯片切换效果

幻灯片切换动画是指在放映幻灯片时，各幻灯片进入屏幕或离开屏幕时显示的一种动画效果。设置幻灯片切换动画，使演示文稿在放映时幻灯片之间能够动态过渡。在打开的演示文稿中选择演示文的第一张幻灯片，然后选择【切换】|【切换至幻灯片】组，单击【切换方案】按

钮右下角的按钮，在弹出的如图 5-28 所示的列表中选择需要的选项，即可为幻灯片设置相应的切换效果。

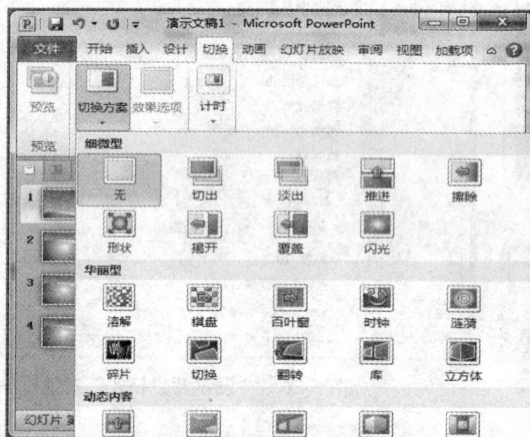

图 5-28　幻灯片切换方案

二、设置幻灯片切换效果

用户在为幻灯片添加切换效果后，还可为其设置切换速度和切换时的声音，以增加演示文稿听觉上的效果。具体操作步骤如下。

（1）打开 PPT 演示文稿，选择演示文的第一张幻灯片，然后选择【切换】|【切换至幻灯片】组，选择轨道切换方案，在单击【效果选项】按钮在弹出的下拉列表中选择【自右侧】选项，如图 5-29 所示。

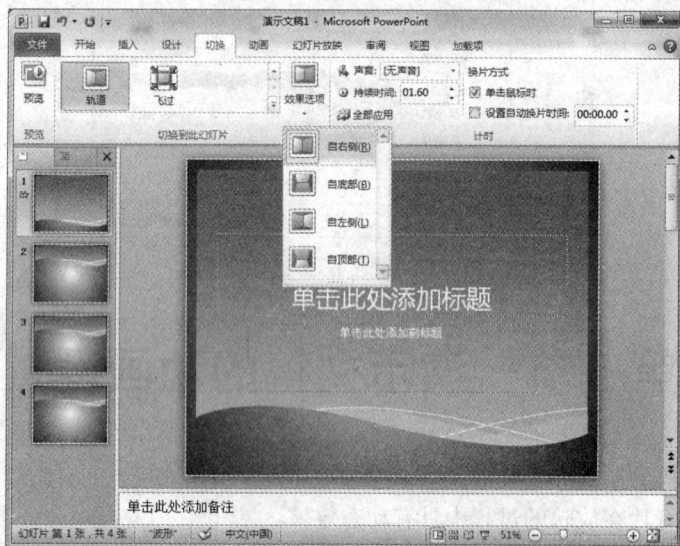

图 5-29　设置切换方向

（2）保持当前幻灯片的选择状态不变，再选择【切换】|【切换此幻灯片】组，在【声音】下拉列表框中选择【激光】选项，为幻灯片的切换动画配置声音，如图 5-30 所示。

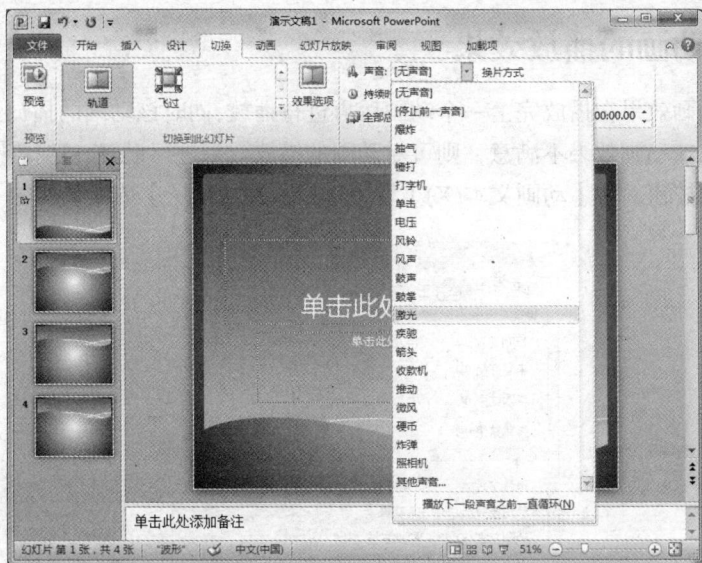

图 5-30 设置幻灯片切换声音

三、添加对象的动画效果

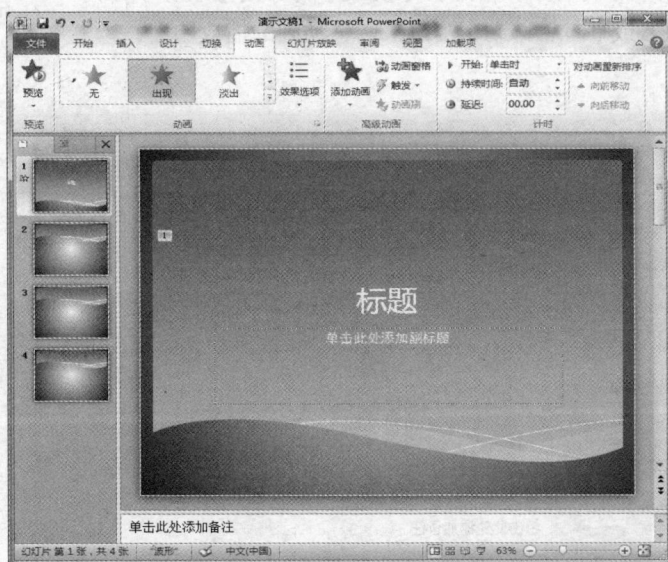

为了使制作出来的演示文稿更加生动，用户可为幻灯片中不同的对象设置不同的动画效果，使幻灯片中的对象以不同方式出现在幻灯片中。选择要设置动画的对象，再选择【动画】|【动画】组，在【动画】下拉列表中选择需要的动画选项，或者选择【动画】|【高级动画】组，单击【添加动画】按钮，在弹出的下拉列表中选择需要的动画效果，即可为对象快速设置动画效果，包括进入、强调、退出和动作路径 4 种动画，如图 5-31 所示。

添加对象的动画效果

图 5-31 动画样式

四、设置动画的播放效果

默认添加的动画效果在播放完上一个动画后再进行播放，同时该动画的播放速度也是固定的。若用户对这些默认的动画效果不满意，则可对动画的播放效果进行设置。选择【动画】|【动画】组，单击【效果】按钮，在【动画文本(X)】栏中选择【整批发送】选项，如图 5-32 所示。

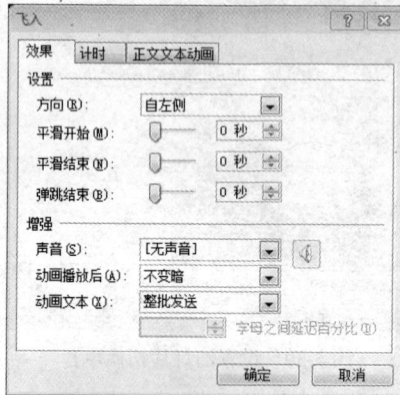

图 5-32　设置动画播放效果

五、更改动画播放顺序

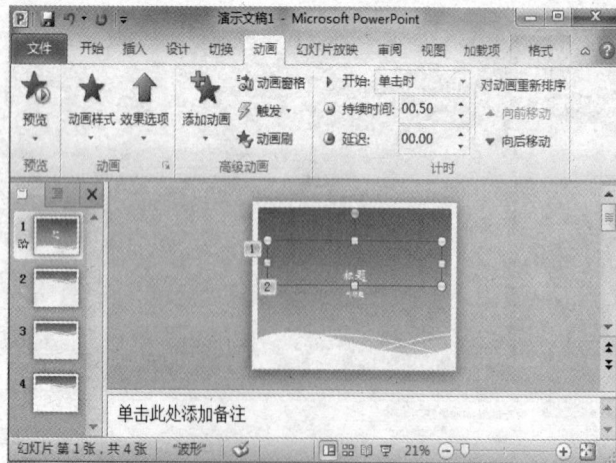

为对象设置动画方案后，对象的左边会出现数字 1、2、3、…这些数字按照设置动画的先后顺序依次出现，如设置的播放顺序效果不理想，可在查看动画的播放效果后进行调整。其方法分别介绍如下。

1. 通过功能组调整

选择需调整播放顺序的对象，再选择【动画】|【计时】组，单击【向前移动】按钮▲或【向后移动】按钮▼调整动画的播放顺序，如图 5-33 所示。

更改动画播放顺序

图 5-33　通过功能组调整动画播放顺序

2. 通过拖动鼠标调整

在【动画窗格】任务窗格中选择要调整的动画选项，按住鼠标左键不放进行拖动，此时有一条黑色的横线随之移动，当横线移动到需要的目标位置时释放鼠标即可，如图 5-34 所示。

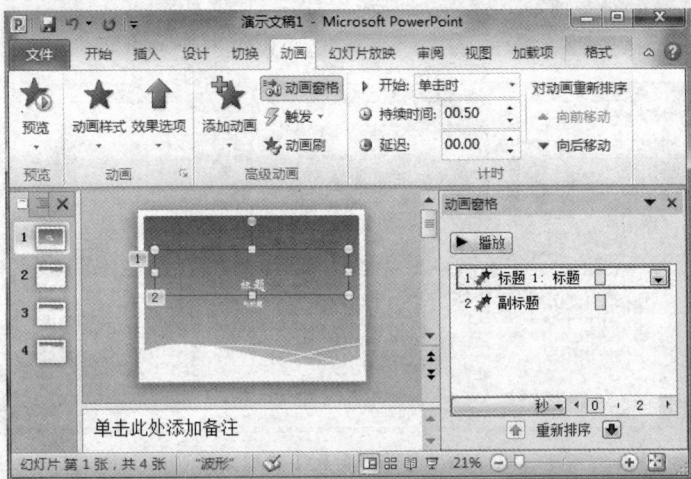

图 5-34 拖动鼠标调整动画播放顺序

3. 通过单击按钮调整

在【动画窗格】任务窗格中选择要调整的动画选项，单击列表下方的 ⬆ 按钮，该动画效果选项会向上移动一个位置；单击 ⬇ 按钮，该动画效果选项会向下移动一个位置，如图 5-35 所示。

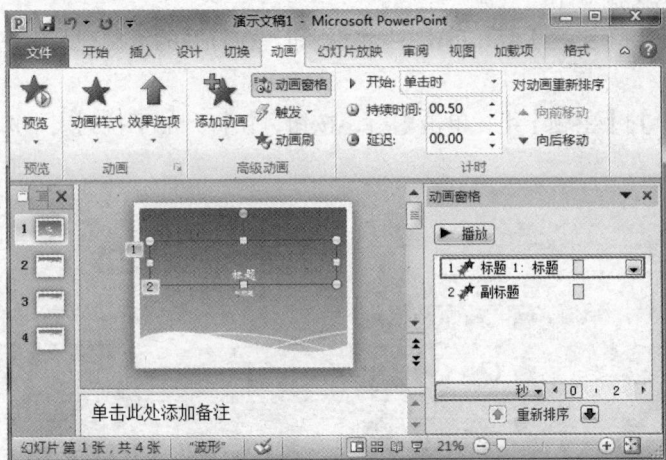

图 5-35 单击按钮调整动画播放顺序

六、任务：为某商贸公司制作一个演示文稿

【任务要求】

1. 打开演示文稿，应用"气流"主题，设置"效果"为"主管人员"，"颜色"为"凤舞九天"。

2. 为演示文稿的标题页设置背景图片"首页背景.jpg"。

3. 为所有幻灯片设置"旋转"切换效果，设置切换声音为"照相机"。

4. 为第 1 张幻灯片中的标题设置"浮入"动画，为副标题设置"基本缩放"动画，并设置效果为"从屏幕底部缩小"。调整完成后的演示文稿效果如图 5-36 所示。

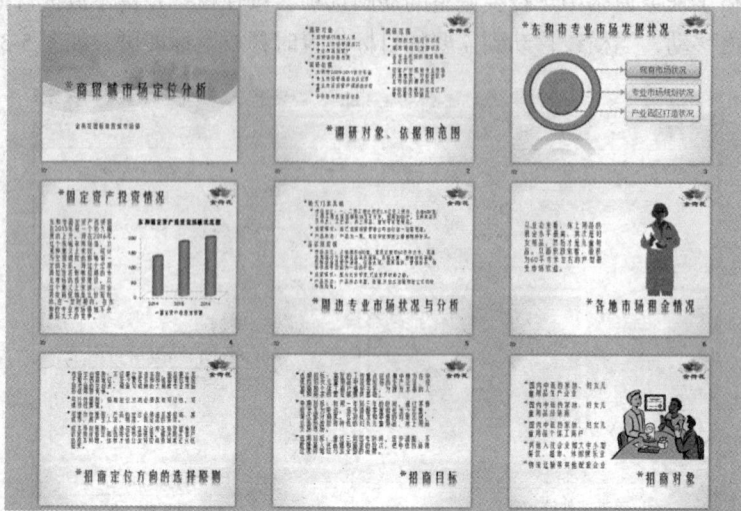

图 5-36　【市场分析】演示文稿

【操作步骤】

1. 下面将打开"市场分析.pptx"演示文稿，应用"气流"主题，设置效果为"主管人员"，颜色为"凤舞九天"，其具体操作如下。

（1）打开"市场分析.pptx"演示文稿，选择【设计】|【主题】组，在中间的列表框中选择【气流】选项，为该演示文稿应用"气流"主题。

（2）选择【设计】|【主题】组，单击 效果 按钮，在打开的下拉列表中选择【主管人员】选项，如图 5-37 所示。

（3）选择【设计】|【主题】组，单击 颜色 按钮，在打开的下拉列表中选择【凤舞九天】选项，如图 5-38 所示。

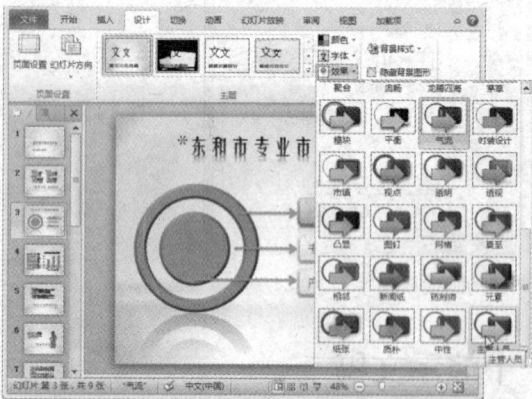

图 5-37　选择主题效果

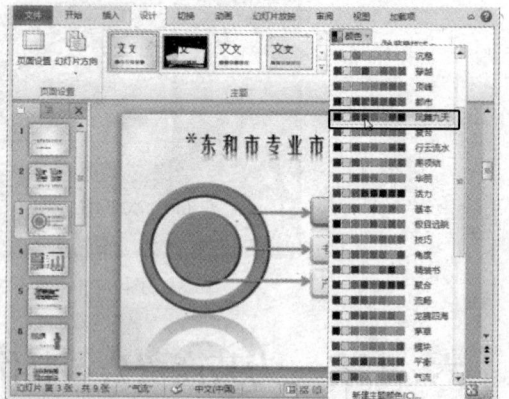

图 5-38　选择主题颜色

2. 将"首页背景"图片设置成标题页幻灯片的背景，其具体操作如下。

（1）选择标题幻灯片，在幻灯片的空白处单击鼠标右键，在弹出的快捷菜单中选择【设置背景格式】命令。

（2）打开【设置背景格式】对话框，单击【填充】选项卡，单击选中【图片或纹理填充】单选项，在【插入自】栏中单击 文件(F)... 按钮，如图 5-39 所示。

（3）打开【插入图片】对话框，选择图片的保存位置后，选择【首页背景】选项，单击 插入(S) 按钮，如图 5-40 所示。

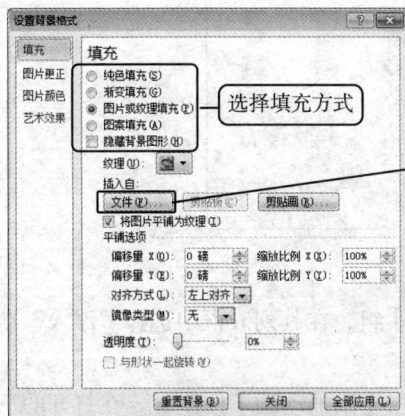

图 5-39　选择填充方式　　　　　　　　图 5-40　选择背景图片

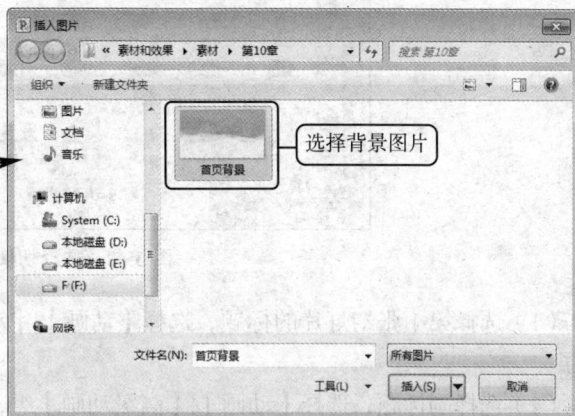

（4）返回【设置背景格式】对话框，单击选中【隐藏背景图形】复选框，单击 关闭 按钮，即可看到标题幻灯片已应用图片背景，如图 5-41 所示。

图 5-41　设置标题幻灯片背景

3．下面将为所有幻灯片设置【旋转】切换效果，然后设置其切换声音为"照相机"，其具体操作如下。

（1）在【幻灯片】浏览窗格中按【Ctrl+A】组合键，选择演示文稿中的所有幻灯片，选择【切换】|【切换到此张幻灯片】组，在中间的列表框中选择"旋转"选项，如图 5-42 所示。

（2）选择【切换】|【计时】组，在【声音】下拉列表框中选择【照相机】选项，将设置应用到所有幻灯片中。

4．下面将为第 1 张幻灯片中的各对象设置动画，首先为标题设置"浮入"动画，为副标题设置"基本缩放"动画，并设置效果为"从屏幕底部缩小"。

图 5-42　选择切换动画

（1）选择第 1 张幻灯片的标题，选择【动画】|【动画】组，在其列表框中选择"浮入"动画效果。

（2）选择副标题，选择【动画】|【高级动画】组，单击【添加动画】按钮★，在打开的下拉列表中选择"更多进入效果"选项。

（3）打开"添加进入效果"对话框，选择【温和型】栏的【基本缩放】选项，单击 确定 按钮，如图 5-43 所示。

（4）选择【动画】|【动画】组，单击【效果选项】按钮 ，在打开的下拉列表中选择【从屏幕底部缩小】选项，修改动画效果，如图 5-44 所示。

图 5-43　选择进入效果

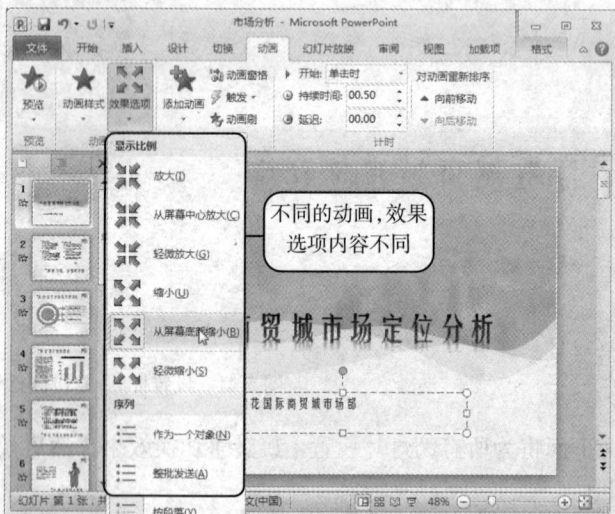

图 5-44　修改动画的效果选项

第六节　载入声音和视频

在制作演示文稿的过程中，通过插入影片、声音等多媒体的功能，可使演示文稿变得生动而又形象，帮助观众从画面、声音等多方面理解制作者想要表达的思想和观点。

一、插入声音

插入声音，可以增强演示文稿的感染力。在 PowerPoint 2010 中不仅可以插入多种扩展名的声音文件，还可以插入来自不同途径的声音文件，如剪辑管理器中自带的声音、计算机中保存的声音文件以及 CD 中的声音和录制的声音等，插入声音的方法有 3 种，分别介绍如下。

1. 插入剪辑管理器中的声音

在演示文稿中插入剪辑管理器中的声音和插入剪贴画的方法类似，选择【插入】|【媒体】组，单击【音频】按钮，在弹出的下拉列表中选择【剪贴画音频】选项，打开【剪贴画】窗格，单击其中的音频图标，或在其上单击鼠标右键，在弹出的快捷菜单中选择【插入】命令，即可将音频插入当前幻灯片中，如图 5-45 所示。

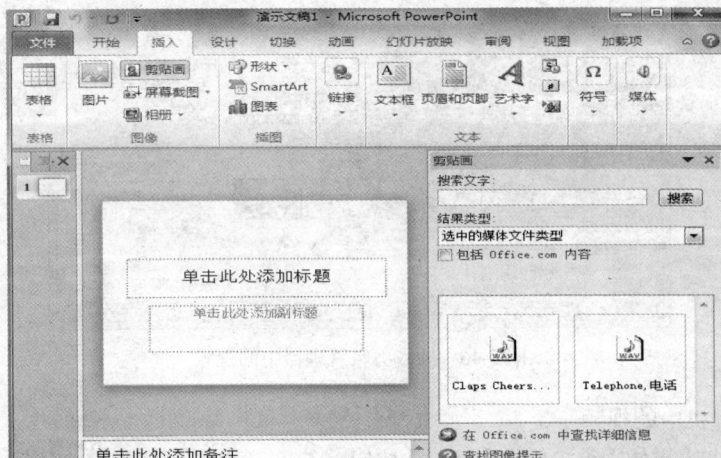

图 5-45　插入剪辑管理器中的声音

2. 插入文件中的声音

在演示文稿中插入文件中的声音和插入图片的方法类似，选择需插入声音的幻灯片，再选择【插入】|【媒体】组，单击【音频】按钮，在弹出的下拉列表中选择【文件中的音频】选项，打开【插入音频】对话框，在【保存范围】下拉列表中选择声音的位置。在中间列表框中选择需插入的声音文件，单击【插入】按钮即可。

插入声音

3. 插入录制的音频

选择需插入声音的幻灯片，再选择【插入】|【媒体】组，单击【音频】按钮，在弹出的下拉列表中选择【录制音频】选项，打开【录音】对话框，在【名称】文本框中输入录制的声音名称，单击●按钮开始录音。录制完成后单击■按钮，单击【确定】按钮完成录制，返回幻灯片编辑窗口，即可发现录音图标已添加到幻灯片中，表示声音已添加成功。

二、插入影片

虽然视频和声音都同属于多媒体文件，但视频的加入使演示文稿的内容更加丰富多彩，也更能增强演示文稿的生动性和感染力。在幻灯片中插入的视频可包括 PowerPoint 2010 自带的视频和计算机中保存的视频以及网站中的视频，插入方法分别如下。

1. 插入剪辑管理器中的视频

选择需插入视频的幻灯片，选择【插入】|【媒体】组，单击【视频】按钮，在弹出的下拉列表选择【剪贴画视频】选项，打开【剪贴画】窗格，单击其中的视频图标或在其上单击鼠标右键，在弹出的快捷菜单中选择【插入】命令，即可将其插入当前幻灯片中，如图 5-46 所示。

插入视频

图 5-46　插入剪辑管理器中的视频

2. 插入计算机中的视频

选择【插入】|【媒体】组，单击【视频】按钮，在弹出的下拉列表中选择【文件中的视频】选项或直接单击占位符中的【插入媒体剪辑】图标打开【插入视频文件】对话框，在该对话框中选择需插入的视频即可。

3. 插入网站中的视频

若剪辑管理器和文件中都没有需要的视频，此时可插入网站中的视频。其方法是：选择【插入】|【媒体】组，单击【视频】按钮，在弹出的下拉列表中选择【来自网站的视频】选项。在打开的【从网站插入视频】对话框的文本框中输入需插入的视频地址，单击【插入】按钮即可。

第七节　设置超链接

超链接是控制演示文稿播放的一种重要手段，可以在播放时实时地以顺序或定位方式【自由跳转】。用户在制作演示文稿时预先为幻灯片对象创建超级链接，并将链接指向其他地址，例如，演示文稿内指定的幻灯片、另一个演示文稿、某个应用程序，甚至是某个网络资源地址。

超链接本身可能是文本和其他对象，例如，图片、图形、结构图和艺术字等。使用超链接可以制作出具有交互功能的演示文稿，在播放演示文稿时，讲解者可以根据自己的需要单击某个超链接，进行相应内容的跳转。

PowerPoint 2010 提供了两种方式的超链接：以下画线表示的超链接和以动作按钮表示的超链接。

一、以下划线表示的超链接

单击【插入】|【超链接】命令，或单击鼠标右键，在弹出的快捷菜单中选择【超链接】命令，打开【插入超链接】对话框，在对话框的左侧有 4 个按钮可供选择，分别介绍如下。

（1）原有文本或网页：可在【地址】文本框中输入要链接的文件名或者 Web 页名称。

（2）本文档中的位置：在右边的列表框中选择要链接的当前演示文稿中的幻灯片。

（3）新建文档：可在右边【新建文档名称】文本框中输入要链接的新文档的名称。

（4）电子邮件地址：可在右边【电子邮件地址】中输入邮件的地址和主题。

其中【选择本文档中的位置】按钮，然后在【请选择文档中的位置】列表中选择要链接的幻灯片，在【幻灯片预览】框中会显示该幻灯片的缩略图，如图 5-47 所示。

插入超链接

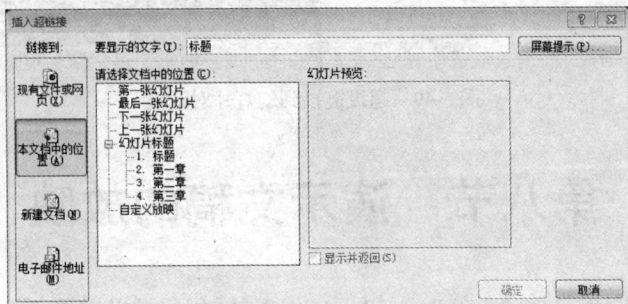

图 5-47　设置超链接目标

二、以动作按钮表示的超链接

动作按钮是 PowerPoint 2010 提供的一种特定形式的图形对象，可以插入演示文稿并为其定义超链接。动作按钮是超链接的一种应用形式。我们可以插入 PowerPoint 2010 自带的动作按钮，也可插入外部图片，具体操作步骤如下。

（1）单击【插入】|【形状】命令，选择动作按钮，然后在幻灯片中单击鼠标，将动作按钮添加到幻灯片中，并自动打开【动作设置】对话框，如图 5-48 所示。

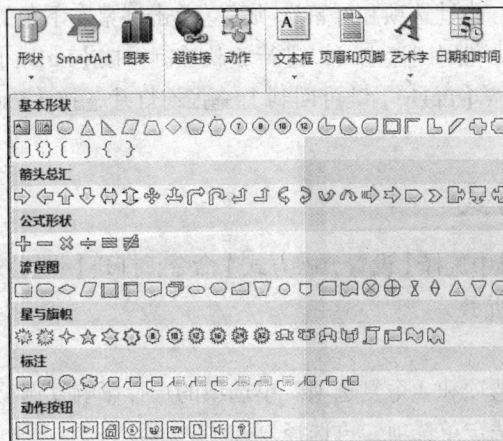

图 5-48　选择动作按钮

（2）PowerPoint 2010 提供了两种激活交互动作的选项，分别是单击鼠标和鼠标移过。前者适用于超链接方式，后者适用于提示、播放声音。在【单击鼠标】标签内选择【超链接到】单选框，在下拉列表中选择"幻灯片"，打开【超链接到幻灯片】对话框，在【幻灯片标题】列表框中选择"幻灯片 2"。设置完毕后，依次单击【确定】按钮即可，如图 5-49 所示。

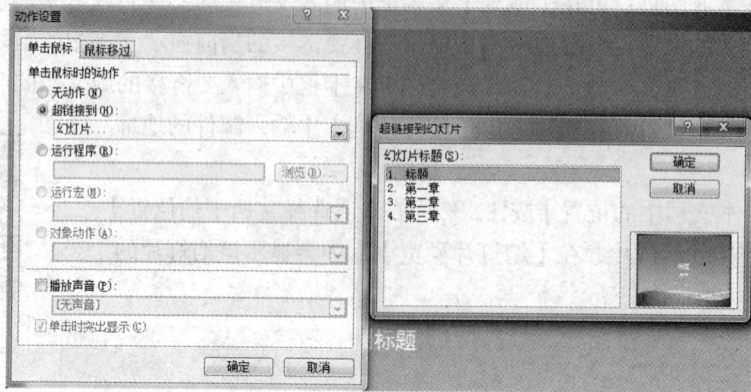

图 5-49　超级链接到幻灯片对话框

第八节　演示文稿的放映

演示文稿的最终目的是放映，在 PowerPoint 2010 中，用户可以根据实际的演示场合选择不同的幻灯片放映方式。

一、幻灯片的放映

进入幻灯片演示的方法有如下两种。

（1）在【幻灯片放映】菜单中选择【从头开始】命令。

（2）单击窗口水平滚动条上的【幻灯片放映】按钮 🗔 。

在放映过程中，单击鼠标左键，展示幻灯片的下一个画面；单击鼠标右键，打开放映过程中的控制菜单。其中包括继续下一张、回到上一张、定位选项，还提供了会议记录、演讲者备注选项、指针选项和屏幕选项等。单击屏幕左下角的按钮也可弹出此菜单。另外，利用键盘也可以进行放映控制。按【PgDn】键可向下一张幻灯片切换，按【PgUp】键可回到上一张幻灯片，按【Esc】键可结束放映。

幻灯片放映

二、设置放映方式

在【幻灯片放映】菜单中选择【设置放映方式】命令，打开【设置放映方式】对话框，如图 5-50 所示。

1．放映类型

放映类型分为 3 个单选项和 4 个复选项。单选项的选择影响复选项的有效情况，因此，一般先选定单选项，再选择复选项。

设置放映方式

（1）观众自行浏览：该方式是为观众提供使用窗口自行观看幻灯片来进行放映的。利用此方

式提供的菜单可以进行翻页、打印，甚至是 Web 浏览。在此方式下不能单击鼠标按键进行放映，但复选项的所有选项均有效。

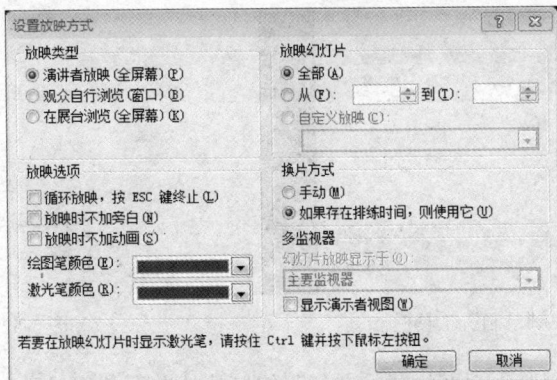

图 5-50　设置放映方式

（2）在展台浏览：在 3 种放映方式中此方式最为简单。在放映过程中，除了保留鼠标指针用于选择屏幕对象进行放映外，其他的功能将全部失效。只能按【Esc】键终止放映，在此方式下复选项中的"放映时不加旁白""放映时不加动画"有效。

（3）演讲者放映：该方式为系统默认选择项。它是一种功能介于【观众自行浏览】和【在展台浏览】选项之间的放映方式，向用户提供既正式又灵活的放映。放映是在全屏幕上实现的，鼠标指针在屏幕上出现，放映过程允许激活控制菜单，还允许用户进行勾画、漫游等操作。在此方式下复选项中的前 3 项有效。

2．放映幻灯片

该选项用于选定哪些幻灯片用于放映。选择方法有 3 种：

（1）全部：所有幻灯片都参与放映。

（2）从…到…：在中间的数字框内填入起始和结束幻灯片的编号，在此期间的所有幻灯片包括起始和结束幻灯片将参加放映。

（3）自定义放映：允许用户从所有幻灯片中自行选择需要参与放映的内容。当然此选项必须在自定义放映方式下才有效。

3．换片方式

换片方式是指在幻灯片的放映过程中，幻灯片与幻灯片之间的切换方式。换片方式有两种：

人工方式，即在放映时需要使用鼠标按键或键盘；自定义的排练时间控制方式，即对于某些需要自动放映的演示文稿，设置动画效果后，可以设置排练计时，从而在放映时可根据排练的时间和顺序进行放映。

下面将在演示文稿中对各动画进行排练计时，其具体操作如下。

（1）选择【幻灯片放映】/【设置】组，单击"排练计时"按钮 ，进入放映排练状态，同时打开【录制】工具栏自动为该幻灯片计时，如图 5-51 所示。

（2）通过单击鼠标或按【Enter】键控制幻灯片中下一个动画出现的时间，如果用户确认该幻灯片的播放时间，可直接在【录制】工具栏的时间框中输入时间值。

（3）一张幻灯片播放完成后，单击鼠标切换到下一张幻灯片，【录制】工具栏中的时间将从头开始为该张幻灯片的放映进行计时。

（4）放映结束后，打开提示对话框，提示排练计时时间，并询问是否保留幻灯片的排练时间，单击 是(I) 按钮进行保存，如图 5-52 所示。

图 5-51　"录制"工具栏

图 5-52　是否保留排练时间

（5）打开【幻灯片浏览】视图样式，在每张幻灯片的左下角将显示幻灯片的播放时间。

本 章 小 结

PowerPoint 2010 作为主流的多媒体演示软件，因其易学、易用得到广大用户的青睐。其中，母版、主题和背景都是用户常用的功能，它可以快速美化演示文稿，简化操作。演示文稿的最终目的是放映，PowerPoint 2010 的动画与放映是其有别于其他办公软件的重要功能，它可以让呆板的对象变得生动，本章主要介绍了以下内容。

（1）PowerPoint 2010 的基本操作：包括 PowerPoint 2010 的启动和退出、窗口的组成、视图方式以及演示文稿的概念。

（2）PowerPoint 2010 的编辑和外观设置：包括选择幻灯片版式、编辑文本、插入多媒体对象、更换版式、更换设计模板、更换配色方案和母版。

（3）PowerPoint 2010 的幻灯片的放映设置：包括设置动画效果、切换效果、超链接等操作。

习 题 五

一、单选题

1. 在 PowerPoint 2010 中保存演示文稿时，默认的扩展名是_____。

    A．.ptt　　　　　　B．.ppt　　　　　　C．.pot　　　　　　D．.pptx

2. PowerPoint 2010 中，_____视图模式主要显示的文本信息。

    A．普通视图　　　B．大纲视图　　　C．幻灯片视图　　　D．幻灯片浏览视图

3. 幻灯片中占位符的作用是_____。

    A．表示文本长度　　　　　　　　　　B．限制插入对象的数量

    C．表示图形大小　　　　　　　　　　D．对文本、图形预留位置

4. 在 PowerPoint 2010 中，下列各项中的_____是不能控制幻灯片外观的。

    A．母版　　　　　　B．模板　　　　　　C．背景　　　　　　D．幻灯片视图

5. 在演示文稿中，插入超级链接中所链接的目标，不能是_____。

　　A．另一个演示文稿　　　　　　　　B．同一个演示文稿中的某张幻灯片

　　C．其他应用程序的文档　　　　　　D．幻灯片中的某个对象

6. 下列方式中不能用于放映幻灯片是_____。

　　A．按下【F6】键　　　　　　　　　B．按下【F5】键

　　C．单击【视图】|【幻灯片放映】命令　D．单击【幻灯片放映】|【观看放映】命令

7. 结束幻灯片放映，不可以使用_____操作。

　　A．按【Esc】键　　　　　　　　　　B．按【End】键

　　C．按【Alt＋F4】组合键　　　　　　D．鼠标右键单击【结束放映】命令

8. 下列关于 PowerPoint 2010 的叙述中，错误的是_____。

　　A．备注页的内容与幻灯片的内容分别存储在不同的文件中

　　B．一个演示文稿中只能有一张【标题幻灯片】母版的幻灯片

　　C．任何时候幻灯片视图中只能查看或编辑一张幻灯片

　　D．在幻灯片上可以插入多种对象，除了可以插入图形、图表外，还可以插入公式、声音和视频等对象

9. 在 PowerPoint 2010 中，不能对幻灯片内容进行编辑修改的视图方式是_____。

　　A．大纲视图　　　B．普通视图　　　C．幻灯片浏览视图　　　D．幻灯片视图

二、填空题

1. PowerPoint 2010 的一大特色就是可以使演示文稿的所有幻灯片具有一致的外观，控制幻灯片外观的方法主要是使用_____。

2. 幻灯片的放映类型分为_____、_____和"在展台浏览"3 种。

3. 在一个演示文稿中，_____（能、不能）同时使用不同的模板。

4. 当一个演示文稿由多张幻灯片组成时，为了便于用户操作，针对演示文稿的不同设计阶段，提供了不同的工作环境，这种工作环境称为_____。

三、判断题

1. 新建的空演示文稿中没有幻灯片。　　　　　　　　　　　　　　（　　）

2. 幻灯片中的占位符不能改变位置，也不能改变大小。　　　　　　（　　）

3. 幻灯片的版式一旦选择后，不能在对其进行修改。　　　　　　　（　　）

4. 在大纲窗格中不能删除幻灯片。　　　　　　　　　　　　　　　（　　）

5. 幻灯片最多有 5 个小标题。　　　　　　　　　　　　　　　　　（　　）

四、操作题

1. 使用"诗情画意"设计模板创建演示文稿。要求如下。

（1）第 1 张幻灯片应用"标题幻灯片"版式。

（2）设置标题为"送您一枝玫瑰花"，字体为"楷体""加粗""倾斜""阴影"，字号为 44，颜色为"红色"。

（3）在第 1 张幻灯片的右下方插入一张来自文件的图片。

（4）插入第 2 张幻灯片，应用"空白"版式。

（5）在第 2 张幻灯片中插入艺术字"母亲节快乐！"，字体为"宋体""加粗""倾斜"，字号为 80，艺术字的形状为"波形 2"，设定为"底部飞入"的动画效果。

（6）在艺术字下方插入一张剪贴画。

2. 依照要求创建主题为"保险"的幻灯片。要求如下。

（1）设置演示文稿的背景配色为黄色。第1张幻灯片应用"标题幻灯片"版式，主标题输入"平安保险简介"，字体为"华文彩云""粗体"，字号为54，颜色为"红色"。副标题输入"——儿童保险"，字体为"幼圆"，字号为44，颜色为"蓝色"，使用"依次渐变"动画方案。

（2）插入第2张幻灯片，应用"标题，文本与剪贴画"版式，输入标题"儿童保险"，字体为"宋体"，字号为44。正文输入"年龄4～15岁、每年保额300元、享受医疗统筹、享受每年全面体检"。字体为"宋体"，字号为36。插入家庭类的剪贴画，使用"向内溶解"动画方案。

（3）设置幻灯片切换方式为"向左插入"。

（4）设置放映方式为"在展台浏览（全屏幕）"。

第六章
Office 2010 办公软件的综合应用

Word 2010、Excel 2010 和 PowerPoint 2010 是办公软件 Office 2010 中使用频率很高的 3 个组件，它们各有其特点和侧重的功能。Office 2010 的各个组件，既相互独立，又可以相互调用，优势互补，协同工作。本章详细介绍 Office 2010 中的各个组件的协同使用，以提高用户的效率。

第一节　Word 2010、Excel 2010 和 PowerPoint 2010 的相互调用

在 Office 2010 中，Word 2010、Excel 2010、PowerPoint 2010 和 Access 2010 等组件之间可以协同使用及共享信息，如将 Access 表以 Excel 表的形式导出，以方便编辑和使用，也可使用复制与粘贴对象、链接与嵌入对象等方法在 Office 2010 的各个组件之间进行资源的调用。正是 Office 2010 的各个组件的协同使用，增强了 Office 2010 的办公处理能力，有效地提高了用户的办公效率。

一、在 Excel 工作表中嵌入 Word 表格

在 Word 2010 和 Excel 2010 应用软件间信息的传递和数据的共享以表格数据最为常见。可以用复制和粘贴的方法，实现它们之间的数据交换。可以直接用复制和粘贴的方法将 Word 表格以嵌入的方式导入 Excel 文件中，"嵌入"是将其他软件制作的内容（对象），直接放到当前软件工作区中，成为文档的一部分。操作步骤如下。

在 Excel 2010 中嵌入 Word 表格

（1）打开"日历效果"Word 文档，如图 6-1 所示，选中表格内容。

（2）单击【开始】|【剪贴板】面板中的【复制】选项，或者单击右键后再单击【复制】选项，将内容复制到剪贴板中。

（3）打开 Excel 工作表。

（4）在 Excel 工作表中选中需要粘贴表格的工作表区域左上角的第一个单元格。复制表格中的单元格可替换此区域中任何已有的单元格。

（5）单击【开始】|【剪贴板】面板中的【粘贴】选项，或者单击右键后再单击【粘贴】选项，即可完成嵌入操作，如图 6-2 所示。

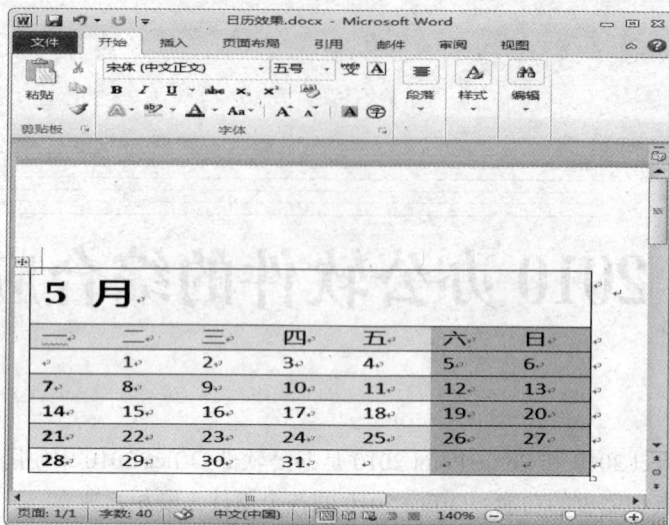

图 6-1　Word 2010 中的表格

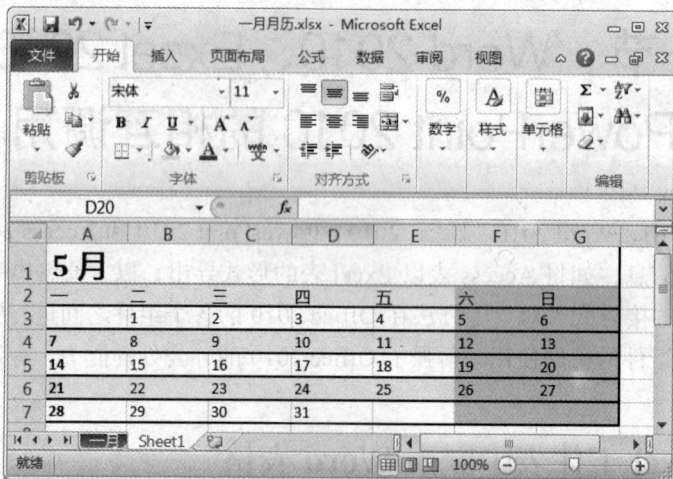

图 6-2　将 Word 表格嵌入 Excel 2010 中

如果要调整格式，则单击【粘贴】按钮，在弹出的下方选项中选择【匹配目标格式】选项，以使用 Excel 单元格原有的格式；如果要尽量匹配 Word 表格的格式，则选择【保留源格式】选项。

采用上述方法将 Word 表格中选中的每个单元格的内容粘贴到单独的 Excel 单元格中，粘贴的表格与原表无关。根据需要可以让 Excel 表格内容与 Word 表格内容相互链接，即若 Word 中表格内容有了更新变动，在 Excel 表格中也相应实时更新。操作步骤如下。

（1）在将要复制的 Word 表格内容放到剪贴板后，打开需要插入 Word 表格内容的 Excel 工作表。

（2）在 Excel 工作表中，单击【开始】|【剪贴板】面板的【粘贴】选项，打开【选择性粘贴】对话框，在【选择性粘贴】对话框中，选中【粘贴链接】选项，在【方式】列表框中选择【Microsoft Office Word 文档对象】选项，如图 6-3 所示。

（3）单击【确定】按钮，即可实现 Excel 表格内容与 Word 表格内容的链接。

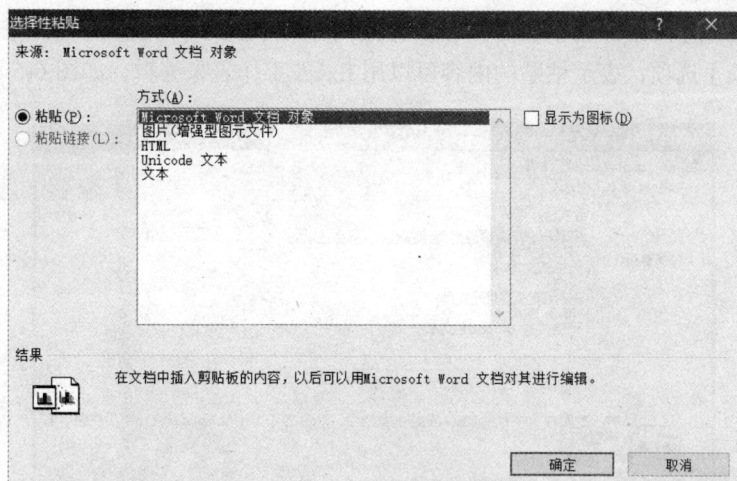

图 6-3　【选择性粘贴】对话框

二、在 Word 文档中插入 Excel 表格

在 Word 文档中插入已有的 Excel 工作表的方法不止一种，可以根据具体情况选用，具体操作方法介绍如下。

1. 利用【选择性粘贴】命令插入表格

（1）编辑"家电销售与季度关系.xlsx"工作簿，选中要插入的表格内容，如图 6-4 所示。

在 Word 文档中插入 Excel 表格

图 6-4　选中表格内容

（2）单击右键中的【复制】按钮，将选中的内容复制到剪贴板中。

（3）打开 Excel 表格要插入的 Word 文档，定位插入点，打开【粘贴】|【选择性粘贴】对话框。

（4）单击【粘贴】按钮，将对象插入 Word 文档中；在【形式】列表框中单击【Microsoft Office Excel 工作表对象】选项，表示粘贴的内容可以用 Excel 工作表来编辑，如图 6-5 所示。

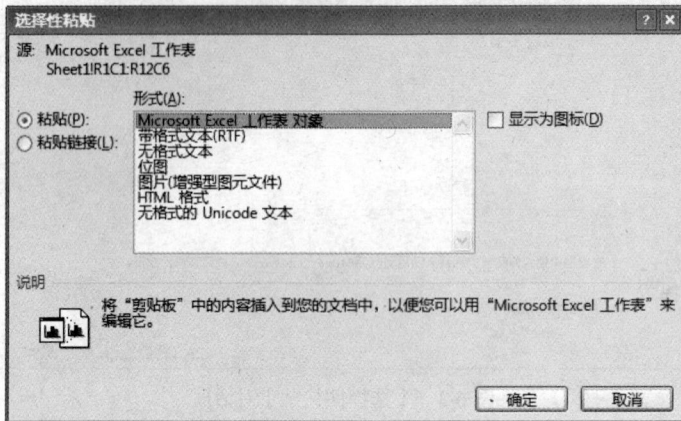

图 6-5　【选择性粘贴】对话框

（5）单击【确定】按钮，即可实现表格的插入，如图 6-6 所示。

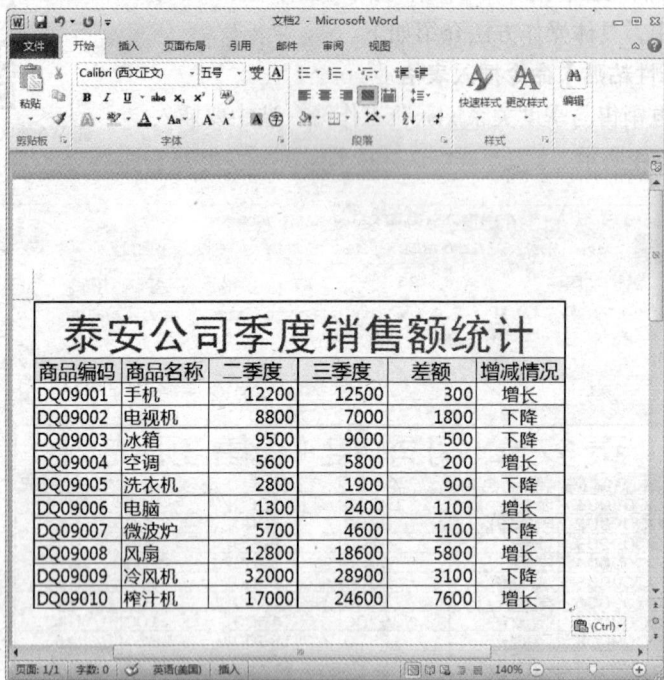

图 6-6　表格插入到 Word 文档中

（6）双击插入的表格进入 Excel 2010 的编辑状态，可以对表格内容进行修改。此处的修改不会影响原 Excel 表格中的内容。

2. 利用插入对象的方法插入表格

（1）打开 Word 文档，定位插入点，然后单击【插入】|【文本】面板中的【对象】，打开【对象】对话框。

（2）单击【由文件创建】标签，在【文件名】编辑框中输入 Excel 工作表所在的位置，或单击【浏览】按钮选择 Excel 表格；选中【链接到文件】复选框，即可使插入的内容随原 Excel 表格中数据的改变而改变，如图 6-7 所示。

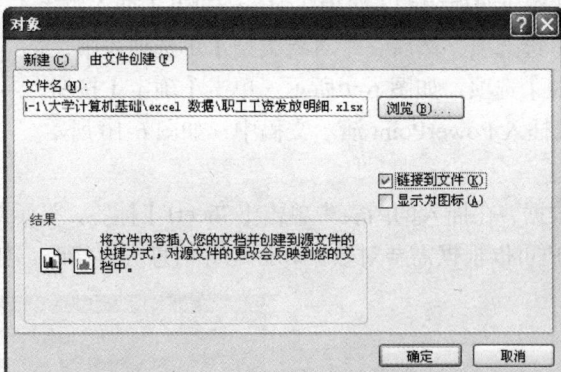

图 6-7 【由文件创建】标签

（3）单击【确定】按钮，适当调整表格显示内容的位置即可，如图 6-8 所示。

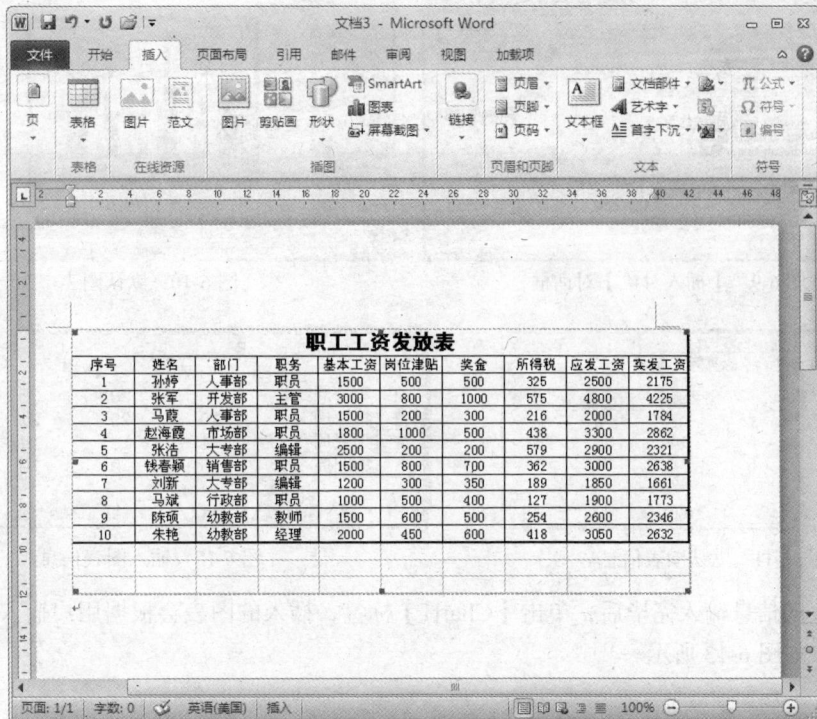

图 6-8 插入对象方法插入表格

由于在【由文件创建】标签中，选中了【链接到文件】复选框，双击表格会打开原 Excel 表格，如果对原 Excel 工作表中的数据做了修改，Word 文档中嵌入的表格内容也会随之改变。

三、在 PowerPoint 演示文稿中插入 Excel 图表

图表能够帮助用户分析表格数据，更直观地反映数据间的各种关系。在 PowerPoint 演示文稿中使用图表能使数据表现得更加直观。

将 Excel 工作表中的图表插入演示文稿中，操作步骤如下。

（1）打开要插入图表的 PowerPoint 演示文稿，选中要插入图表的幻灯片，单击【插入】|【文本】面板中的【对象】命令，打开【插入对象】对话框，选中【新建】单选选项，然后在【对象类型】单选列表中，选择【Microsoft Excel 图表】选项，如图 6-9 所示。单击【确定】按钮，把一个默认的 Excel 图表插入 PowerPoint 演示文稿中，如图 6-10 所示，此时的图表处于编辑状态。

在 PowerPoint 演示文稿中
插入 Excel 图表

（2）修改图表中的数据，在插入的图表中单击【Sheet1】标签，显示默认图表中的数据信息，如图 6-11 所示。此时用户可以根据需要对数据和标题等信息进行修改，如图 6-12 所示。

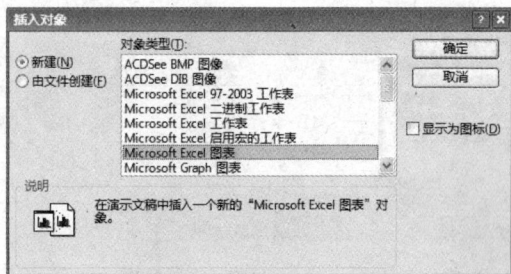

图 6-9　【插入对象】对话框

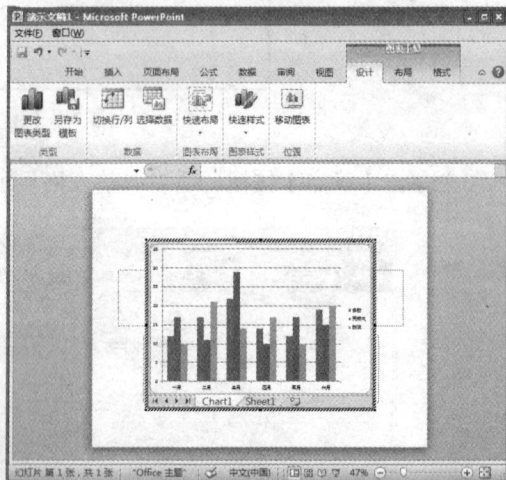

图 6-10　默认图表

图 6-11　默认图表信息

图 6-12　输入图表信息

（3）图表的信息输入完毕后，单击【Chart1】标签，插入的图表会根据用户输入的新图表信息进行更新，如图 6-13 所示。

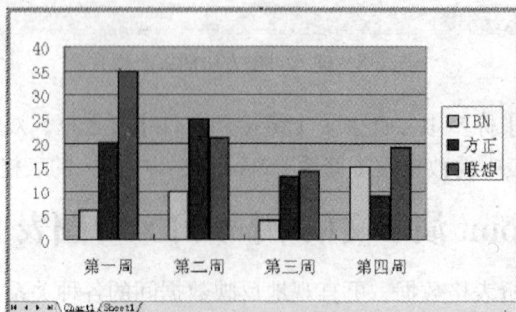

图 6-13　更新后的图表

（4）柱形图是默认的图表类型，用户可以对其进行修改。在图表区域内，单击【设计】|【类型在列表中选择【折线图】选项，如图 6-14 所示。单击【确定】按钮显示应用新类型后的图表，如图 6-15 所示。

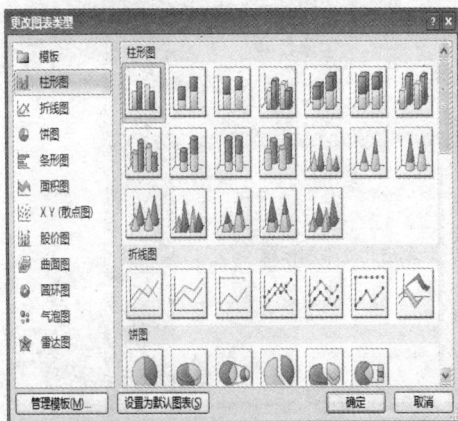

图 6-14　【图表类型】对话框

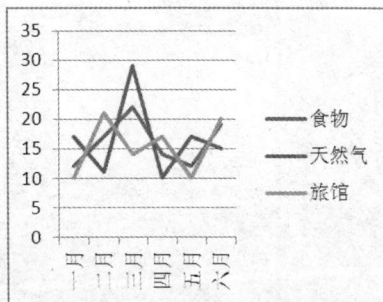

图 6-15　应用新类型的图表

（5）在 PowerPoint 2010 的界面中，单击图表区域以外的任意位置，就会退出图表的编辑状态。如果用户需要再次进入图表的编辑状态，在图表区域内双击鼠标左键即可。

四、Word 文档和 PowerPoint 演示文稿之间的转换

1. 将 Word 文档转换成 PowerPoint 文稿

我们通常用 Word 文档来录入、编辑、打印材料，而有时需要将已经编辑、打印好的材料，做成 PowerPoint 演示文稿，以供演讲时使用。此时可以利用 PowerPoint 2010 的大纲视图快速完成转换。操作步骤如下。

Word 文档和 PowerPoint 演示文稿之间的转换

（1）打开"低碳环保宣传单"Word 文档，全部选中，如图 6-16 所示。单击鼠标右键【复制】命令。

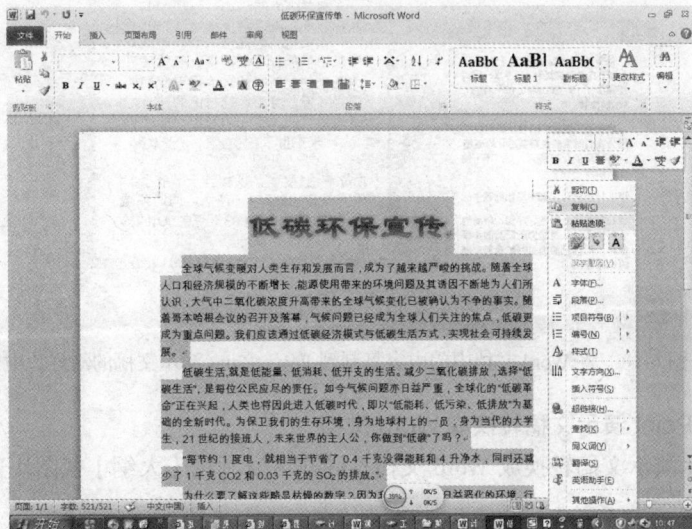

图 6-16　选中全部内容

（2）新建一个 PowerPoint 演示文稿，单击普通视图按钮 ，然后单击【大纲】标签，如图 6-17 所示。

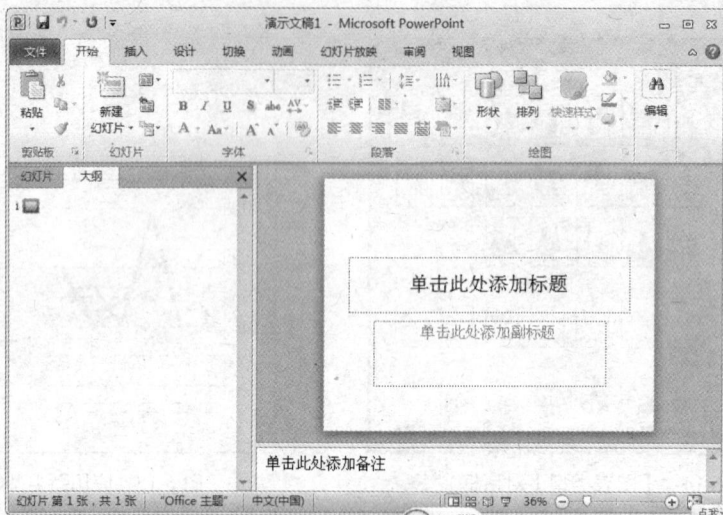

图 6-17　大纲视图页面

（3）将鼠标指针定位到第一张幻灯片处，单击鼠标右键，然后选择【粘贴】命令，即可将 Word 文档中的全部内容插入第一张幻灯片中，如图 6-18 所示。

（4）根据需要进行文本格式的设置，包括字体、字号、字型、字的颜色和对齐方式等。

（5）鼠标指针定位到需要划分为下一张幻灯片处，直接按【Enter】键，即可创建一张新的幻灯片。

如果需要插入空行，则按【Shift+Enter】组合键即可。经过调整可以快速制作多张幻灯片。

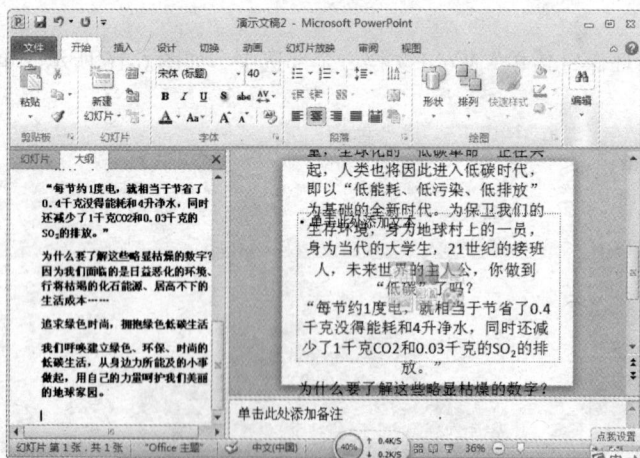

图 6-18　将 Word 文档中的内容复制到 PowerPoint 演示文稿的幻灯片中

2. 将 PowerPoint 演示文稿转换成 Word 文档

将 PowerPoint 演示文稿转换成 Word 文档，同样可以利用【大纲】视图快速完成。具体操作方法如下。

（1）首先要将所有的幻灯片与第一张幻灯片合并，操作方法是将鼠标指针定位在第二张幻灯片的开始处，按【BackSpace】键，重复上述操作，直到所有幻灯片合并为一张幻灯片为止。

（2）然后选中合并成的幻灯片，通过复制和粘贴操作转换到 Word 文档中即可。

第二节　Office 2010 的新功能

一、Word 2010 的新功能

1. 屏幕截取

如果想截取屏幕上的窗口内容，可以通过专业的截图软件或使用键盘上的【PrintScreen】键来完成。但在使用 Word 2010 时，无须借助其他工具就可以直接截图。其方法是：单击【插入】|【插图】面板中的【屏幕截图】按钮，在弹出的下拉列表中选择【屏幕剪辑】选项，如图 6-19 所示。在屏幕变得半透明后，按住鼠标左键拖动鼠标选择需要截取的区域即可。

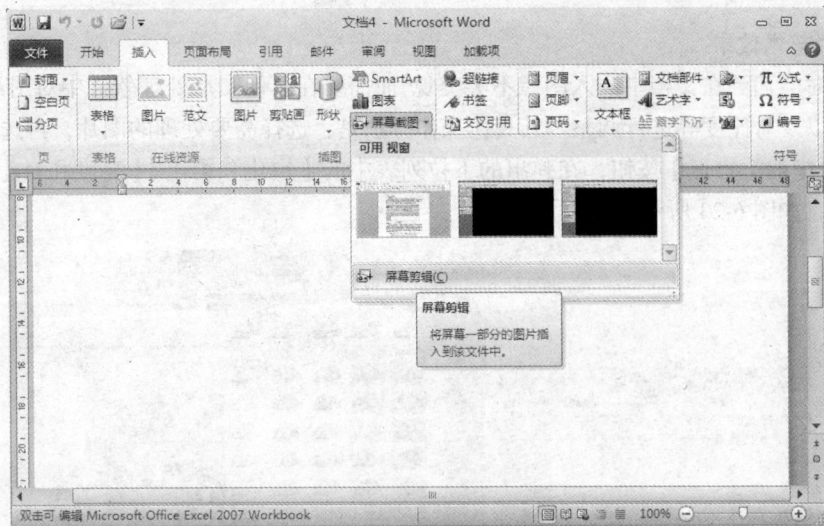

图 6-19　【屏幕剪辑】

2. 删除背景

在 Word 文档的内容编辑完成后，为了使文档更加美观，还可以对插入文档中的图像进行简单的抠图操作，但需要注意的是，处理的图像必须是背景与主体颜色反差较大，才能轻松地进行抠图。其方法是：选择需要删除背景的图片，选择【格式】|【调整】面板中的【删除背景】按钮。图中将被删除的部分会呈现紫色，通过黑色的框线可对图像进行调整，如图 6-20 所示。完成后选择【背景消除】|【关闭】，单击【保留更改】按钮，即可查看删除图片背景后的效果，如图 6-21 所示。

3. 文字视觉效果

为了快速地制作出美观的文档，用户在使用 Word 2010 时可以为文字添加图片特效，如阴影、映像和发光等，从而让文字完全融入图片中。其具体操作方法是：先选择需要设置文字视觉效果的文字，再选择【开始】|【字体】面板中的【文本效果】按钮，在弹出的下拉列表中选择需要的效果样式，如图 6-22 所示。若需要单独为选择的文本设置阴影、凹凸和发光等效果，用户可单击

【文本效果】按钮，在弹出的下拉列表中选择相应的效果样式。

图 6-20　调整边框

图 6-21　删除图片背景后的效果

4. 图片艺术效果

　　用户有时会遇到在文档中插入图像不够美观，而需要在其他图形处理软件中对图片的饱和度、色调、亮度以及对比度等进行调整。其具体操作方法是：选择需要处理的图片，再选择【格式】|【调整】面板中的【更正】按钮，在弹出的下拉列表中的【锐化和柔化】【亮度和对比度】中选择所需的选项，如图 6-23 所示。

图 6-22　选择效果样式

图 6-23　【更正】修饰

二、Excel 2010 的新功能

　　迷你图是 Excel 2010 的新功能。用户通过迷你图可在一个单元格中创建小型图表，可快速找到数据变化的趋势。其具体操作方法是：首先选择建立迷你图的数据源，在选择【插入】|【迷你图】面板中的【折线图】按钮，打开【创建迷你图】对话框，如图 6-24 所示；然后单击【选择放置迷你图的位置】后的 按钮，再单击放置迷你图的单元格；最后单击 按钮，返回【创建迷你图】对话框，单击 按钮，如图 6-25 所示。

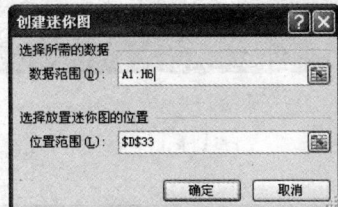

图 6-24　【创建迷你图】对话框　　　　　　　　图 6-25　创建的迷你图效果

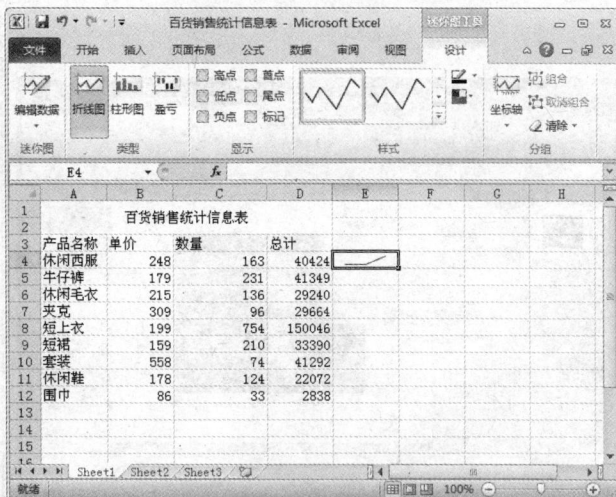

三、PowerPoint 2010 的新功能

1. 个性化的选项卡

PowerPoint 中集成了很多命令效果,在使用 PowerPoint 2010 时,用户若是不熟悉各功能菜单,往往需要大量的时间练习使用这些功能。而在 PowerPoint 2010 中,选择不同的选项卡,功能区中将显示对应的选项卡功能,这样能更加方便用户的制作,可减少许多重复操作。而在放映方面,PowerPoint 2010 中的"幻灯片放映"选项卡对幻灯片的放映控制进行了相当细致的优化。图 6-26 所示为"设计"选项卡,图 6-27 所示为【幻灯片放映】选项卡。

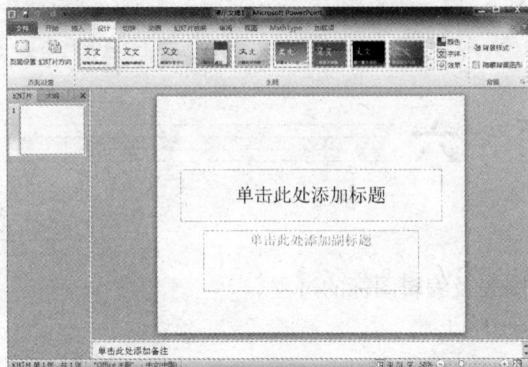

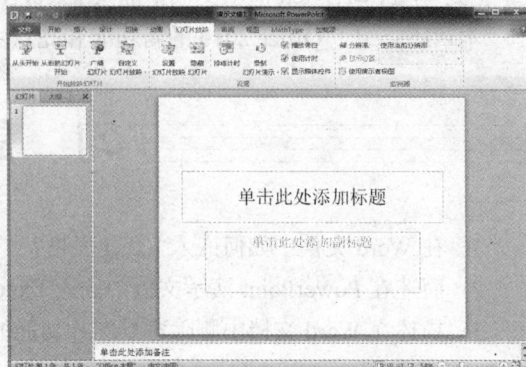

图 6-26　【设计】选项卡　　　　　　　　　图 6-27　【幻灯片放映】选项卡

2. 剪辑视频

用户在 PowerPoint 2010 中可对插入的视频进行剪辑,可将较长的片断剪短,或者缩小文件的大小,减少文件的占用空间。其具体操作方法是:选择【播放】|【编辑】面板中的【剪辑】按钮,如图 6-28 所示。拖动视频控制滑块上的 按钮和 按钮,或在【开始时间】和【结束时间】数值框中输入相应的数据,即可对视频进行剪辑,如图 6-29 所示。

图 6-28　【剪辑视频】对话框

图 6-29　剪辑视频

本 章 小 结

　　本章主要介绍了 Office 2010 组件中 Word 2010、Excel 2010 和 PowerPoint 2010 应用软件间存在的互动关系，包括传递信息、共享数据资源等。介绍的主要操作如下。

（1）在 Excel 工作表中嵌入 Word 表格。

（2）在 Word 文档中插入 Excel 表格。

（3）在 PowerPoint 演示文稿中插入 Excel 图表。

本章还介绍了 Office 2010 的新功能和亮点。

习 题 六

1. 在 Word 文档中如何嵌入 Excel 表格？

2. 简述在 PowerPoint 演示文稿中插入 Excel 图表及编辑图标的过程。

3. 描述在 Word 文档中删除背景图片功能的使用过程。

第七章
Internet 及其应用

随着通信技术和信息技术的飞速发展，计算机网络已经应用到社会的各个角落，在各行各业中发挥着举足轻重的作用。Internet 作为世界上最大的计算机网络信息管理系统，已经改变了人们的工作和生活方式，成为现代办公和家庭中不可缺少的工具。因此，人们需要了解和掌握一些网络的基本知识，以及 Internet 的使用方法。

本章主要介绍网络的基本知识、常用的网络硬件和软件、网络的拓扑结构，以及 Internet 的使用方法。

第一节　计算机网络概述

计算机网络是指将多台计算机或多个计算机系统连接起来，既能实现共享硬件资源和软件资源，彼此之间又相互独立的计算机系统。计算机网络的出现，使人们能更方便地进行数据传送，共享资源，且不受地域、时间等的限制。目前，计算机网络发展迅速，已经渗透到千家万户、各行各业。计算机网络促进了人们之间的相互了解和各学科、各行业之间的相互交融。计算机网络基础知识也成为现代人必须了解的知识。

一、计算机网络的产生与发展

计算机网络的发展几乎与计算机的发展一同起步。自 1946 年第一台电子计算机 ENIAC 诞生以来，计算机与通信的结合也越来越紧密，计算机网络技术就是这种结合的成果。1952 年美国半自动化的地面防空系统（SAGE System）的建成，可以看作是计算机技术与通信技术的首次结合。此后，计算机通信技术逐渐从军事应用扩展到民间应用，一些研究机构、大学和大型商业组织在 20 世纪 60 年代陆续建立起一批科研和民用计算机通信网。

计算机网络发展过程中的一个里程碑是 ARPANET 的诞生。它是美国国防部高级研究计划局（ARPA）1968 年提出的概念，到 1971 年 2 月，ARPANET 已建成 15 个节点，进入工作阶段。在随后几年间，其地理范围从美国本土扩展至欧洲。

计算机网络出现的历史不长，但发展的速度很快，经历了具有通信功能的单机系统、具有通信功能的计算机网络和体系结构标准化的计算机网络等发展阶段。现在正向高速光纤网络技术、综合服务数字网 ISDN 技术、无线数字网技术和智能网技术等方面发展。

二、计算机网络的定义

在 ARPANET 网建成后，有人将其定义为：以相互共享资源（硬件、软件和数据）方式而连接起来，且各自具有独立功能的计算机系统的集合。

计算机网络发展到第二代，有人将其定义为：在网络协议控制下，由多台主计算机、若干台终端、数据传输设备所组成的计算机复合系统。

近年来，人们公认的计算机网络的定义为：凡将地理位置不同，具有独立功能的多个计算机系统通过通信设备和线路连接起来，以功能完善的网络软件（即网络的通信协议、信息交换方式及网络操作系统等）实现网络中资源共享的系统，称为计算机网络。

从上述定义我们可以看到计算机网络由网络硬件和网络软件两部分组成。网络硬件由资源子网和通信子网两部分组成。资源子网又称数据处理子网，主要由网络上的计算机、终端及外部设备所组成，用于实现硬件和软件资源的共享。通信子网又称数据通信子网，主要由通信设备和通信线路组成，它将若干台主机连接在一起，实现主机之间的信息传送。网络软件包括计算机网络的通信协议、网络操作系统等。

总之，计算机网络是由计算机系统、数据通信系统和网络系统软件组成的有机整体。

三、计算机网络的功能

计算机网络的主要功能如下。

（1）资源共享功能：计算机网络中的用户可以共享分散在不同地点的各种软硬件资源，如大容量硬盘、某些特殊的外部设备、应用软件、数据库等。

（2）均衡负载及分布处理功能：可以充分发挥各计算机系统的负载能力，利用各地的计算机资源进行协同工作。

（3）信息快速传递和集中处理功能：可实现终端与主机之间、主机与主机之间快速可靠的信息传输，并根据实际需要对信息进行分散或集中处理。

（4）综合信息服务功能：计算机网络能为社会服务、社会教育、办公自动化以及居家办公等提供多方面的服务，是信息社会中传送与处理信息的强有力的手段。

（5）提高系统的性能价格比，维护方便，扩展灵活：计算机网络建成后，用户通过自己的节点可方便地获取所需服务。当需要扩大网络或增加工作站节点时，只需把相应设备挂接在网络上即可。

第二节　计算机网络的拓扑结构

网络中各个节点的物理连接方式称为网络的拓扑结构。网络的拓扑结构有许多种，常用的拓扑结构有星形拓扑、总线形拓扑、环形拓扑和树形拓扑。除此之外，还有一些比较复杂的拓扑结构，包括网络型拓扑、混合型拓扑，但这些网络拓扑结构的数据通信可靠性不高。

一、星形拓扑结构

星形结构是以一个节点为中心的处理系统，各种类型的入网机器均与该中心节点有物理链路直接相连。也就是说，网络上各节点之间的相互通信必须通过中央节点，如图 7-1 所示。星形拓扑结构具有以下优点。

（1）由于中央有一集中点，因此可以方便地提供服务和网络的重新配置。

（2）由于每个节点都与中央节点直接相连，单个连接的故障只影响一个节点，不会影响整个网络。

（3）由于每个节点都直接连接到中央节点，因此，故障容易检测和排除。

（4）网络结构简单，建网容易。

但是采用星形拓扑结构也有一些缺点，例如，每个节点直接和中央节点相连，需要大量的电缆，费用较大；整个网络过分依赖中央节点，若中央节点发生故障，则整个网络无法正常工作。

二、总线形拓扑结构

总线形拓扑结构是比较普遍采用的一种方式，它将所有的入网计算机均通过相应的硬件接口直接接入一条通信线路上。为防止信号反射，一般在总线两端连有终结器匹配线路阻抗。总线可以使用中继器来延长，如图 7-2 所示。

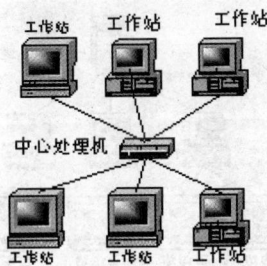

图 7-1 星形拓扑结构

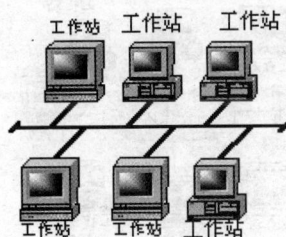

图 7-2 总线形拓扑结构

总线形拓扑结构的优点是信道利用率较高，结构简单，价格相对便宜，新节点的增加简单，易于扩充。缺点是同一时刻只能有两个网络节点相互通信，网络延伸距离有限，网络容纳节点数有限。在总线上只要有一个节点出现连接问题，就会影响整个网络的正常运行。目前在局域网中多采用此种结构。

总线形拓扑网络通常把短电缆（分支电缆）用电缆接头连接到一条长电缆（主干）上去。总线拓扑网络通常是用 T 型 BNC 连接器将计算机直接连接到同轴电缆主干上。主干两端连有终结器匹配线路阻抗。

总线形拓扑网络相对来说容易安装，只需铺设主干电缆，比其他拓扑结构使用的电缆要少。配置简单，很容易增加或删除节点，但当可接受的分支点达到极限时，就必须重新铺设主干电缆。相对来说维护比较困难，因为在排除介质故障时，要将错误隔离到某个网段，受故障影响的设备范围大。

三、环形拓扑结构

环形拓扑结构是将各台联网的计算机用通信线路连接成一个闭合的环，如图 7-3 所示。环形拓扑结构也被称为分散型结构。

在环形拓扑结构的网络中，信息按固定方向流动，或顺时针方向，或逆时针方向。

环形结构的优点是一次通信信息在网中传输的最大传输延迟是固定的；每个网上节点只与其他两个节点有物理链路直接互连，因此，传输控制机制较为简单，实时性强。缺点是一个节点出现故障可能会影响整个网络的运行，因此可靠性较差。为了解决可靠性差的问题，有的网络采用具有自愈功能的结构，一旦一个节点不工作，自动切换到另一环路工作。此时，网络需对全网进行拓扑和访问控制机制的调整，因此较为复杂。

环形拓扑是一个点到点的环形结构。每台设备都直接连到环上，或通过一个接口设备和分支电缆连到环上。

在初始安装时，环形拓扑网络比较简单。随着网上节点的增加，重新配置的难度也增加，对环的最大长度和环上设备总数有限制。维修人员可以很容易地找到电缆的故障点。但受故障影响的设备范围大，在单环系统上出现的任何错误，都会影响网上的所有设备。

四、树形拓扑结构

树形拓扑结构实际上是星形拓扑结构的一种变形，它将原来用单独链路直接连接的节点通过多级处理主机进行分级连接，网络中的各节点按层次进行连接。不同层次的节点承担不同级别的职能。层次越高的节点，功能就越强，对其可靠性要求就越高，如图 7-4 所示。

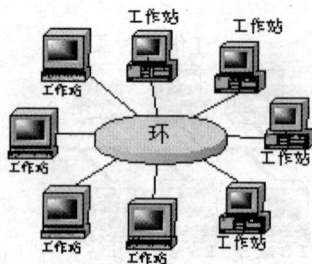

图 7-3　环形拓扑结构　　　　　图 7-4　树形拓扑结构

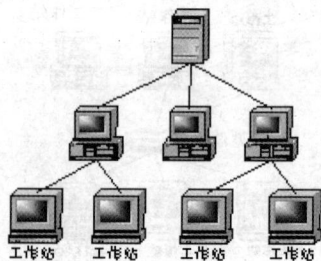

这种拓扑结构与星形拓扑结构相比降低了通信线路的成本，但增加了网络复杂性。网络中除最低层节点及其连线外，任一节点或连线的故障均会影响其所在支路网络的正常工作。

各种网络拓扑结构各有优点和缺点。在实际建网过程中，到底应该选用哪一种网络拓扑结构要依据各种实际情况来定，主要是考虑以下因素：安装的相对难易程度、重新配置的难易程度、维护的相对难易程度、通信介质发生故障时受影响设备的情况。

第三节　计算机网络的分类

按照不同的标准可将各计算机网络归纳为不同的分类。

一、按照网络的规模及覆盖范围分类

按照网络的规模及覆盖范围来划分，可将网络分为局域网（Local Area Network，LAN）、城域网（Metropolitan Area Network，MAN）和广域网（Wide Area Network，WAN）。

网络的分类

1. 局域网

局域网是处于同一建筑物、同一大学或方圆几公里地域内的专用系统。局域网常被用于连接公司办公室或工厂里的个人计算机和工作站，以便共享资源（如打印机）和交

换信息。局域网具有的 3 个基本特征是：局域网的覆盖范围较小，信息传输距离和传输时间较短；局域网采用单一的传输介质，通常只使用一种传输技术，这样使得局域网传输速度快，传输延迟低，且出错率低；局域网中采用的拓扑结构有多种，包括星形、总线形、环形、树形等。

2. 城域网

城域网基本上是一种大型的局域网，通常采用与局域网相似的技术。它可覆盖一组邻近的公司办公室和一个城市，地理范围可从几十公里到上百公里。城域网通常采用不同的硬件、软件和通信传输介质来构成。

3. 广域网

广域网是一种跨越大的地理范围的网络，又称远程网，通常包含一个国家或地区。它能跨越大陆海洋，最终形成全球性的网络。

二、从通信技术的角度来分类

从通信技术的角度来说，可以将网络分为广播型网络（Broadcast Network）和点到点型网络（Point to Point Network）。

1. 广播型网络

广播型网络采用广播信道，所有联网计算机都共享一个公共通信信道。由于使用同一个通信介质，当一台计算机利用共享信道发送数据包时，所有其他的计算机都会收到这个包。由于发送的包中带有接收计算机的地址（通常称为目的地址），所有接收到该包的计算机将检查目的地址是否与本机地址相同，如相同，则接收该包；否则，将该包丢弃。

2. 点到点型网络

在点到点型网络中，每条物理线路连接一对计算机。一台计算机向另一台计算机发送信息时，如果两台计算机之间没有直接的物理线路连接，信息将要通过一些中间计算机的接收、存储、转发，直至最终到达目的计算机。

三、按照网络的服务对象分类

按照网络的服务对象可将计算机网络分为公用网和专用网。

1. 公用网

公用网是面向公众的、商业运营的计算机互联网络。例如，中国公共互联网（ChinaNet）为公用网，它面向公众开放。

2. 专用网

专用网是面向某一领域的计算机互联网络。例如，中国教育科研网（CERNET）是一个专用网。

对网络还可以按照网络的拓扑结构、互连介质、信息传输方式以及网络通信协议和网络的应用目的等进行分类。

第四节　计算机网络的组成

计算机网络系统是由网络操作系统和用于组成计算机网络的多台计算机，以及各种通信设备构成的，包括网络硬件和网络软件两大类。

一、网络硬件

常见的网络硬件有计算机、网络接口卡、通信介质以及各种网络互连设备等。

1. 计算机

网络中的计算机又分为服务器和网络工作站两类。

（1）服务器

服务器是计算机网络的核心，负责网络资源管理和用户服务，并使网上的各工作站能共享软件资源和昂贵的外设（如大容量硬盘、光盘、高级打印机等）。通常用小型计算机、专用 PC 服务器或高档微机作网络的服务器。一个计算机网络系统至少要有一台服务器。

服务器的主要功能是为网络工作站上的用户提供共享资源、管理网络文件系统、提供网络打印服务、处理网络通信、响应工作站上的网络请求等服务。常用的网络服务器有文件服务器、通信服务器、计算服务器和打印服务器等。

（2）工作站

工作站是网络上的个人计算机，通过网络接口卡和通信电缆连接到文件服务器上。它保持原有计算机的功能，作为独立的个人计算机为用户服务，同时又可以按照被授予的一定权限访问服务器。各工作站之间可以相互通信，也可以共享网络资源。有的网络工作站本身不具备计算功能，只提供操作网络的界面。有软（硬）盘的称为有盘工作站，无软（硬）盘的称为无盘工作站。

工作站能够访问文件服务器，与文件服务器之间进行信息交换，网络系统的信息处理是在工作站上完成的。工作站的功能是向各种服务器发出服务请求和从网络上接收传送给用户的数据。

2. 网络接口卡

网络接口卡简称网卡，又称为网络接口适配器，是计算机与通信介质的接口，是构成网络的基本部件。文件服务器和每个工作站上至少要安装一块网络接口卡，通过接口卡与公共通信电缆相连接。

网卡的主要功能是实现网络数据格式与计算机数据格式的转换、网络数据的接收与发送等。

网卡的选取取决于文件服务器和工作站的总线方式。按照网卡的总线类型可以分为工业标准结构（Industrial Standard Architecture，ISA）总线接口卡、微通道结构（Micro Channel Architecture，MCA）总线接口卡、扩展工业标准结构（Extended Industrial Standard Architecture，EISA）总线接口卡、外围设备互连（Peripheral Component Interconnect，PCI）总线接口卡和个人计算机存储卡国际委员会（PC Memory Card International Association，PCMCIA）接口卡等。

3. 通信介质

通信介质是计算机之间传输数据信号的重要媒介，它提供了数据信号传输的物理通道。通信介质主要分为两大类：有线传输介质和无线传输介质。有线传输介质包括双绞线、同轴电缆或光缆等；无线传输介质包括无线电、红外线、微波、激光、卫星通信等。

（1）双绞线

双绞线是由两根绝缘金属线缠绕而成，这样的一对线作为一条通信链路，由四对双绞线构成双绞线电缆。常使用的双绞线分为两类：屏蔽双绞线（Shield Twisted Pair，STP）和非屏蔽双绞线（Unshielded Twisted Pair，UTP），分别如图 7-5 和图 7-6 所示。

双绞线点到点的通信距离一般不能超出 100m。目前，计算机网络上的双绞线有三类线（最高传输速率为 10MB/s）、五类线（最高传输速率为 100MB/s）、超五类线和六类线（传输速率至少为 250MB/s）、七类线（传输速率至少为 600MB/s）。双绞线电缆的连接器一般为 RJ-45，如图 7-7

所示。

图 7-5 屏蔽双绞线 STP

图 7-6 非屏蔽双绞线 UTP

（2）同轴电缆

同轴电缆是网络中应用十分广泛的传输介质之一，如图 7-8 所示。由内、外两个导体构成，内导体可由单股或多股铜线组成，外导体一般由金属编织网线组成。内、外导体之间有绝缘材料，其阻抗为 50Ω。同轴电缆分为粗缆和细缆，粗缆用 DB-15 连接器，细缆用 BNC 和 T 型连接器。

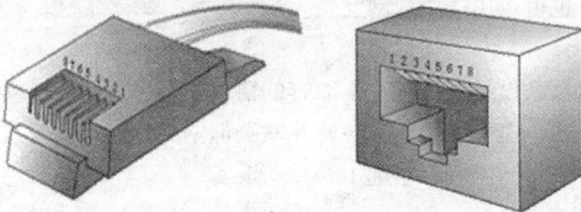

图 7-7 RJ-45 的插头和插座

铜芯
塑料绝缘层
外导体屏蔽层
塑料保护套

图 7-8 同轴电缆

（3）光缆

光纤电缆简称光缆，是网络传输介质中性能最好、应用前途最广泛的一种，按光在光纤中的传输模式可将光缆分为单模光纤和多模光纤（见图 7-9）。

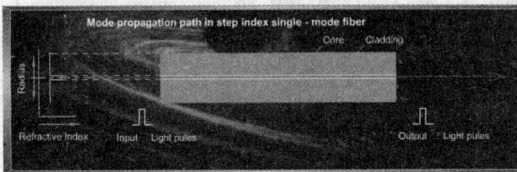

（a）单模光纤

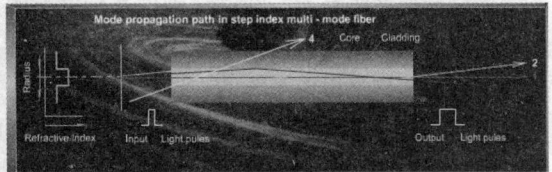

（b）多模光纤

图 7-9 光纤

单模光纤（Single Mode Fiber）：中心玻璃芯很细（芯径一般为 8～10μm），只能传输一种模式的光信号。其模间色散很小，适用于远程通讯，但还存在着材料色散和波导色散。因此，单模光纤对光源的谱宽和稳定性有较高的要求，即谱宽要窄，稳定性要好。

多模光纤（Multi-Mode Fiber）：中心玻璃芯较粗（50μm 或 62.5μm），可传输多种模式的光信号。但其模间色散较大，这就限制了传输数字信号的频率，而且随距离的增加损耗会更加严重。例如，带宽为 600MB/s 的光纤在 2km 远时则只剩下 300MB/s 了。因此，多模光纤传输的距离比较近，一般只有几千米。

4. 网络互连设备

网络互连设备主要包括如下几种。

（1）终结匹配器与 BNC 接头

BNC 接头是一个三通连接器，中间连网卡，两边向左右连线。当下方无工作站时，需要连接一个终结匹配器（又称为终结器），以告知网络这是本方向上的最后一个工作站。终结器实际上就是一个带匹配电阻的同轴插头，其外壳有一个与之相连的接线。

（2）集线器

集线器（HUB）又称集中器，在双绞线系统中是连接各计算机和智能外部设备的设备。

（3）中继器

中继器是互联网中最简单的设备，用于连接相同拓扑结构的局域网。它的作用是清除噪音，放大信号，增加网段以延长网络距离。

（4）网桥

网桥用于连接不同网络拓扑结构的网段。它可以进行协议转换、隔离网段、减少网络交通阻塞，使互联起来的局域网变成单一的逻辑网络，并具有自选路径的能力。

（5）路由器

路由器是比网桥更复杂的端口设备。它常用于拓扑结构较复杂的网络之间的互联，对异构网的互联能力较强。既可以用于局域网互联，也可以用于广域网互联。

（6）网关

网关又称为协议转换器，是复杂的网络互联设备，用于在不兼容的协议之间进行信息转换。和路由器一样，网关既可以用于局域网的互联，也可以用于广域网互联。但网关一般难以安装和维护，只有在没有其他选择时（如处理无法兼容的协议）才选用。

二、网络软件

常用网络软件包括网络操作系统（Network Operating System）、网络协议软件、网络管理软件、网络通信软件和网络应用软件等。下面对网络操作系统和网络协议软件进行简单的介绍。

1. 网络操作系统

网络操作系统是运行在网络硬件基础之上的，为网络用户提供共享资源管理服务、基本通信服务、网络系统安全服务及其他网络服务的软件系统。网络操作系统是网络的核心，而其他应用软件系统需要网络操作系统的支持才能运行。

在网络操作系统中，每个用户都可使用系统中的各种资源，所以，网络操作系统必须对用户的权限进行限制，否则，就会造成系统混乱，造成信息数据的破坏和丢失。为了协调系统资源，网络操作系统需要通过软件工具对网络资源进行全面的管理，进行合理的调度和分配。同时，为了控制用户对资源的访问，必须为用户设置适当的访问权限，采取一系列的安全保密措施。

目前广泛使用的计算机网络操作系统有 SUN 公司的 UNIX、Novell 公司的 Netware、Microsoft 公司的 Windows NT 等。

2. 网络协议软件

网络协议是在计算机网络中两个或两个以上计算机之间进行信息交换的规则，它包括一套完整的语句和语法规则。一般来说，网络协议可以理解为不同的计算机相互通信的"语言"。即两台计算机要进行信息交换，必须事先约定好一个共同遵守的规则。

目前在网络互联中应用的网络协议都是各个计算机厂商自己开发的，比较流行的协议有

IPX/SPX、TCP/IP 等。

第五节 计算机网络体系结构

在计算机网络中为了实现并规范不同计算机之间的通信所定义的一组层次和协议称为网络体系结构。

网络体系结构是关于完整的计算机通信网络的一幅设计蓝图，是设计、构造和管理通信网络的框架和技术基础。它采用分层结构模式。分层格局是当今网络设计的基本原则，即将通信任务划分为若干部分，每部分完成各自特殊的子任务，并通过明确的途径与其他部分相互作用。分层结构中通信各部分的设计和测试相对较为简单，因为各部分事件不涉及整个体系结构。

一、分层体系结构的概念

计算机网络是由计算机和终端等物理实体通过线路连接起来的复合系统。在这样的系统中，由于计算机型号、通信线路类型、连接方式、同步方法、通信方式等不同，给网络各节点之间的通信带来许多不便。特别是异型网络的互联不仅涉及基本数据的传输、网络的应用和有关的服务，而且还要保证这种互联的可靠性和高效性。由此可见，计算机网络中的通信过程是很复杂的。

为了方便计算机网络通信的研究工作，必须简化这种通信过程，采取的方法是"分而治之"的思想，即把一个本来非常复杂的网络通信问题划分成若干个彼此功能相关的模块来处理，使各个模块之间呈现明显的层次结构，这就是"分层体系结构"。

网络的分层体系结构层次模型，包含两个方面的内容。

（1）将网络功能分解为许多层次，在每一个功能层次中，通信双方共同遵守许多约定和规程，这些约定和规程又被称为协议。

（2）层次之间逐层过渡，上一层向下一层提出服务要求，下一层完成上一层提出的要求。上一层必须做好进入下一层次的准备工作，这种两个相邻层次之间完成的过渡条件叫作接口协议（简称接口）。接口可以是硬件，也可以用软件来实现，如数据格式的变换、地址的映射等。

二、ISO 七层参考模型

网络分层体系结构模型的概念为计算机网络协议的设计和实现提供了很大的方便。但各个厂商都有自己产品的体系结构。不同的体系结构有不同的分层与协议，这就给网络的互联造成困难。

为了使不同体系结构的计算机都能互联，国际标准化组织（ISO）于 1977 年成立了专门机构研究该问题。该机构于 1981 年颁布了著名的"开放系统互连基本参考模型 OSI/RM（Open System Interconnection Reference Model）"，简称为"OSI 七层模型"。

整个 OSI / RM 模型共分 7 层，从下往上依次是：物理层、数据链路层、网络层、传输层、会话层、表示层和应用层，如图 7-10 所示。

当接受数据时，数据是自下而上传输；当发送数据时，数据是自上而下传输。下面简要介绍这几个层次。

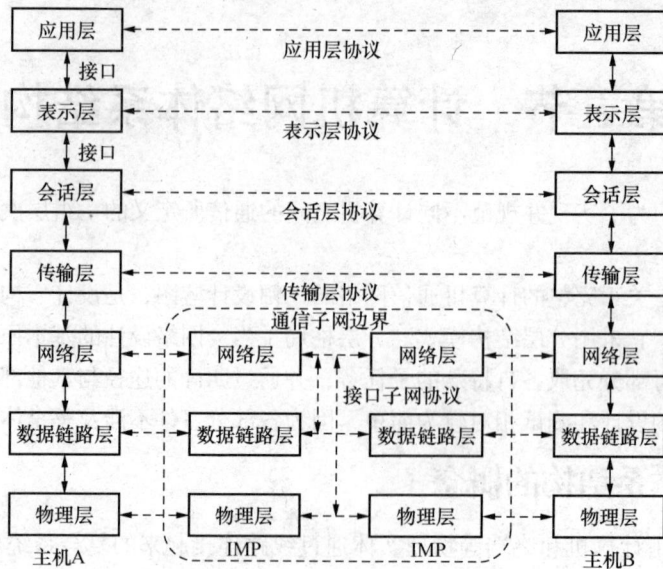

图 7-10   OSI/RM 参考模型

1. 物理层

这是整个 OSI 参考模型的最低层，它的任务就是提供网络的物理连接。所以，物理层是建立在物理介质上（而不是逻辑上的协议和会话），它提供的是机械和电气接口。主要包括电缆、物理端口和附属设备，如双绞线、同轴电缆、接线设备（如网卡等）、RJ-45 接口、串口和并口等在网络中都是工作在这个层次的。

物理层提供的服务包括：物理连接、物理服务数据单元顺序化（接收物理实体收到的比特顺序，与发送物理实体所发送的比特顺序相同）和数据电路标识。

2. 数据链路层

数据链路层是建立在物理传输能力的基础上，以帧为单位传输数据，它的主要任务就是进行数据封装和建立数据链接。在封装的数据信息中，地址段含有发送节点和接收节点的地址，控制段用来表示数据连接帧的类型，数据段包含实际要传输的数据，差错控制段用来检测传输中帧出现的错误。

数据链路层可使用的协议有 SLIP、PPP、X25 和帧中继等。常见的集线器和低档的交换机网络设备都是工作在这个层次上，Modem 之类的拨号设备也是。工作在这个层次上的交换机俗称"第二层交换机"。

具体而言，数据链路层的功能包括数据链路连接的建立与释放、构成数据链路数据单元、数据链路连接的分裂、定界与同步、顺序和流量控制和差错的检测和恢复等方面。

3. 网络层

网络层属于 OSI 中的较高层次，它解决的是网络与网络之间，即网际的通信问题。网络层主要是提供路由，即选择到达目标主机的最佳路径，并沿该路径传送数据包。除此之外，网络层还要能够消除网络拥挤，具备流量控制和拥挤控制的能力。网络边界中的路由器就工作在这个层次上，现在较高档的交换机也可直接工作在这个层次上，因此它们也提供了路由功能，俗称"第三层交换机"。

网络层的功能包括：建立和拆除网络连接、路径选择和中继、网络连接多路复用、分段和组块、服务选择和传输及流量控制。

4. 传输层

传输层解决的是数据在网络之间的传输质量问题，它属于较高层次。传输层用于提高网络层服务质量，提供可靠的端到端的数据传输，如常说的 QoS 就是这一层的主要服务。这一层主要涉及的是网络传输协议，它提供的是一套网络数据传输标准，如 TCP。

传输层的功能包括映像传输地址到网络地址、多路复用与分割、传输连接的建立与释放、分段与重新组装、组块与分块。

5. 会话层

会话层利用传输层来提供会话服务，会话可能是一个用户通过网络登录到一个主机，或一个正在建立的用于传输文件的会话。

会话层的功能主要包括会话连接到传输连接的映射、数据传送、会话连接的恢复和释放、会话管理、令牌管理和活动管理。

6. 表示层

表示层用于数据管理的表示方式，如用于文本文件的 ASCII 和 EBCDIC。如果通信双方用不同的数据表示方法，他们就不能互相理解对方传递的数据。表示层就是用于屏蔽这种不同之处。

表示层的功能主要有：数据词法转换、语法表示、表示连接管理、数据加密和数据压缩。

7. 应用层

这是 OSI 参考模型的最高层，它解决的是程序应用过程中的问题，它直接面对用户的具体应用。应用层包含用户应用程序执行通信任务所需要的协议和功能，如电子邮件和文件传输等，在这一层中 TCP / IP 中的 FTP、SMTP、POP 等得到了充分应用。

第六节 常用网络操作系统简介

一、NetWare 简介

Novell 公司是世界上著名的最大的计算机网络公司之一，成立于 1980 年，从 1983 年起就致力于开放式结构和高效的局部网络操作系统的研究，并于 1984 年推出了网络操作系统 Netware 1.0，经过几次版本的更新，Novell 网已占据了局域网市场的统治地位。

Netware 是 Novell 公司专门为微机局域网设计的一个多任务网络操作系统，是一种高度专一的网络管理软件。它完全摆脱了 DOS 的约束，采用类似 UNIX 的多任务内核，能够对多个网络服务请求进行并发的处理，并可直接控制服务器硬件。它与用户的接口为 DOS 命令，DOS 环境下的应用程序可以不加修改地进入 Netware 环境。

1. Netware 的主要特点

Netware 的主要特点如下。

（1）Netware 是 32 位、具有多任务多用户的网络操作系统。

（2）Netware 采用文件服务器的工作模式。文件服务器提供网络通信及其他网络管理功能，按网络工作站提出的请求，为网络用户提供服务。它是 Netware 的核心，工作站软件所占内存较小。

（3）提高系统容错性（System Fault Tolerance，SFT），较好地解决了网络用户对网络安全性和可靠性的要求。

（4）高效的硬盘存取管理技术消除了服务器的瓶颈。

（5）Netware 可加载模块（NLM）结构使附加的软件能被动态地加载和卸载。NLM 包括驱动程序、实用程序、应用程序 3 类。

（6）Netware 的开放性支持多种局域网硬件，保护已有的硬件投资。其开放性协议技术（OPT）允许各种协议的结合，使各类工作站可与公共服务器通信。

（7）Netware 系统利用自动监控功能对系统的运行情况进行实时检测，并产生相应的日志，以供管理人员进行分析。

（8）Netware 系统对磁盘文件和目录赋予了多层次安全保护。

2. Netware 的安全措施

Netware 文件服务器提供以下 5 种安全措施：注册口令、受托者权、目录权、文件属性和文件服务器安全性。这些安全措施可以单独使用，也可以混合使用。

（1）注册口令：限制使用网络的用户。

（2）受托者权：限定用户对任一目录的访问权。受托者指已赋予使用目录及其文件的用户。受托者权是：管理权、读取权、写入权、建立权、删除权、文件扫描权和访问控制权。

（3）目录权：限制除网络管理员外的一切用户对目录的受托者权。因此，用户必须同时拥有目录权和受托者权才获得有效权。

（4）文件/目录属性：对文件或目录能否修改或共享进行控制。

（5）文件服务器：防止非法入侵者从文件服务器的键盘破坏网络安全性。

3. Netware 的目录结构

Novell 网络信息全部是存放在文件服务器的硬盘上，将信息保存到文件服务器硬盘上的系统称为目录结构系统。

Netware 的目录结构如图 7-11 所示，它包含文件服务器、卷和目录 3 部分。

（1）卷：卷是 Netware 系统目录结构的第一级，它是目录结构的起点。Netware 将网络的硬盘划分成一个或多个卷的物理单元，就像工作站系统的硬盘一样。但一个卷可以包含多个物理硬盘，一个物理硬盘也可以划分为多个卷，一个服务器至少有一个卷，即 SYS 卷。

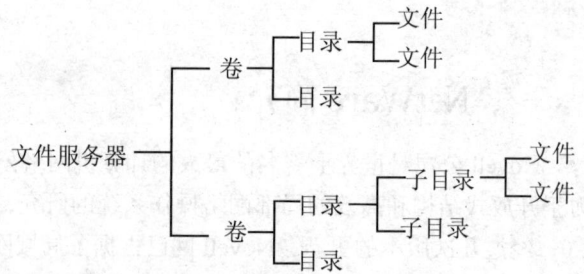

图 7-11　Netware 的目录结构

（2）目录：在卷之下可以设置目录，目录用于存放文件或子目录。Netware 的目录概念与 DOS 的目录概念类似。

（3）路径：Netware 网络操作系统使用的路径格式为：

文件服务器名/卷：目录/子目录/……/文件

与 DOS 系统的路径有所不同，Netware 的路径要以文件服务器名/卷开始，而 DOS 的路径则是以驱动器开始的。

二、Windows NT 简介

Windows NT 网络是微软公司推出的网络操作系统，其卓越的性能、良好的用户界面和强大的管理功能，使得它在市场上所占有的份额迅速提高，在局域网上的使用前景比其他网络操作系统更好。

Windows NT 网络的特点如下。

1. 安装智能化与自动化

Windows NT 系统在安装时，可以自动检测出系统内已有的各种硬件资源并自动予以适配。Windows NT 还可以根据计算机系统的硬件环境选择恰当参数，找到最佳的性能组合。

2. 与 Windows 完全兼容的操作界面

Windows NT 系统的操作界面与用户在 PC 中广泛应用的 Windows 系统完全一致，因简单、易学、易用。用户只需在原来使用 Windows 系统的基础上，增加网络方面的知识就可使用 Windows NT。

3. 更为完善的系统安全性能

Windows NT 除了对文件系统设置安全特性外，还对用户附加了权限规定。在这种双重安全性能的保护下，Windows NT 系统内的用户可以更方便、灵活地管理自己的文件资源。

4. 高效的内存与任务管理

Windows NT 内部采用全 32 位体系结构，使得应用程序访问的内存空间可达 4GB。内存保护通过为操作系统与应用程序分配分离的内存空间的方法，来防止它们之间的冲突。Windows NT 采用线程进行管理，使应用程序能够更有效地运行。

5. 开放的体系结构

Windows NT 支持网络驱动接口 NDIS 标准与传输驱动接口 IDI 标准，允许用户同时使用不同的网络协议。Windows NT 内置了 4 种标准网络协议：TCP/IP、Microsoft NWLink、NetBios 的扩展用户接口 NetBEUI 和数据链路控制协议。

6. 灵活的用户工作站管理

Windows NT 通过用户描述文件对工作站用户的优先级、网络连接、程序组与用户的注册进行管理。

Windows NT 以"域"为单位实现集中的网络资源管理，同时也允许工作站之间构成对等通信关系。域的组成非常灵活，域中应该有一台运行 Windows NT 的计算机作为主域控制器，同时还可以有后备域控制器与普通的服务器。主域控制器为域用户与用户组提供信息，同时起到类似于 Netware 的文件服务器的作用；后备域控制器的主要作用是提供系统容错，它保存着域用户与用户组的信息，并且可以像主域控制器一样处理用户注册请求，在主域控制器失效时可自动升级为主域控制器。

第七节　Internet 简介

Internet 是目前世界上覆盖面最广、最成功的国际计算机网络。它把大量的网络连接在一起，按照规定的协议共享计算机资源，实现通信。若把世界各地已建成的局域网（LAN）、城域网（MAN）和广域网（WAN）看作物理网络，Internet 则是把物理上的网络按照层次关系连接在一起而形成的逻辑网络。因此，在国内报刊上 Internet 一词往往被译作"交互网""国际互连网""全球互连网络"或"国际计算机互连网"等。1997 年，我国正式确定其中文名称为"因特网"。

一、Internet 的起源和发展

Internet 起源于美国。60 年代末，美国出于战略考虑，由美国国防部高级研究计划局 ARPA（Advanced Research Project Agency）提供资金，开展计算机网络互连研究，正式拉开了计算机网络研究的序幕。1969 年，第一个远程分组交换网 ARPANET 正式问世。随后，其规模增长十分迅猛，主要供美国各研究结构和政府部门使用。在 1984 年，ARPANET 分解成两个网络。一个仍称为 ARPANET，是民用科研网。另一个是军用计算机网络 MILNET。

1985 年，美国国家科学基金会 NSF 认识到计算机网络对科学研究的重要性，建立了国家科学基金网 NSFNET。NSFNET 是一个三级计算机网络，分为主干网、地区网和校园网，它覆盖了美国主要的大学和研究所。随后 NSFNET 接管了 ARPANET，将网络改名为 Internet。进入 20 世纪 90 年代后，Internet 得到了飞速的发展。目前，Internet 已连通了世界上的绝大多数国家和地区，网上用户数量突破了 40 亿。

二、Internet 的特点及应用

1. Internet 的特点

Internet 在很短的时间内风靡全世界，而且还在以越来越快的速度发展，这与它具有的显著特点是分不开的。

（1）TCP/IP 是 Internet 核心。网络互连离不开协议，Internet 正是依靠 TCP/IP 才能实现各种网络的互连。

（2）Internet 实现了与公用电话交换网的互连。实现了与公用电话交换网的互连，就使众多的个人用户能十分方便地入网。就是说任何用户，只要一条电话线、一台 PC 和一个调制解调器（俗称"猫"），就可以连入 Internet，这也是 Internet 迅速普及的重要原因之一。

（3）Internet 是一个广大用户自己的网络。在 Internet 上，很多服务和功能都是由用户开发、经营和管理的。例如，著名的 WWW 软件就是位于瑞士日内瓦的欧洲核子物理研究所的研究者们开发出来并开放给公众使用的。

2. Internet 的应用

目前，Internet 在以下领域应用非常广泛。

（1）IP 电话：IP 电话是一种允许通过 Internet 传输数字化声音的技术，与平常利用市内电话网络通信方式一样。由于 Internet 收费的主要依据是时间长短，而不是距离远近，因此人们只需支付 Internet 的本地连接费用就可以享受无地域限制的长途电话服务。

（2）电子商务：电子商务是利用电子网络进行商务活动，它利用一种前所未有的网络方式将顾客、销售商、供货商和雇员联系在一起；包括虚拟银行、网络购物和网络广告等。

（3）网上教育：是指跨越地域空间进行的教育活动，涉及各种教育活动，包括授课、讨论和实习。并且它克服了传统教育在空间、时间、受教育者年龄和教育环境方面的限制，是一种新的学习模式。

（4）网上娱乐：Internet 可以说是世界上最大的虚拟娱乐场，其中的娱乐项目包括网上电影、网上音乐、网络游戏和网上聊天等。

（5）信息服务：在线信息服务使得人们足不出户就可以了解世界各地发生的事件。目前主要的在线服务形式有网上图书馆、电子报刊、网上求职、网上炒股等。

（6）远程医疗：远程医疗是指通过计算机网络提供电子挂号、预约门诊、预订病房、专家在线答疑、远程会诊、远程医务会议等。

三、Internet 互联网服务

Internet 发展迅猛，其可提供的服务的种类在不断增加，应用领域也不断扩大，而且日益渗透到人们的生活和工作中，成为人们日常交流中不可或缺的部分。

1. 电子邮件服务（E-mail）

电子邮件（E-mail），就是通过计算机网络传递的邮件，邮件的内容是文本文件，如一封信、书籍、计算机程序、一篇学术论文等。电子邮件是 Internet 应用服务中最重要的服务之一，也是使用最为广泛的一种服务，具有快捷方便、安全保密的特点。

利用 E-mail 可以在计算机上向远方的朋友发送信件。对方发来的 E-mail 被存放在计算机的电子信箱里，可随时打开阅读。由于电子邮件是通过邮件服务器来传送的，因此，只要知道对方的 E-mail 地址，就可以通过网络传输任何转换成 ACSII 码的信息，电子邮件系统会自动地将用户的信件经网络一站一站地传送到目的地。因为 E-mail 具有传送、浏览、存储、转发、删除、恢复邮件以及回信等功能，因此用户不仅可以方便地收发信件，还可以同时向多个用户发送信件。

使用电子邮件的基本要求是用户必须向所在的通信子网的网管中心登记注册一个信箱地址或 E-mail 地址，并在计算机上安装相应用电子邮件应用软件。

2. 文件传输服务（FTP）

尽管用户可以用电子邮件传送文件，但电子邮件的设计初衷是传送小的正文文件。在 TCP/IP 系列协议中，专门有一个用于传送大量数据文件的协议，称为文件传输协议（File Transfer Protocol，FTP）。

FTP 允许 Internet 用户将一台计算机上的文件传送到另一台计算机上。传送过程仅由一个用户管理，用户按照许可，可以获得在 Internet 上提供文件传输的任何计算机上的信息，从而实现全球信息资源共享。由此可知，用户若要用 FTP 复制文件，必须知道服务器上的账户名和口令，这在实际应用时，会带来很多不便。为此 Internet 专门有一项 Anonymous FTP（匿名 FTP）服务来解决这个问题。在具体实现时，服务器管理员在服务器上建立一个名为 anonymous 的账户，该账户的目录下可存放供 Internet 上所有用户免费使用的公用软件及其他数据。用户连接 anonymous FTP 服务器时，可注册 anonymous 账户，登录进入服务器即可进行文件复制。

3. 远程登录服务（Telnet）

Internet 连接了众多的计算机或计算机系统。在这些联网的计算机之间，不仅可以进行通信、传送电子邮件，还可以通过自己的键盘使用异地的计算机，即远程调用。远程登录服务可使用户把本地计算机连接到远地计算机并建立一个交互式注册会话连接。通俗地讲，就是把本地计算机作为远地计算机的仿真终端。

Internet 使用 Telnet 协议进行远程登录。用户注册远地计算机系统时，使用 Telnet 程序。

使用 Telnet 登入远端的主机相当容易，我们可以直接利用 Windows 内建的 Telnet 程序来执行远程登录的工作，如 NetTerm。在 Windows 操作系统中提供 Telnet 远程登陆服务的应用程序的文件名是 Telnet.exe。用鼠标双击该应用程序就可以启动远程登陆服务 Telnet，其启动窗口如图 7-12 所示。

图 7-12　Telnet 启动窗口

Telnet 是一个字符界面的命令行程序，用户可以在 Telnet 提示符后面输入 Telnet 的命令。表 7-1 列出了 Telnet 的命令及其功能。

表 7-1　Telnet 的命令及其功能

命　令	功　能	命　令	功　能
Close	关闭当前连接	Set	设置选项
Display	显示操作参数	Status	打印状态信息
Open	连接到一个站点	Unset	解除设置选项
Quit	退出 Telnet	? /help	打印帮助选项

Telnet 是一个客户端程序，它提供了网络上的终端服务。通过 Telnet，用户可以在本地登录一个远程的服务器，对服务器进行控制，也可用 Telnet 登录 BBS，浏览、查找和发布信息，或者参与讨论。

4. 网络新闻服务（Usenet news）

Usenet 是"Users network"的缩写，是建立在 Internet 平台之上的一种信息服务，它实质上是全世界数以百万计的各式各样讨论组（Newsgroup）的集合。这些讨论涉及的话题众多，包括计算机、地理、数学、交通、风土民情纪实和各类广告等。它相当于一个世界范围内的电子公告牌，用来发布公告、新闻和各种文章供大家阅读。它的每一个论坛被称为网络新闻组，每一条被传送的消息被称为"条款"或"新闻稿"。

Usenet 系统由客户（News Client）和服务器（News Server）组成。在客户方，用户使用 Newsreader（消息阅读程序）来阅读服务器提供的各讨论组的信息或在讨论组中发表自己的观点，用户可自由加入或退出讨论组。目前较为常用的 Newsreader 包括 Outlook Express、Navigator、rn 和 tin。各种话题的信息按一定格式存储在服务器中，这些信息叫做 article（文章）。每个 article 由文头、文体和签名 3 部分组成。表 7-2 列出了当今世界上主要讨论小组的名称及涉及的题目。

表 7-2　当今世界上主要讨论小组的名称及题目

名字	题　目	名字	题　目
Alt	其他新闻组	Sci	与科学问题有关的新闻组
bionet	生物学	Soc	与社会问题有关的新闻组
bit	来自 bitnet 邮件分发的题目	Rec	与娱乐、风俗、艺术有关的新闻组
biz	商业、市场、广告	Talk	各种讨论话题的新闻组
Comp	计算机	Misc	各种各样的综合新闻组
ddn	国防数据网	info	来自 Illinois 大学的题目
gnu	软件基金会及 GNL 工程	ieee	电子电气工程协会
news	Usenet 本身		

用户要参加新闻组的讨论，必须在所在 Internet 子网的 Usenet news 服务器的管理之下，选择并输入某个新闻组的名字，才能对这个新闻组"发送"和"接收"新闻稿。

5. 全球信息网服务，超文本信息访问系统（WWW）

环球网服务 WWW（World Wide Web），译作万维网，是当前 Internet 上最流行、最新的交互式浏览服务。它把 Internet 上现有的资源连接起来，使用户能够在 Internet 上查找已经建立了 WWW 服务器的所有站点（site）所提供的超文本、超媒体资源文档。WWW 把分布在各个 WWW 服务器中的各种类型的资源（文本、声音、图形、图像等）集成到一起，以超文本的形式提供给用户使用，可实现信息的快速查找。WWW 还可以直接从 WWW 的客户端程序使用 Internet 的其他服务。

Web 是一套客户/服务器系统。服务器提供用 HTML（编制超文本的标准语言）语言编写的超文本，客户端用 Web 浏览器获取超文本信息。Web 浏览器和 Web 服务器之间使用 HTTP 协议（超文本传输协议）进行通信。目前广泛使用的浏览器有 Chrome、Microsoft Internet Explorer 等。

6. 电子公告牌（BBS）

电子公告牌（Bulletin Board System，BBS）是 Internet 上著名的信息服务方式。它与一般的 BBS 既有类似之处，又有不同。一般的 BBS 是通过调制解调器、电话线与对方连接，主要是为本地用户而设计的。而 Internet 上的 BBS 则是直接挂接在网络上，可供世界各地的用户使用。用户只要通过某种连接手段如远程登录与电子公告牌服务主机连接，就可以阅读 BBS 上公布的任何信息，并可连接其他电子公告牌系统。另外，用户也可以在 BBS 上发表与自己有关的信息，供别人阅读。

BBS 涉及的内容很广泛，如时事评论、科学研究、音乐艺术、文娱体育等，它可以使世界各地的同行和爱好者之间消除时间、空间的差别，紧密地联系在一起开展讨论、互相帮助。另外，BBS 还提供了 E-mail、文件传输、查看各类信息等功能。

7. 菜单驱动信息检索系统服务（Gopher）

Gopher 是一套功能较强的检索系统，用户在一种简单、协调的方式下即可访问 Internet 的各种资源。Gopher 将网上的信息组织成在线（On-Line）菜单界面，以方便用户浏览感兴趣的主题。用户可根据自己要查询的主题来选择特定的项，每个菜单又可拉出子菜单，这些子菜单动态地连接到 Internet 的不同主机上。也就是说，在菜单上所显示的信息可来自世界上的任何地方，每选择一个菜单时，Gopher 就要建立与另一台计算机的连接。

Gopher 是一个客户/服务器系统，客户要运行 Gopher client 的程序来连接其指定的 Gopher 服务器。目前在 Internet 上约有数千个存储不同信息的 Gopher 服务器。在许多大学，公司和其他组织中都可以找到 Gopher 服务器。世界上绝大多数 Gopher 服务器是公开的，用户可自由地访问。

8. 广域信息服务器，数据库信息检索系统服务（WAIS）

WAIS 是"Wide Area Information Service"的缩写，称为广域信息服务，由 Apple、Machines 和 Dow Tones 三家公司共同开发。该服务按照用户提出的"关键词"自动搜索、查询符合用户指定内容的信息。在查询时，用户要指明从何处查询（数据源）并输入搜索关键词。

WAIS 是一个客户/服务器系统，在客户端使用 WAIS 的客户程序，每个 WAIS 信息源由 WAIS 服务器程序维护。

四、Internet 地址

1. IP 地址

在 Internet 上，每一台联网的计算机都称为主机。在以 TCP/IP 为通信协议的网络上，为保证整个网络的正确通信，Internet 为联网的每个网络和每台主机都分配了唯一的 32 位地址，即 IP 地址。

为了便于对 IP 地址进行管理，同时考虑到不同的网络差异很大，有的网络拥有很多主机，而有的网络上的主机则很少。因此 Internet 将 IP 地址分为 5 类，即 A 类、B 类、C 类、D 类和 E 类。

目前大量使用的 IP 地址仅为 A 类、B 类和 C 类地址，而 D 类地址是多播地址，主要是留给 Internet 体系机构委员会（Internet Architecture Board，IAB）使用。E 类地址保留在今后使用。各类地址的结构如图 7-13 所示。

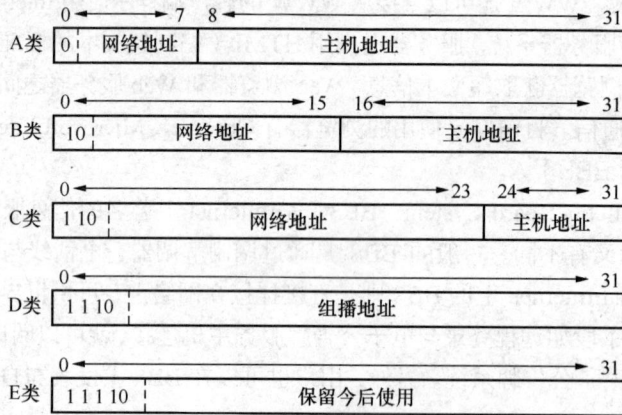

图 7-13　各类地址的结构

常用的 A 类、B 类和 C 类地址都由两个两个字段组成，即网络地址和主机地址。

A 类地址的第一位为 "0"，网络地址占 7 个二进制位，可分配 $2^7-2=126$ 个网络地址；主机地址共 24 位，每个 A 类地址可支持（224−2）台主机（减 2 的理由是网络地址或主机地址全 1 或全 0 的不可使用）。

B 类地址的前 2 位为 "10"，网络地址占 14 位，可有 $2^{14}=16384$ 个网络地址；主机地址共 16 位，每个 B 类地址可支持 $2^{16}-2=65534$ 台主机。

C 类地址的前 3 位为 "110"，网络地址占 21 个二进制位，可有 $2^{21}=2097152$ 个网络地址；主机地址共 8 位，每个 C 类地址可支持 $2^8-2=254$ 台主机。

现在所有联网主机的 IP 地址由 Internet 网络信息中心 INTERNIC 统一分配。INTERNIC 只负责对某个部门或单位分配 IP 地址。当某个部门或单位向 INTERNIC 申请到 IP 地址时，实际上只获得了一个网络地址。具体的各个主机地址由该单位自行分配，只要使该单位管辖范围内无重复的主机地址即可。

IP 地址的表示方法通常采用点分十进制表示法，即每 8 个二进制位用其等效的十进制数字表示，并且在这些数字之间加上一个点用于分隔。例如，有一个 IP 地址为：10000000　00001011　00000011 00011111，则将其记为：128.11.3.31。

注意以下事项。

（1）网络地址等于 127 是用于循环测试用的，不可用作其他用途。例如，若发送信息给 IP 地址为 127.0.0.1 的主机，则此信息将回传给自己的主机。

（2）主机地址位为全 0 时，表示该网络的地址。主机地址位为全 1 时，表示广播地址。例如，发送信息给 IP 地址为 168.95.255.255 的目的主机，表示将信息送给网络地址为 168.95 的每一台主机。

（3）网络地址位和主机地址位为全 1 时，表示将信息送给网络上的每一台主机。

2. 子网掩码

一个单位分配到的 IP 地址实际上是 IP 地址的网络地址，而后面的主机地址则由本单位进行分配，本单位所有主机使用同一个网络地址。当一个单位的主机很多而且分布在很大的地理范围时，往往需要用一些网桥将这些主机互连起来。但网桥的缺点很多，例如，容易引起广播风暴，同时当网络出现故障时也不太容易隔离和管理。为了使本单位的主机便于管理，可以将本单位所属主机划分为若干个子网，用 IP 地址主机地址中的前若干个二进制位来作为"子网号地址"，后面剩下的仍为主机地址。这样就可以在本单位的各个子网之间用路由器互连，因而便于管理。需要注意的是，子网的划分纯属于单位内部的事，在单位以外是看不到这样的划分的。从外部看，这个单位仍只有一个网络地址。只有当外面的数据分组进入到本单位范围时，本单位的路由器再根据子网地址进行选择，最后传送到目的主机。

子网地址究竟选为多长，由本单位根据子网的划分数来定。Internet 规定用一个 32 位的子网掩码来表示子网地址的长度。具体做法是：子网掩码由一连串的"1"和一连串的"0"组成。其中，"1"对应于网络地址和子网地址，而"0"则对应于主机地址。

图 7-14 说明了在划分子网时要用到的子网掩码的意义。图（a）表示将本地控制部分增加一个子网地址；图（b）列出了图（a）所示 IP 地址使用的子网掩码。该子网掩码为 255.255.248.0。

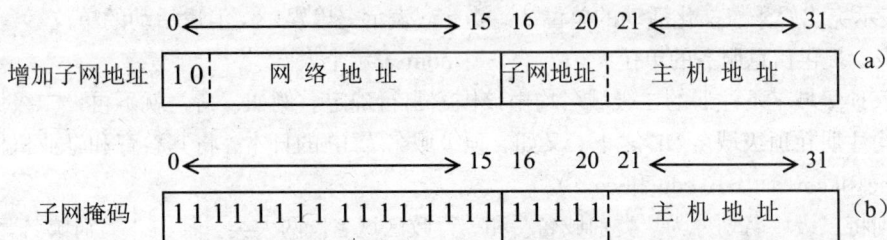

图 7-14　子网掩码的意义

多划分一个子网地址是要付出代价的。划分子网比不划分子网时可用的 IP 地址要少一些。例如，对于图 7-16 所示的例子，本来一个 B 类 IP 地址可容纳 $2^{16}-2=65534$ 个主机地址。但划分出 5 位长的子网地址后，最多可有 $2^5-2=30$ 个子网（去掉全 1 和全 0 的子网地址）。每个子网有 11 位的主机地址，即每个子网最多可容有 $2^{11}-2=2046$ 个主机 IP 地址。因此可用的主机 IP 地址总数变为 $30×2046=61380$ 个。

若一个单位不划分子网，则其子网掩码即为默认值，此时子网掩码中"1"的长度就是网络地址的长度。因此，对于 A 类、B 类和 C 类 IP 地址，其对应的子网掩码默认值分别为 255.0.0.0，255.255.0.0 和 255.255.255.0。

3. 域名系统

一般地，IP 地址是难以记忆的，为此，人们又开发了一种字符型标识，即域名系统（Domain Name System，DNS），以方便用户记忆使用。

域名地址是分层次的，各层之间用圆点"."隔开，主机域名的一般格式如下所示。

……．三级域名．二级域名．顶级域名

顶级域名现在有以下 3 类。

（1）国家顶级域名：它代表主机所在的国家和地区。国家代码由两个字母组成。表 7-3 列出了部分国家的代码。

表 7-3　　国家顶级域名表

国家（地区）	别名	国家（地区）	别名	国家（地区）	别名
中国	CN	法国	FR	马来西亚	MY
英国	UK	俄罗斯	RU	巴西	BR
韩国	KR	德国	DE	新加坡	SG
意大利	IT	澳大利亚	AU	瑞典	SE
荷兰	NL	挪威	NO	希腊	GL
日本	JP	埃及	EG		
加拿大	CA	卡塔尔	QA		

（2）国际顶级域名：它代表国际性的组织，其名称为 int。

（3）通用顶级域名：现在通用顶级域名共 13 个，如下所示。

com、firm 表示公司企业　　　　　　　　　net 表示网络服务结构

org 表示非营利性组织　　　　　　　　　　edu 表示教育机构

gov 表示政府部门（美国专用）　　　　　　mil 表示军事部门（美国专用）

shop 表示销售公司和企业　　　　　　　　web 表示万维网活动的单位

arts 表示突出娱乐、文化活动的单位　　　　rec 表示突出娱乐、消遣活动的单位

info 表示提供信息服务的单位　　　　　　　nom 表示个人

在国家顶级域名下注册的二级域名均由该国家自行确定。例如，荷兰就不再设二级域名，其所有机构均注册在顶级域名 NL 之下。又如，顶级域名为 JP 的日本，将其教育和企业机构的二级域名定为 ac 和 co（而不用 edu 和 com）。

我国则将二级域名划分为"类别域名"和"行政区域名"两大类。其中"类别域名"有 6 个，分别为：ac 表示科研机构；com 表示工、商、金融等企业；edu 表示教育机构；gov 表示政府部门；net 表示互联网、接入网络的信息中心（NIC）和运行中心（NOC）；org 表示各种非营利性的组织。"行政区域"有 34 个，适用于我国的各省、自治区和直辖市。例如，bj 表示北京市；sh 表示上海市；hb 表示湖北省。

在我国，在二级域名下可申请注册三级域名。在二级域名 edu 下申请注册三级域名则由中国教育和科研计算机网网络中心负责。在其他二级域名下申请注册三级域名的，则应向中国互联网网络信息中心 CNNIC 申请。

例如，www.wust.edu.cn，其中 4 个部分依次表示 WWW 服务器、武汉科技大学、教育与科研网和中国。

每台主机的域名地址也是唯一的，并与它的 IP 地址一一对应。二者的转换通过域名系统自动进行。因此，在 Internet 中，用户既可以使用域名。也可以使用 IP 地址。二者是等价的。表 7-4 列出了部分域名与 IP 地址的对照关系。

表 7-4　部分域名与 IP 地址的对照关系表

位　　置	域　　名	IP 地址	地址类型
中国教育科研网	www.cernet.edu.cn	202.112.0.36	C
北京大学	www.pku.edu.cn	162.105.129.30	B
清华大学	www.tsinghua.edu.cn	166.111.250.2	B
北京邮电大学	www.bupt.edu.cn	202.38.184.81	C

续表

位　　置	域　　名	IP 地址	地址类型
华南理工大学	www.gznet.edu.cn	202.112.17-38	C
西安交通大学	www.xjtu.edu.cn	202.117-1.13	C
西北大学	www.nwu.edu.cn	202.117-96.5	C
武汉科技大学	www.wust.edu.cn	202.114.240.6	C

4. 统一资源定位器

统一资源定位器（Uniform Resource Locator，URL）是标准的编址机制，是 Web 页地址，用于定位和检索 WWW 中任何地点的文档。

一般地，URL 由服务方式（正在查找的资源类形的定义）、域名地址（或主机 IP 地址）、子目录、高档名字等几部分组成。其中，服务方式和域名地址之间用"://"符号隔开，域名地址和子目录之间用"/"隔开。服务方式和域名地址是不可缺少的。

一些常用的 URL 服务标志如表 7-5 所示。

表 7-5　URL 服务标志及其含义表

服务标志	含　　义	服务标志	含　　义
http	使用超文本传输协议访问 WWW 页	Gopher	一个 GOPHER 菜单或说明
ftp	远程 FTP 主机上一个文件或文件夹	telnet	其他计算机的注册地址
File	本地主机上的一个文件或文件夹	News	一个 USENET 讨论组
wais	广域网信息服务器的信息源	mailto	某个人的电子邮件地址

五、Internet 在中国

我国的 Internet 起步较晚，但发展十分迅速。1987～1993 年是 Internet 在中国的起步阶段。在此期间，以中科院高能物理所为首的一批科研院所与国外机构合作开展一些与 Internet 联网的科研课题，国内的科技工作者开始接触 Internet 资源。从 1994 年开始至今，Internet 在我国进入飞速发展时期。经国家批准，国内可直接连接到互联网上的网络有四个，即中国科学技术网（CSTNET）、中国教育和科研计算机网（CERNET）、中国公用计算机网（CHINANET）和中国金桥信息网（CHINAGBN）。其中 CSTNET 和 CERNET 是为科研、教育服务的非营利性质 Internet；CHINANET 和 CHINAGBN 是为社会提供 Internet 服务的经营性 Internet。

1. 中国教育和科研计算机网（CERNET）

中国教育和科研计算机网（China Education and Research Network，CERNET），是由国家计划委员会批准立项，国家教育委员会主持建设和管理的全国性教育和科研计算机互连网络。CERNET 的总体建设目标，是利用先进的计算机技术和网络通信技术，把全国大部分高等学校连接起来，推动这些学校校园网的建设和信息资源的交流，与现有的国际学术计算机网络互连，使 CERNET 成为中国高等学校进入世界科学技术领域的便捷入口。同时成为培养面向世界、面向未来高层次人才，提高教学质量和科研水平的重要的基础设施。CERNET 是一个包括全国主干网、地区网和校园网在内的三级层次结构的计算机网络。其结构包括连接 8 个地区网络的全国主干网和国际联网，全国网络中心、10 个地区网络中心和若干地区网点，功能齐备的网络管理系统，丰富的网络应用资源和便利的资源访问手段。CERNET 的网络中心建在清华大学，地区网络中心分别设在北京大学和北京邮电大学、上海交通大学、东南大学、西安交通大学、华南理工大学、华中科技大学、成都电子科技大学、东北大学。

2. 国家公用计算机互连网（CHINANET）

国家公用计算机互连网于 1995 年 4 月由邮电部投资建设。作为首期工程，北京、上海节点在 1995 年 6 月 28 日开通，经由 Sprint 公司的路由器进入 Internet，为社会公众提供各种 Internet 服务。1996 年 CHINANET 二期工程建设完成，建成了全国的 Internet 骨干网，包括 8 个网络中心和 31 个网络节点，覆盖全国 30 个省、市、自治区。通过 CHINANET 的灵活接入方式和遍布全国各城市的接入点，用户可以方便地接入 Internet，使用 Internet 上的丰富资源和各种服务。用户可以通过专线（DDN 数字专线或模拟专线）、帧中继、分组交换、电话拨号等方式接入 CHINANET。

3. 中国金桥信息网（CHINAGBN）

中国金桥信息网是 1993 年由国务院投资启动的国民经济信息化的网络工程（即金桥工程），同时确定吉通通信有限责任为金桥工程的业主。CHINAGBN 于 1996 年 9 月正式对社会提供服务。CHINAGBN 是一个开放式的互连网，是一个覆盖全国、天地一体（即将天上的卫星网和地面的光纤网互连在一起）的中速信息网。它可以传输数据、话音、图像等业务，为金融、海关、贸易、旅游、气象、交通、国家安全、科学技术等各种信息业务系统提供服务。

4. 中国科学技术网（CSTNET）

中国科学技术网是中国科学院负责建设和管理的网络。CSTNET 于 1994 年 4 月接入 Internet，是我国最早完成与 Internet 相连的互联网络。CSTNET 主要包括三大部分：（1）北京中关村地区教育与科研示范网，这是 CSTNET 的核心部分；（2）中科院院网，即在北京的中科院院网的基础上延伸到全国 25 个城市的 120 多个研究机构的"百所大联网"；（3）用微波、卫星等公用和专线连接有关部委和地区的一批接入网和用户电话拨号入网，这是中科院院外科技界网络部分。

第八节　Internet 的连接

要访问 Internet 上的资源，首先需要将计算机和 Internet 相连，下面介绍 4 种常见的接入 Internet 的方式。

1. 拨号上网

拨号上网方式适合业务量不太大但又希望以主机方式接入 Internet 的用户使用，是早期个人用户经常采用的接入方式。拨号上网用电话线为传输介质，由于电话线只能传输模拟信号，所以应配备 Modem 实现数字信号和模拟信号的相互转换。

拨号上网的最大缺点是传输速率太低，最高只能达到 56KB/s，而且在上网时无法使用电话功能，因此现在已经基本被淘汰。

2. ADSL 宽带接入

非对称数字用户线（Asymmetric Digital Subscriber Line，ADSL）是现在主流接入 Internet 的方式，既适用于个人单机用户，也适用于单位的局域网接入。ADSL 仍然可以使用电话线由于采用了特别的技术，ADSL 可以在电话线上做到最高上行 2MB/s、下行 8MB/s 的传输速率，而且使用 ADSL 上网不会影响电话的使用。

使用 ADSL 需要配备 ADSL Modem 或 ADSL 宽带路由器，用户的计算机上需要安装网卡，使用双绞线连接 ADSL 调制解调器或 ADSL 宽带路由器。

3. Cable Modem

Cable Modem（线缆调制解调器）使用 CATV（有线电视）的同轴电缆上网，是目前在部分城市开始普及的个人用户单机接入方式。Cable Modem 的传输速率最高可达 108MB/s，而且不影响收看电视。

4. 局域网接入

将局域网接入是目前除了家庭用户外最主要的 Internet 接入方式，可以使用专线接入和代理服务器接入两种技术。

（1）专线接入方式

专线接入是指通过相对固定不间断的连接（例如，DDN、ADSL、帧中继）接入 Internet，以保证局域网上的每一个用户都能正常使用 Interent 上的资源。这种接入方式是通过路由器使局域网接入 Internet。路由器的一端接在局域网上，另一端与 Internet 上的连接设备相连。

（2）使用代理服务器接入方式

使用代理服务器（Proxy Server）技术可以不使用路由器，代理服务器有两个网络连接端，一端通过电话线或光纤与 Internet 连接，另一端与局域网连接。局域网上的每台主机通过代理服务器，共享服务器的 IP 地址访问 Internet。常用的代理服务器软件有 Sygate、Wingate、MS Proxy Server 等。

第九节　Internet Explorer 浏览器的使用

一、Internet Explorer 特性

Internet Explorer（简称 IE）是 Windows 的 Web 浏览器，该浏览器具有许多优秀的特性，具体如下。

（1）可在全球范围的站点上，访问 Web 页，这些页面包括任何主题，包括正文、图片、声音甚至电影等。在 Web 上可以查找、保存和打印文档，并给喜爱的站点创建邮件列表。

（2）有丰富的多媒体功能，能播放声音、视频，显示文本、图形和图像等。

（3）能够保存和打印 Web 上的文件。

（4）提供功能强大的电子邮件和新闻阅读应用程序，支持 Java 应用程序等。

（5）能够访问 FTP 网点、下载文件，且具有良好的安全性，允许用户在 Internet 上安全地传输信息。

（6）具有强大的联机实时通信功能。

二、IE 的主窗口

打开 Internet Explorer 后，在地址栏输入 IP 地址或域名地址，并按回车键，即可进入对应单位、公司或组织的主页面，如图 7-15 所示。

1. IE 的窗口组成

IE 的主窗口包括标题栏、菜单栏、工具栏、URL 地址栏、链接图标、状态栏、链接点和进程指示框。

图 7-15　IE 的主窗口

2. 跟踪链接

Web 站点上最简单和最重要的活动就是超链接。点击一个或几个带下画线的文字或图标就可以将用户送到另一个 Web 站点上。例如，在很多网页上都有"友情链接"等类似的超链接选项组或列表框，用鼠标指针指向它们中的其中一项，鼠标指针就变为一个手形图标，单击该选项就可转到对应的网页上去。

3. 使用工具按钮

从一个站点转到另一个站点，只需单击一个超链接或在地址栏输入该站点的地址即可。IE 提供了很多工具按钮帮助用户浏览 Web 站点，这些按钮包括"后退""前进""停止""主页""刷新""收藏"等。

三、用 IE 浏览器下载文件

IE 浏览器的最终目的是浏览 Internet 的信息，并实现信息交换的功能。IE 浏览器作为 Windows 操作系统集成的浏览器，拥有浏览网页、保存信息和收藏网页等多种功能。

1. 浏览网页

使用 IE 浏览器对于个人用户而言实际上就是打开一个个网页，对网页中的内容进行查看。

下面使用 IE 浏览器打开网易网页，然后进入"旅游"专题，查看其中感兴趣的网页内容。

（1）双击桌面上的 Internet Explorer 图标 启动 IE 浏览器，在上方的地址栏中输入需打开网页网址的关键部分"www.163.com"，按【Enter】键，IE 将自动补充剩余部分，并打开该网页。

（2）在网页中列出了很多信息的目录索引，将光标移动到【旅游】超链接上时，光标变为 形状，单击鼠标左键，如图 7-16 所示。

（3）打开"旅游"专题，滚动鼠标滚轮实现网页的上下移动，在该网页中浏览到自己感兴趣的内容超链接后，再次单击鼠标，如图 7-17 所示，将在打开的网页中显示其具体内容，如图 7-18 所示。

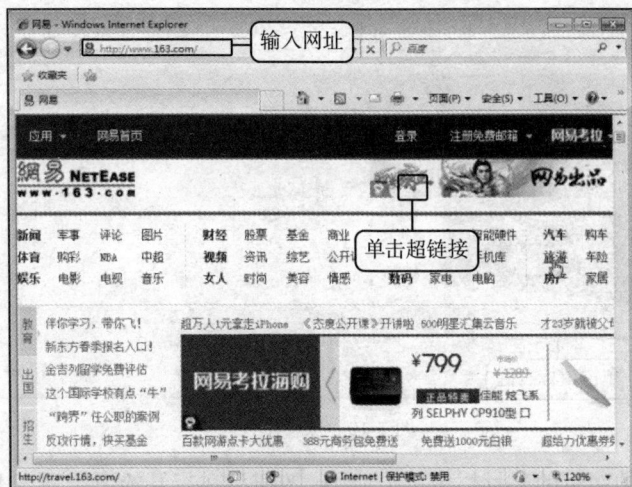

图 7-16　打开网页

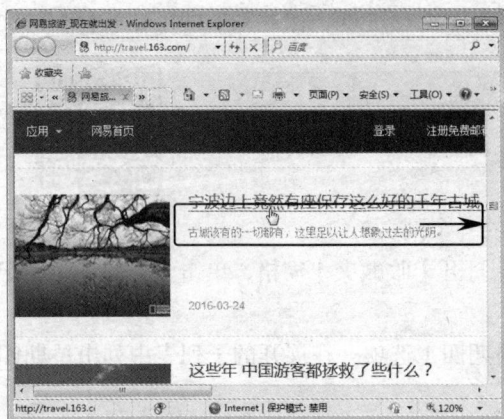

图 7-17　单击超链接

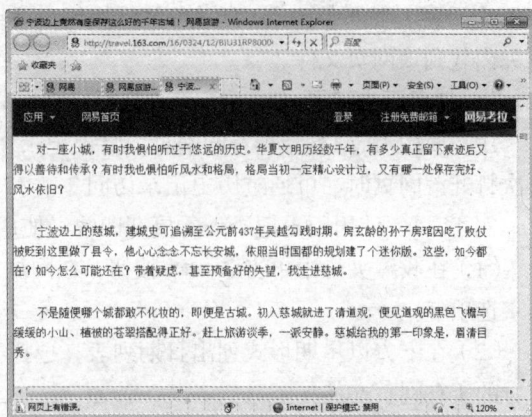

图 7-18　浏览具体内容

2. 保存网页中的资料

IE 浏览器提供了信息保存功能，当用户浏览到的网页有自己需要的内容时，可将其长期保存在计算机中，以备随时调用。

下面保存打开网页中的文字信息和图片信息，最后保存整个网页内容。

保存网页中的资料

（1）打开一个需要保存资料的网页，使用鼠标选择需要保存的文字，在选择的文字区域中单击鼠标右键，在弹出的快捷菜单中选择"复制"命令或按【Ctrl+C】组合键。

（2）启动记事本程序或 Word 2010 软件，选择【编辑】|【粘贴】命令或按【Ctrl+V】组合键，将复制的文字粘贴到该软件中。

（3）选择【文件】|【保存】命令，在打开的对话框中进行设置后，将文档保存在计算机中。

（4）在需要保存的图片上单击鼠标右键，在弹出的快捷菜单中选择【图片另存为】命令，打开【保存图片】对话框。

（5）在【保存为】下拉列表框中选择图片的保存位置，在【文件名】文本框中输入要保存图片的名称，这里输入"马尔代夫"，单击 保存(S) 按钮，将图片保存在计算机中，如图 7-19 所示。

单击鼠标右键

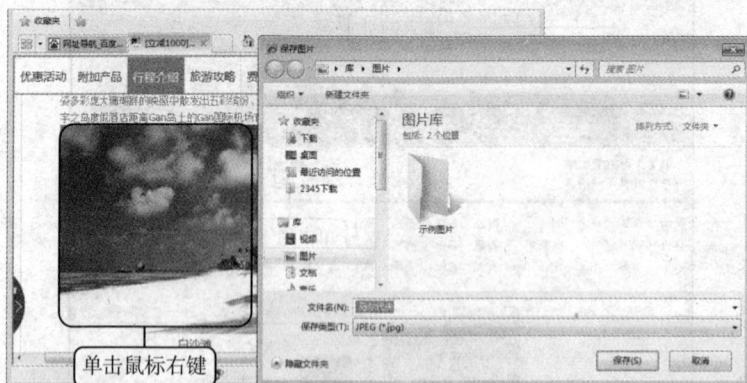

图 7-19　保存图片

（6）在当前打开的网页的工具栏中单击 页面(P)▼ 按钮，在打开的下拉列表中选择【另存为】选项，打开【保存网页】对话框，选择保存网页的地址，设置名称，在"保存类型"下拉列表框中选择【网页，全部】选项，单击 保存(S) 按钮，系统将显示保存进度，保存完后即可在所保存的文件夹内找到该网页文件。

3．使用历史记录

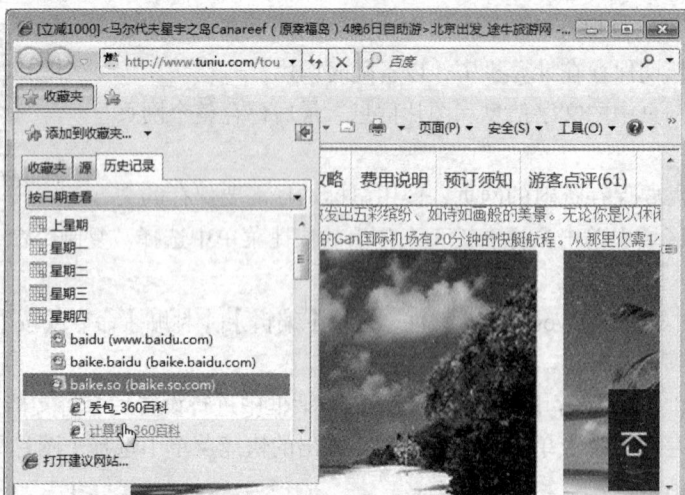

用户使用 IE 浏览器查看的网页，将被记录在 IE 浏览器中，当以后需要再次打开该网页时，可通过历史记录访问。

例 11-1 使用历史记录查看星期四曾经使用过的一个网页。

使用历史记录

（1）在收藏夹栏中单击 ☆收藏夹 按钮，在网页左侧打开【收藏夹】窗格，单击上方的【历史记录】选项卡。

（2）在下方以星期形式列出日期列表，选择【星期四】选项，在展开的子列表中列出星期四查看的所有网页文件夹。

（3）选择一个网页文件夹，在下方显示出在该网站查看的所有网页列表，选择一个网页选项，即可在网页浏览窗口中显示该网页内容，如图 7-20 所示。

图 7-20　使用历史记录

四、搜索 Web 站点

1. 搜索的一般步骤

不管用什么工具进行搜索，它的基本步骤是相同的，即：将浏览器定位到搜索站点，在查找域中输入搜索关键字，然后单击"搜索"按钮。不同的搜索工具会有差异，但是基本操作方式相同。要进行搜索，就要选择搜索网站，下面列出几个比较有名的搜索网站：

http://www.baidu.com

http://www.yahoo.com

另外，在 Internet 上主要可以搜索 WWW、Usenet 新闻组、新闻网络（wires）和电子邮件等方面的内容。

2. 搜索操作符

搜索时，为了使查找更准确，多数工具允许用户在查找域中使用操作符，也就是用操作符连接搜索关键字，这类似于布尔表达式。操作符一般用大写字母写出，以区别于其他主题。常用的操作符号及意义如下。

（1）AND（或+）：必须在两边分别放置一个搜索词，以便产生"与"的搜索结果。如"网络 AND 通信"（或"网络+通信"）会找到含网络和通信的有关内容。

（2）OR：必须在两边分别放置一个搜索词，以产生"或"的搜索结果。如"网络 OR 通信"会找到符合两个关键字之一的结果。

3. 搜索结果

搜索结果比较简单，一般是 URL 或 Web 页的题目，题目后面紧跟该网页的说明。

4. 搜索实例

下面以 Baidu 搜索为例来说明网络搜索的过程。

首先打开 IE 浏览器，在地址栏中键入 Baidu 搜索网站的域名：www.baidu.com，然后按回车键，将进入 Baidu 搜索网站的主页，如图 7-21 所示。

图 7-21　Baidu 搜索网站主页

然后在主页中的文本框中输入所要查找的关键字或词，然后用鼠标单击"Baidu 搜索"按钮即可完成搜索。用户也可以使用"高级搜索"来输入比较复杂的搜索条件。单击"高级搜索"超级链接，即可进入 Baidu 高级搜索主页，如图 7-22 所示。

图 7-22　Baidu 高级搜索主页

如在图 7-22 所示的文本框中输入关键词"计算机网络基础"，就表示需要搜索包含该关键词的所有简体中文网站。其搜索结果如图 7-23 所示。

图 7-23　Baidu 搜索结果窗口

第十节　文件传输协议

与 Internet 上大多数应用软件一样，FTP（文件传输协议）也采用"客户机/服务器"模式工作，用户端需要在自己的本地计算机上安装 FTP 客户程序，才能获得远地 FTP 服务器提供的服务。

FTP 客户程序有字符界面和图形界面两种。许多操作系统都提供字符界面的客户程序，如 Windows 的 FTP.EXE，它的界面类似于 DOS 系统界面，通过使用一些命令来实现 FTP 最底层、最基本的操作，用户依次输入命令，在一个命令执行完成后才能输入下一个命令。FTP 客户程序的图形界面利用菜单操作，简洁方便、直观，例如，WS_FTP、Cute_FTP 等。

目前，分布在 Internet 上的 FTP 服务器的数量有数千个，在它们中存放着相当丰富的资源，不但有各式各样的文档资料，其中包含最新发布的技术标准、技术资料、学术论文、研究报告等，更有大量的计算机系统软件，包括公用领域代码、共享软件和免费软件。这些资料可以通过 FTP 文件传输协议工具来获取。

通过 WWW 方式也可以下载文件资料和软件，但 FTP 方式更侧重于技术信息的发布和查询。技术人员将文件上传到 FTP 服务器即可实现信息共享。若使用 WWW 方式，则必须先制作成 WWW 网页，这样就显得较为麻烦。

一、FTP 的工作原理

在 FTP 的工作过程中，客户机只提出请求和接受服务，服务器只接收请求和执行服务。在利用 FTP 进行文件传输之前，用户必须先连入 Internet，在本地计算机上启动 FTP 协议程序，并利用它与远地计算机系统建立连接，激活远地计算机上的 FTP 程序，然后才能进行文件传送。如此一来，本地 FTP 程序就成为一个客户，而远地 FTP 程序成为服务器，它们之间通过 TCP 进行通信。每次用户请求传送文件时，服务器便负责找到用户请求的文件，利用 TCP 将文件通过 Internet 网络传送给客户。而客户程序收到文件之后，便负责将文件写到用户本地计算机系统的硬盘上。一旦文件传送完成之后，客户程序和服务器程序便终止传送数据的 TCP 连接。

二、使用 FTP 的一般步骤

当用户的计算机安装了拨号上网软件和 FTP 软件，或已经可以通过 Internet 说法 E-mail 或进行 WWW 浏览以后，便可以与 FTP 服务器之间进行文件传送。但用户必须先知道 FTP 服务器的域名地址或 IP 地址和登录 FTP 服务器要求输入的注册用户名和密码。一般的用户只能匿名登录 FTP 服务器，即无须特殊的用户名和密码，用户名一般可以用 FTP 或 anonymous，密码可使用用户的 E-mail 地址。

下面是 FTP 客户使用字符界面程序的步骤。

（1）拨号上网，如果用户的计算机是通过专线而不是电话线连入 Internet 时，则可不执行这一步骤。

（2）启动 FTP 客户程序。在 Windows 操作系统下，在系统文件夹下找到 FTP.exe，然后双击该文件，就可用启动 FTP 客户程序。客户程序启动之后，将出现"ftp>"的命令提示符。

（3）与某个 FTP 服务器建立连接。在"ftp>"的命令提示符后面输入命令：

　　　　　　　FTP　ftp 服务器域名地址或 IP 地址

执行上述命令后，FTP 将要求用户输入用户名和密码。

（4）上传或下载文件。登录成功以后，可以列出 FTP 文件服务器上的文件清单，把某个文件下载到本地计算机或把某个文件从本地计算机上传到 FTP 服务器。

（5）退出。输入命令"close"结束 FTP 连接；输入命令"quit"退出 FTP 客户程序，断开拨号连接。

三、FTP 常用命令功能表

在 Windows 操作系统下 ftp.exe 提供的命令有 42 条，其命令格式基本上与 DOS 命令类似，首先是命令，然后输入命令参数等。

下面在表 7-6 中列出了 FTP 常用的命令及其功能。

表 7-6   FTP 常用命令及其功能

命 令	功 能
Open	建立与远地计算机的连接
User	将用户名传送到远地计算机重新登录
Dir	列出当前目录下的所有文件的详细信息
Pwd	显示远地计算机的当前目录
Cd directory	改变远地计算机的工作目录
lcd directory	改变本地计算机的当前目录
Ls	显示远地计算机的当前目录下的文件清单
Ls-LR	列表输出当前目录及其子目录下的文件清单
Delete filename	删除远地主机系统上指定名的文件
Get	将远地计算机上的一个文件下载到本地计算机上
Mget file_list	将远地计算机上的多个文件下载到本地计算机上，文件名表（file_list）可以是一列用空格分开的文件名。或者匹配符*、？
Put	经本地计算机上的一个文件上传到远地计算机上
Mput	经本地计算机上的多个文件上传到远地计算机上
Close	结束与远地主机系统的会话，回到 FTP 命令状态
bye	退出 FTP 命令状态
Quit	撤销当前已经建立的所有连接，退出 FTP
Ascii	将传送文件设置为 ASCII 文本类型
Binary	将传送文件设置为二进制代码类型
Help	显示 FTP 的帮助详细

四、字符界面下 FTP 的使用实例

1. 与某个 FTP 服务器建立连接

这里以 IP 地址服务器"219.140.60.7"为例。在提示符"ftp>"后面输入命令"open 219.140.60.7"，如图 7-24 所示。在提示"username："后输入"anonymous"或"ftp"。在提示"password"后，输入用户的电子邮件地址。

图 7-24   FTP 连接和登录

2. 下载文件

下载单个文件的命令格式为：get 文件名[目标文件名]

例如，输入命令"get java.zip"后，FTP 就开始下载文件，下载结束后，显示结果窗口如图 7-25 所示。下载文件存放到本地计算机的当前目录下。如果输入"目标文件名"，则在本地计算机上将以"目标文件名"命名，否则将以源位置文件名命名。

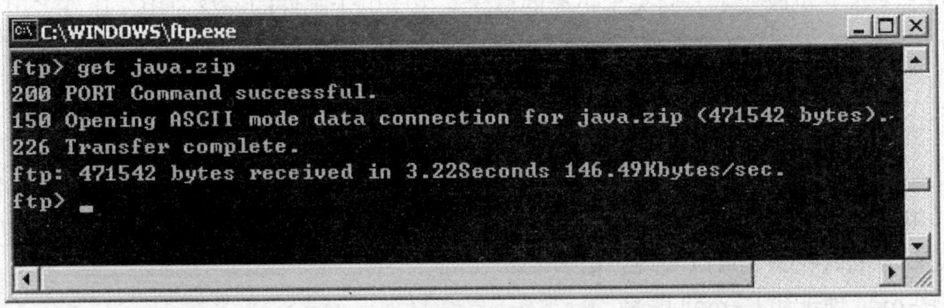

图 7-25 FTP 下载文件

3. 上传文件

将本地计算机上的一个文件上传到远地计算机上的目录格式为：

```
put   文件名  [ 目标文件名]
```

例如，输入命令"put c:\autoexec.bat"，FTP 将上传指定文件，显示的结果窗口如图 7-26 所示。

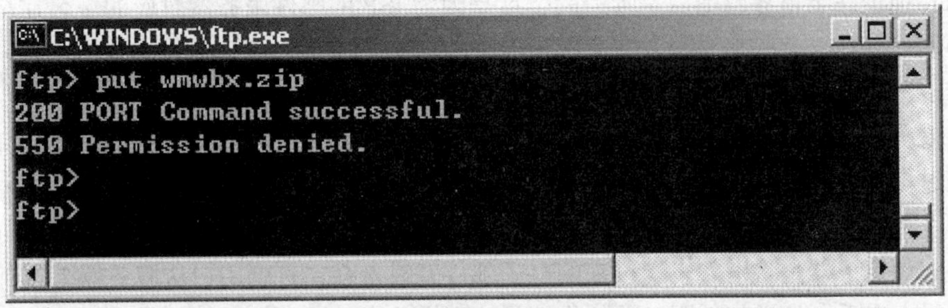

图 7-26 FTP 上传文件遭拒绝

屏幕提示用户文件上传不成功。这是因为用户以匿名方式登录 FTP 服务器，匿名 FTP 服务器只允许用户下载文件，不允许上传文件。若不是以匿名方式登录，而是以实名方式登录，文件上传结束后，显示的结果窗口将如图 7-27 所示。

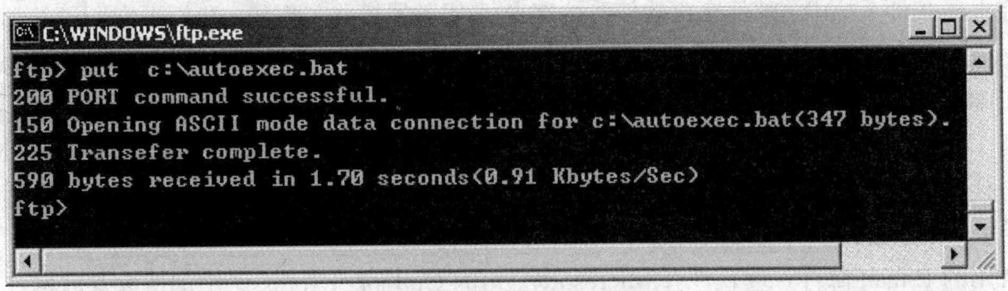

图 7-27 上传文件成功

第十一节　电子邮件

电子邮件是 20 世纪 70 年代出现的一种新型通信手段。它的出现改变了人们传统的通信方式，从某种意义上说它也改变了人们关于距离的概念。由于电子邮件的广泛使用，让许多用户开始认识 Internet。

一、电子邮件的基本概念

电子邮件称为 E-mail，它是通过 Internet 邮寄的邮件，是人们使用 Internet 进行信息传递的主要途径。电子邮件的特点是：它比人工邮件速度快，可靠性高，价格便宜，而且它不像电话那样要求通信双方同时在场，可以实现一信多发。

1. E-mail 地址和 E-mail 账号

用户在使用电子邮件时必须要有一个电子邮件信箱，用户可以向 Internet 服务提供商（ISP）申请。每个电子邮件信箱对应一个邮件地址，即 E-mail 地址。在 Internet 的电子邮件系统中，每个用户有一个（或多个）E-mail 地址。

E-mail 地址的一般格式为：用户名@域名。其中用户名是用户申请电子信箱时与 ISP 协商的一个字母与数字的组合。域名是 ISP 的邮件服务器名字。中间的字符"@"是一个分隔符号，读作英文单词的"at"，表示"在"的意思。

例如，Guest@163.com 表示"Guest"用户信箱在名为"163.com"的邮件服务器上。

E-mail 地址在全世界范围内是唯一的，这是因为 ISP 的邮件服务器对应的域名在全世界是唯一的，而用户名在 ISP 的邮件服务器中也是唯一的。

2. 电子邮件服务器

在 Internet 上有很多处理电子邮件的计算机，它们就像一个个邮局，从用户的计算机发出的邮件要经过多个这样的"邮局"中转，才能最终到达目的地。这些 Internet 上的"邮局"叫作邮件服务器。邮件服务器要遵循同样的规则才能正确地互相转达信息，这样的规则称为协议。

接收邮件服务器是将别人发送过来的电子邮件暂时寄存，直到用户从服务器上将邮件取到自己的计算机上查看。发送邮件服务器的作用是让用户将自己撰写的电子邮件交到收信人的手中。由于发送邮件服务器遵循的是简单邮件传输协议（Simple Message Transfer Protocol，SMTP）协议，所以在应用中，尤其是邮件软件的设置称它为 SMTP 服务器。大多数的接收邮件服务器遵循的是 POP3 协议，所以被称为 POP3 服务器或 POP 服务器。

3. 邮件客户软件

在电子邮件系统中，邮件客户软件是按客户机/服务器模式工作的。我们平常所说的邮件软件实际上就是邮件客户软件，是运行在自己的计算机上同 Internet 上的邮件服务器联络并为自己处理电子邮件的软件。常用的邮件客户软件有 Outlook Express、Foxmail、Eudora 等。

有了邮件客户软件，就可以让客户软件将要发送的电子邮件通过 SMTP 协议发送给 SMTP 服务器，让服务器辗转递交到目的地。邮件客户软件也可以通过 POP3 和 POP3 服务器建立网络连接，从 POP3 服务器上将别人发送过来的邮件传送到自己的计算机上，并存储到硬盘上。

常用的 E-mail 邮件管理软件有 Microsoft 公司的 Outlook Express、中国博大互联网技术有限公司的 Foxmail 等软件。Foxmail 使用方法的详细介绍见第六章第三节。

二、使用 Outlook Express 收发邮件

Outlook Express 是一种专用的在网上接受和管理邮件的工具。经过设置用户无须每次收发邮件都登录网站邮箱。

Outlook Express 作为微软公司的一个成熟网上邮件管理产品。尽管是一个应用软件但它无须单独的购买和安装，用户在安装 IE 时就会自动将其安装在计算机中。

1. 启动 Outlook Express

（1）启动 Outlook Express 常用的方法有如下 4 种。

① 单击桌面上的 Outlook Express 图标。

② 单击任务栏中的启动 Outlook Express 图标。

③ 在 Windows 桌面上，单击"开始"菜单中的"程序"项，选择"Outlook Express"命令。

④ 在 Internet Explorer 窗口中，单击"工具"菜单中的"邮件和新闻"项，选择"阅读邮件"命令。

（2）Outlook Express 窗口如图 7-28 所示，主要由以下几部分组成。

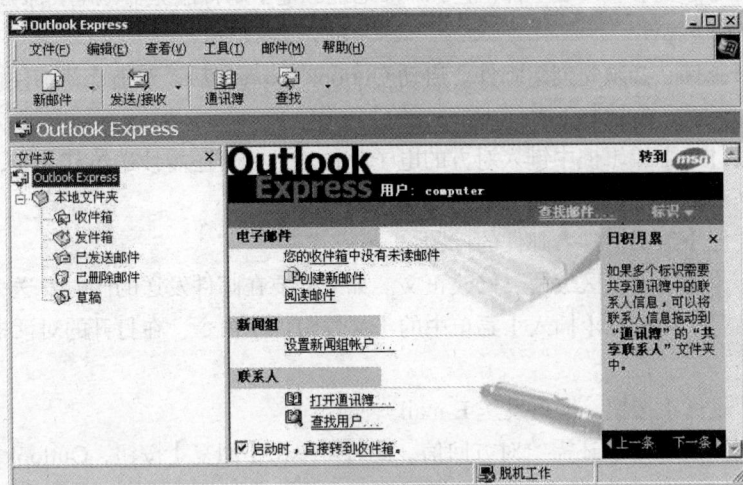

图 7-28　Outlook Express 主屏幕

① 收件箱：用来自动保存新收到的邮件。当用户有新邮件时，"收件箱"将显示为粗体。其后的括号中的数字表示用户没有阅读的新信件。

② 发件箱：用来保存即将发送的邮件。当用户打开该文件夹发现没有任何文件，则表示用户编辑的邮件已经全部发出。

③ 已发送邮件：用来保存已经发送的邮件副本。用户可以通过该邮件夹确定某个邮件是否已被发出，或者将某个邮件的副本发送给其他人。

④ 已删除邮件：用来保存已经删除的邮件。其功能相当于"回收站"，用户删除的邮件都存放在这里直到被清空。

⑤ 草稿：用来保存正在编辑的邮件。

2. 设置邮件服务器

在使用 Outlook Express 前，必须正确配置有关 E-mail 发送和接收的参数。设置邮件服务器的步骤如下。

（1）在 Outlook Express 窗口中，选择【工具】菜单中的【账户】命令，打开【Internet 账号】对话框，选择【邮件】选项卡，如图 7-29 所示。

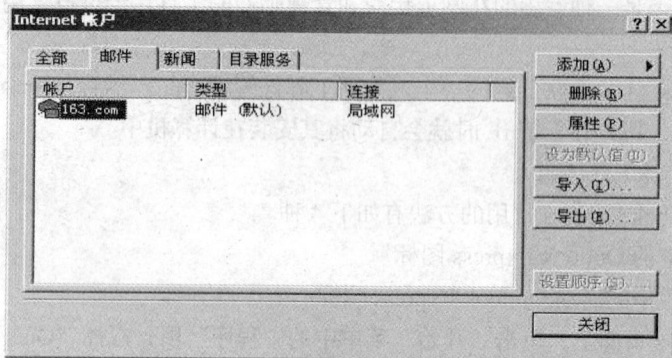

图 7-29　设置邮件服务器

（2）单击【添加】按钮，在弹出式菜单中选择"邮件"选项，启动添加一个邮件服务器向导。

（3）安装向导，顺序添加用户名、电子邮件地址和电子邮件服务器地址，即可完成设置工作。

3. 创建和发送邮件

要发送电子邮件，必须先创建邮件。启动 Outlook Express 后，双击【新邮件】按钮图标，打开【新邮件】对话框，步骤如下。

（1）在【收件人】编辑框中键入对方的电子邮件地址。若还需抄送给其他人，则在【抄送】编辑框输入抄送人的电子邮件地址。

（2）在【主题】编辑框键入邮件的标题。

（3）在屏幕下方的编辑区编写、修改正文。如果需要在邮件发送的同时发送一些附件，如图片、声音、文件等，可选择【插入】菜单中的【文件附件】命令，在打开的对话框中选择相应的文件即可。

（4）单击【发送】按钮，即可发送 E-mail。

有时在收到 E-mail 后，还需给对方回信。此时可单击【回复】按钮，Outlook Express 会自动把对方的地址和回信的标题填好，在缺省情况下还会将对方的信件内容插入回信中，原信的每一行前用">"表示。

4. 接收、阅读电子邮件

在 Outlook Express 中接收邮件有以下两种方法。

（1）单击工具栏上的【发送|接收】按钮右边的下三角形按钮，在弹出的菜单中选择【发送和接收全部邮件】或者【接收全部邮件】命令。

（2）在 Outlook Express 主窗口中，单击【工具】中的【发送和接收】下拉菜单，选择"发送和接收全部邮件"或者"接收全部邮件"命令。

接收邮件后，用户就可以阅读邮件了。进入 Outlook Express 后，单击"收件箱"，系统显示所有收到的邮件的概况。屏幕右上方是邮件名列表，每行说明一个邮件，其中包括显示发送者、标题、未读标志以及邮件发送的日期和时间等。缺省时邮件按接收到的次序排序，屏幕下方的窗口中显示邮件的正文内容。双击某一邮件，就可查看邮件的细节。

在每个邮件左边带有"回形针"标志的说明该邮件带有附件。阅读附件有两种方式：直接打开阅读和保存后打开阅读。

5. 删除电子邮件

在收件箱中删除邮件的方法是：选择要删除邮件，单击工具栏上的【删除】按钮或者单击键盘上的【Delete】键即可删除。所有删除的邮件并没有从硬盘上直接删除掉，只是将它们转移到"已删除邮件"文件夹中。

6. 为邮件加密

为邮件加密就是给邮件设置数字标识。数字标识由"公用密钥""私人密钥"和"数字签名"3 个部分组成，数字签名和公用密钥被统称为"证书"。

设置数字标识的操作方法是：单击【工具】菜单中的【账号】命令，打开【Internet 账号】对话框。单击【属性】按钮，打开【Internet 属性】对话框，选择【安全】选项卡。在【安全】选项卡中，单击上方的【选择】按钮，为指定账号选择添加的数字签名。

7. 通讯簿

Outlook Express 通讯簿可以用来存储网友的电子邮件地址、家庭和单位地址、电话和传真号码、数字标识、会议信息、即时消息地址，以及个人信息如生日、周年纪念日和家庭成员等。用户还可以利用它存储个人和公司的 Internet 地址，并且可以直接从通讯簿链接到这些地址。至于非上述分类的其他信息，通讯簿提供了大量附注可以参考。总之，通讯簿是一个功能强大的工具。

向通讯簿中添加联系人的操作方法如下。

（1）单击【工具】菜单中的【通讯簿】命令，打开"通讯簿"窗口。

（2）在通讯簿窗口的工具栏中单击【新建】按钮右边的下拉箭头，弹出下拉菜单，选择【联系人】选项，打开【属性】对话框。

（3）单击【姓名】选项卡，在相应文本框中填写联系人的"姓""名"和"电子邮件"。

（4）在【数字标识】【家庭】【其他】选项卡中填入相关信息后单击【确定】按钮即可。

如果联系人的信息有变，则可以在打开通讯簿后双击这个联系人，打开【属性】对话框，根据相应的变更选择修改。除了以上方法外，Outlook Express 还可以直接从回复的电子邮件中将发件人的地址添加到通讯簿即可。只要将 Outlook Express 设置为在回信时自动将收件人添加到通讯簿即可。另外，每次发送或接收邮件时，都可以将收件人或发件人的姓名添加到通讯簿。

8. 使用 Web 方式收发邮件

如果用户没有配置电子邮件客户软件，则可以使用 Web 方式的电子邮件系统来收发 E-mail。一般只有免费的电子邮箱使用 Web 方式。Web 方式的邮件系统是由 ISP 开发和提供的，用户只能使用其中存在的功能，无法自己更改和升级。

在 IE 中打开提供免费邮箱的网站，进入用户邮箱登录页面，在网页的【用户名】文本框中输入用户名，在【密码】文本框中输入用户密码。如果用户使用的是免费邮箱，则单击"免费邮箱"按钮就可以进入免费邮箱网页中；如果使用的是收费邮箱，则单击"VIP 邮箱"按钮，即可进入VIP 免费邮箱网页。

若要接收邮件，则可单击"未读邮件"或"收件夹"超级链接；若要写邮件并发送，则单击【写邮件】超级链接，按照提示操作即可。

单击【设置】超级链接能够设置邮箱中的参数，包括个人信息、密码或个人签名等。

本 章 小 结

本章在介绍计算机网络基础时，介绍了计算机网络的产生和发展、分类和应用、Internet 的基础知识、主要服务，介绍了接入 Internet 的常用方式。此外，还介绍了如何收发电子邮件，包括创建用户账户、编写邮件、接收和回复邮件、邮件管理等。

习 题 七

1. 简述网络的定义、分类及功能。

2. 局域网的拓扑结构主要有哪几种，各有什么特点？

3. 计算机网络中主要包括哪些内容？

4. Netware 网络操作系统的路径格式怎样写，它与 DOS 的路径格式有什么区别？

5. 简述 Internet 的功能。

6. Internet 的地址如何表示？

7. 假设在 Internet 上的一个 B 类地址具有子网掩码 255.255.240.0，则该网络中可同时接入的最大主机数是多少？

8. 简述 Internet 的连接过程。

9. 简述在 Internet 上搜索信息的方法。

10. 什么是 E-mail 地址和 E-mail 账号？

11. 简述 Outlook Express 发送邮件的步骤。

12. 什么是 FTP、WWW、BBS、Telnet、Gopher 和 WAIS？

实训部分

实训一
键盘与指法练习

一、实训要点

1. 掌握计算机的 3 种启动方式并了解启动过程。
2. 认识键盘布局，熟悉键位排列，掌握键盘指法分工，严格训练键盘指法并实现盲打。
3. 掌握计算机的正确关机方法。

二、实训目的

学会正确地启动和关闭计算机，实训的重点是让学生能够熟练地使用键盘并实现中英文输入的盲打。

三、实训内容

1. 计算机的启动

计算机的启动方式有以下 3 种。

（1）冷启动：打开电源开关，加电启动。冷启动的时间较长，主机板上的 BIOS 要先对硬件进行测试。然后自动地启动操作系统，直到出现 Windows 桌面。

（2）热启动：按组合键【Ctrl+Alt+Del】重启计算机。或在 Windows 环境下，执行【开始】→【关闭计算机】→【重新启动】命令。热启动会跳过一些硬件检查步骤，所以比冷启动要快。

（3）复位启动：按主机面板上的【Reset】按钮重启计算机，而不需重新开关电源。

冷启动和复位启动会清空计算机内存数据，热启动则不会清空。所以有时要清除内存中的病毒必须用冷启动或复位启动，而不能用热启动。

思考：分别用 3 种方式启动计算机，并观察有何不同。

2. 在 Windows 下关闭计算机

关闭计算机的步骤如下。

（1）关闭正在运行的各种应用程序。

（2）单击【开始】，选择【关闭计算机】。

（3）单击【关闭】。

（4）最后关闭电源。

> **注意**　关机前应该先关闭各种应用程序，以防未关闭的应用程序数据丢失。在应用程序尚未关闭的情况下，直接关闭电源是一个坏习惯。

3. 键盘知识介绍

键盘分为4个区：主键盘区、功能键区、编辑键区和小键盘区（见实训图1-1）。其中：

（1）主键盘区：除字母、数字、符号键外，还有功能键：【Backspace】（←，退格键）、【Tab】（制表键）、【CapsLock】（大小写切换键）、【Shift】（换档键）、【Ctrl】（控制键）、【Alt】（替换键）、【Enter】（回车换行键）。

（2）功能键区：包括【Esc】键和【F1】～【F12】键，其中【F1】～【F12】键功能由系统或用户定义，完成特殊操作，【Esc】键是取消键。

（3）编辑键区：常用的有【Insert】、【Delete】、【Home】、【End】、【PageUp】、【PageDn】和四个方向键←、↓、↑、→，此外还有【PrintScreen】（屏幕复制键）、【ScollLock】（数字锁定键）、【PauseBreak】（暂停键）。

（4）小键盘区：位于键盘右侧，有两个功能，分别是：数字键和光标控制键，通过【NumLock】键进行切换。

实训图 1-1　键盘键位图

用户使用频率最高的是主键盘区和小键盘区，下面介绍这两个区的键盘指法。

4. 键盘指法

指法练习对一个初学计算机的用户来说是非常重要的，通过指法练习，读者应能正确掌握键盘指法的操作，为提高输入信息的速度打好基础。

键盘指法训练要求如下。

（1）正确的打字姿势

正确的打字姿势，有助于用户准确、快速地输入信息，且不容易疲劳。初学者应严格按下面要求进行训练。

① 坐姿要端正，上身保持笔直，全身自然放松。

② 座位高度适中，手指自然弯曲成弧形，两肘轻贴于身体两侧，与两前臂成直线。

③ 手腕悬起，手指指肚要轻轻放在字键的正中面上，两手拇指悬空放在空格键上。此时的手腕和手掌都不能触及键盘或机桌的任何部位。

④ 眼睛看着稿件，不要看键盘，身体其他部位不要接触工作台和键盘。

⑤ 击键要迅速，节奏要均匀，利用手指的弹性轻轻地击打字键。

⑥ 击打完毕，手指应迅速缩回原键盘规定的键位上。

注意　击键时手指要用"敲击"的方法去轻轻地击打字键，击完即缩回。

（2）键盘指法分区

键盘指法分区如实训图1-2所示，它们被分配在两手的10个手指上。初学者应严格按照指法分区的规定敲击键盘，每个手指均有各自负责的上下键位，不要"互相帮助"。

实训图1-2　键盘指法分区

（3）键盘指法分工

键盘第三排上的A、S、D、F、J、K、L；共8个键位为基准键位，如实训图1-3所示。其中，在F、J两个键位上均有一个突起的短横条，用左右手的两个食指可触摸这两个键以确定其他手指所在的键位。

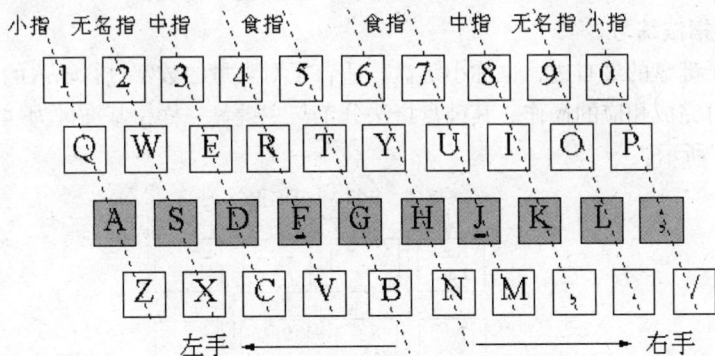

实训图1-3　基准键位置

（4）指法练习注意事项

① 按键时尽量不看键盘，应注意文稿或屏幕，即为盲打。开始时会很困难，慢慢习惯，只有实现了盲打，才能做到快速地键盘输入。

② 坚持使用十个手指同时操作，各个手指严格遵守"分工负责"的规定，任何"协助""互助"只会造成混乱，切忌只用一只手或一个手指按键。

● A、S、D、F、G、H、J、K、L；键练习

assss	dfff	ffggg	hhhjj	jjkkk	kklll	gghh	hhhjj
ggfff	sss	kkkaa	llddd	jjjfff	ddhhh	aaakk	kkkaa
glads	jakh	saggh	hsklg	ghjgf	gfdsa	ghjgf	gfdsa
hgkh	lkjh	asdfg	lkjh	gfdsa	hjkl;	hjkl;	lkjh
gfdsa	hjkl;	gfdsa	hjkl;	gfdsa	hjkl;	fgf	hjkl;
fjhjfg	jhgf	fghj	fgfg	hjhj	hadfs	fghfj	fghj

- Q、W、E、R、T、Y、U、I、O、P 键练习

owpqe	wwqqo	ppoow	ooqqp	wwqqo	powqp	oowqp	opwqw
owpqe	wwqqo	ppoow	ooqqp	wwqqo	powqp	oowqp	opwqw
qpqpw	wwwqo	pppww	ppqqp	qqwqq	ppqqp	wqwqp	qqppp
otyqe	wuoqq	ppterw	oybrq	eywqq	pothq	eodqp	efwtw
ppooo	oooiii	iiiuuu	uuyy	yytttt	rrreee	wwqq	PPyy
uurree	ooww	rriioo	wwo	qqppp	rruuoo	ppyyrr	qquu
dedr	kikt	edey	ikiu	diei	deio	iep	diei
qwert	poiuy	qwert	poiuy	qwert	poiuy	ert	pouuy
keiq	iede	eikw	deik	kied	feded	jikij	ppkij
delielie	aile	drfr	yjyu	tftyy	qquju	edey	yjpup

- V、B、N、M、Z、X、C 键练习

zzxxx	xxxccc	ccbbb	bbbnn	nnmm	mm,,,,	ccnnn	
mmbb	mmvvv	cccnn	xxxnn	zzxxnn	ccc,,,	zzznn	
dpzsc	szekjb	fcxeos	sxcies	hksxz	dwxcis	vaxcai	
zxcvb	mnmn	zxcvb	mnmn	zxcvb	mnnm	zxcvb	
zxsscx	azxzs	scsabn	czczln	mcxn	bczxd	hczrj	
bvcxz	cvbnm	bvcxz	cvbn	bvcxz	cvbnm	cvbnm	

5. 数字键盘指法练习

数字键盘位于键盘的最右边，也称小键盘。适合于对大量的数字进行输入的用户，其操作简单，只用右手便可完成相应的操作。其键盘指法分工与主键盘一样，基准键为 4、5、6。其指法分工如实训图 1-4 所示。

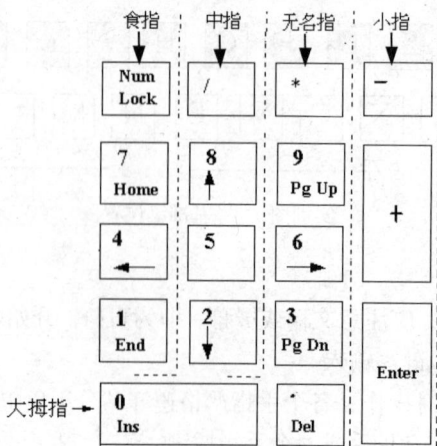

实训图 1-4　数字键盘

1040	4047	4047	1404	7407	4107	1044	0477	0477
0369	6936	9630	6963	9630	0963	9660	6093	3906
4565	5456	5464	4564	5464	4564	5464	5566	4664
9633	3996	3960	3693	3696	3696	3690	3969	3690
1407	1470	7410	1407	0147	0477	0701	4140	1070
8585	0028	0850	2580	2852	0588	0585	0588	2580
4455	4554	4555	6655	4666	4664	5565	5655	5656
2580	0588	8500	2085	5280	8508	0058	0580	0080
8505	5882	2058	2208	2585	0258	2258	0588	0582
9699	6963	0696	0639	9660	3993	0369	3993	3639

6. 指法训练软件

进行指法训练时最好采用训练软件。它可针对用户的水平定制个性化的练习课程，并提供英文、拼音、五笔、数字符号等多种输入练习，可满足不同行业人士的需求，如金山打字通等，用户可在网络上免费下载。

四、上机操作任务

实习 1. 练习 A、S、D、F、J、K、L；共 8 个基准键。

实习 2. 练习 Q、W、E、R、T、Y、U、I、O、P 键。

实习 3. 练习 V、B、N、M、Z、X、C 键。

实习 4. 混合练习 26 个英文字母键。

实习 5. 小键盘练习。

实习 6. 打开金山打字通 2，逐课练习指法。

一、实训要点

1. 掌握 Windows 7 操作系统的基本操作。
2. 掌握 Windows 7 操作系统的文件管理。
3. 掌握 Windows 7 操作系统的常规设置。

二、实训目的

学会 Windows 7 操作系统的基本使用方法，为熟练使用个人计算机打下坚实基础，为后续课程办公软件 Office 2010 的使用做好准备。

三、实训内容

任务一：Windows 7 的启动和退出

1. 启动 Windows 7

打开计算机主机箱和显示器的电源，Windows 将载入内存，检测主板和内存，从而进入 Windows 欢迎界面，再进入系统桌面。

2. 认识 Windows 7 桌面

Windows 7 的桌面由桌面图标、鼠标指针、任务栏和语言栏 4 个部分组成。

3. 退出 Windows 7

（1）保存文件或数据，然后关闭所有打开的应用程序。

（2）单击【开始】按钮，在打开的【开始】菜单中单击【关机】按钮。

（3）关闭显示器的电源。

任务二：操作窗口、对话框与【开始】菜单

1. Windows 7 窗口

双击桌面上的【计算机】图标，即可打开和查看【计算机】窗口，如实训图 2-1 所示。

2. Windows 7 对话框

对话框实际上是一种特殊的窗口，Windows 7 对话框中各组成元素的名称分别是选项卡、下拉列表框、命令按钮、数值框、复选框、单选项、文本框、滑块、参数栏。

3. "开始"菜单

单击桌面任务栏左下角的【开始】按钮，即可打开和查看【开始】菜单。计算机中几乎所有的应用都可在【开始】菜单中执行。

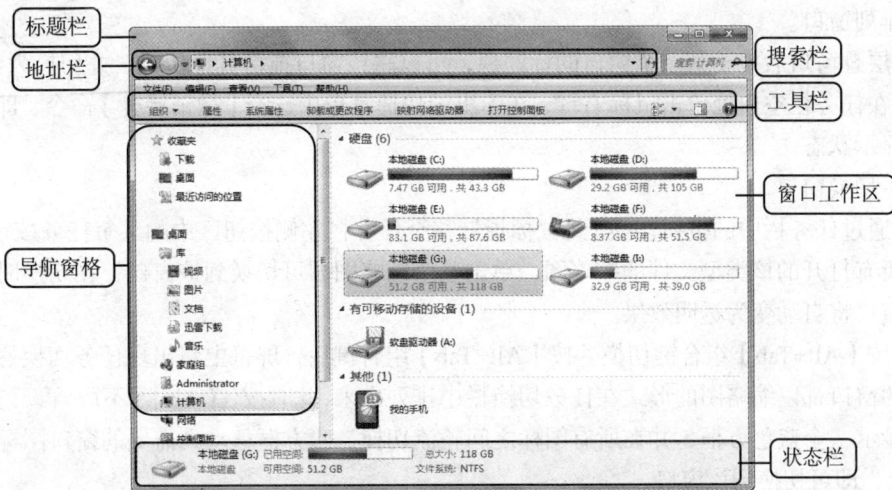

实训图 2-1　【计算机】窗口

4. 管理窗口

（1）打开窗口及窗口中的对象

① 双击桌面上的【计算机】图标，或在【计算机】图标上单击鼠标右键，在弹出的快捷菜单中选择【打开】命令，打开【计算机】窗口。

② 双击"计算机"窗口中的"本地磁盘（C：）"图标，或选择"本地磁盘（C：）"图标按【Enter】键，打开本地磁盘（C：）窗口。

③ 双击"本地磁盘（C：）"窗口中的"Windows 文件夹"图标，即可进入 Windows 目录进行查看。

④ 单击地址栏左侧的【返回】按钮，将返回上一级"本地磁盘（C：）"窗口。

（2）最大化或最小化窗口

① 打开【计算机】窗口，再依次双击打开"本地磁盘（C：）"下的 Windows 目录。

② 单击窗口标题栏右侧的【最大化】按钮，此时窗口将铺满整个显示屏幕，同时【最大化】按钮将变成【还原】按钮，单击【还原】按钮即可将最大化窗口还原成原始大小。

③ 单击窗口右上角的【最小化】按钮，此时该窗口将隐藏显示，并在任务栏的程序区域中显示按钮，单击该文件夹，窗口将还原到屏幕显示状态。

（3）移动和调整窗口大小

① 打开"计算机"窗口，再打开"本地磁盘（C：）"下的 Windows 目录窗口。

② 在窗口标题栏上按住鼠标不放，拖动到目标位置后释放鼠标即可移动窗口位置。当将窗口向屏幕最上方拖动到顶部时，窗口会最大化显示；向屏幕最左侧拖动时，窗口会半屏显示在桌面左侧；向屏幕最右侧拖动时，窗口会半屏显示在桌面右侧。

③ 将鼠标指针移至窗口的外边框上，当指针变为↔或形状时，按住鼠标左键不放，拖动窗口直至其变为需要的大小时释放鼠标，即可调整窗口大小。

④ 将鼠标指针移至窗口的 4 个角上，当鼠标指针变为或形状时，按住鼠标左键不放，拖动窗口直至其变为需要的大小时，再释放鼠标，可使窗口的长宽、大小按比例缩放。

（4）排列窗口

① 在任务栏空白处单击鼠标右键，在弹出的快捷菜单中选择【层叠窗口】命令，即可以层叠的方式排列窗口。

② 层叠窗口后拖动某一个窗口的标题栏，可以将该窗口拖至其他位置，并切换为当前窗口。

③ 在任务栏空白处单击鼠标右键，在弹出的快捷菜单中选择【撤销层叠】命令，即可恢复至原来的显示状态。

（5）切换窗口

① 通过任务栏中的按钮切换。将鼠标指针移至任务栏左侧按钮区中的某个任务按钮上，此时将展开所有打开的该类型文件的缩略图，单击某个缩略图即可切换到该窗口，在切换时其他同时打开的窗口将自动变为透明效果。

② 按【Alt+Tab】组合键切换。按【Alt+Tab】组合键后，屏幕上将出现任务切换栏，系统当前打开的窗口都以缩略图的形式在任务切换栏中排列出来，此时按住【Alt】键不放，再反复按【Tab】键，将显示一个蓝色方框，并在所有图标之间轮流切换，当方框移动到需要的窗口图标上后释放【Alt】键，即可切换到该窗口。

③ 按【Win+Tab】组合键切换。按【Win+Tab】组合键后，按住【Win】键不放，再反复按【Tab】键即可利用 Windows 7 的 3D 切换界面切换打开的窗口。

（6）关闭窗口

① 单击窗口标题栏右上角的"关闭"按钮 ⬚ 。

② 在窗口的标题栏上单击鼠标右键，在弹出的快捷菜单中选择【关闭】命令。

③ 将鼠标指针指向某个任务缩略图后单击右上角的 ⬚ 按钮。

④ 将鼠标指针移动到任务栏中需要关闭窗口的任务按钮上，单击鼠标右键，在弹出的快捷菜单中选择【关闭窗口】命令或【关闭所有窗口】命令。

5. 利用"开始"菜单启动程序

（1）单击【开始】按钮 ⬚ ，打开【开始】菜单，此时可以先在【开始】菜单左侧的高频使用区查看是否有"腾讯 QQ"程序选项，如果有则单击该程序项启动程序。

（2）如果高频使用区中没有要启动的程序，则选择【所有程序】选项，在显示的列表中依次单击展开程序所在的文件夹，再单击"腾讯 QQ"程序项启动程序。

任务三：定制 Windows 7 工作环境

1. 创建快捷方式的几种方法

（1）桌面快捷方式

① 在【开始】菜单中找到程序启动项的位置，单击鼠标右键，在弹出的快捷菜单中选择【发送到】子菜单下的【桌面快捷方式】命令。

② 在"计算机"窗口中找到文件或文件夹后，单击鼠标右键，在弹出的快捷菜单中选择【发送到】子菜单下的【桌面快捷方式】命令。

③ 在桌面空白区域或打开"计算机"窗口中的目标位置，单击鼠标右键，在弹出的快捷菜单中选择【新建】子菜单下的【快捷方式】命令，打开【创建快捷方式】对话框，单击 浏览(R)... 按钮，选择要创建快捷方式的程序文件，然后单击 下一步(N) 按钮，输入快捷方式的名称，单击 完成(F) 按钮，完成创建。

（2）将常用程序锁定到任务栏

① 在桌面上或【开始】菜单中的程序启动快捷方式上单击鼠标右键，在弹出的快捷菜单中选择【锁定到任务栏】命令，或直接将快捷方式拖至任务栏左侧的程序区中。

② 如果要将已打开的程序锁定到任务栏，则可以用鼠标右键单击任务栏中的程序图标，在弹出的快捷菜单中选择【将此程序锁定到任务栏】命令即可。

2.　个性化设置

在桌面上的空白区域单击鼠标右键，在弹出的快捷菜单中选择【个性化】命令，打开"个性化"窗口，如实训图 2-2 所示。

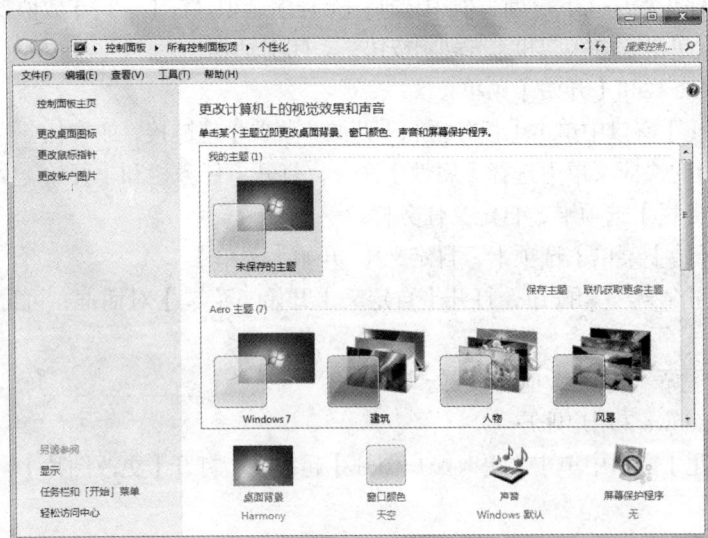

实训图 2-2　"个性化"窗口

（1）添加和更改桌面系统图标

① 在桌面上单击鼠标右键，在弹出的快捷菜单中选择【个性化】命令，打开"个性化"窗口。

② 单击【更改桌面图标】超链接，在打开的【桌面图标设置】对话框中的【桌面图标】栏中单击选中要在桌面上显示的系统图标复选框；若撤销选中，则表示取消显示。

③ 在中间列表框中选中【计算机】图标，单击 更改图标(O)... 按钮，在打开的【更改图标】对话框中选择图标样式。依次单击 确定 按钮，应用设置。

（2）创建桌面快捷方式

① 单击【开始】按钮 ，打开【开始】菜单，在【搜索程序和文件】文本框中输入程序名。

② 在搜索结果中的程序上单击鼠标右键，在弹出的快捷菜单中选择【发送到】子菜单下的【桌面快捷方式】命令，即可创建该程序的桌面快捷方式。

（3）添加桌面小工具

① 在桌面上单击鼠标右键，在弹出的快捷菜单中选择【小工具】命令，打开【小工具库】对话框。

② 在其列表框中选择需要在桌面显示的小工具程序，显示桌面小工具后，用鼠标拖动小工具将其调整到所需的位置，将鼠标放到工具上面，其右侧将会出现一个控制框，通过单击控制框中相应的按钮可以设置或关闭小工具。

（4）应用主题并设置桌面背景

① 在【个性化】窗口中的【Aero 主题】列表框中应用主题，此时背景和窗口颜色将发生变化。

② 在【个性化】窗口下方单击【桌面背景】超链接，打开"桌面背景"窗口，单击【图片位置】下方的下拉按钮 ，在弹出的下拉列表中选择图片的应用方式。

③ 单击【更改图片时间间隔】下方的下拉按钮▾，在弹出的下拉列表中选择图片切换时间。若单击选中【无序播放】复选框，则将按设置的间隔随机切换。

④ 单击 保存修改 按钮，应用设置，并返回"个性化"窗口。

（5）设置屏幕保护程序

① 在【个性化】窗口中单击【屏幕保护程序】超链接，打开【屏幕保护程序设置】对话框。

② 在【屏幕保护程序】下拉列表框中选择一个程序选项，在【等待】数值框中输入屏幕保护等待的时间。依次单击 应用(A) 和 确定 按钮，关闭对话框。

（6）自定义任务栏和【开始】菜单

① 在【个性化】窗口中单击【任务栏和「开始」菜单】超链接，或在任务栏的空白区域单击鼠标右键，在弹出的快捷菜单中选择【属性】命令，打开【任务栏和「开始」菜单】对话框。

② 单击【任务栏】选项卡，自定义任务栏。

③ 单击【「开始」菜单】选项卡，自定义【「开始」菜单】。

④ 在其中单击 自定义(C)... 按钮，打开【自定义「开始」菜单】对话框，可进一步进行自定义设置。

⑤ 依次单击 确定 按钮，应用设置。

（7）设置 Windows 7 用户账户

① 在【个性化】窗口中单击【更改账户图片】超链接，打开【更改图片】窗口，选择图片并单击 更改图片 按钮。

② 在返回的【个性化】窗口中单击【控制面板主页】超链接，打开【控制面板】窗口，单击【添加或删除用户账户】超链接。

③ 在打开的【管理账户】窗口中对用户账户进行创建和设置。

任务四：设置汉字输入法

1. 汉字输入法的分类

汉字输入法是指输入汉字的方式。常用的汉字输入法有微软拼音输入法、搜狗拼音输入法和五笔字型输入法等。这些输入法按编码的不同可以分为音码、形码和音形码 3 类。

2. 认识语言栏

在 Windows 7 操作系统中，输入法统一由语言栏 进行管理。

3. 认识汉字输入法的状态条

汉字输入法的状态条如实训图 2-3 所示。

4. 拼音输入法的输入方式

使用拼音输入法时，直接输入汉字的拼音编码，然后输入汉字前的数字或直接用鼠标单击需要的汉字即可输入。当输入的汉字编码的重码字较多时，可通过按【+】键向后翻页，按【-】键向前翻页，再选择需要输入的汉字。目前输入法的种类很多，各种拼音输入法都提供了全拼输入、简拼输入和混拼输入等多种输入方式。

实训图 2-3　汉字输入法状态条

5. 添加和删除输入法

（1）在语言栏中的 按钮上单击鼠标右键，在弹出的快捷菜单中选择【设置】命令，打开【文本服务和输入语言】对话框。

（2）单击 添加(D)... 按钮，打开【添加输入语言】对话框，在【使用下面的复选框选择要添

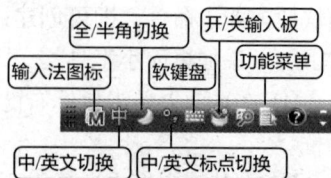

加的语言】列表框中单击【键盘】选项前的 田 按钮，在展开的子列表中选择或取消选择相应的输入法。

（3）单击　确定　按钮，返回【文本服务和输入语言】对话框，在【已安装的服务】列表框中将显示已添加的输入法，单击　确定　按钮完成添加。

6. 设置输入法的切换快捷键

（1）在语言栏中的 按钮上单击鼠标右键，在弹出的快捷菜单中选择【设置】命令，打开【文本服务和输入语言】对话框。

（2）单击【高级键设置】选项卡，在列表框中选择要设置切换快捷键的输入法选项，然后单击下方的　更改按键顺序(C)...　按钮。

（3）打开【更改按键顺序】对话框，单击选中【启用按键顺序】复选框，然后在下方的列表框中选择所需的快捷键，并依次单击　确定　按钮，应用设置。

7. 安装与卸载字体

（1）在需安装的字体文件上单击鼠标右键，在弹出的快捷菜单中选择【安装】命令，打开【正在安装字体】提示对话框，安装完成后将自动关闭该提示对话框，同时结束字体的安装。

（2）打开"计算机"窗口，双击打开 C 盘，再依次双击打开 Windows 文件夹和 Fonts 子文件夹，在打开的 Fonts 文件夹窗口中选择不需要再使用的字体文件后，单击鼠标右键，在弹出的快捷菜单中选择【删除】命令，即可卸载该字体。

8. 使用微软拼音输入法输入汉字

（1）在桌面上的空白区域单击鼠标右键，在弹出的快捷菜单中选择【新建】|【文本文件】命令，在桌面上新建一个名为"新建文本文档.txt"的文件，且文件名呈可编辑状态。

（2）单击语言栏中的【输入法】按钮，选择所需输入法，然后输入编码"beiwanglu"，此时在汉字状态条中将显示出所需的"备忘录"文本。

（3）单击状态条中的"备忘录"或直接按空格键输入文本，再次按【Enter】键完成输入。

（4）双击桌面上新建的"备忘录"记事本文件，启动记事本程序，在编辑区单击，将出现一个插入点，按数字键"3"输入数字"3"，切换至所需输入法，输入编码"yue"，单击状态条中的"月"或按空格键输入文本"月"。

（5）继续输入数字"15"，并输入编码"ri"，按空格键输入"日"字，再输入简拼编码"shwu"，单击或按空格键输入词组"上午"。

（6）连续按多次空格键，输入几个空字符串，接着继续使用微软拼音输入法输入后面的文字内容，输入过程中按【Enter】键可分段换行。

（7）在"资料"文本右侧单击定位插入点，单击微软拼音输入法状态条上的 图标，在打开的下拉列表中选择【特殊符号】选项，再在打开的软键盘中单击选择特殊符号。

（8）单击软键盘右上角的 按钮关闭软键盘，在记事本程序中选择【文件】菜单下的【保存】命令，保存文档内容。

任务五：管理文件和文件夹资源

1. 文件管理的相关概念

在管理文件过程中，涉及的相关概念主要包括硬盘分区与盘符、文件、文件夹、文件路径和资源管理器。

2. 选择文件的几种方式

选择文件的方法主要包括选择单个文件或文件夹，选择多个相邻的文件和文件夹，选择多个连续的文件和文件夹，选择多个不连续的文件和文件夹，以及选择所有文件和文件夹。

3. 文件和文件夹的基本操作

（1）新建文件和文件夹

① 双击桌面上的【计算机】图标■，打开资源管理器窗口，双击 D 磁盘图标，打开 D:\目录窗口。

② 选择【文件】|【新建】|【文本文档】命令，或在窗口的空白处单击鼠标右键，在弹出的快捷菜单中选择【新建】|【文本文档】命令。系统将在文件夹中默认新建一个名为"新建文本文档"的文件，且该文件名呈可编辑状态，切换到汉字输入法中，并输入"公司简介"，单击空白处或按【Enter】键，新建文档。

③ 选择【文件】|【新建】|【新建 Microsoft Office Excel 2010 Workbook】命令，或在窗口的空白处单击鼠标右键，在弹出的快捷菜单中选择【新建】|【新建 Microsoft Office Excel 2010 Workbook】命令，此时将新建一个 Excel 文档，且文件夹名称呈可编辑状态，在其中输入文件名"公司员工名单"，按【Enter】键，新建工作簿。

④ 双击新建的"办公"文件夹，在打开的目录窗口中单击工具栏中的 新建文件夹 按钮，输入子文件夹名称"表格"后按【Enter】键，新建文件夹。

（2）移动、复制、重命名文件和文件夹

① 在资源管理器窗口左侧的导航窗格中单击展开"计算机"图标，单击选中"本地磁盘（D:）"图标。

② 在右侧窗口中单击选择文件后，单击鼠标右键，在弹出的快捷菜单中选择【剪切】命令，或选择【编辑】|【剪切】命令（可直接按【Ctrl+X】组合键），将选择的文件剪切到剪贴板中，此时选择的文件呈灰色透明显示效果。

③ 在导航窗格中单击展开目标文件夹后，单击鼠标右键，在弹出的快捷菜单中选择【粘贴】命令，或选择【编辑】|【粘贴】命令（或直接按【Ctrl+V】组合键）即可将剪切到剪贴板中的文件粘贴到目标窗口中，完成文件夹的移动。

④ 单击选择文件后单击鼠标右键，在弹出的快捷菜单中选择【复制】命令，或选择【编辑】|【复制】命令（可直接按【Ctrl+C】组合键），将选择的文件复制到剪贴板中。

⑤ 在导航窗格中选中目标文件夹后，单击鼠标右键，在弹出的快捷菜单中选择【粘贴】命令，或选择【编辑】|【粘贴】命令（可直接按【Ctrl+V】组合键），即可将剪贴板中的文件粘贴到该窗口中，完成文件夹的复制。

⑥ 选择文件，单击鼠标右键，在弹出的快捷菜单中选择【重命名】命令，此时要重命名的文件名称部分呈可编辑状态，在其中输入新的名称后按【Enter】键，可重命名文件。

（3）删除、还原文件和文件夹

① 在资源管理器窗口左侧的导航窗格中选择【本地磁盘（D:）】选项，然后在右侧窗口中选择需删除的文件。

② 在该文件上单击鼠标右键，在弹出的快捷菜单中选择【删除】命令，或按【Delete】键，此时系统会打开提示对话框，提示用户是否确定要把该文件放入回收站。

③ 单击 是(Y) 按钮，即可删除选择的"公司简介.txt"文件。

④ 单击任务栏最右侧的【显示桌面】按钮■，切换至桌面，双击"回收站"图标■，在打开的窗口中将查看到最近删除的文件和文件夹等对象，在需还原的"公司简介.txt"文件上单击鼠标右键，在弹出的快捷菜单中选择【还原】命令，如图 4-13 所示，即可将其还原到被删除前的位置。

（4）搜索文件或文件夹

① 在资源管理器窗口中打开需要搜索的位置，如需在所有磁盘中查找，则打开"计算机"窗口；如需在某个磁盘分区或文件夹中查找，则可打开具体的磁盘分区或文件夹窗口。

② 在窗口地址栏后面的搜索框中输入要搜索的文件信息，Windows 会自动在搜索范围内搜索所有符合的对象，并在文件显示区显示搜索结果。

③ 根据需要，可以在【添加搜索筛选器】中选择【修改日期】或【大小】选项来设置搜索条件，以缩小搜索范围。

4. 设置文件和文件夹属性

（1）在需设置的文件上单击鼠标右键，在弹出的快捷菜单中选择【属性】命令，打开文件夹"属性"对话框。

（2）在【常规】选项卡下的【属性】栏中单击选中【只读】复选框。

（3）单击 应用(A) 按钮，再单击 确定 按钮，完成文件属性的设置。如果是修改文件夹的属性，则可在应用设置后，打开"确认属性更改"对话框，根据需要选择对应的应用方式后，单击 确定 按钮，即可设置相应的文件夹属性。

5. 使用库

（1）打开【计算机】窗口，在导航窗格中单击【库】图标 ，打开【库】文件夹，此时在右侧窗口中将显示所有库文件夹，双击打开各个库文件夹便可进行查看。单击工具栏中的 新建库 按钮或选择【文件】|【新建】|【库】命令，如输入库的名称为"办公"，然后按【Enter】键，即可新建一个库。

（2）在导航窗格中展开【计算机】图标 ，再依次选择"D:\办公"文件夹，在其中选择要添加到库中的文件夹，然后选择【文件】|【包含到库中】|【办公】命令，即可将选中的文件夹中的文件添加到前面新建的【办公】库文件夹中，以后就可以通过"办公"库来查看文件了。使用相同的方法还可将计算机中其他位置的文件分别添加到库文件夹中。

任务六：管理程序和硬件资源

1. 认识控制面板

在【计算机】窗口中的工具栏中单击 打开控制面板 按钮或选择【开始】|【控制面板】命令即可打开【控制面板】窗口，其默认以"类别"方式显示。

2. 计算机软件的安装事项

计算机软件的获取途径主要包括 3 种，分别是从软件销售处购买安装光盘、从网上下载安装程序、购买软件书时赠送。

做好软件的安装准备工作后，便可开始安装软件。

3. 计算机硬件的安装事项

硬件设备通常可分为即插即用型和非即插即用型两种。将可以直接连接到计算机中使用的硬件设备称为即插即用型硬件，如 U 盘和移动硬盘等可移动存储设备。将其连接到计算机后，需要用户自行安装驱动程序的计算机硬件设备称为非即插即用型硬件，如打印机、扫描仪和摄像头等。

4. 安装和卸载应用程序

（1）将安装光盘放入光驱中，当光盘成功被读取后进入光盘，找到并双击运行 setup.exe。

（2）打开【输入您的产品密匙】对话框，在光盘的包装盒中找到由 25 位字符组成的产品密匙（产品密匙也称安装序列号，免费或试用软件不需要输入），将密匙输入文本框中，单击 继续(C) 按钮。

（3）打开【许可条款】对话框，对其中的内容条款进行认真阅读，单击选中【我接受此协议的条款】复选框，单击 继续(C) 按钮。

（4）打开【选择所需的安装】对话框，单击 自定义(U) 按钮。若单击 立即安装(I) 按钮，可以按默认设置快速安装软件。

（5）在打开的【安装向导】对话框中单击【安装选项】选项卡，在其中也可以选择需要的安装组件，其方法是单击任意组件名称前的 按钮，在打开的下拉列表中便可以选择是否要安装此组件。

（6）单击【文件位置】选项卡，单击 浏览(B)... 按钮，在打开的【浏览文件夹】对话框中选择安装 Office 2010 的目标位置，选择完成后单击 确定 按钮。

（7）返回对话框，单击【用户信息】选项卡，在文本框中输入用户名和公司名称等信息，最后单击 立即安装(I) 按钮进入【安装进度】界面，等待数分钟后便会提示已安装完成。

（8）打开【控制面板】窗口，在分类视图下单击【程序】超链接，在打开的【程序】窗口中单击【程序和功能】超链接，在打开窗口的【卸载或更改程序】列表框中即可查看当前计算机中已安装的所有程序。

（9）在列表中选择要卸载的程序选项，然后单击工具栏中的 卸载 按钮，将打开确认是否卸载程序的提示对话框，单击 是(Y) 按钮即可确认并开始卸载程序。

5. 打开和关闭 Windows 功能

（1）选择【开始】|【控制面板】命令，打开【控制面板】窗口，在分类视图下单击【程序】超链接，在打开的【程序】窗口中单击【打开或关闭 Windows 功能】超链接。

（2）系统检测 Windows 功能后，打开【Windows 功能】窗口，在该窗口的列表框中显示了所有的 Windows 功能选项。如复选框显示为 ，表示该功能中的某些子功能被打开；如复选框显示为 ，则表示该功能中的所有子功能都被打开。

（3）单击某个功能选项前的 标记，可展开列表，显示出该功能中的所有子功能选项。若展开【游戏】功能选项，撤销选中【纸牌】复选框，则可关闭该系统功能。

（4）单击 确定 按钮，系统将打开提示对话框显示该项功能的配置进度，完成后系统将自动关闭该对话框以及【Windows 功能】窗口。

6. 安装打印机硬件驱动程序

（1）参见打印机的使用说明书，将数据线的一端插入机箱后面相应的插口中，再将另一端与打印机接口连接，然后接通打印机的电源。选择【开始】|【控制面板】命令，打开【控制面板】窗口，单击【硬件和声音】下的【查看设备和打印机】超链接，打开【设备和打印机】窗口，在其中单击 添加打印机 按钮。

（2）在打开的【添加打印机】对话框中选择【添加本地打印机】选项。

（3）在打开的【选择打印机端口】对话框中单击选中【使用现有的端口】单选项，在其后面的下拉列表框中选择打印机连接的端口（一般使用默认端口设置），然后单击 下一步(N) 按钮。

（4）在【安装打印机驱动程序】对话框的【厂商】列表框中选择打印机的生产厂商，在【打印机】列表框中选择安装打印机的型号，单击 下一步(N) 按钮。

（5）打开【键入打印机名称】对话框，在【打印机名称】文本框中输入名称，这里使用默认名称，单击 下一步(N) 按钮。

（6）系统开始安装驱动程序，安装完成后将打开【打印机共享】对话框，如果无须共享打印机则单击选中【不共享这台打印机】选项，完成后单击 下一步(N) 按钮。

（7）在打开的对话框中单击选中【设置为默认打印机】复选框可设置其为默认打印机，单击 完成(F) 按钮完成打印机的添加。

7. 设置鼠标和键盘

（1）设置鼠标

① 选择【开始】|【控制面板】命令，打开【控制面板】窗口，单击【硬件和声音】类别超链接，在打开的窗口中单击【鼠标】超链接。

② 在打开的【鼠标 属性】对话框中，单击【鼠标键】选项卡，在【双击速度】栏中拖动【速度】滑动条中的滑块可以调节双击速度。

③ 单击【指针】选项卡，然后单击【方案】栏中的下拉按钮 ，在其下拉列表中选择鼠标样式方案，这里选择【Windows 黑色（系统方案）】选项。

④ 单击 应用(A) 按钮，此时鼠标指针样式变为设置后的样式。如果要自定义鼠标在某状态下的指针样式，则可在【自定义】列表框中选择需单独更改样式的鼠标选项，然后单击 浏览(B)... 按钮进行选择。

⑤ 单击【指针选项】选项卡，在【移动】栏中拖动滑块可以调整鼠标指针的移动速度，单击选中【显示指针轨迹】复选框，移动鼠标指针时会产生"移动轨迹"效果。

⑥ 单击 确定 按钮，完成对鼠标的设置。

（2）设置键盘

① 选择【开始】|【控制面板】命令，打开【控制面板】窗口，在窗口右上角的【查看方式】下拉列表框中选择【小图标】选项，切换至【小图标】视图模式。

② 单击【键盘】超链接，打开【键盘 属性】对话框，单击【速度】选项卡，向右拖动【字符重复】栏中的【重复延迟】滑块，降低键盘重复输入一个字符的延迟时间，如向左拖动，则增加延迟时间；若向右拖动"重复速率"滑块，则改变重复输入字符的速度。

③ 在【光标闪烁速度】栏中拖动滑块改变文本编辑软件（如记事本）中文本插入点在编辑位置的闪烁速度，如向左拖动滑块设置为中等速度。单击 确定 按钮，完成设置。

8. 使用附件程序

（1）使用 Windows Media Player

① 在工具栏上单击鼠标右键，在弹出的快捷菜单中选择【文件】|【打开】命令或按【Ctrl+O】组合键，在打开的【打开】对话框中选择需要播放的音乐或视频文件，然后单击 打开(O) 按钮。

② 在窗口工具栏中单击鼠标右键，在弹出的快捷菜单中选择【视图】|【外观】命令，将播放器切换到【外观】模式，然后选择【文件】|【打开】命令播放媒体文件。

③ 将光盘放入光驱中，然后在 Windows Media Player 窗口的工具栏上单击鼠标右键，在弹出的快捷菜单中选择【播放】|【播放/DVD、VCD 或 CD 音频】命令，播放光盘中的多媒体文件。

④ 单击工具栏中的 创建播放列表(C) 按钮，在导航窗格的【播放列表】下将新建一个播放列表，输入播放列表名称后按【Enter】键确认创建，创建后单击导航窗格中的【音乐】选项，在显示区的【所有音乐】列表中拖动需要的音乐到新建的播放列表中，添加后双击该列表项即可播放列表中的音乐。

（2）使用画图程序

选择【开始】|【所有程序】|【附件】|【画图】命令，启动画图程序。画图程序主要用于绘制图形，以及打开和编辑图像文件，分别介绍如下。

① 绘制图形：单击【形状】工具栏中的各个按钮，然后在【颜色】工具栏中单击选择一种

颜色，移动鼠标光标到绘图区，按住鼠标左键不放拖动鼠标可绘制出相应形状的图形。单击【工具】工具栏中的【用颜色填充】按钮 ，在【颜色】工具栏中选择一种颜色，单击绘制的图形填充图形。

② 打开和编辑图像文件：启动画图程序后单击 按钮，在打开的下拉列表中选择"打开"选项或按【Ctrl+O】组合键，在打开的"打开"对话框中找到并选择图像，单击 打开(O) 按钮打开图像。打开图像后单击【图像】工具栏中的 旋转 按钮，在弹出的列表框中选择需旋转的方向和角度，可以旋转图形；单击【图像】工具栏中的选择按钮 选择，在弹出的列表框中选择【矩形选择】命令，在图像中按住鼠标左键不放并拖动鼠标可以选择局部图像区域，选择图像后按住鼠标左键不放进行拖动可以移动图像的位置，若单击【图像】工具栏中的 裁剪 按钮，将自动裁剪掉多余的部分，留下被框选部分的图像。

（3）使用计算器

选择【开始】|【所有程序】|【附件】|【计算器】命令，默认将启动标准型计算器，其使用方法与现实中计算器的使用方法基本相同。

本章上机任务

按要求完成以下 Windows 操作系统的操作：

1. 设置显示器的主题模式为"Windows 经典"；
2. 设置任务栏为自动隐藏；
3. 将计算机名改为自己的名字；
4. 删除输入法中的"微软拼音输入法"，然后再添加进去；
5. 删除桌面上"计算机"和"网上邻居"两个图标，再恢复；
6. 打开"Word 2010"应用程序，在任务管理器中结束任务；
7. 在桌面上建立一个"记事本"的快捷方式图标；
8. 隐藏桌面右下角显示的时钟；
9. 设置文件夹的隐藏属性；
10. 选中文件的 3 种情况；
11. 搜索电脑上的文本文件。

实训三
Word 2010 的使用

一、文档的基本操作

（一）实训要点

1. 启动和退出 Word 2010。
2. 熟悉 Word 2010 的工作界面和工具栏的使用。
3. 新建、打开、保存文档。
4. 文本、项目符号和时间等的输入。

（二）实例目的

通过本实训，要求学生掌握 Word 2010 的基本操作，熟悉工作界面和工具栏，能够熟练进行文本与符号等的输入与修改，并掌握为文档加密的方法。

（三）实训内容

这个实例是制作一篇会议记录，要求会议基本组织情况完整，真实地反映会议全貌。对会议的基本组织情况和会议层次分明，各级标题之间有明显的区别，会议过程中的重要问题、观点要突出显示。最终的效果如实训图 3-1 所示。

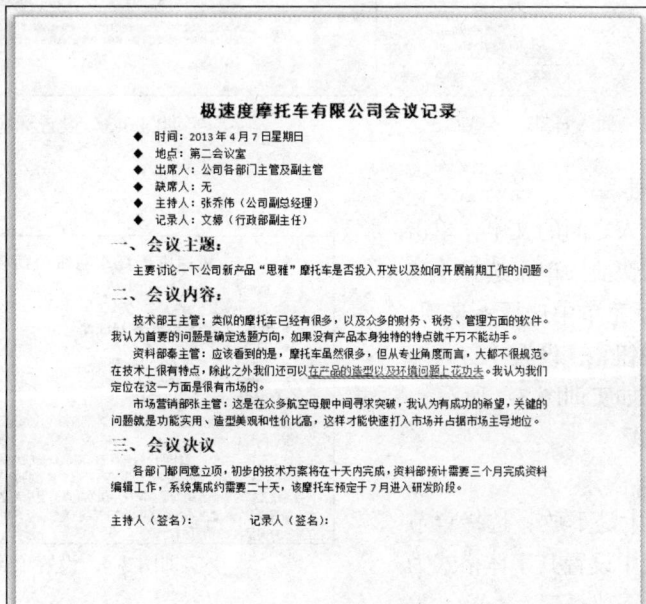

实训图 3-1　实例的最终效果

1. 创建新文档

步骤如下。

（1）双击桌面上 Word 2010 的快捷方式图标，或者单击【开始】|【程序】|【Microsoft Office】|【Microsoft OfficeWord 2010】命令，启动 Word 2010。

（2）执行【文件】|【保存】命令，弹出【另存为】对话框，选择保存路径，在【文件名】输入框中输入"会议记录"，然后单击【保存】按钮。

2. 输入标题

在光标停留处输入"急速度摩托车有限公司会议记录"，按【Enter】键换行，输入"时间："，再选择【插入】|【文本】组，单击【日期和时间】按钮，打开【日期和时间】对话框，在【可用格式】列表框中选择【2013年4月7日星期日】选项，单击 确定 按钮，如实训图 3-2 所示。按【Enter】键换行，继续输入余下的文本。

3. 设置标题格式

选中标题文字后，选择【插入】|【文本】组，设置为"黑体、三号"，单击【加粗】按钮**B**。在【段落】组中单击【居中】按钮，效果如实训图 3-3 所示。

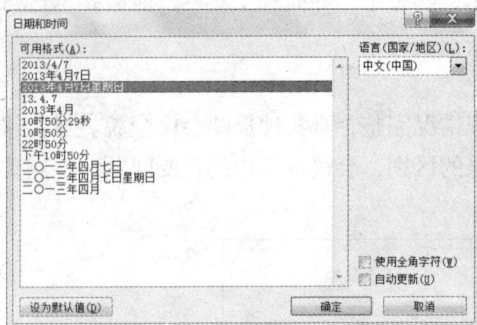

实训图 3-2　插入日期

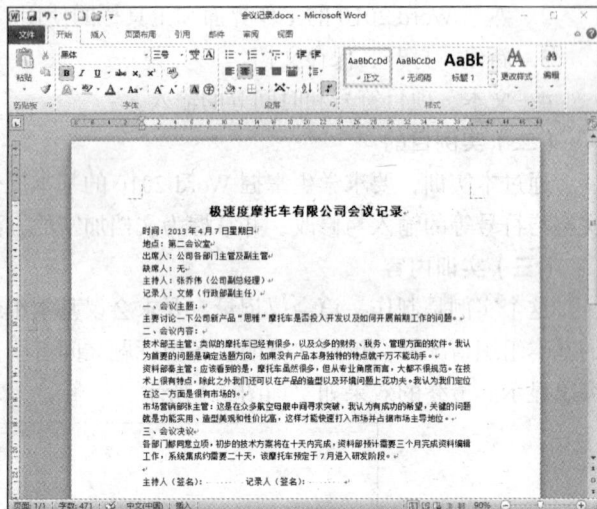

实训图 3-3　设置标题格式

4. 设置项目符号

选择时间和记录人之间的文本，单击鼠标右键，在弹出的快捷菜单中选择【项目符号】命令，在其子菜单中选择◆选项，打开【段落】扩展按钮，设置【首行缩进】两个字符，效果如实训图 3-4 所示。

5. 设置字体格式

步骤如下。

（1）按住【Ctrl】键不放，选择章节名称。在【字体】组中设置其字体格式为"三号、加粗"。

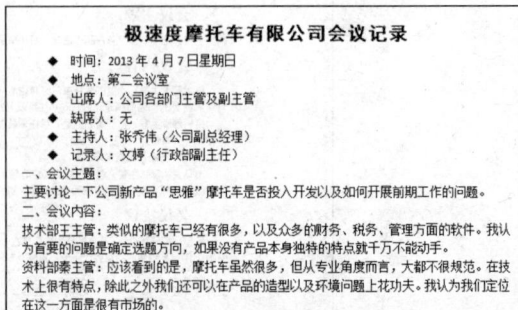

实训图 3-4　设置项目符号

（2）按住【Ctrl】键不放，选择章节名称下面的正文段落，在【段落】组中单击【扩展功能】按钮 ，打开【段落】对话框。在【缩进】栏的【特殊格式】下拉列表框中选择【首行缩进】,【2字符】选项，效果如实训图 3-5 所示。

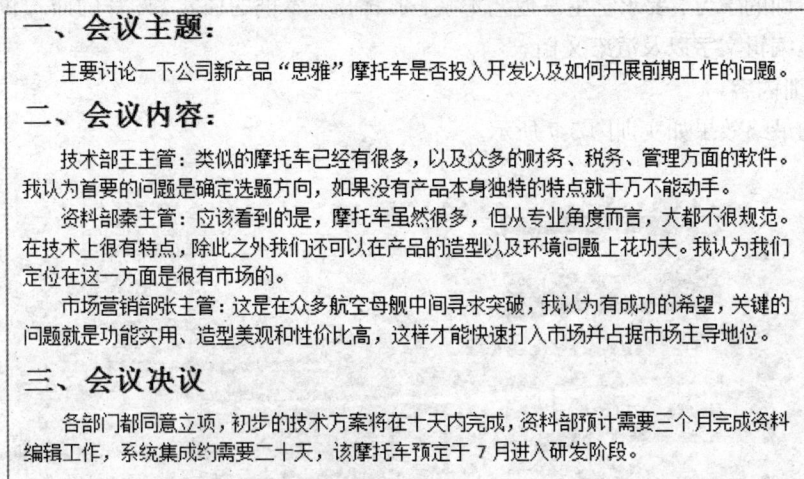

一、会议主题：

　　主要讨论一下公司新产品"思雅"摩托车是否投入开发以及如何开展前期工作的问题。

二、会议内容：

　　技术部王主管：类似的摩托车已经有很多，以及众多的财务、税务、管理方面的软件。我认为首要的问题是确定选题方向，如果没有产品本身独特的特点就千万不能动手。

　　资料部秦主管：应该看到的是，摩托车虽然很多，但从专业角度而言，大都不很规范。在技术上很有特点，除此之外我们还可以在产品的造型以及环境问题上花功夫。我认为我们定位在这一方面是很有市场的。

　　市场营销部张主管：这是在众多航空母舰中间寻求突破，我认为有成功的希望，关键的问题就是功能实用、造型美观和性价比高，这样才能快速打入市场并占据市场主导地位。

三、会议决议

　　各部门都同意立项，初步的技术方案将在十天内完成，资料部预计需要三个月完成资料编辑工作，系统集成约需要二十天，该摩托车预定于 7 月进入研发阶段。

实训图 3-5　设置章节内容格式

（3）在"会议内容"标题下第二段第二行处，选择"在产品的造型以及环境问题是花功夫"文本。在【字体】组中单击【扩展功能】按钮 ，打开【字体】对话框。在【所有文字】栏的【字体颜色、下划线类型】下拉列表框中选择【红色、双横线】选项，单击 确定 按钮，效果如实训图 3-6 所示。

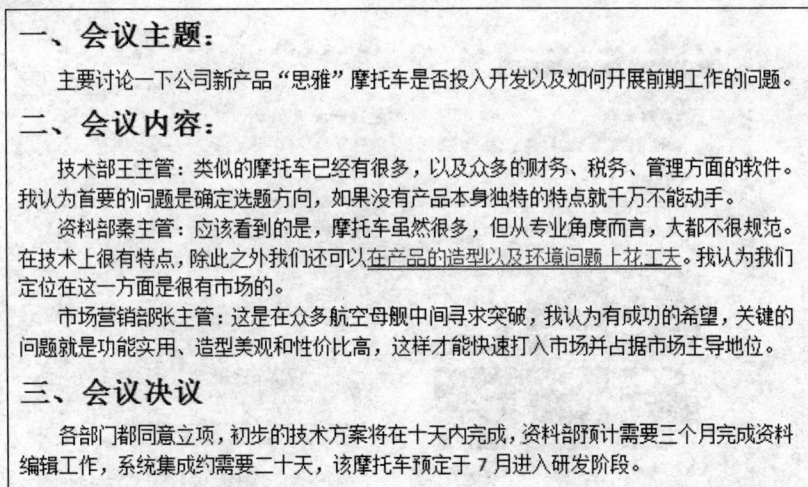

一、会议主题：

　　主要讨论一下公司新产品"思雅"摩托车是否投入开发以及如何开展前期工作的问题。

二、会议内容：

　　技术部王主管：类似的摩托车已经有很多，以及众多的财务、税务、管理方面的软件。我认为首要的问题是确定选题方向，如果没有产品本身独特的特点就千万不能动手。

　　资料部秦主管：应该看到的是，摩托车虽然很多，但从专业角度而言，大都不很规范。在技术上很有特点，除此之外我们还可以<u>在产品的造型以及环境问题上花工夫</u>。我认为我们定位在这一方面是很有市场的。

　　市场营销部张主管：这是在众多航空母舰中间寻求突破，我认为有成功的希望，关键的问题就是功能实用、造型美观和性价比高，这样才能快速打入市场并占据市场主导地位。

三、会议决议

　　各部门都同意立项，初步的技术方案将在十天内完成，资料部预计需要三个月完成资料编辑工作，系统集成约需要二十天，该摩托车预定于 7 月进入研发阶段。

实训图 3-6　添加下划线

二、编辑文档

（一）实训要点

1. 设置艺术字。
2. 插入图片并设置版式。

3．插入形状、文本框。

4．渲染文档。

（二）实训目的

通过本实训的学习，要求学生掌握艺术字、形状和文本框的插入、图片的插入和版式的设置，并能够灵活地编辑文字以及渲染文档。

（三）实训内容

本实训的最终效果如实训图3-7所示。

实训图 3-7　实训的最终效果

1．输入文字

打开 Word 2010，新建一个文档，并将其命名为"产品促销海报"，输入宣传单文字内容，如实训图3-8所示。

"卡拉"主要经营各式面包、芝士蛋糕等点心类，不同于以往的传统蛋糕店，"卡拉"更注重的是品质，亦是一种对待生活的态度。"卡拉"以新鲜健康为保证，精选顶级食材，特聘有 30 多年西饼经验的香港御厨主厨，生产出口感独特、色香味俱全的各种烘焙类产品，深受广大消费者的青睐。

美味 DIY

在"卡拉"你不仅能吃到美味的西点，还能亲身体验到 DIY 的乐趣！店里设有一个以蛋糕、曲奇、布丁和巧克力等为主题的亲自体验制作过程的工作坊！在这你不需要任何西点基础，在 2 小时内就可以制作一款相当于酒店级别的蛋糕。你可以到这里来发挥你的无限创意，体验新鲜的 DIY 乐趣。

产品展示

各种款式任选，款款经典。丰富内涵、层次享受，诱惑你的舌尖味蕾；黄金配比、至高美味，给你柔软、香甜、细腻的美妙口感！让你吃到绝对口味纯正的芝士口味！相信我们的努力定会带给你一个愉悦、甜蜜的回忆！

活动优惠

活动期间所有食物一律 8.8 折，情人节当日所有食品一律 8 折；

累计消费额达到 60 元，送"卡拉小蛋糕"一个；

累计消费额达到 200 元，赠送三级大礼包；

一次性消费达到 500 元将免费办理 VIP 会员卡一张，长期享受 9 折优惠。

三大特色服务

二环路内免费送蛋糕上门

根据顾客的需求搭配出合理的食物

为 VIP 会员免费提供糕点制作指导

地址：武汉市××路××街 100 号

电话：(027) 83336×××

营业时间：周一～周五，上午 9:00 - 下午 7:00
　　　　　周六～周日，上午 9:00 - 晚上 9:00

实训图 3-8　宣传单文字内容

2．设置页面设置

选择【页面布局】|【页面设置】组，单击【纸张方向】按钮，在弹出的下拉列表中选择【横向】命令。单击【分栏】按钮，选择【两栏】选项。

3．设置主标题，插入艺术字并设置

（1）将光标定位到文档开始处，连续按 5 次【Enter】键，再次将鼠标定位到文档开始处。选择【插入】|【艺术字】组，单击【艺术字】按钮，在弹出的下拉列表中选择【填充-茶色，文本 2，轮廓-背景 2】选项，在艺术字窗格中输入"卡拉西点屋"。

（2）选择【卡拉西点屋】文本，在【开始】|【字体】组中设置其字体格式为【华文琥珀、初号】。在【格式】|【艺术字样式】组中单击【文本填充】按钮，在弹出的下拉列表中选择【渐变】|【其他渐变】选项，打开【设置文本效果格式】对话框，在【文本填充】选项卡中选中渐变填充(G)单选按钮，设置【预设颜色】为【茵茵绿原】选项，单击关闭按钮，如实训图 3-9 所示。

实训图 3-9　设置艺术字填充效果

（3）选择【格式】|【艺术字样式】组，单击【文字效果】按钮，在弹出的下拉列表中选择【转换】|【弯曲】|【朝鲜鼓】选项，效果如实训图 3-10 所示。

4. 设置字符格式

按住【Ctrl】键不放，选择正文章节标题文本，在【开始】|【字体】组中设置其字体格式为"华文隶书、二号"。选择章节内容文本，设置其字体格式为"仿宋、四号"。将鼠标定位到章节段落起始处，调整文本位置，效果如实训图 3-11 所示。

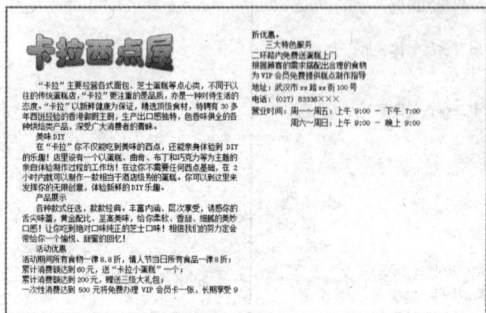

实训图 3-10　转换艺术字　　　　　　　　实训图 3-11　设置正文字体

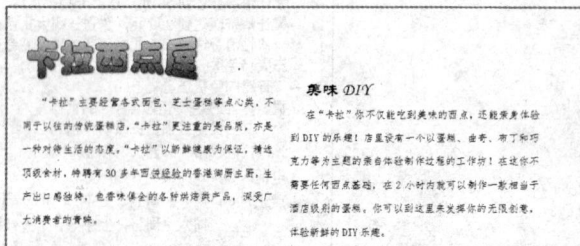

5. 插入并设置修饰的文字

（1）将光标定位到首页左下方空白处，选择【插入】|【艺术字】组，单击【艺术字】按钮，在弹出的下拉列表中选择【填充-红色，强调文字颜色 2，暖色粗糙棱台】选项，在艺术字窗格中输入"情人节快乐!"，在【开始】|【字体】组中设置其字体格式为【方正舒体、初号】。

（2）选择"情人节快乐!"艺术字，再选择【格式】|【艺术字样式】组，单击【文字效果】按钮，在弹出的下拉列表中选择【转换】|【弯曲】|【正方形】选项。在【排列】组中单击【自动换行】按钮，在弹出的下拉列表中选择【浮于文字上方】选项，效果如实训图 3-12 所示。

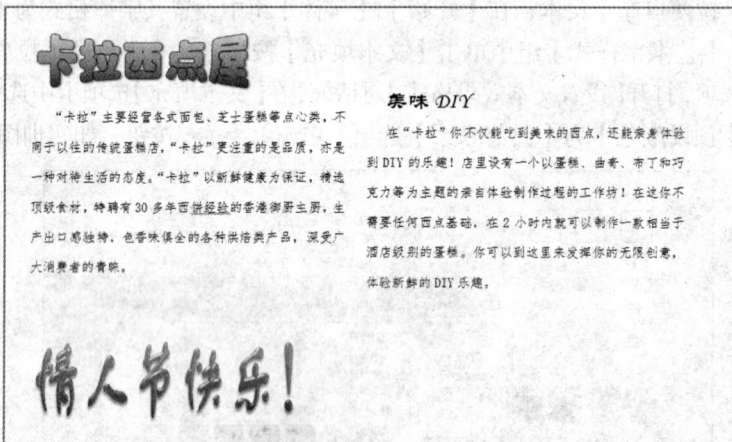

实训图 3-12　插入修饰艺术字

6. 设置页眉和页脚

（1）在页眉处双击，进入页眉和页脚编辑模式。在页眉处单击，输入"活动时间：2013 年 2 月 10 至 2 月 18 日"，在【开始】|【字体】组中设置其字体格式为"黑体、四号、加粗"。在【段落】组中单击【左对齐】按钮。单击【底纹】按钮，在弹出的下拉列表中选择【橙色，强调文字颜色 6，深色 25%】选项。

（2）将光标定位到页脚，输入 "Happy Valentine's Day!!!"，在【开始】|【字体】组中设置其字体格式为"华文行楷、初号"。选择【插入】|【艺术字】组，单击【艺术字】按钮 A，在弹出的下拉列表中选择【填充-红色，强调文字颜色 2，暖色粗糙棱台】选项。

（3）选择 "Happy Valentine's Day!!!" 艺术字，再选择【格式】|【艺术字样式】组，单击【文字效果】按钮 A，在弹出的下拉列表中选择【转换】|【弯曲】|【右牛角形】选项。在【排列】组中单击【自动换行】按钮，在弹出的下拉列表中选择【浮于文字上方】选项。选择【设计】|【关闭】组，单击【关闭页眉和页脚】按钮，退出页眉和页脚编辑模式，效果如实训图 3-13 所示。

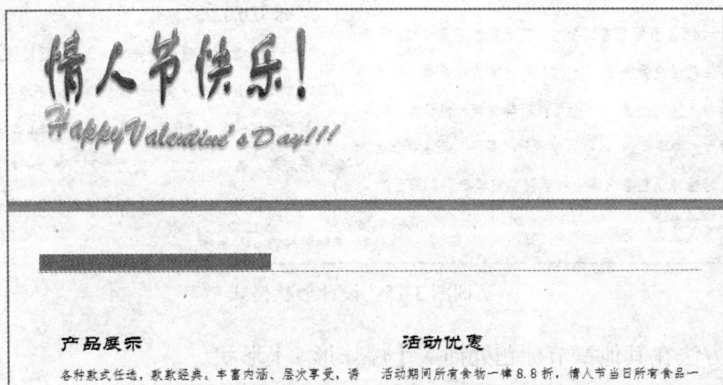

实训图 3-13　设置页眉和页脚

7．设置小标题，插入形状

（1）将光标定位到 "美味 DIY" 章节标题处，选择【插入】|【插图】组，单击【形状】按钮，在弹出的下拉列表中选择【星与旗帜】栏中的【爆炸形 1】选项，此时光标变成十字形状，拖动鼠标即可插入形状，如实训图 3-14 所示。

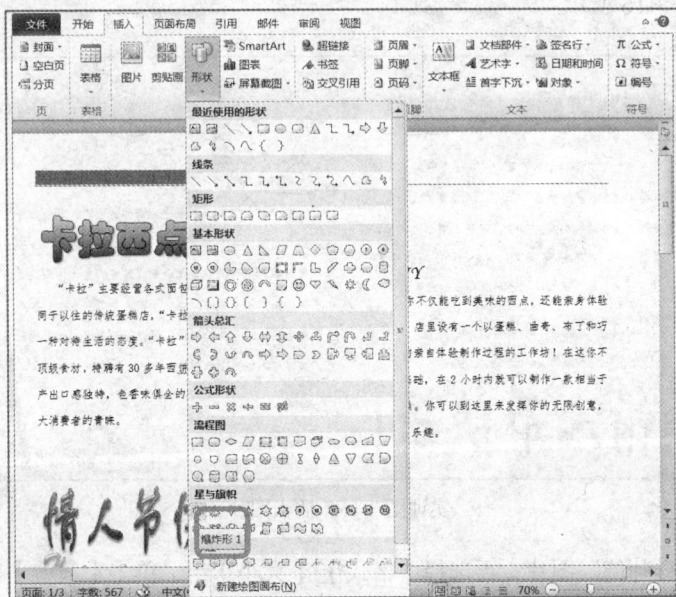

实训图 3-14　插入形状

（2）选择形状，在【格式】|【形状样式】组中，单击【形状填充】按钮，在弹出的下拉列

表中选择【无填充颜色】命令。单击【形状轮廓】按钮，在弹出的下拉列表中选择【橙色，强调文字颜色 6】选项。拖动形状右上方的控制点，改变其大小，使章标题显示完全，效果如实训图 3-15 所示。

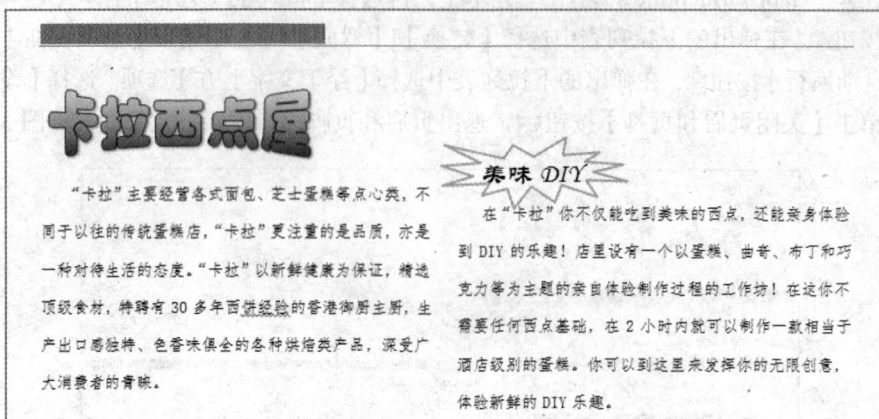

实训图 3-15　设计形状格式

（3）按上述方法在其他章节标题处插入【爆炸形 1】形状。

8.　插入图片，设置图片格式

（1）将光标定位到"美味 DIY"章节标题上方，选择【插入】|【插图】组，单击【图片】按钮，插入"蛋糕师傅.jpg"图片。

（2）选择"蛋糕师傅"图片，在【格式】|【排列】组中单击【自动换行】按钮，在弹出的下拉列表中选择【浮于文字上方】选项。在【大小】组的【形状宽度】数值框中输入"4 厘米"，按【Enter】键应用。将鼠标指针放在图片上，当光标变成十字箭头形状时，向右拖动图片到页面右上角，如实训图 3-16 所示。

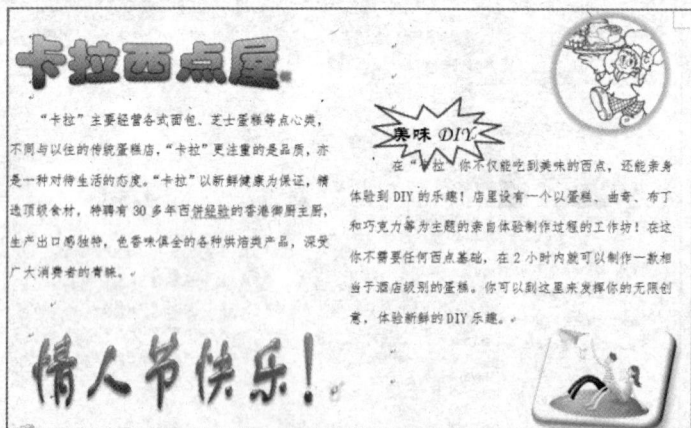

实训图 3-16　插入图片

（3）选择"蛋糕师傅"图片，再选择【格式】|【大小】组，单击【裁剪】按钮，在弹出的下拉列表中选择【裁剪为选择】|【基本选择】|【椭圆】选项。在【图片样式】组中单击【图片效果】按钮，在弹出的下拉列表中选择【发光】|【发光变体】|【红色，11pt 发光，强调文字颜色 2】选项。

（4）在"美味 DIY"内容下方空白处插入图片"放飞爱情.jpg"，设置其宽度值为"5 厘米"，按【Enter】键应用，并将其拖动到文档右下方。

（5）选择"放飞爱情"图片，在【格式】|【排列】组中单击【自动换行】按钮，在弹出的下拉列表中选择【浮于文字上方】选项。再选择【格式】|【图片样式】组，单击【快速样式】按钮，在弹出的下拉列表中选择【棱台透视】选项，效果如实训图 3-17 所示。

实训图 3-17 设置图片效果

（6）将光标定位到文档第二页左下方空白处，插入"西点"图片。选择【格式】|【排列】组，单击【自动换行】按钮，在弹出的下拉列表中选择【浮于文字上方】选项。

9. 插入 SmartArt 图形

（1）选择【开始】|【编辑】组，单击【选择】按钮，在弹出的下拉列表中选择【选择对象】选项。

（2）按住【Ctrl】键不放，单击选择所有的"西点"图片。选择【格式】|【图片样式】组，单击【图片版式】按钮，在弹出的下拉列表中选择【蛇形图片题注列表】选项，效果如实训图 3-18 所示。

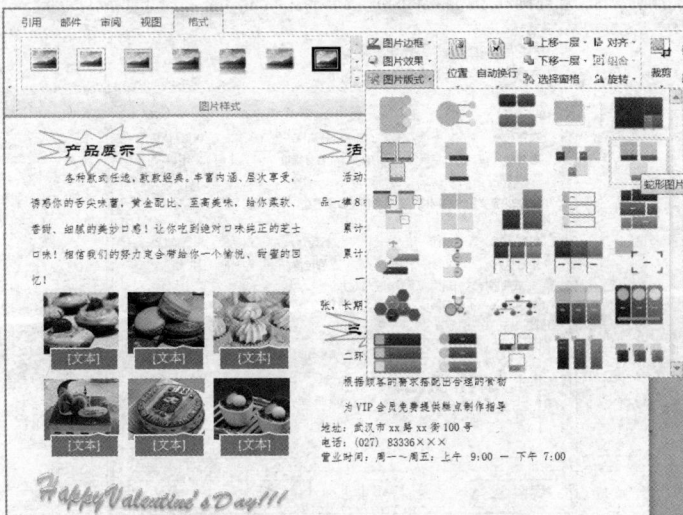

实训图 3-18 将图片以 SmartArt 图形显示

（3）单击插入的 SmartArt 图形，在文本框里添加西点名称。选择【设计】|【SmartArt 样式】组，单击【更改颜色】按钮❖，在弹出的下拉列表中选择【彩色】|【强调文字颜色】选项，效果如实训图 3-19 所示。

实训图 3-19　设计 SmartArt 图形样式

10.　插入文本框

（1）选择前面输入的店铺信息文本。选择【插入】|【文本框】组，单击【文本框】按钮▣，在弹出的下拉列表中选择【绘制文本框】命令。用鼠标拖动选择文本框内所有文本，在【开始】|【字体】组中设置其字号为"小四"。在【段落】组中单击右侧的【扩展功能】按钮▫，打开【段落】对话框，设置【行距】为"固定值""18 磅"，单击 确定 按钮。用鼠标拖动文本框右下角的控制点，调整文本框大小，如实训图 3-20 所示。

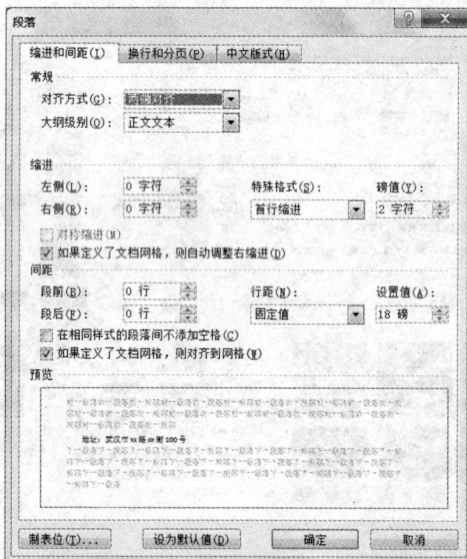

实训图 3-20　设置文本段落间距

（2）选择文本框，在【格式】|【插入图形】组，单击【编辑形状】按钮，在弹出的下拉列表中选择【更改形状】|【矩形】|【圆角矩形】选项。在【形状】组中单击【形状填充】按钮，在弹出的下拉列表中选择【黄色】选项。在【排列】组中单击【自动换行】按钮，在弹出的下拉列表中选择【浮于文字上方】选项。用鼠标拖动文本框到文档第二页右下角，如实训图 3-21所示。

实训图 3-21　插入文本框

11. 添加页面边框和背景

选择【页面布局】|【页面背景】组，单击【页面边框】按钮，打开【边框和底纹】对话框。在【样式】栏的【艺术型】下拉列表框中选择选项。在【宽度】数值框中输入"18 磅"，如实训图 3-22 所示。

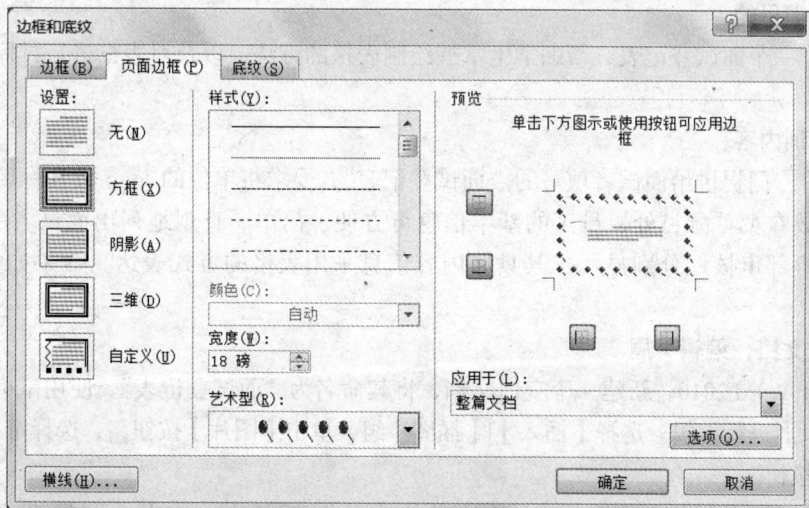

实训图 3-22　设置页面边框

选择【页面布局】|【页面背景】组，单击【页面颜色】按钮，在弹出的下拉列表中选择【填

充效果】选项，打开【填充效果】对话框。选择【图片】选项卡，单击 选择图片(L)... 按钮，选择背景图片，效果如实训图3-23所示。

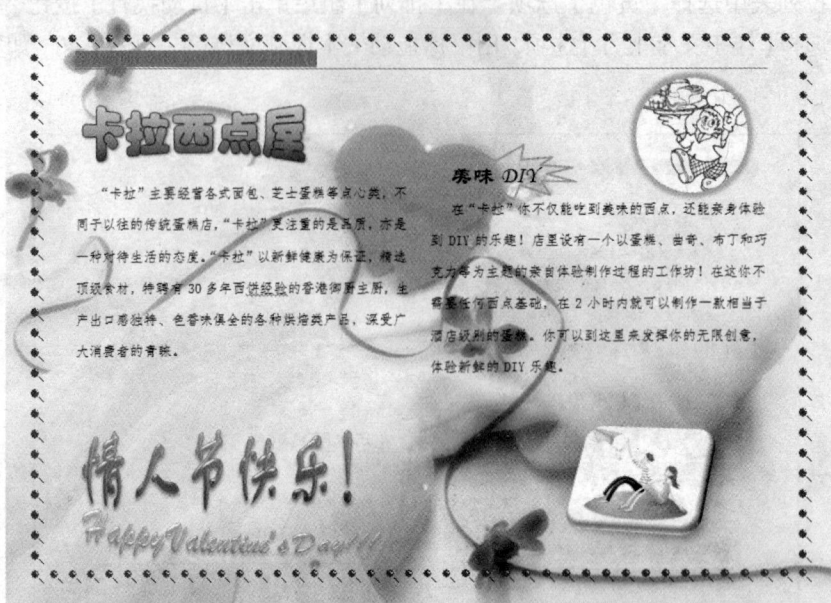

实训图 3-23　设置图片效果

三、表格的制作与编辑

（一）实训要点

1. 制作表格。
2. 调整表格的框线。
3. 合并单元格。

（二）实训目的

通过制作一个面试登记表，帮助学生掌握绘制表格的方法，以及对表格进行排序和计算的操作方法。

（三）实训内容

制作一个专门提供给面试者填写的"面试登记表"，要求将单位的 logo 放在标题处，面试者应聘的职位放在页首醒目处，员工的基本信息可方便、简单、直观地列出面试者的基本信息，并使其与人事部审核栏分别显示，其具体内容信息采用表格的方式表达。效果如实训图 3-24所示。

1. 创建文档，编辑页眉

（1）打开 Word 2010，新建一个空白文档，将其命名为"面试登记表"。使用鼠标在页眉处双击，开始对页眉进行编辑。选择【插入】|【插图】组，单击【图片】按钮 ，选择准备好的图片，单击 插入(S) 按钮。

（2）选中插入的图片，用光标拖动左上角的控制点，调整图片的长、宽为"1.5 厘米"，如实训图 3-25 所示。

（3）在图片后面单击，输入"华中师范大学武汉传媒学院"文本。在【开始】|【字体】组中设

置其字体格式为"华文行楷、四号"。在【段落】组中，单击【左对齐】按钮▣，效果如实训图 3-26 所示。

实训图 3-24 "面试登记表"效果图

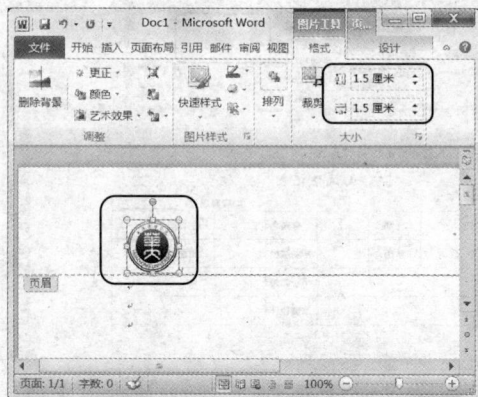

实训图 3-25 插入图片

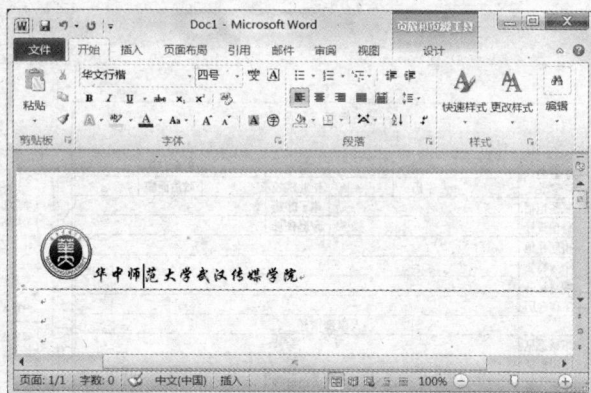

实训图 3-26 插入文字

2. 设置标题

使用鼠标在文档正文处双击，退出页眉和页脚编辑视图。输入"面试登记表"文本，在【字体】组中设置其字体格式为"楷体、三号、加粗"，在【段落】组中单击【居中】按钮▤。按【Enter】键换行后，输入"应聘职位："文本，在【字体】组中设置其字体格式为"宋体、五号、加粗"。单击【下划线】按钮u，按空格键输入连续的 12 个空格。再次单击【下划线】按钮u，取消下划线。将光标移动到"应聘职位"文本前，输入空格调整文本位置，效果如实训图 3-27 所示。

3. 创建表格

按【Enter】键换行，选择【插入】|【表格】组，单击【表格】按钮▦，在弹出的下拉列表中选择【插入表格】命令。在打开的【插入表格】对话框中将列数设置为 8、行数设置为 12，单击 确定 按钮，此时在文档中将插入一个 8 列 12 行的表格。在表格单元格中输入基本内容，如实训图 3-28 所示。

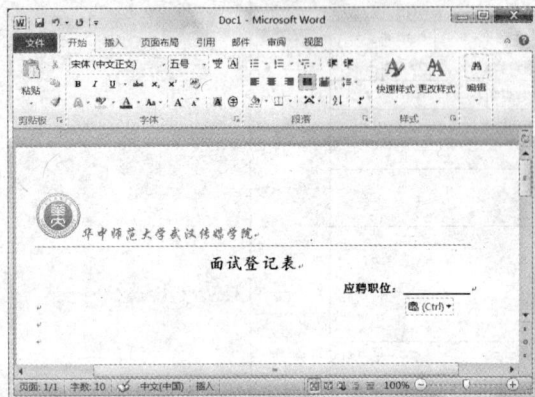

实训图 3-27 输入标题

实训图 3-28 插入内容

4. 编辑表格

（1）选择"联系电话"单元格之后的 3 个单元格。选择【布局】|【合并】组，单击【合并单元格】按钮▦，使用相同的方法合并表中连续的多个空单元格，合并后的效果如实训图 3-29 所示。拖动鼠标，选择表格第 1～5 行。选择【布局】|【合并】组，在【单元格大小】组的【行高】数值框中输入"1 厘米"，单击【分布行】按钮▦，如实训图 3-30 所示。

实训图 3-29 合并单元格

实训图 3-30 设置单元格行高

（2）使用同样的方法设置 6～8 行的行高值为"2 厘米、4 厘米、4 厘米"，第 9～11 行的行高值为"1.5 厘米"，最后一行的行高值为"1 厘米"。

（3）单击表格左上方的▦按钮，选择【布局】|【对齐方式】组，单击【水平居中】按钮▤，设置单元格内容为水平居中显示，效果如实训图 3-31 所示。

（4）选择【设计】|【表格样式】组，单击【边框】按钮▦旁边的▼按钮，在弹出的下拉列表

中选择【边框和底纹】选项。打开【边框和底纹】对话框，在【设置】栏中选择【虚框】选项，在【样式】栏的【宽度】下拉列表框中选择【1.5 磅】选项，单击 确定 按钮，完成表格外边框的设置，如实训图 3-32 所示。

实训图 3-31　调整单元格效果

实训图 3-32　设置表格外边框

（5）将光标定位到【人事部审核】单元格所在行。选择【设计】|【绘图边框】组，单击【擦除】按钮。然后单击左右两侧的列线，将列线擦除，得到如实训图 3-33 所示效果。再次单击【擦除】按钮退出擦除工具，完成本例表格制作。

实训图 3-33　擦除多余框线

四、长文档的编辑（毕业论文的排版）

（一）实训要点

- 样式的应用
- 大纲视图
- 图表、公式的自动编号和交叉引用
- 目录和索引

（二）实训目的

通过本实训的学习，要求掌握 Word 长文档的格式设置、样式的使用、图表、公式的自动编号和交叉引用、目录与索引的设置方法。

（三）实验内容

一篇长文档一般有内容和表现两个方面的要求，内容是指文章作者用来表达自己思想的文字、图片、表格、公式及整个文章的章节段落结构等，表现则是指长篇文档页面大小、边距、各种字体、字号等。相同的内容可以有不同的表现形式。利用 Word 2010 提供的功能可以轻松地进行长文档的编排。

长文档具有篇幅长、多层结构、引用内容较多等特征，Word 2010 提供了多种信息的引用功能。利用主控文档功能来组织论文结构，使用书签、题注、脚注和尾注来标注论文内容，并使用交叉引用功能来引用这些标注信息；利用自动索引和目录功能，为长文档生成索引和目录。

1. 长文档的版式和样式

样式就是格式的集合。通常所说的"格式"往往指单一的格式，例如"字体"格式、"字号"格式等。每次设置格式，都需要选择某一种格式，如果文字的格式比较复杂，就需要多次进行不同的格式设置。而样式作为格式的集合，可以包含几乎所有的格式，设置时只需选择一下某个样式，就能把其中包含的各种格式一次性设置到文字和段落上。对于相同排版表现的内容一定要坚持使用统一的样式，这样做能大大减少工作量和出错机会。如果要对排版格式（文档表现）做调整，只需一次性修改相关样式即可。使用样式的另一个优点是可以由 Word 自动生成各种目录和索引。

在一般情况下，无论撰写学术长篇文档或者学位长篇文档，相应的杂志社或学位授予机构都会根据其具体要求，给长篇文档撰写者一个清楚的格式要求。例如，要求论文页面行距取 1.5 倍，一级标题使用黑体四号字，二级标题使用黑体小四号字等，这样，长篇文档的撰写者就可以在撰写长篇文档前对样式进行一番设定，这样就可以很方便地编写长篇文档了。

（1）直接使用原有样式。

Word 2010 中自带了很多的内置样式，如标题、正文、引用等。在【开始】选项卡的【样式】组中显示的快捷样式库的样式，如实训图 3-34 所示，而快捷样式库中的样式用户可以自由增删。在文档中选定所需设定的内容，单击实训图 3-34 中样式功能组的样式，即可为选定内容指定样式。

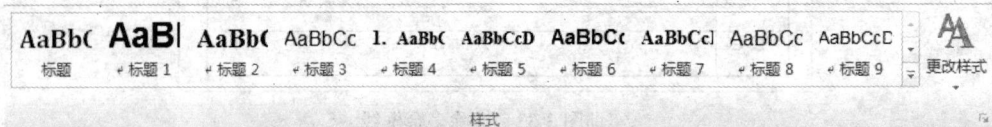

实训图 3-34　默认样式

"正文"样式是文档中的默认样式，新建的文档中的文字通常都采用"正文"样式。很多其他的样式都是在"正文"样式的基础上经过格式改变而设置出来的。因此"正文"样式是 Word 中最基本的样式。

（2）管理样式

编写长篇文档一定要使用样式，除了 Word 2010 原先所提供的标题、正文等样式外，还可以自定义样式。【管理样式】对话框是 Word 2010 提供的一个比较全面的样式管理界面，用户可以在【管理样式】对话框中进行新建样式、修改样式和删除样式等样式管理操作。

① 单击【开始】|【样式】组中的样式功能按钮 ，弹出【样式】窗格，如实训图 3-35 所示。在【样式】窗格中单击【管理样式】命令 ，弹出【管理样式】对话框，切换到【编辑】选项卡，如实训图 3-36 所示。在【选择要编辑的样式】列表中选择需要修改的样式，然后单击【修改】按钮。在打开的【管理样式】对话框中根据实际需要重新设置该样式的格式，如实训图 3-36 所示。或通过单击【开始】|【样式】，再将鼠标移至某一样式，单击右键，在快捷菜单中选择【修改】命令，弹出【修改样式】对话框，如实训图 3-37 所示。

实训图 3-35 【样式】窗格

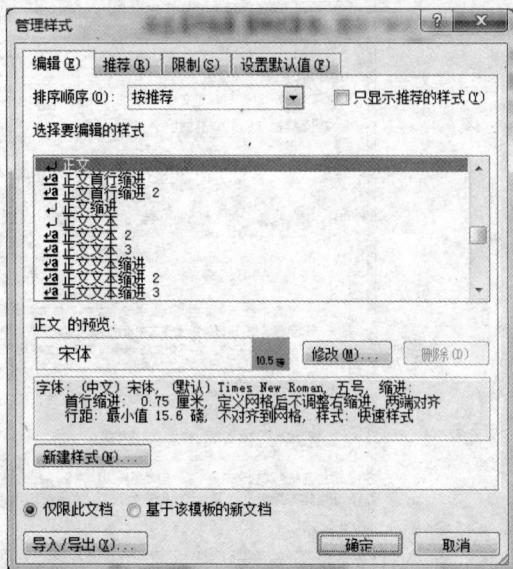

实训图 3-36 【管理样式】对话框

② 在【管理样式】对话框中单击【新建样式】命令或直接在【样式】窗格中单击【新建样式】按钮，弹出【根据格式设置创建新样式】对话框，如实训图 3-38 所示。

③ 创建"毕业设计论文.docx"文档。修改内置样式"标题 1"：字体为黑体、字号为四号，以"论文标题 1 修改"名称保存；修改内置样式"标题 2"：字体为黑体、字号为小四号字，以"论文标题 2 修改"名称保存；修改内置样式"标题 3"：字体为宋体、字号为小四号字、加粗，以"论文标题 3 修改"名称保存；修改内置样式"正文"：宋体小四号字，页面行距 1.5 倍，以"论文正文修改"名称保存。

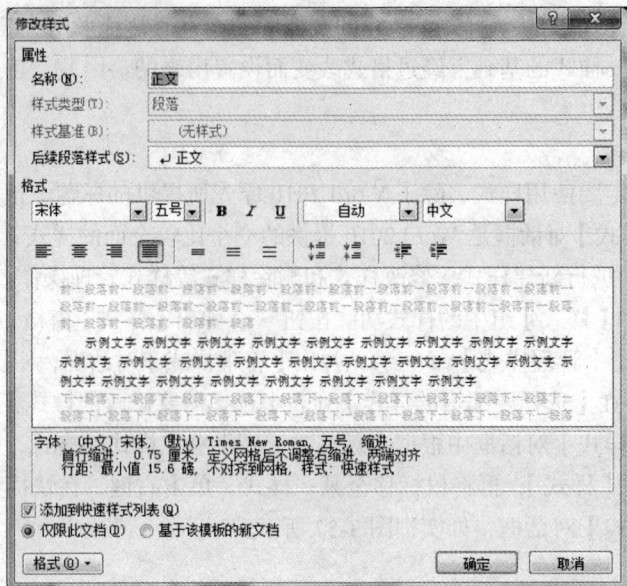

实训图 3-37 【修改样式】对话框

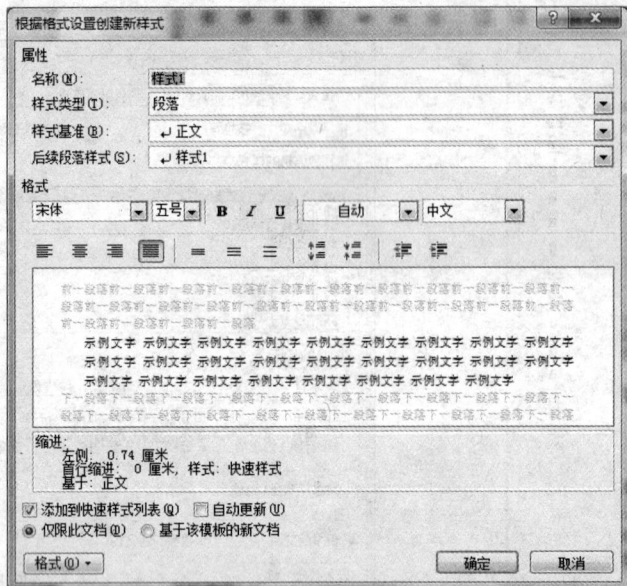

实训图 3-38 【新建样式】对话框

2. 创建大纲

"大纲视图"主要用于 Word 2010 文档的设置和显示标题的层级结构，使用它可以方便地折叠和展开各种层级的文档。大纲视图广泛用于 Word 2010 长文档的快速浏览和设置中，使用大纲视图写文章的提纲，调整章节顺序比较方便。同时使用文档结构图能快速定位章节。在大纲视图创建新文档还能够自动为输入的文本套用标题样式。

（1）打开"毕业设计论文.docx"文档，单击【视图】|【文档视图】组中的【大纲视图】命令，切换到大纲视图模式。在文档中输入如图所示的内容，把"第1章设计说明"设置为"论文标题1修改"样式，把"1.1概述"设置为"论文标题2修改"样式，把"1.1.1设计依据"设置为"论文标题修改3"样式等，按照实训图 3-39 所示完成论文各级标题的样式设置。

实训图 3-39 【大纲视图】的文档

（2）单击【大纲】|【关闭】|【关闭大纲视图】按钮，就可以退出大纲视图模式，回到页面视图状态。

3. 图表、公式的自动编号和交叉引用

论文中通过编号来管理大量的图片、表和公式。标题的编号通过标题样式来实现，表格、图形和公式的编号通过题注来完成，例如，实训图 1-1、实训表 2.1 和公式 3.1 等。添加了题注的图片会获得一个编号，并且在删除或添加图片时，所有的图片编号会自动改变，以便保持编号的连续性。而在论文中写"参见第×章、如图×所示"等字样时，使用交叉引用方式。当插入或删除新的内容时，编号和引用都将自动更新，无须人为维护。同时还可以自动生成图、表目录，而无须用户手动输入编号，操作步骤如下。

（1）选定图片，单击【引用】|【题注】|【插入题注】按钮，弹出【题注】对话框，如实训图 3-40 所示。

（2）单击【新建标签】按钮，输入标签名"图"，单击【确定】按钮，如实训图 3-41 所示。

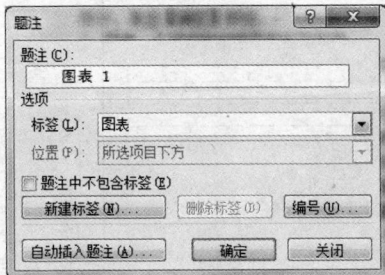

实训图 3-40 【题注】对话框

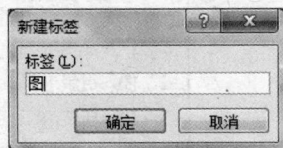

实训图 3-41 【新建标签】对话框

（3）单击【编号】按钮，在弹出的【题注编号】对话框，选中【包括章节号】复选框，对题注的编号进行如实训图 3-42 所示的设置。单击【确定】按钮，完成带章节号的题注编号设置回到【题注】对话框。

（4）单击【确定】按钮，即可在所选图形的下方插入题注编号，如实训图 3-43 所示。

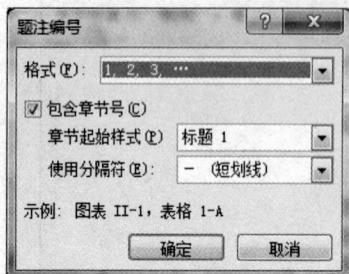

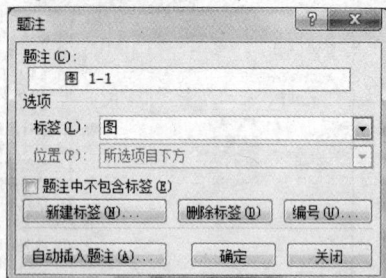

实训图 3-42 【题注编号】对话框   实训图 3-43 【题注】对话框

4. 生成目录与索引

使用目录可以使文档的结构更加清晰，便于阅读者对整个文档进行定位。Word 2010 根据文本的标题样式（如标题 1、标题 2 和标题 3）来创建目录。

（1）打开"毕业设计论文.docx"文档，将光标定位于"目录"下一行的位置，单击【引用】｜【目录】｜【目录】功能按钮 ，打开目录列表框，如实训图 3-44 所示。

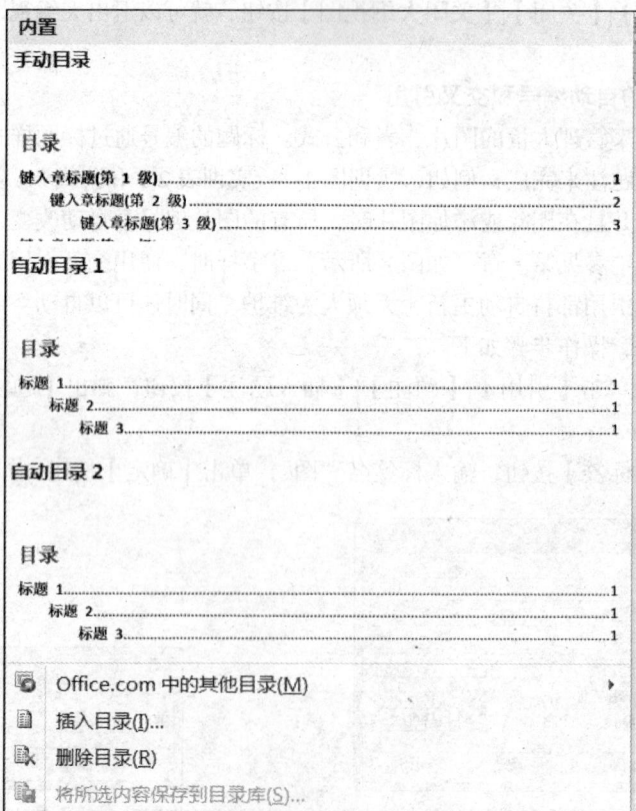

实训图 3-44 目录列表框

（2）单击【插入目录（I）…】命令，弹出【目录】对话框，如实训图 3-45 所示。单击【修改】按钮，在样式对话框中对目录的样式进行设置，如实训图 3-46 所示。

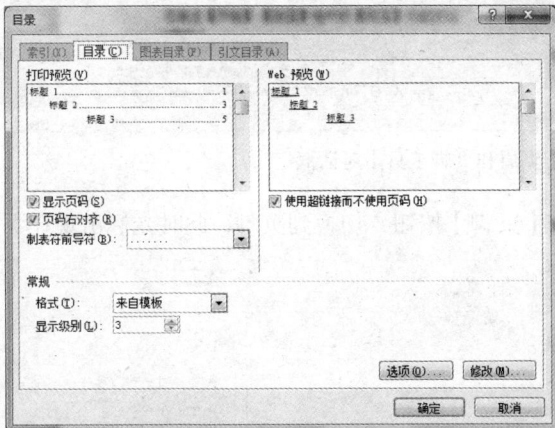

实训图 3-45　【目录】对话框　　　　　　　　实训图 3-46　【样式】对话框

（3）单击【确定】按钮，自动生成的目录如实训图 3-47 所示。

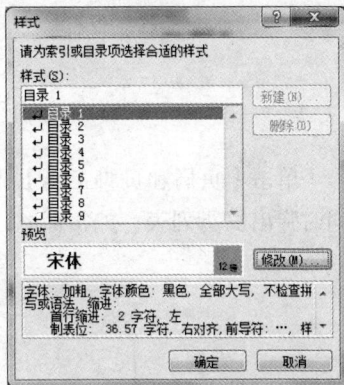

实训图 3-47　生成目录效果

5. 设置页眉和页脚

（1）单击【插入】|【页眉和页脚】按钮，在打开的页眉列表框中选择【空白】型，则弹出【页眉和页脚工具】对话框，如实训图 3-48 所示。

（2）此时光标出现在【页眉】框中，进入页眉编辑状态，输入"××××毕业设计（论文）"。

（3）选定输入的文本，用鼠标右键单击，在弹出的快捷菜单中选择【字体】选项，打开【字体】对话框。设置字体为"楷体"，字号为"三号"，单击【确定】按钮。

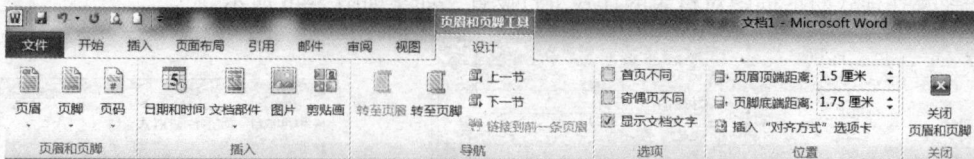

实训图 3-48 【页眉和页脚工具】对话框

（4）单击【页眉和页脚工具】|【设计】|【页脚】按钮，切换到页脚，此时光标出现在页脚框中，同时弹出页脚列表，如实训图 3-49 所示。

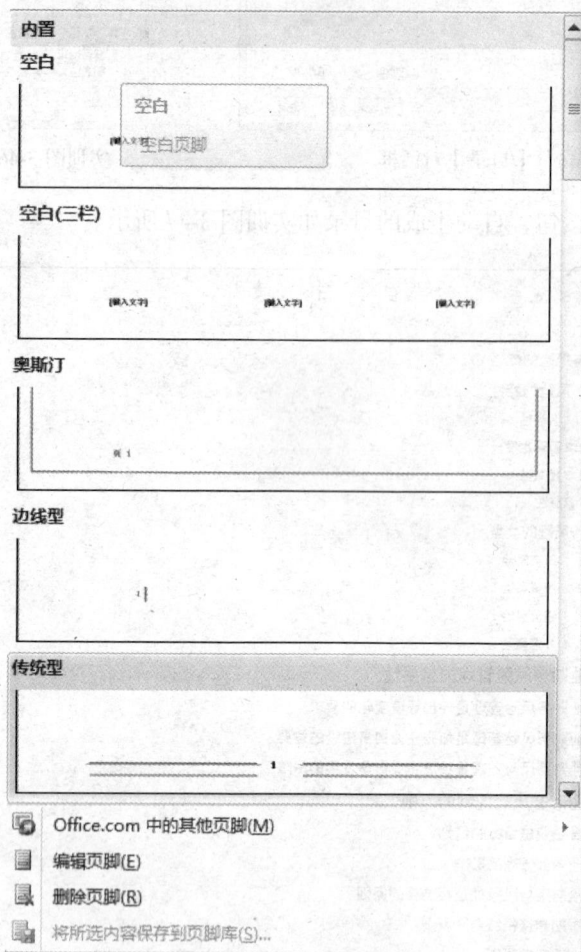

实训图 3-49 页脚列表

（5）将光标定位于插入页码的位置，单击【页眉和页脚工具】|【设计】|【页码】按钮，打开页码下拉菜单，如实训图 3-50 所示。选择【设置页码格式】命令，打开【页码格式】对话框，设置【起始页码】为"1"，如实训图 3-51 所示。

（6）单击【页眉和页脚工具】|【设计】|【关闭】组中的按钮，退出页眉页脚的设置。

6. 格式化字符段落

（1）在正文中选定需要格式化的段落，单击【开始】|【字体】组中的功能按钮，在打开的

【字体】对话框中，设置【中文字体】为"宋体"，【字形】为"常规"，【字号】为"小四"，单击【确定】按钮。

实训图 3-50　页码下拉菜单

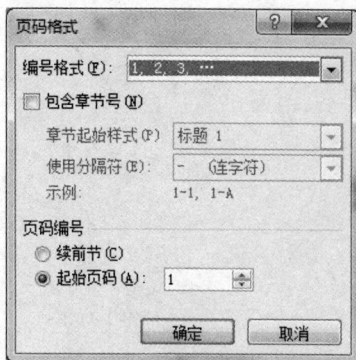

实训图 3-51　【页码格式】对话框

（2）单击【开始】|【段落】组中的功能按钮 □，在打开的【段落】对话框中，打开【缩进和间距】选项卡，在【对齐方式】中选择【两端对齐】，在【特殊格式】中选择【首行缩进】为"2字符"，在【行距】中选择【单倍行距】，在【段前段后】选择【自动】，单击【确定】按钮。

7．页面设置

（1）单击【页面布局】|【页面设置】|【页面设置】功能按钮，打开【页面设置】对话框。单击【页边距】选项卡，打开【页边距】对话框，如实训图 3-52 所示。

（2）在上、下、左、右边距框中分别填入"2.5 厘米""2 厘米""2.5 厘米""2 厘米"。设置后的【页边距】选项卡如实训图 3-52 所示。

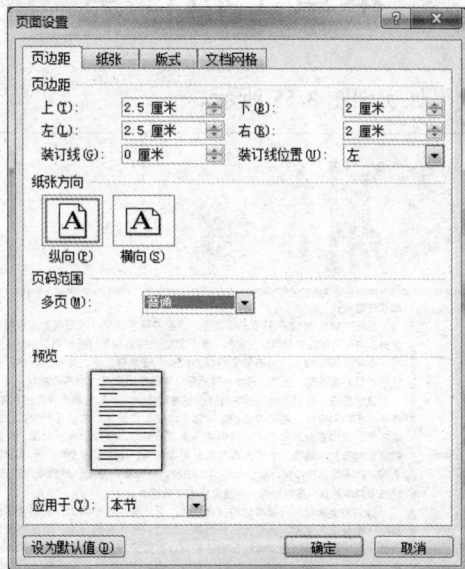

实训图 3-52　设置后的【页边距】选项卡

（3）打开【纸张】选项卡，在【纸张大小】列表框中选择【自定义大小】，在【宽度】文本框中输入"19.5 厘米"，在【高度】文本框中输入"27 厘米"。

8．制作封面

（1）新建 Word 文档，输入标题"毕业设计（论文）"。

（2）选定输入文本，单击【开始】|【字体】组中的【字体】功能按钮 ，如实训图 3-53 所示。打开【字体】对话框。设置【中文字体】为"宋体"，【字形】为"加粗"，【字号】为"二号"，如实训图 3-54 所示。

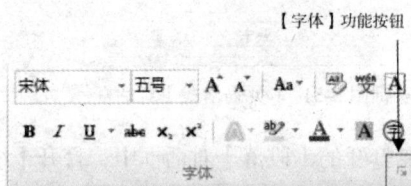

实训图 3-53　【字体】组

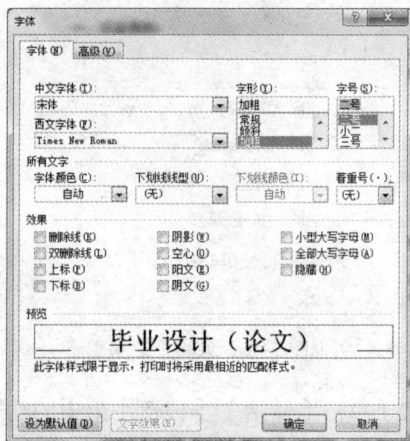

实训图 3-54　设置后的【字体】对话框

（3）单击【开始】|【段落】组中的【段落】功能按钮 ，打开【段落】对话框。设置【对齐方式】为"居中"。

（4）按照样文"封面.docx"输入剩余文字，并设置其字体格式为"宋体、小二号、居中"。

本章上机任务

1. 制作一封感谢信，效果如实训图 3-55 所示。

实训图 3-55　感谢信

要求掌握感谢信的制作方法，练习插入艺术字、形状以及图片，设置图片等操作。

2. 利用 Word 2010 提供的强大的排版功能，制作如实训图 3-56 所示的"球赛名单"。

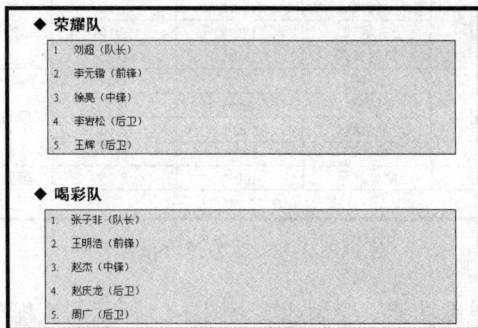

实训图 3-56 球赛名单

3. 制作如实训图 3-57 所示的"产品说明书"。

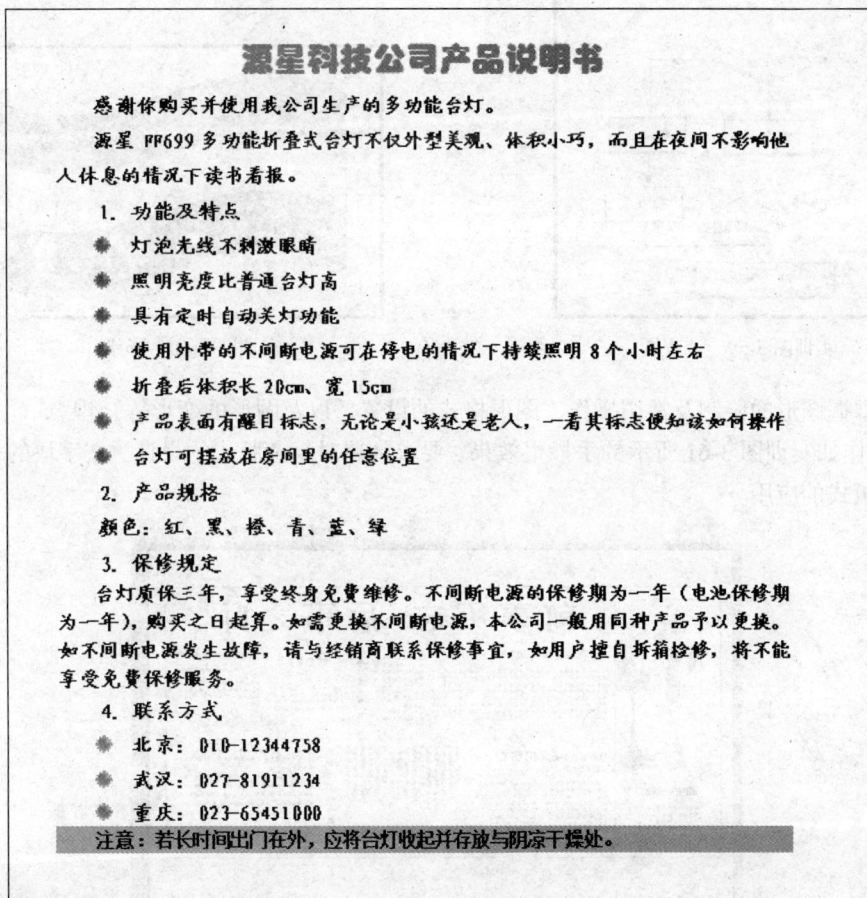

实训图 3-57 产品说明书

要求掌握段落、项目符号和背景底纹的设置等操作。

4. 制作如实训图 3-58 所示的"工作进度报告表"，要求掌握插入表格、合并和拆分单元格以及设置单元格的格式等操作。

工作进度报告表

单位	工序	进度	完成日期	备注
一车间	铸模	100%	7.10	
	去毛刺	100%	7.15	废品率 1%
	热效处理	100%	7.22	
五车间	车外圆	100%	7.29	
	钻空	100%	8.6	废品率 1.5%
	攻螺纹	100%	8.10	
	热处理	100%	8.17	
三车间	磨外表面	100%	8.25	废品率 0.7%

实训图 3-58　工作进度报告表

5. 利用 Word 2010 的绘图功能，绘制如实训图 3-59 所示的流程图。

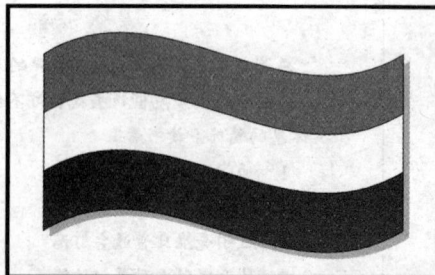

6. 利用 Word 2010 的绘图功能制作如实训图 3-60 所示的三色彩旗效果。

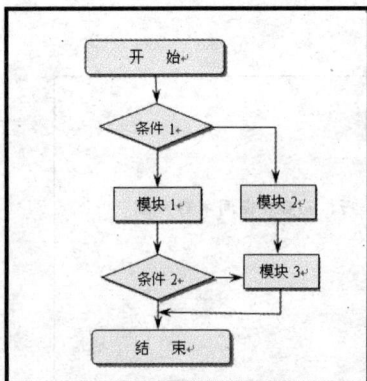

实训图 3-59　流程图

实训图 3-60　彩旗

要求掌握图形的绘制及常用操作、图形格式的设置，以及图形的变形等知识。

7. 制作如实训图 3-61 所示的手抄报效果，要求掌握对复杂版式的设计、文字块的分割方法，以及中文版式的应用。

实训图 3-61　手抄报效果

实训四
Excel 2010 的使用

一、输入各种类型的数据

（一）实训要点

1. 快速输入相同的内容。
2. 填充序列的应用。
3. 设置单元格格式。
4. 合并单元格。
5. 调整行高列宽。
6. 设置保护密码。

（二）实训目的

通过对本实训的学习，要求学生掌握各种类型数据的输入方法，以及快速输入序列或者相同的内容，并对工作表设置保护，防止修改。

（三）实训内容

本例制作一个客户信息表，避免遗忘，方便管理。该工作表不仅记录了每名客户的详细资料，还通过调整单元格的大小使资料能完全显示，并对工作表设置了保护，避免被他人修改，导致数据发生变化，其效果如实训图 4-1 所示。

实训图 4-1　客户信息表

1. 输入内容并调整表格

首先输入需要的内容，然后对部分单元格进行调整，具体操作如下。

（1）启动 Excel 2010 后，单击快速访问工具栏中的【保存】按钮，设置保存名称为【客户信息表】，选择保存位置，单击【保存】按钮。

（2）选择 A1 单元格，在其中输入"蓝宇广告公司客户信息表"，然后使用相同的方法选择其他单元格，分别输入客户编号、公司所在地、公司名称、联系人、通讯地址、邮编以及联系方式等内容，如实训图 4-2 所示。

实训图 4-2 完成输入

（3）选择 A3 单元格，输入第一个编号"2012001"，将光标移至该单元格右下角的控制柄上，当光标变成十字形状时，按住鼠标右键不放并向下拖动至 A21 单元格。

（4）拖动完成后，释放鼠标右键，在弹出的快捷菜单中选择【填充序列】命令，使该区域自动填充编号。

（5）选择 A1:G1 单元格区域，在选择【开始】|【对齐方式】面板中的【合并后居中】按钮，效果如实训图 4-3 所示。

实训图 4-3 填充与合并居中

2. 调整行高和列宽

合并单元格后，使得各单元格更有层次，需要调整行高和列宽，其具体操作如下。

（1）在第一行的行标上单击鼠标右键，在弹出的快捷菜单中选择【行高】命令。

（2）选择命令后，打开【行高】对话框，输入行高值为35，单击【确定】按钮，如实训图 4-4 所示。

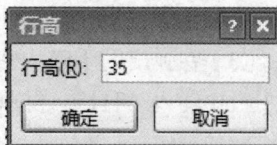

实训图 4-4　修改行高

（3）使用相同的方法修改第二行的行高值为25，移动鼠标至 B 列和 C 列之间的分割线上，当光标变成十字形状时，按住鼠标左键不放并向右拖动，拉大 B 列的列宽，使其列宽为 10。

（4）使用相同的方法，拉动 C 列和 D 列之间的分割线，使 C 的列宽为 17；E 的列宽为 15；G 的列宽为 13，使整个表的内容能完整显示出来，如实训图 4-5 所示。

实训图 4-5　完成列宽的修改

3. 重命名并保护工作表

为了防止被他人修改，还需要对工作表进行保护处理。下面将重命名工作表，并对其进行保护，其具体操作如下：

（1）保持 Sheet1 工作表为当前工作表，选择【开始】|【单元格】面板中的【格式】按钮，在弹出的下拉菜单中选择【重命名工作表】选项，将该工作表的名称重命名为"客户信息"，如实训图 4-6 所示。

实训图 4-6　设置工作表标签

（2）选择【审阅】|【更改】面板中的【保护工作表】按钮，在打开的【保护工作表】对话框

的【取消工作表保护时使用的密码】文本框中输入密码"111"，单击【确定】按钮，如实训图4-7所示。

（3）在弹出的【确认密码】对话框中，在【重新输入密码中】栏中输入"111"，再单击【确认】按钮，确认密码，完成工作簿的制作。

二、数据管理与分析

（一）实训要点

1. 对数据进行排序。
2. 自动筛选及高级筛选的应用。
3. 数据分类汇总。
4. 合并计算。

实训图 4-7 保护工作表

（二）实训目的

通过对本实训的学习，要求学生掌握数据管理与分析的基本方法。

（三）实训内容

制作一份员工工资表格，该表格主要由姓名、职务、工资明细等组成，并对表格中的内容按照职务进行汇总。如实训图4-8所示。

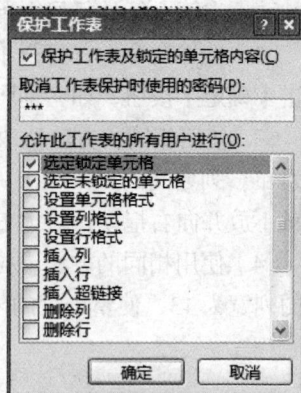

实训图 4-8 员工工资表

1. 制作表格

（1）新建一个空白的 Excel 工作簿，在 A1:H12 单元格区域分别输入姓名、职务、工资等数据。

（2）选择 H4 单元格，在编辑栏中输入公式"=C4+D4+E4-F4-G4"计算实发工资，然后对H4: H12进行填充，得出所有人的实发工资，如实训图4-9所示。

（3）分别选择 A1:H1、C2:E2、F2:G2 单元格区域，再选择【开始】|【对齐方式】面板中的【合并后居中】按钮。然后选择【开始】|【样式】面板中的【单元格样式】按钮，在弹出的下拉菜单中选中【标题】选项。

（4）选择 C2:G2 单元格区域，然后选择【开始】|【字体】面板，在【字体】下拉菜单中选择"楷体"，在【字号】下拉菜单中选择"14"。使用同样的方法设置 A3:H3 单元格区域中的字体为12 号的"黑体"。

实训图 4-9 输入内容

（5）选择表格中包含价钱的单元格区域 C3:H12，然后选择【开始】|【数字】面板中的【数字格式】下拉菜单中的【会计专用】选项，使表格中的数字变成会计专用的货币样式，最后适当调整表格的行高和列宽使数据能完全显示。

（6）选择 A1:H12 单元格区域，然后选择【开始】|【字体】面板中的【边框】按钮，在弹出的下拉菜单中选择【所有框线】选项，使表格具有边框，如实训图 4-10 所示。

实训图 4-10 设置格式

2. 分类汇总

将表格制作完成后，即可对其进行分类汇总。首先排序，然后执行分类汇总。其具体操作如下。

（1）选择需要排序的 A4:H12 单元格区域，然后选择【数据】|【排序和筛选】面板中的【排序】按钮，打开【排序】对话框。

（2）在打开的对话框中添加两条"次要关键字"，并分别进行设置，如实训图 4-11 所示，最后单击【确定】按钮，完成排序。

（3）选择 A3:H12 单元格区域，然后选择【数据】|【分级显示】面板中的【分类汇总】按钮，在打开的【分类汇总】对话框中设置"分类字段"为"职务""汇总方式"为"求和"，并在【选定汇总项】栏中选中【基本工资】【奖金】【实发工资】复选框，如实训图 4-12 所示。

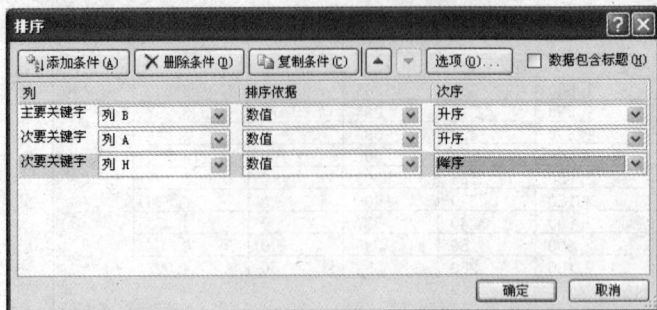

实训图 4-11　【排序对话框】　　　　　　　　　　实训图 4-12　【分类汇总】对话框

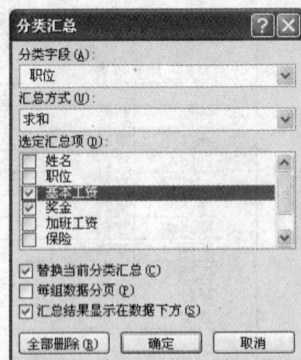

（4）完成对话框的设置后，单击【确定】按钮，完成分类汇总的操作。

三、创建数据图表

（一）实训要点

1. 创建图表。

2. 编辑图表。

3. 图表对象的格式化设置。

（二）实训目的

根据给定的员工工资表，创建一个员工"实发工资"的三维簇状柱形图。

（三）实训内容

本实训让学生学习使用"图表向导"创建图表的方法，对图表进行编辑及格式化设置。本实训的最终效果如实训图 4-13 所示。

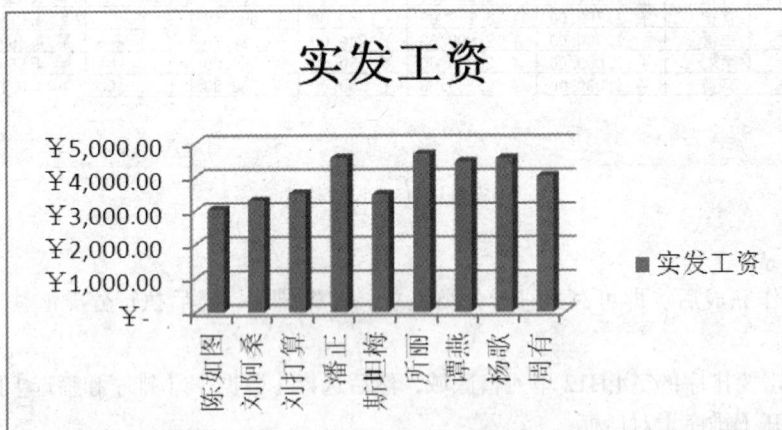

实训图 4-13　创建图表

1. 创建图表

（1）打开实训二制作完成的"工资表.xlsx"文件，单击 Sheet2 工作表，选中员工的姓名及实发工资，如实训图 4-14 所示。

实训图 4-14 选择图表数据内容

（2）单击【插入】|【图表】面板中的【柱形图】按钮，在弹出的下拉列表中选择"三维簇状柱形图"，即可根据选择的数据表在当前工作表中创建对应的图表，如实训图 4-15 所示。

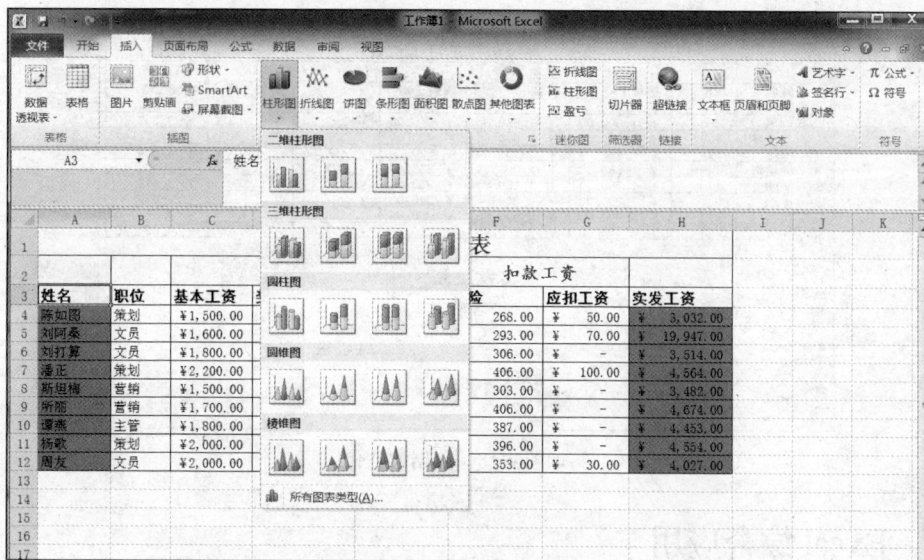

实训图 4-15 选择图表类型

（3）选择类型后，即可根据选择的数据表在当前工作表中创建对应的图标，选择【布局】|【标签】面板中的【图表标题】按钮，在弹出的下拉列表中选择【图标上方】选项，如实训图 4-16 所示。此时图表上方将显示"图表标题"文本框，可更改标题。

（4）将光标移动到图表区上，按住鼠标左键不放，在移动图表的过程中显示一个半透明的白色虚框，释放鼠标，图表将被移动。

2. 更改图标类型

选择【设计】|【类型】面板中的【更改图表类型】按钮，在打开的【更改图表类型】对话框中选择"折线图"图表类型，单击【确定】按钮，如实训图 4-17 所示。

3. 修改图表数据

修改图表数据是对图表中的区域数值进行修改，图表中的数据的系列将会随之发生相应的变化。例如，选择 C4 单元格中的数据，即表中的基本工资栏，将该单元格的数据修改为 3500，可以看到下方图表中的该成员所对应图表中的数据序列也发生了相应的变化，如实训图 4-18 所示。

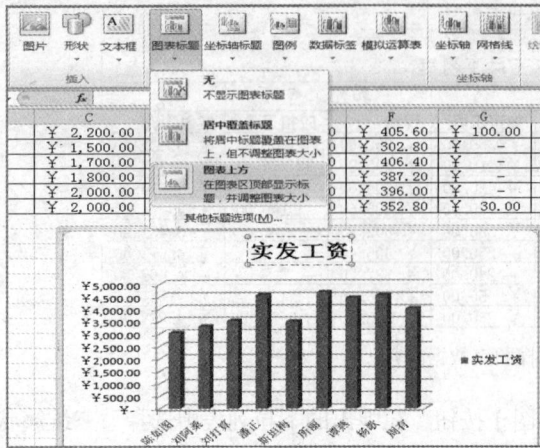

实训图 4-16　修改图标标题

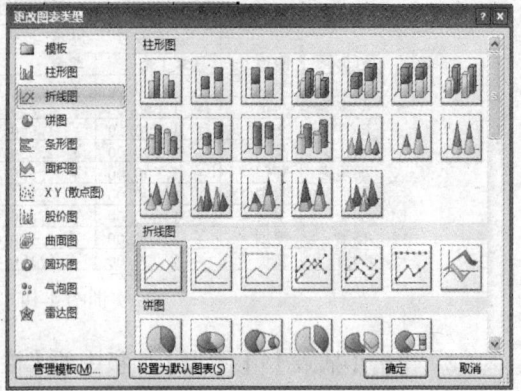

实训图 4-17　选择图表类型

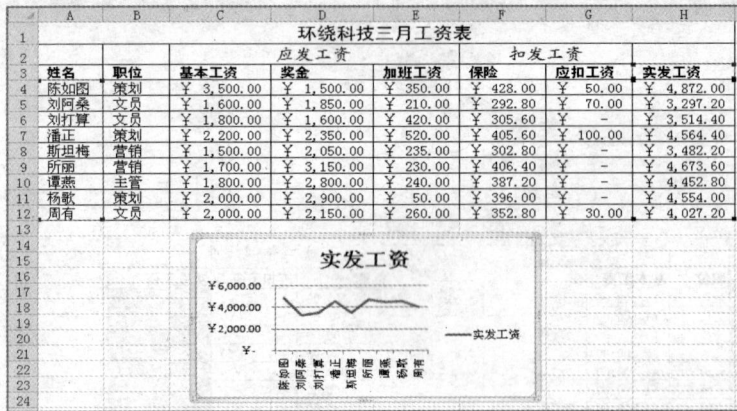

实训图 4-18　数据的变化

四、Excel 综合应用

（一）实训要点

1. 创建表格。
2. 格式化表格。
3. 应用公式。
4. 编辑图表。
5. 数据管理。

（二）实训目的

为了对企业的生产经营进行有效管理和控制，本实训将制作产品销售收入与成本分析表，用于分析企业产品在销售过程中产生的各项费用，最后通过图表对数据进行分析。

（三）实训内容

本实训可让学生学习 Excel 2010 综合应用的方法。先填充企业产品的销售数据，然后根据这些数据计算出产品的销售成本率、销售税金率，最后再创建图表，对企业的成本率、费用率等进行分析。本实训的最终效果如实训图 4-19 所示。

| J16 | ▼ (| ƒx |

	A	B	C	D	E	F	G	H
2	制表时间:							
3	项目 月份	销售收入	销售成本	销售费用	销售税金	销售成本率	销售费用率	销售税金率
4	1月	34594.82	2704.86	2687.60	897.60	7.82%	7.77%	2.59%
5	2月	28116.55	3658.70	2548.60	423.60	13.01%	9.06%	1.51%
6	3月	29162.86	2541.50	3568.70	541.60	8.71%	12.24%	1.86%
7	4月	33021.75	2256.74	3256.40	520.30	6.83%	9.86%	1.58%
8	5月	29160.64	1856.30	2856.40	322.58	6.37%	9.80%	1.11%
9	6月	27827.28	1400.50	2486.08	402.60	5.03%	8.93%	1.45%
10	7月	30156.80	2646.90	3245.00	511.30	8.78%	10.76%	1.70%
11	8月	24756.32	2188.06	2846.00	489.60	8.84%	11.50%	1.98%
12	9月	18568.60	2298.52	1356.50	423.57	12.38%	7.31%	2.28%
13	10月	22568.37	1651.71	5621.30	513.46	7.32%	24.91%	2.28%
14	11月	20598.62	1651.71	4568.60	568.88	8.02%	22.18%	2.76%
15	12月	30156.74	1375.46	2541.60	214.70	4.56%	8.43%	0.71%
16	合计	328689.35	26230.96	37582.78	5829.79	7.98%	11.43%	1.77%

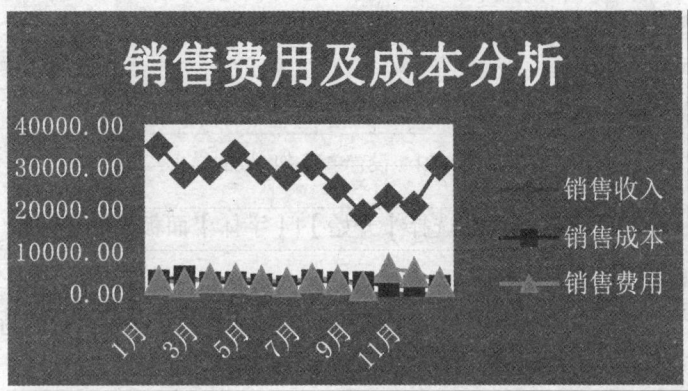

实训图 4-19　产品销售与成本分析

其具体操作步骤如下。

（1）启动 Excel 2010，新建一个工作簿，将其保存为"产品销售与成本分析表.xlsx"，然后在单元格 A1 中输入表格的字段内容，其效果如实训图 4-20 所示。

实训图 4-20　创建表格

（2）选择 A1:H1 单元格区域，再选择【开始】|【对齐方式】面板中的【合并后居中】按钮，然后设置其字体格式为"黑体、24 号"。

（3）选择 A3:H3 单元格区域，选择【开始】|【字体】面板中的【加粗】按钮，然后单击【颜

色填充】按钮，在弹出的下拉菜单中选择【橙色强调文字颜色 6】选项，设置填充色，如实训图 4-21 所示。

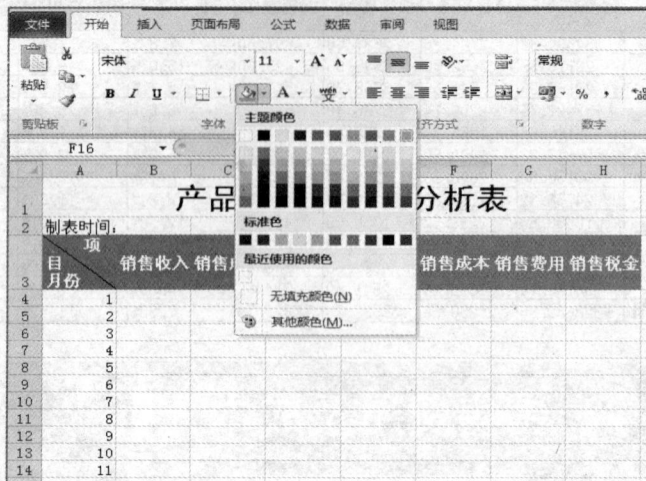

实训图 4-21　设置单元格区域的样式

（4）选择 A3:H16 单元格区域，在选择【开始】|【字体】面板中的【边框】按钮，在弹出的下拉菜单中选择【其他边框】选项。

（5）打开【设置单元格格式】对话框，在【样式】栏中选择【选项】，单击【外边框】和【内部】按钮，完成后单击【确定】按钮，如实训图 4-22 所示。

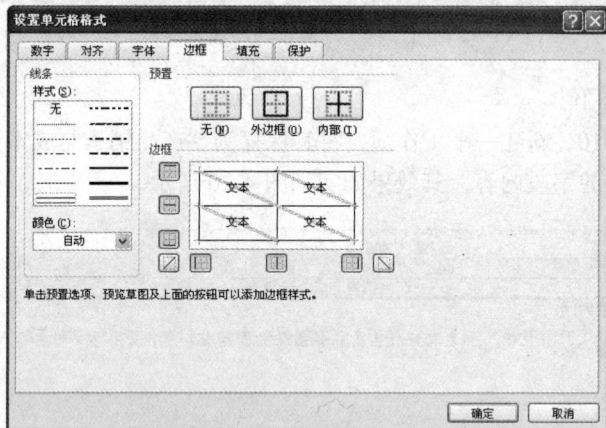

实训图 4-22　设置表格边框格式

（6）选择 B4:E16 单元格区域，单击鼠标右键，在弹出的快捷菜单中选择【设置单元格格式】命令，打开对话框。

（7）选择【数字】选项卡，在【分类】栏中选择【数值】选项，在【小数位数】数值框中输入"2"，单击【确定】按钮，如实训图 4-23 所示。

（8）选择 F4:H16 单元格区域，打开【设置单元格格式】对话框，选择【数字】选项卡，在【分类】栏中选择【百分比】选项，在【小数位数】数值框中输入"2"，单击【确定】按钮，如实训图 4-24 所示。

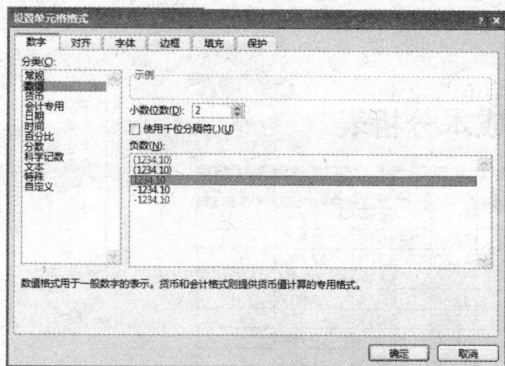

实训图 4-23　设置数值的显示格式　　　　　实训图 4-24　设置数据以百分比显示

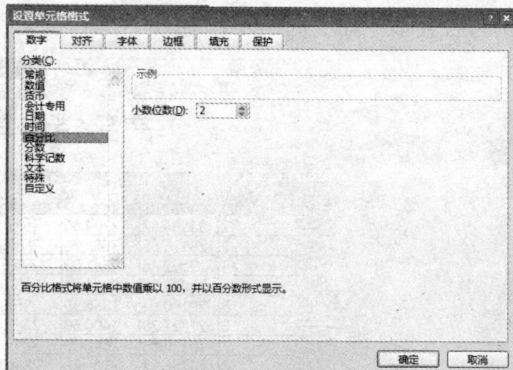

（9）在 B4:E15 单元格区域中输入产品的销售收入、销售成本、销售费用和销售税金的值。选择 F4:F15 单元格区域，在编辑栏中输入公式"=C4/B4"，按【Enter】键计算出销售成本率的值，如实训图 4-25 所示。

	SUM		X ✓ fx	=C4/B4			
	A	B	C	D	E	F	G	H
		产品销售与成本分析表						
1								
2	制表时间：							
3	项目\月份	销售收入	销售成本	销售费用	销售税金	销售成本	销售费用	销售税金
4	1	34594.82	2704.86	2687.60	897.60	=C4/B4		
5	2	28116.55	3658.70	2548.60	423.60			
6	3	29162.86	2541.50	3568.70	541.60			
7	4	33021.75	2256.74	3256.40	520.30			
8	5	29160.64	1856.30	2856.40	322.58			
9	6	27827.28	1400.50	2486.08	402.60			
10	7	30156.80	2646.90	3245.00	511.30			
11	8	24756.32	2188.06	2846.00	489.60			
12	9	18568.60	2298.52	1356.50	423.57			
13	10	22568.37	1651.71	5621.30	513.46			
14	11	20598.62	1651.71	4568.60	568.88			
15	12	30156.74	1375.46	2541.60	214.70			
16	合计							

实训图 4-25　计算销售成本率

（10）选择 G4:G15 单元格区域，在编辑栏中输入公式"=D4/B4"，按【Enter】键计算出产品的销售费用率，如实训图 4-26 所示。

	SUM		X ✓ fx	=D4/B4			
	A	B	C	D	E	F	G	H
		产品销售与成本分析表						
1								
2	制表时间：							
3	项目\月份	销售收入	销售成本	销售费用	销售税金	销售成本	销售费用	销售税金
4	1	34594.82	2704.86	2687.60	897.60	7.82%	=D4/B4	
5	2	28116.55	3658.70	2548.60	423.60	13.01%		
6	3	29162.86	2541.50	3568.70	541.60	8.71%		
7	4	33021.75	2256.74	3256.40	520.30	6.83%		
8	5	29160.64	1856.30	2856.40	322.58	6.37%		
9	6	27827.28	1400.50	2486.08	402.60	5.03%		
10	7	30156.80	2646.90	3245.00	511.30	8.78%		
11	8	24756.32	2188.06	2846.00	489.60	8.84%		
12	9	18568.60	2298.52	1356.50	423.57	12.38%		
13	10	22568.37	1651.71	5621.30	513.46	7.32%		
14	11	20598.62	1651.71	4568.60	568.88	8.02%		
15	12	30156.74	1375.46	2541.60	214.70	4.56%		
16	合计							

实训图 4-26　计算产品的销售费用率

（11）选择 H4:H15 单元格区域，在编辑栏中输入公式"=E4/B4"，按【Enter】键计算出产品的销售税金率，如实训图 4-27 所示。

	SUM		▼ ✗ ✓ fx	=E4/B4			
	A	B	C	D	E	F	G	H

产品销售与成本分析表

制表时间：							
项目 月份	销售收入	销售成本	销售费用	销售税金	销售成本	销售费用	销售税金
1	34594.82	2704.86	2687.60	897.60	7.82%	7.77%	=E4/B4
2	28116.55	3658.70	2548.60	423.60	13.01%	9.06%	
3	29162.86	2541.50	3568.70	541.60	8.71%	12.24%	
4	33021.75	2256.74	3256.40	520.30	6.83%	9.86%	
5	29160.64	1856.30	2856.40	322.58	6.37%	9.80%	
6	27827.28	1400.50	2486.08	402.60	5.03%	8.93%	
7	30156.80	2646.90	3245.00	511.30	8.78%	10.76%	
8	24756.32	2188.06	2846.00	489.60	8.84%	11.50%	
9	18568.60	2298.52	1356.50	423.57	12.38%	7.31%	
10	22568.37	1651.71	5621.30	513.46	7.32%	24.91%	
11	20598.62	1651.71	4568.60	568.88	8.02%	22.18%	
12	30156.74	1375.46	2541.60	214.70	4.56%	8.43%	
合计							

实训图 4-27　计算产品的销售税金率

（12）选择 B16:H16 单元格区域，在编辑栏中输入公式 "=SUM(B4：B15)"，按【Enter】键计算出产品每项数据的总和，如实训图 4-28 所示。

	B16		▼	fx	=SUM(B4:B15)			
	A	B	C	D	E	F	G	H

产品销售与成本分析表

制表时间：							
项目 月份	销售收入	销售成本	销售费用	销售税金	销售成本率	销售费用率	销售税金率
1	34594.82	2704.86	2687.60	897.60	7.82%	7.77%	
2	28116.55	3658.70	2548.60	423.60	13.01%	9.06%	
3	29162.86	2541.50	3568.70	541.60	8.71%	12.24%	
4	33021.75	2256.74	3256.40	520.30	6.83%	9.86%	
5	29160.64	1856.30	2856.40	322.58	6.37%	9.80%	
6	27827.28	1400.50	2486.08	402.60	5.03%	8.93%	
7	30156.80	2646.90	3245.00	511.30	8.78%	10.76%	
8	24756.32	2188.06	2846.00	489.60	8.84%	11.50%	
9	18568.60	2298.52	1356.50	423.57	12.38%	7.31%	
10	22568.37	1651.71	5621.30	513.46	7.32%	24.91%	
11	20598.62	1651.71	4568.60	568.88	8.02%	22.18%	
12	30156.74	1375.46	2541.60	214.70	4.56%	8.43%	
合计	328689.35						

实训图 4-28　计算产品的每项数据的总和

（13）选择 B3:D15 单元格区域，在选择【插入】|【图表】面板中的【折线图】按钮，在弹出的下拉菜单中选择【折线图】选项。

（14）系统自动在 Excel 中插入折线图，选择插入的图表，再选择【设计】|【数据】面板中的【选择数据】按钮，打开【选择数据源】对话框，然后单击【水平（分类）轴标签】栏中【编辑】按钮，如实训图 4-29 所示。

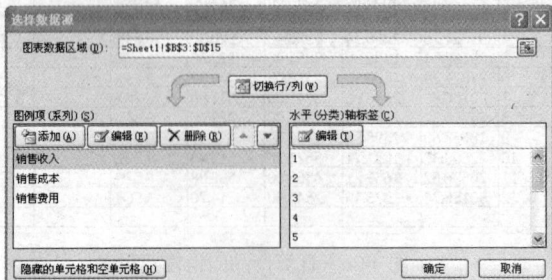

实训图 4-29　【选择数据源】对话框

（15）打开【轴标签】对话框，在【轴标签区域】文本框中输入 "=Sheet2! $A$4:$A$15"，单击【确定】按钮，设置轴标签的名称，如实训图 4-30 所示。

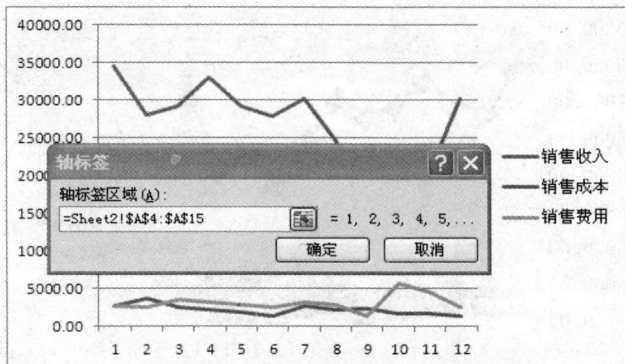

实训图 4-30 设置轴标签的名称

（16）返回【选择数据源】对话框，单击【确定】按钮返回工作表。选择图表，再选择【设计】|【图表样式】面板，在【快速样式】选项栏中选择 "样式 18" 选项，如实训图 4-31 所示。

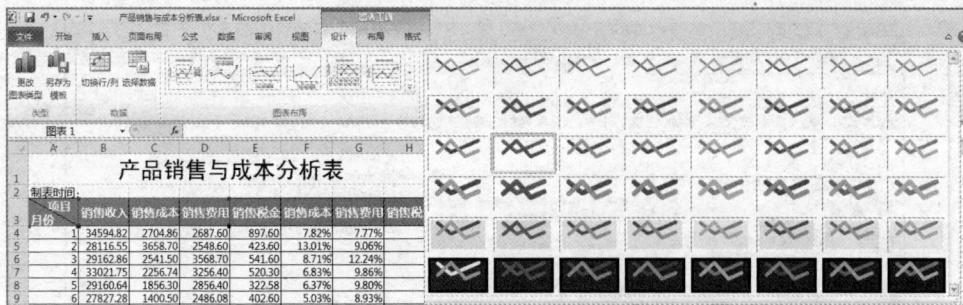

实训图 4-31 设置图表的样式

（17）选中图表中的 "销售收入" 字样，再双击 "销售收入" 数据系列，打开【设置数据系列格式】对话框，选择【数据标记选项】选项卡，选中【内置】单选按钮，在【类型】下拉列表框中选择◆选项，在【大小】数值框中输入 "10"，单击【关闭】按钮，如实训图 4-32 所示。

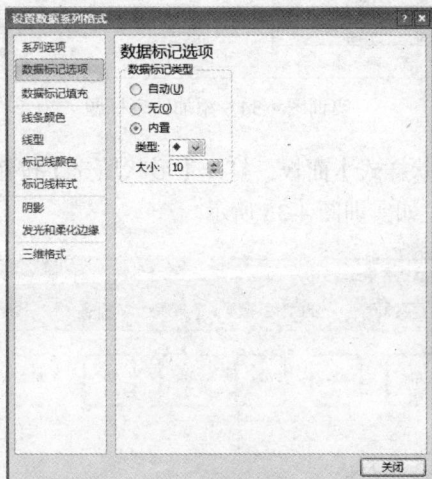

实训图 4-32 设置其他标记选项的格式

（18）使用相同的方法设置"销售费用"和"销售成本"的数据标记选项的格式，如实训图 4-33 所示。

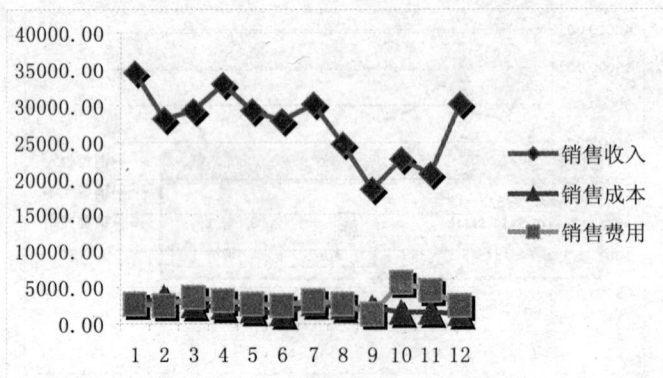

实训图 4-33　设置其他标记选项的格式

（19）选择【布局】|【标签】面板中的【图表标题】按钮，在弹出的下拉菜单栏中选择【图表上方】选项，并修改图表标题为"销售费用及成本分析"，如实训图 4-34 所示。

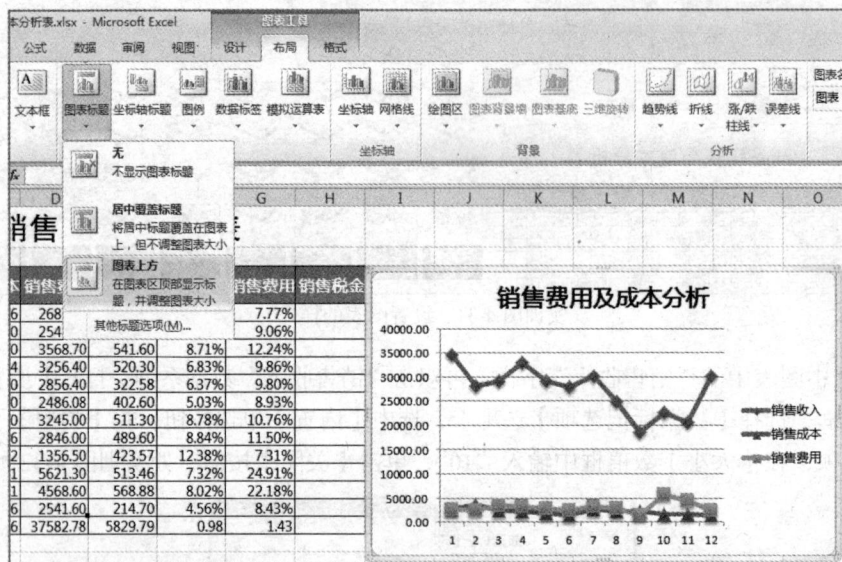

实训图 4-34　添加图表标题

（20）选择【格式】|【形状样式】面板，打开【形状填充】按钮，在列表中选择"主题颜色-蓝色 强调文字颜色 1"选项，如实训图 4-35 所示。

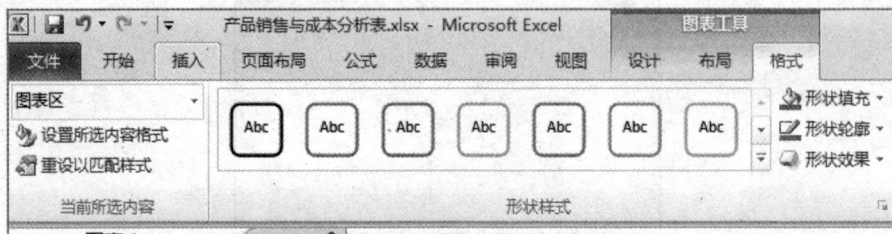

实训图 4-35　设置图表的填充色

本章上机任务

启动 Excel 创建名为"成绩表.xlsx"的空白工作簿，按要求完成下列操作。

（1）将 Sheet1 工作表更名为"成绩统计"。

（2）在"成绩统计"工作表中，从 A1 单元格开始，输入表中的数据。

（3）在表格的列标题所在行之前，插入一行，合并此行的前 7 个单元格，输入表格的标题"08 级网络工程本科一班成绩统计表"。

（4）使用函数计算每个学生的总分和平均分，要求结果保留两位小数。

（5）将表格内的数据字体设置为"10"号，水平居中。

（6）设置表格外围的边框为"双线"，颜色为红色，内边框为"单线"，颜色为蓝色。

学 号	姓 名	英语	计算机	高等数学	总分	平均分
0805001	张 三	80	81	82		
0805002	李 四	60	62	61		
0805003	王 五	70	71	78		
0805004	赵 明	89	80	80		
0805005	李 军	60	60	60		
0805006	周 杰	90	90	99		
0805007	白 洁	83	82	86		

附：Excel 技巧精选

一、Excel 快捷键

【Alt+=】：用 SUM 函数插入"自动求和"公式

【Alt+Enter】：在单元格中换行

【Alt+PageDown】：向右移动一屏

【Alt+PageUp】：向左移动一屏

【Alt+向下键】：显示清单的当前列中的数值下拉列表

【Ctrk+Shift+PageUp】：选中当前工作表和上一张工作表

【Ctrl+−】：显示删除行、列、单元格对话框

【Ctrl+;】：输入日期

【Ctrl+[】：选取由选中区域的公式直接引用的所有单元格

【Ctrl+]】：选取包含直接引用活动单元格的公式的单元格

【Ctrl++】：显示插入行、列、单元格对话框

【Ctrl+0】：隐藏选中单元格或区域所在的列

【Ctrl+1】：显示【单元格格式】对话框

【Ctrl+5】：应用或取消删除线

【Ctrl+6】：在隐藏对象、显示对象和显示对象占位符之间切换

【Ctrl+9】：隐藏选中单元格或区域所在的行

【Ctrl+A】：选中整张工作表

【Ctrl+Alt+→】：在不相邻的选中区域中，向右切换到下一个选中区域

【Ctrl+Alt+←】：向左切换到下一个不相邻的选中区域

【Ctrl+B】：应用或取消加粗格式

【Ctrl+C，再Ctrl+C】：显示Micrsoft Office剪贴板（多项复制和粘贴）

【Ctrl+D】：向下填充

【Ctrl+Delete】：删除插入点到行末的文本

【Ctrl+End】：移动到工作表的最后一个单元格，该单元格位于数据所占用的最右列的最下行中

【Ctrl+Enter】：用当前输入项填充选中的单元格区域

【Ctrl+F3】：定义名称

【Ctrl+Home】：移动到工作表的开头

【Ctrl+I】：应用或取消字体倾斜格式

【Ctrl+K】：插入超链接

【Ctrl+PageDown】：开始一条新的空白记录

【Ctrl+PageDown】：取消选中多张工作表

【CTRL+PageDown】：移动到工作薄中的下一张工作表

【Ctrl+PageUp】：移动到工作薄中的上一张工作表或选中其他工作表

【Ctrl+P 或 Ctrl+Shift+F12】：显示【打印】对话框。

【Ctrl+R】：向右填充

【Ctrl+Shift+!】：应用带两位小数位，使用千位分隔符且负数用负号（–）表示的"数字"格式。

【Ctrl+Shift+#】：应用含年，月，日的"日期"格式

【Ctrl+Shift+$】：应用带两个小数位的"货币"格式（负数在括号内）

【Ctrl+Shift+%】：应用不带小数位的"百分比"格式

【Ctrl+Shift+&】：对选中单元格应用外边框

【Ctrl+Shift+)】：取消选中区域内的所有隐藏列的隐藏状态

【Ctrl+Shift+*】：选中活动单元格周围的当前区域（包围在空行和空列中的数据区域）。在数据透视表中，选中整个数据透视表

【Ctrl+Shift+:】：插入时间

【Ctrl+Shift+@】：应用含小时和分钟并标明上午或下午的"时间"格式

【Ctrl+Shift+^】：应用带两位小数位的"科学记数"数字格式

【Ctrl+Shift+_】：取消选中单元格的外边框

【Ctrl+Shift+{】：选取由选中区域中的公式直接或间接引用的所有单元格

【Ctrl+Shift+}】：选取包含直接或间接引用单元格的公式的单元格

【Ctrl+Shift+~】：应用"常规"数字格式

【Ctrl+Shift++】：插入空白单元格

【Ctrl+Shift+Z】：显示"自动更正"智能标记时，撤销或恢复上次的自动更正

【Ctrl+Shift+】：选中含在批注的所有单元格

【Ctrl+U】：应用或取消下划线

【Ctrl+V】：粘贴复制的单元格

【Ctrl+X】：剪切选中的单元格

【Ctrl+空格】：选中整列

【CTRL+↑/←（打印预览）】：缩小显示时，滚动到第一页

【CTRL+↓/→（打印预览）】：缩小显示时，滚动到最后一页

【End】：移动到窗口右下角的单元格

【End+箭头键】：在一行或一列内以数据块为单位移动

【F2】：关闭单元格的编辑状态后，将插入点移动到编辑栏内

【F3】：将定义的名称粘贴到公式中

【F4 或 Ctrl+Y】：重复上一次操作

【F5】：显示【定位】对话框

【F6】：切换到被拆分的工作表中的下一个窗格

【F7】：显示【拼写检查】对话框

【F9】：计算所有打开的工作簿中的所有工作表

【Home】：移动到行首或窗口左上角的单元格

【PageDown】：移动到前 10 条记录的同一字段

【Shift+Ctrl+PageDown】：选中当前工作表和下一张工作表

【SHIFT+F11 或 ALT+SHIFT+F1】：插入新工作表

【Shift+F2】：编辑单元格批注

【Shift+F3】：在公式中，显示"插入函数"对话框。

【Shift+F4】：重复上一次查找操作

【Shift+F5】：显示"查找"对话框。

【Shift+F6】：切换到被拆分的工作表中的上一个窗格

【Shift+F9】：计算活动工作表。

【Shift+空格】：选中整行（英文输入法状态才能实现）

二、操作技巧

1. 如何自动保存？

在编辑 Excel 的过程中，如突然断电、系统不稳定、软件出错、操作失误等因素导致 Excel 在未保存之前就意外关闭，那么如何减少此类损失呢？

方法：使用 Excel 的【自动保存】功能。选择【文件】|【选项】命令，打开【Excel 选项】对话框，在该对话框中选择【保存选项卡】，选中【保存自动恢复信息时间间隔】和【如果我没有保存就关闭，请保留上次自动保留的版本】，然后在【保存自动恢复信息时间间隔】复选框后设置自动保存的时间间隔，完成后单击【确定】按钮。

2. 如何设置标签颜色？

在 Excel 2010 中有时需要建立很多个标签，虽然标签可以修改名称，但是太多的标签依然不容辨别，那么，要如何快速辨别每一个标签呢？

用户可通过下面两种方法设置标签颜色。

方法一：在需要修改颜色的标签上单击鼠标右键，在弹出的快捷菜单中选择【工作表标签颜色】命令，再在弹出的子菜单中选择需要的颜色，即可改变所选标签的颜色。

方法二：选择【开始】|【单元格】组，单击【格式】按钮，在弹出的下拉列表中选择【工作表标签颜色】选项，然后在弹出的子菜单中选择需要的颜色，即可改变所选标签的颜色。

3. Excel 老版本制作的表格可以应用 2010 版的新功能吗？

Office 2003 版本的大量使用，使得目前很多工作簿还是以 Excel 2003 版本编辑的，该版本不能使用

Excel 2010 中的新功能和新元素,那么,要如何在 Excel 2003 中使用 Excel 2010 版本的新功能和新元素呢？

用户可通过下面两种方法让 Excel 老版本制作的表格应用 2010 版的新功能。

方法一：直接转换版本,使用 Excel 2010 打开 Excel 2003 版本的工作簿,此时在标题栏中可以看见"[兼容模式]"字样。选择【文件】|【信息】命令,单击【转换】按钮,再在弹出的对话框中单击【确定】按钮。

方法二：使用 Excel 2010 打开 Excel 2003 工作簿,选择【文件】|【另存为】命令,在打开的对话框下方的【保存类型】下拉列表框中选择【Excel 工作簿】选项,最后单击【保存】按钮。

4. 可以按行排序吗？

很多表格中的数据是横向的,此时直接对表格进行排序将不能达到需要的效果, 那么,要怎样才能将表格按行排序呢？

选择【数据】|【分级显示】组,单击【分类汇总】按钮,在打开的对话框中单击【选项】按钮,打开【排序选项】对话框,单击【按行排序】单选按钮。

5. 如何制作斜线表头？

在报表中制作斜线表头时很多人制作表格的一个习惯,但 Excel 并没有对这种形式提供良好的支持,要怎样才能制作斜线表头呢？

在制作报表的过程中,有时候需要添加单斜线表头和多斜线表头,要制作斜线表头有几种方法可以实现,其方法如下。

方法一：选择目标单元格并调整大小后按【Ctrl+1】组合键,在打开的【设置单元格格式】对话框中单击【斜线】按钮,在单元格中添加斜线。然后在单元格中输入表头标题,将插入点定位到表头标题中间,按【Alt+Enter】组合键,插入回车符,使其分开,最后适当输入空格使文字位置与单元格斜线相适应。

方法二：选择目标单元格并调整大小后,选择【插入】|【插图】组,单击【形状】按钮,在弹出的下拉列表中选择【直线】选项,然后在单元格中绘制直线,绘制完成后再在单元格中输入文字,并通过添加回车符和空格等调整文字的位置,达到添加斜线表头的目的。

6. 如何快速应用相同的筛选方式？

在工作中,对表格中的内容进行筛选后,可能还需对表格中的数据进行修改、添加或删除等操作,如无须重新设置筛选条件,那么,如何才能快速地再一次进行筛选呢？

当对已经进行了筛选的表格进行修改后,需重新对表格中的数据进行修改。若筛选条件与之前的筛选条件相同,可选择【数据】|【排序和筛选】组,单击"重新应用"按钮,即可快速应用筛选。

7. 设置数据有效性的出错警告。

为数据设置数据有效性后,虽然可以通过下拉列表框直接填充数据,但如果表格中输入了错误数据而无法发现,如何才能使用户在第一时间知道数据输入错误呢？

可以在设置数据有效性时设置其错误警告信息。其具体操作方法为：在【数据有效性】对话框中设置了数据格式后,选择【出错警告】选项卡,在【样式】下拉列表框中选择出错时进行的操作,在【标题】文本框中输入标题,然后在【错误信息】文本框中输入错误的提示信息,单击【确定】按钮。

8. 避免错误信息。

在 Excel 工作表中输入公式后,有时不能正确地计算出结果,并在单元格内显示一个错误信息,这些错误的产生,有些是因公式本身产生的。下面就介绍一下几种常见的错误信息,并给出避免出错的办法。

（1）错误值：# # # #

含义：输入单元格中的数据太长或单元格公式所产生的结果太大，使结果在单元格中显示不下。或是日期和时间格式的单元格做减法，出现了负值。

解决办法：增加列的宽度，使结果能够完全显示。如果是由日期或时间相减产生了负值引起的，可以改变单元格的格式，如改为文本格式，结果为负的时间量。

（2）错误值：# DIV/0!

含义：试图除以 0。这个错误的产生通常有下面几种情况：除数为 0，在公式中除数使用了空单元格，或是包含零值单元格的单元格引用。

解决办法：修改单元格引用，或者在用作除数的单元格中输入不为零的值。

（3）错误值：# VALUE!

含义：输入引用文本项的数学公式。如果使用了不正确的参数或运算符，或者当执行自动更正公式功能时不能更正公式，都将产生错误信息 # VALUE!。

解决办法：这时应确认公式或函数所需的运算符或参数正确，并且公式引用的单元格中包含有效的数值。例如，单元格 C4 中有一个数字或逻辑值，而单元格 D4 包含文本，则在计算公式=C4+D4 时，系统不能将文本转换为正确的数据类型，因而返回错误值 # VALUE!。

（4）错误值：# REF!

含义：删除了被公式引用的单元格范围。

解决办法：恢复被引用的单元格范围，或是重新设定引用范围。

（5）错误值：# N/A

含义：无信息可用于所要执行的计算。在建立模型时，用户可以在单元格中输入#N/A，以表明正在等待数据。任何引用含有#N/A 值的单元格都将返回#N/A。

解决办法：在等待数据的单元格内填充上数据。

（6）错误值：# NAME?

含义：在公式中使用了 Excel 2010 所不能识别的文本，比如，可能是输错了名称，或是输入了一个已删除的名称，如果没有将文字串包含在双引号中，也会产生此错误值。

解决办法：如果是使用了不存在的名称而产生这类错误，应确认使用的名称确实存在；如果是名称、函数名拼写错误应就改正过来；将文字串包含在双引号中；确认公式中使用的所有区域引用都使用了冒号（：）。例如，SUM（C1:C10）。注意将公式中的文本包含在双引号中。

（7）错误值：# NUM!含义：为工作表函数提供了无效的参数，或是公式的结果太大或太小而无法在工作表中表示。

解决办法：确认函数中使用的参数类型正确。如果是公式结果太大或太小，就要修改公式，使其结果在-1×10^{307} 和 1×10^{307} 之间。

（8）错误值：# NULL! 含义：在公式中的两个范围之间插入一个空格以表示交叉点，但这两个范围没有公共单元格。如输入："=Sum(A1:A10 C1:C10)"，就会产生这种情况。

解决办法：取消两个范围之间的空格。上式可改为 "=Sum(A1:A10,C1:C10)"。

9. 快速将公式转换为数值。

如何将公式转换为数值，防止他人查看呢？

可采用"选择性粘贴"和鼠标拖动的方法来进行转换，因为"选择性粘贴"已在上文中讲解过，这里主要介绍使用鼠标拖动的方法。其具体操作为：先选择包含公式的单元格区域，按住鼠标右键不放，将该区域沿任何方向拖动一段距离，再将其拖回原位置。此时，选择的单元格区域边框变成虚线框线，并弹出一个快捷菜单，在其中选择"仅复制数值"命令。

一、演示文稿的基本操作

（一）实训要点

1. 演示文稿的创建。
2. 演示文稿的动画设置。
3. 演示文稿的放映。

（二）实例目的

完成本实训的学习后，要求学生掌握新建演示文稿，新建幻灯片，使用不同主题和版式，插入文字、图片等素材，设置幻灯片的动画效果。

（三）实训内容

1. 制作演示文稿

下面根据实训要求，新建演示文稿和幻灯片，然后在幻灯片中输入文本并插入图片。其具体操作如下。

（1）当前演示文稿中选择【文件】|【新建】命令，打开【新建演示文稿】对话框，在中间的【可用的模板和主题】栏中选择【空白演示文稿】选项，单击【创建】按钮，如实训图 5-1 所示。

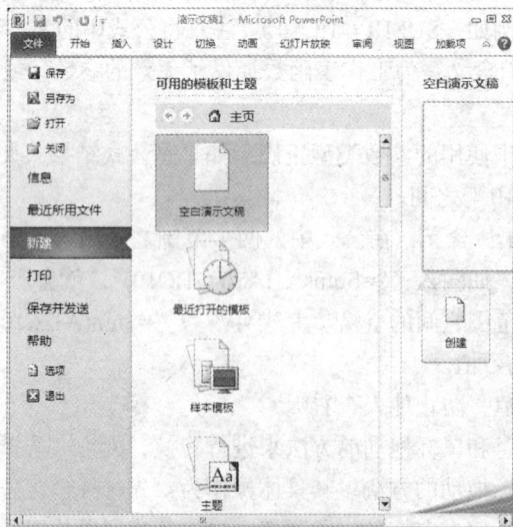

实训图 5-1　创建空白演示文稿

（2）在新建的空白演示文稿中选择【开始】|【幻灯片】组，单击【新建幻灯片按钮】按钮下方的▼按钮，在弹出的下拉列表中选择"两栏内容"幻灯片版式，如实训图 5-2 所示。

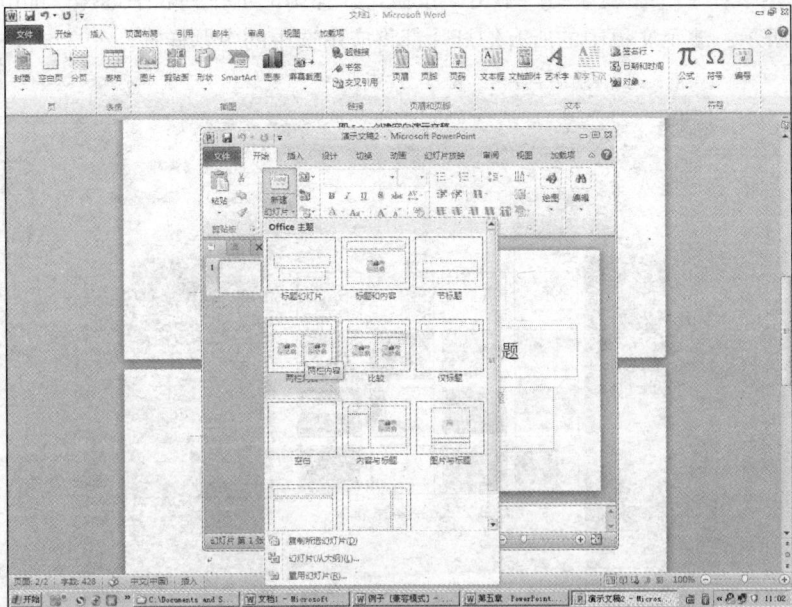

实训图 5-2　选择幻灯片版式

（3）将演示文稿保存为"产品宣传手册"，选择第 1 张幻灯片，将光标定位于标题文本占位符中，输入"产品概况"文本，按照同样的方法输入其他文本。

（4）选择第 2 张幻灯片，单击占位符中的"图片"按钮，打开"插入图片"对话框，选择 suny G11.Png 选项，单击插入按钮将图片插入幻灯片中。运用相同的方法在第 3~6 张幻灯片中分别插入 suny G13.png、suny G19.png，sunyG21.png，suny G22.png 图片，完成后的整体效果如实训图 5-3 所示。

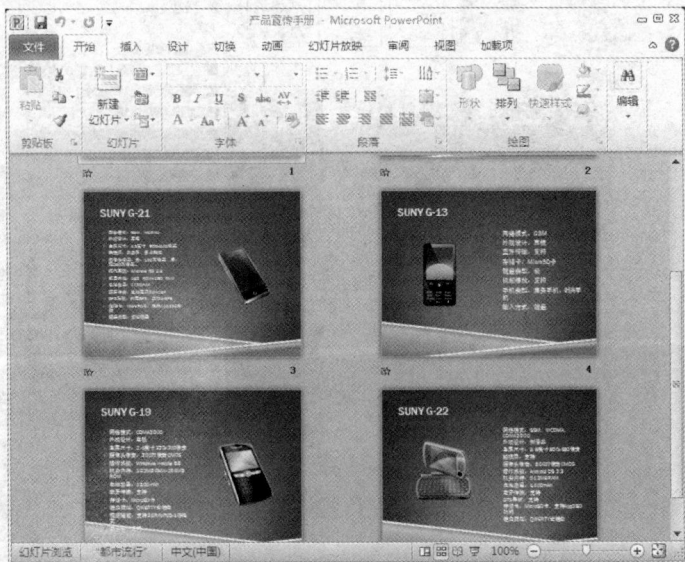

实训图 5-3　插入图片后的效果

2．设计幻灯片

完成演示文稿内容的制作后，下面对幻灯片的主题样式进行设置，其具体操作如下。

（1）选择【设计】|【主题】组，单击 按钮，在弹出的下拉列表中选择"都市流行"主题，如实训图 5-4 所示，演示文稿中的所有幻灯片都将应用选中的主题样式。

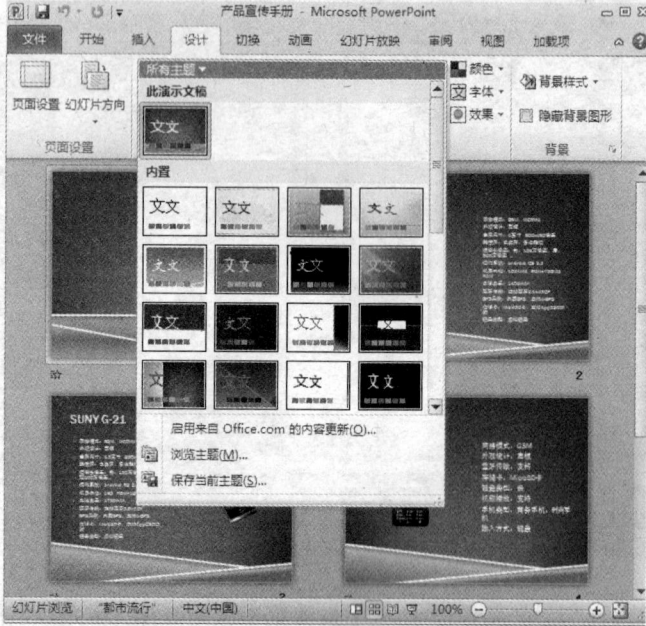

实训图 5-4　选择"都市流行"主题

（2）选择【设计】|【主题】组，单击 颜色按钮，在弹出的下拉列表中选择【聚合】选项，如实训图 5-5 所示。

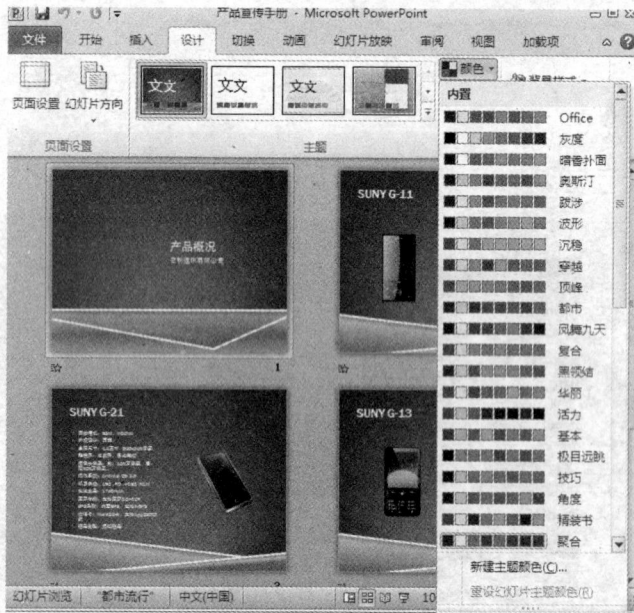

实训图 5-5　设置颜色

（3）返回幻灯片编辑区，可查看到幻灯片的颜色已被更改。选择【设计】|【主题】组，单击 🖼字体·按钮，在弹出的列表中选择【暗香扑面】选项，如实训图 5-6 所示。返回幻灯片编辑区，即可查看幻灯片设置后的效果。

实训图 5-6　设置字体

3. 添加动画

完成幻灯片的主题设置后，可为其添加动画效果，其具体操作如下。

（1）选择第 1 张幻灯片，再选择标题文本，然后选择【动画】|【动画】组，单击【添加动画】按钮，在弹出的下拉列表中选择【劈裂】动画效果，如实训图 5-7 所示。

实训图 5-7　应用动画效果

（2）使用相同的方法为第1张幻灯片中的副标题文本设置【浮入】动画效果，为第2~6张幻灯片中的标题文本设置【劈裂】动画效果，为正文文本设置【浮入】动画效果，为图片设置【轮子】动画效果。

（3）选择第2张幻灯片，再选择正文文本，然后选择【动画】|【动画】组，单击【效果选项】按钮，在弹出的下拉列表中选择【方向】栏中的【下浮】选项，如实训图5-8所示。

实训图 5-8　设置动画方向

二、演示文稿的超链接及放映设置

（一）实训要点

1. 设置演示文稿的超链接。

2. 设置演示文稿的放映。

（二）实例目的

完成本实训的学习后，要求学生掌握设置幻灯片的超链接，设置演示文稿的放映方式。

（三）实训内容

1. 制作演示文稿

下面根据实训要求，设置幻灯片创建超链接（见实训图5-9），然后放映演示文稿，其具体要求如下。

（1）根据第4张幻灯片的各项文本的内容创建超链接，并链接对应的幻灯片。

（2）在第4张幻灯片右下角插入一个动作按钮，并链接第2张幻灯片；在动作按钮下方插入艺术字"作者简介"。

（3）放映制作好的演示文稿，并使用超链接快速定位到"一剪梅"所在的幻灯片。

（4）对演示文稿中的各动画进行排练。

实训图 5-9　"课件"演示文稿效果图

2．为文本创建超链接

下面将为第 4 张幻灯片的各项文本创建超链接，其具体操作如下。

（1）打开"课件.pptx"演示文稿，选择第 4 张幻灯片，选择第一段正文文本，选择【插入】|【链接】组，单击【超链接】按钮 。

（2）打开【插入超链接】对话框，单击【链接到】列表框中的【本文档中的位置】按钮 ，在【请选择文档中的位置】列表框中选择要链接的第 5 张幻灯片，单击 确定 按钮，如实训图 5-10 所示。

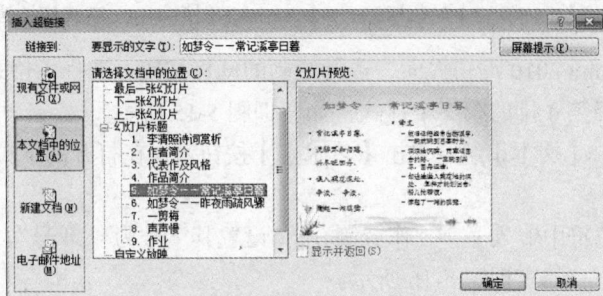

实训图 5-10　选择链接的目标位置

（3）返回幻灯片编辑区即可看到设置超链接的文本颜色已发生变化，并且文本下方有一条蓝色的线。使用相同的方法，可依次为各项文本设置超链接。

3．创建动作按钮的超链接

创建动作按钮的超链接的具体操作如下。

（1）选择【插入】|【链接】组，单击【形状】按钮 ，在打开的下拉列表中选择【动画按钮】栏的第 5 个选项，如实训图 5-11 所示。

（2）此时鼠标光标变为十字形状，在幻灯片右下角空白位置按住鼠标左键不放，拖动鼠标绘制一个动作按钮，如实训图 5-12 所示。

（3）绘制动作按钮后，系统会自动打开【动作设置】对话框，单击【超链接到】单选项，在下方的下拉列表框中选择【幻灯片】选项，如实训图 5-13 所示。

（4）打开【超链接到幻灯片】对话框，选择第 2 张幻灯片，依次单击 ▭确定▭ 按钮，使超链接生效，如实训图 5-14 所示。

实训图 5-11　选择动作按钮类型

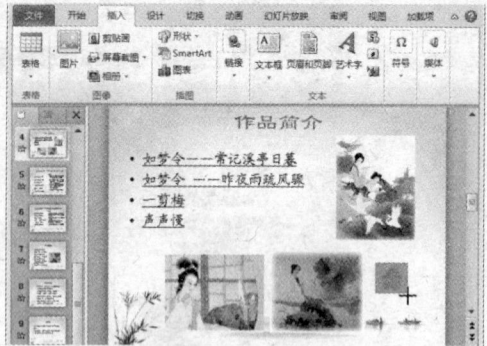

实训图 5-12　绘制动作按钮

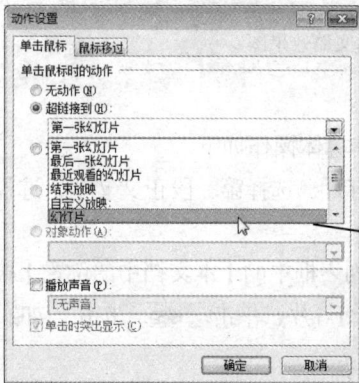

实训图 5-13　【动作设置】对话框

实训图 5-14　选择超链接到的目标

（5）返回 PowerPoint 2010 编辑界面，选择绘制的动作按钮，选择【格式】|【形状样式】组，在中间的列表框中选择第 4 排的第 2 个样式，如实训图 5-15 所示。

（6）选择【插入】|【文本】组，单击【艺术字】按钮 ⚮，在打开的下拉列表中选择第 4 排的第 2 个样式。

（7）在艺术字占位符中输入文字"作者简介"，设置其字号为"24 号"，然后将设置好的艺术字移动到动作按钮下方，如实训图 5-16 所示。

实训图 5-15　选择形状样式

实训图 5-16　插入艺术字

4. 放映演示文稿

（1）选择【幻灯片放映】|【开始放映幻灯片】组，单击【从头开始】按钮，进入幻灯片放映视图。

（2）将从演示文稿的第 1 张幻灯片开始放映，如实训图 5-17 所示，单击鼠标左键依次放映下一个动画或下一张幻灯片，如实训图 5-18 所示。

实训图 5-17　进入幻灯片放映视图　　　　　　　实训图 5-18　放映动画

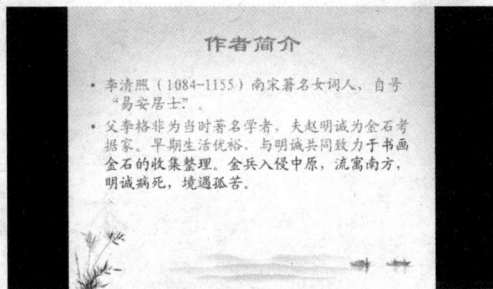

（3）当播放到第 4 张幻灯片时，将鼠标光标移动到"一剪梅"文本上，此时鼠标光标变为形状，单击鼠标，如实训图 5-19 所示。

（4）切换到超链接的目标幻灯片，此时可使用前面的方法单击鼠标进行幻灯片的放映。

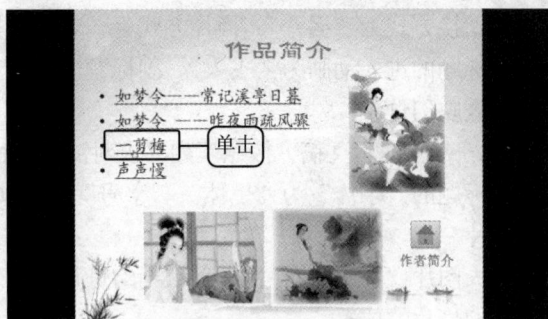

实训图 5-19　单击超链接

5. 排练计时

（1）选择【幻灯片放映】|【设置】组，单击【排练计时】按钮。进入放映排练状态，同时打开【录制】工具栏自动为该幻灯片计时，如实训图 5-20 所示。

（2）通过单击鼠标或按【Enter】键控制幻灯片中下一个动画出现的时间，如果用户确认该幻灯片的播放时间，即可直接在【录制】工具栏的时间框中输入时间值。

（3）一张幻灯片播放完成后，单击鼠标切换到下一张幻灯片，【录制】工具栏中的时间将从头开始为该张幻灯片的放映进行计时。

（4）放映结束后，打开提示对话框，提示排练计时时间，并询问是否保留幻灯片的排练时间，单击 是(Y) 按钮进行保存，如实训图 5-21 所示。

（5）打开【幻灯片浏览】视图样式，在每张幻灯片的左下角将显示幻灯片的播放时间。

实训图 5-20 【录制】工具栏

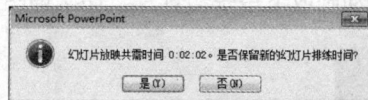

实训图 5-21 是否保留排练时间

本章上机任务

1. 打开"演示文稿实训 1.pptx"演示文稿，按照下列要求对演示文稿进行操作。

（1）为所有幻灯片应用"聚合"主题。

（2）在第 1 张幻灯片前添加一个版式为"标题幻灯片"的幻灯片，主标题内容为"销售计划"，副标题内容为"百佳电器产品有限公司"。

（3）进入幻灯片母版，在第 1 张幻灯片的左下角插入一个链接到第 1 张幻灯片的动作按钮。

（4）设置所有幻灯片页的切换方式为"揭开"，换片方式为"单击鼠标时"。

（5）设置标题幻灯片的主标题的进入动画为"飞入"，副标题的进入动画为"缩放"。

（6）从第 1 张幻灯片开始放映幻灯片。

2. 打开"演示文稿实训 2.pptx"演示文稿，按照下列要求对演示文稿进行编辑并保存。

（1）在标题幻灯片中设置标题的"字体"为"黑体"，"字号"为"40 号"；为下方的文本设置超链接，链接到第 4 张幻灯片。

（2）在第 5 张幻灯片中插入图片"别墅"，并将其移动到幻灯片右侧。

（3）调整第 5 张和第 6 张幻灯片的位置。

（4）设置所有幻灯片的切换动画为"旋转"，声音为"照相机"。

（5）设置标题幻灯片的标题【动画】为【出现】，【开始方式】为【单击时】，【声音】为【爆炸】；再设置标题【动画】为【画笔颜色】，【开始方式】为【上一动画之后】，【持续时间】为【01.50】，【延迟】为【00.50】。

实训六
Office 2010 的综合应用

在 Office 2010 中，Word 2010、Excel 2010、PowerPoint 2010 和 Access 2010 等组件之间可以协同使用及共享信息，如将 Access 表以 Excel 表的形式导出，以方便用户的编辑和使用，也可使用复制与粘贴对象、链接与嵌入对象等方法在 Office 2010 的各个组件之间进行资源的调用。正是 Office 2010 的各个组件的协同工作功能，增强了 Office 的办公处理能力，有效地提高了用户的办公效率。

一、复制与粘贴对象

在 Office 2010 各个组件之间，可使用直接粘贴对象或选择性粘贴对象的方法调用资源，并根据需要保留源文件的格式。

1. 直接粘贴对象

Office 2010 各个组件可以通过复制与粘贴图表、图片等对象共同使用其中的数据，在各个组件之间粘贴对象时，系统会自动转换粘贴对象的格式。

下面以将 Excel 中的图表复制与粘贴到 Word 文档中为例，介绍各组件间复制与粘贴对象的方法，其具体操作如下。

（1）打开"家电销售与季度关系.xlsx"工作簿（\素材\第 4 章\家电销售与季度关系.xlsx），打开 Word 2010 程序并新建一篇文档。

（2）在 Excel 2010 中选中电子表格中的图表，单击鼠标右键，在弹出的快捷菜单中选择【复制】命令，如实训图 6-1 所示。

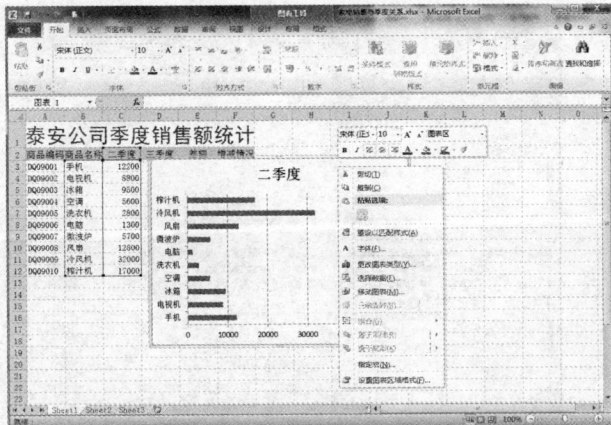

实训图 6-1　复制 Excel 图表

（3）将工作界面切换到 Word 2010 将光标定位于文档编辑区，按【Ctrl+V】组合键，将 Excel 2010 中的图表以源格式粘贴到 Word 2010 中，效果如实训图 6-2 所示。

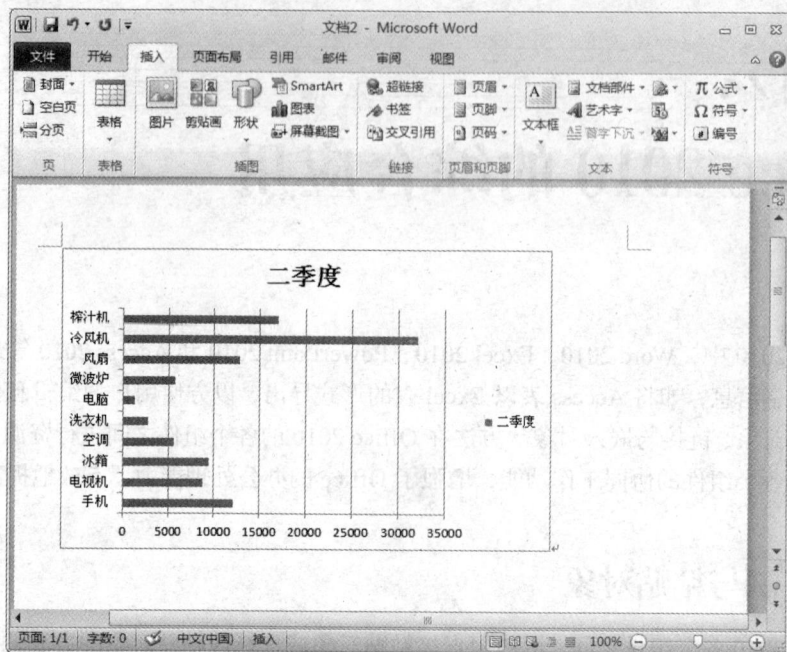

实训图 6-2　粘贴图表到 Word 文档中

2. 选择性粘贴对象

使用 Office 2010 提供的选择性粘贴功能，可将复制后的内容按照需要的方式进行粘贴，如为了防止他人修改内容，可将表格中的数据复制后，以图片形式粘贴到目标位置中。

下面将"招聘计划.xlsx"工作簿和"招聘.docx"文档(\素材\第 4 章\招聘计划.xlsx、招聘.docx)，选择 Excel 2010 工作表中的数据。具体操作如下。

（1）选中工作表后其四周出现蚂蚁线，单击鼠标右键，在弹出的快捷菜单中选择【复制】命令。

（2）将当前工作界面切换至 Word 2010，将光标定位于"联系人"文本的前面，选择【开始】|【剪贴板】组，单击【粘贴】按钮下方的下拉按钮，在弹出的下拉列表中选择【选择性粘贴】选项，如实训图 6-3 所示。

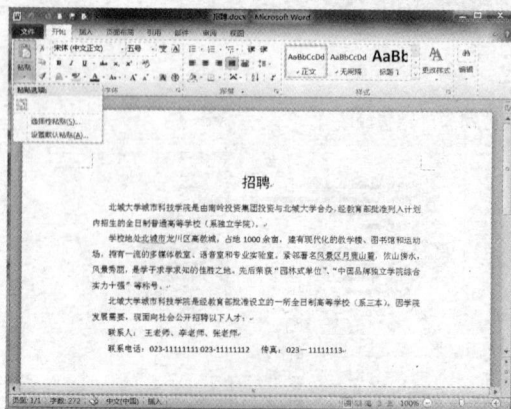

实训图 6-3　选择"选择性粘贴"选项

（3）打开【选择性粘贴】对话框，选中粘贴（P）单选按钮，在右侧的【形式】列表框中选择【图片（增强型图元文件）】选项，单击【确定】按钮，如实训图 6-4 所示。

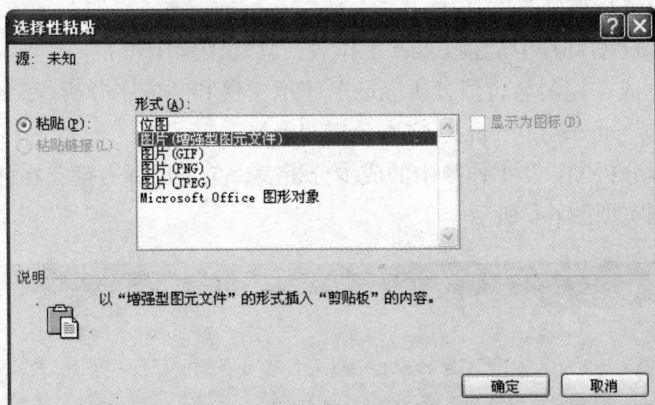

实训图 6-4　选择性粘贴方式

（4）返回 Word 文档，即可查看到调用的对象以图片的形式粘贴到了 Word 文档中，如实训图 6-5 所示。

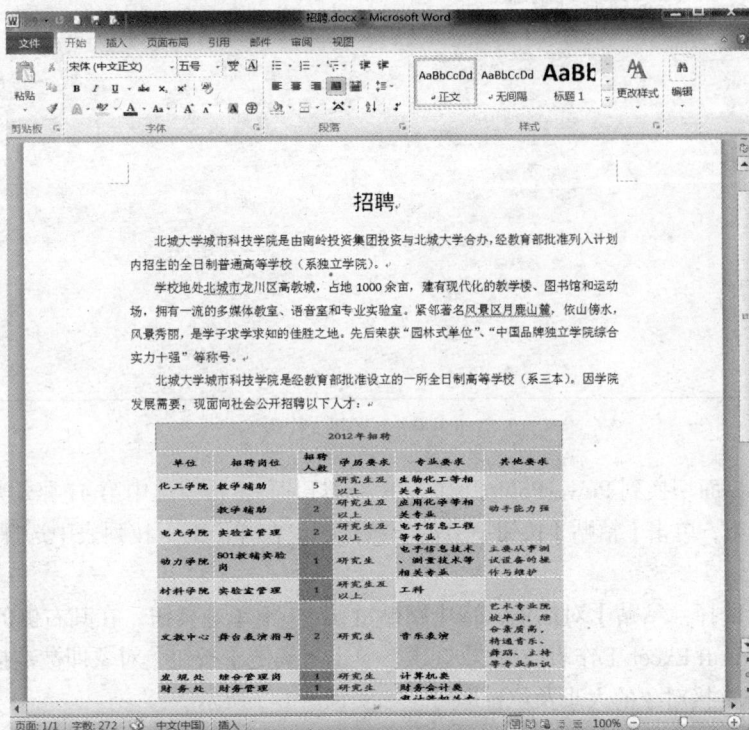

实训图 6-5　最终效果

二、链接与嵌入对象

除了用复制和粘贴对象的方法调用 Office 2010 各组件资源外，链接和嵌入对象也是在 Office 2010 组件间快速共享信息的常用方法，下面分别进行介绍。

1. 链接对象

链接对象是指将文件以【粘贴链接】的形式粘贴到需要的组件中，当修改了源文件中的数据后，链接对象的数据也将被修改。

下面在 PowerPoint 幻灯片中链接 Excel 工作表，其具体操作如下。

（1）打开"工厂成本控制与价值分析.pptx"演示文稿和"成本分析表.xlsx"工作簿（\素材\第 4 章\工厂成本控制与价值分析.pptx、成本分析.xlsx）。

（2）选中"成本分析.xlsx"工作簿中的成本分析表，单击鼠标右键，在弹出的快捷菜单中选择【复制】命令，如实训图 6-6 所示。

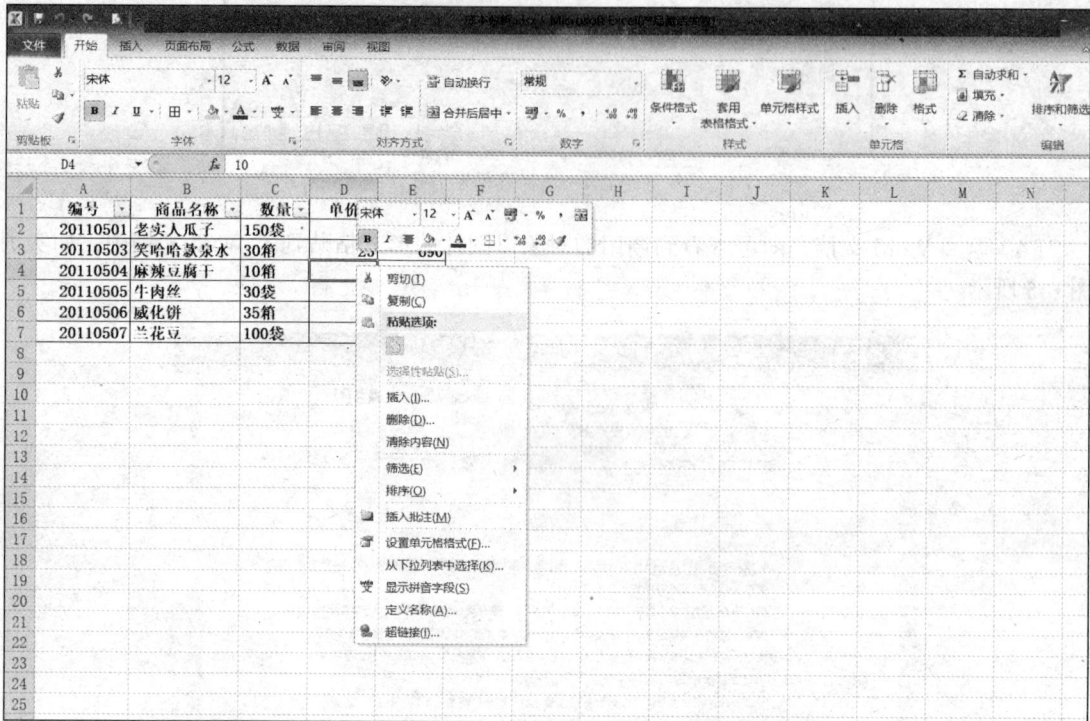

实训图 6-6　复制工作表

（3）将工作界面切换到 PowerPoint 2010，在"幻灯片"窗格中选中第 47 张幻灯片，选择【开始】|【剪贴板】组，单击【粘贴】按钮下方的下拉按钮，在弹出的下拉列表中选择"选择性粘贴"选项。

（4）打开【选择性粘贴】对话框，选中粘贴链接（L）单选按钮，在其右侧的【方式】列表框中选择【Microsoft Excel 工作表 对象】选项，单击【确定】按钮，对象即被链接到 PowerPoint 2010 中，调整好链接对象的大小及位置即可，如实训图 6-7 所示。

2. 嵌入对象

嵌入对象与链接对象有所不同，嵌入对象是以图表形式粘贴到组件中，并且当对源文件进行修改后，粘贴的对象并不会随之发生改变。

下面以在 Excel 工作表中嵌入 PowerPoint 幻灯片为例，介绍嵌入对象的方法，其具体操作如下。

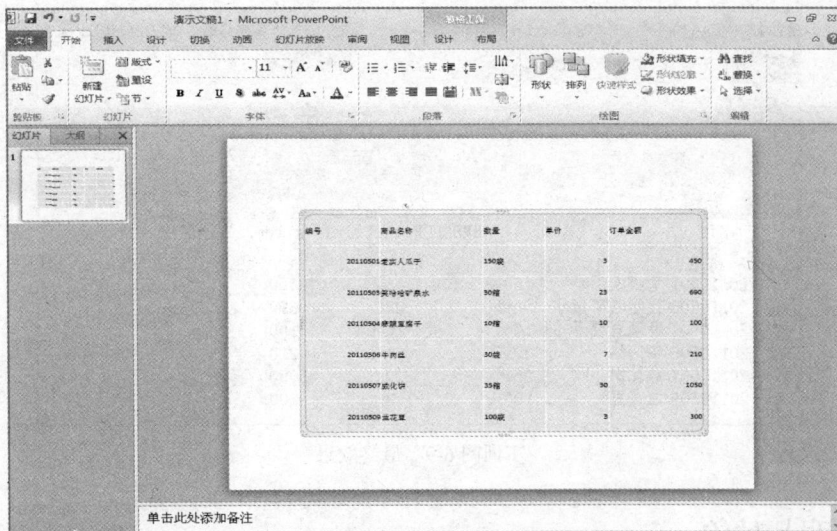

实训图 6-7　粘贴对象到 PowerPoint 中

（1）在 PowerPoint 2010 的【幻灯片】窗格中选择第 1 张幻灯片，单击鼠标右键，在弹出的快捷菜单中选择【复制】命令 。

（2）在 Excel 工作表中选中需粘贴链接的单元格，选择【开始】|【剪贴板】组，单击【粘贴】按钮下方的下拉按钮，在弹出的下拉列表中选择【选择性粘贴】选项。

（3）打开【选择性粘贴【对话框，选中粘贴（P）单选按钮，在其右侧的【方式】列表框中选择【Microsoft PowerPoint 幻灯片 对象】选项，选中【显示为图标（D）】复选框，单击【更改图标（I）】按钮。

（4）打开【更改图标】对话框，在【图表标题】文本框中输入对象名称【成本控制与价格分析】，如实训图 6-8 所示。

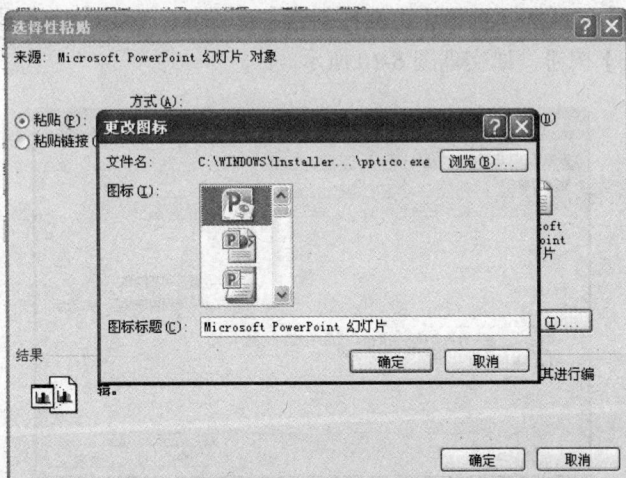

实训图 6-8　嵌入对象

（5）单击【确定】按钮，返回【选择性粘贴】对话框，单击【确定】按钮，完成对象的嵌入操作，并对图标的大小进行调整，最终效果如实训图 6-9 所示。

实训图 6-9　最终效果

三、插入对象

用插入对象的方法调用其他组件资源，可以插入已编辑完成的对象，也可以在当前程序中新建其他程序组件的对象。在 Word 2010、Excel 2010 与 PowerPoint 2010 中可以进行上述插入操作，下面分别对插入已有对象和插入新建对象的方法进行介绍。

1. 插入已有的对象

插入已存在的对象，即将其他组件的文件内容插入当前程序中，对源文件的修改将反映到插入的文档中。

下面以在"公司职位说明.docx"文档中调用已经制作好的"公司简介.pptx"演示文稿为例，介绍插入已有对象的方法，其具体操作如下。

（1）打开"公司职位说明.docx"文档（\素材\第 4 章\公司职位说明.docx），选择【插入】|【文本】组，单击【对象】按钮，在弹出的下拉列表中选择【对象】选项。

（2）打开【对象】对话框，选择【由文件创建】选项卡，选中【链接到文件（K）】复选框，然后单击【浏览（B）】按钮，如实训图 6-10 所示。

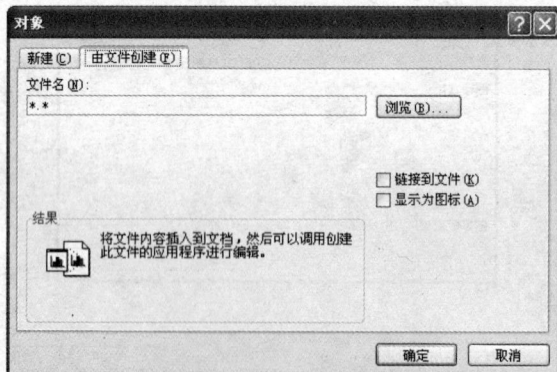

实训图 6-10　"对象"对话框

（3）打开【浏览】对话框，选择"公司简介.pptx"演示文稿（\素材\第 4 章\公司简介.pptx），单击【插入（S）】按钮，如实训图 6-11 所示。

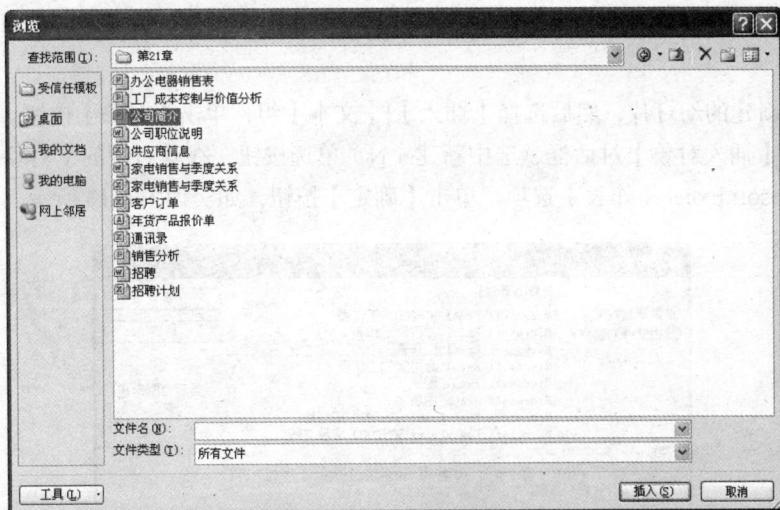

实训图 6-11 【浏览】对话框

（4）返回【对象】对话框，单击【确定】按钮即可将演示文稿插入 Word 文档中，插入后的效果如实训图 6-12 所示。

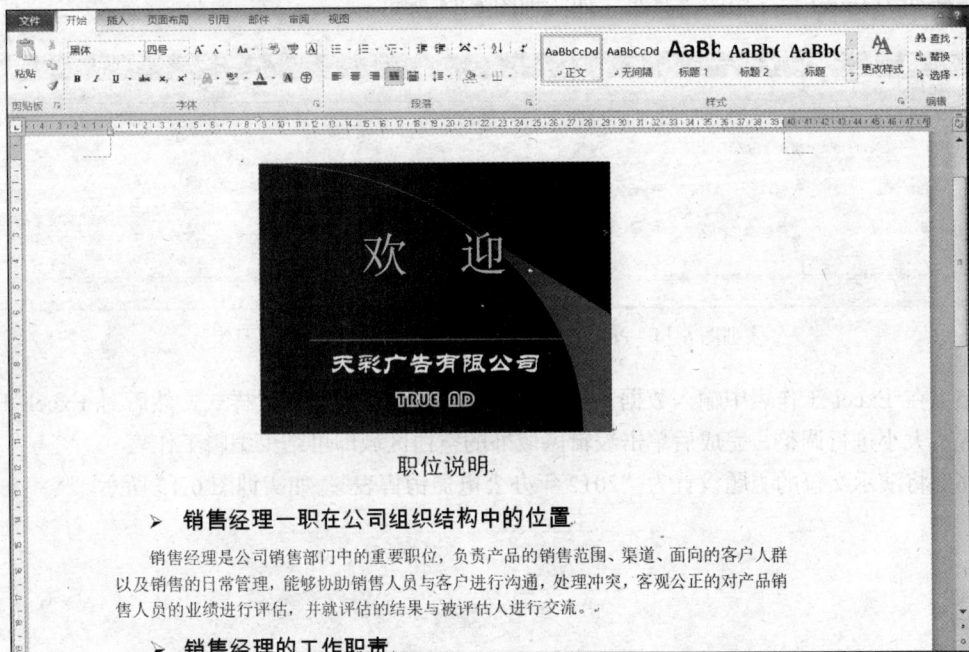

实训图 6-12 最终效果

（5）双击插入的对象，将进入演示文稿的放映状态。

2. 插入新建的对象

在编辑文档时，如果需要直接在当前程序中新建其他组件的对象，可用插入其他程序组件并进行编辑的方法。

下面以在演示文稿中插入 Excel 2010 组件并新建 Excel 工作簿为例，介绍插入新建对象的方法，其具体操作如下。

（1）打开演示文稿，在【幻灯片】窗格中单击鼠标右键，在弹出的快捷菜单中选择【新建幻灯片】命令。

（2）选择新建的幻灯片，然后选择【插入】|【文本】组，单击【对象】按钮。

（3）打开【插入对象】对话框，选中新建（N）单选按钮，在其右侧的【对象类型】列表框中选择【Microsoft Excel 工作表】选项，单击【确定】按钮，如实训图 6-13 所示。

实训图 6-13　"插入对象"对话框

（4）返回演示文稿时，编辑界面已插入一个 Excel 工作表窗口，PowerPoint 2010 窗口中的工具组已转变为 Excel 程序中的工具组，如实训图 6-14 所示。

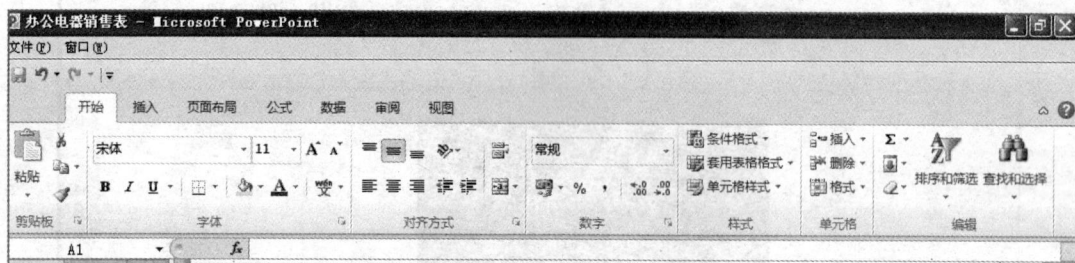

实训图 6-14　PowerPoint 2010 中出现 Excel 程序的工具组

（5）在 Excel 工作表中输入数据，根据用户的需要对工作表设置样式，然后对 Excel 工作表的位置及大小进行调整，完成后单击编辑区域外的空白区域即可结束编辑工作表。

（6）将演示文稿的主题设置为"2012 年办公电器销售表"，如实训图 6-15 所示。

实训图 6-15　最终效果

本章上机任务

Office 2010 的综合应用，制作演示文稿，排版要求如下：

1. 在 Excel 2010 中，建立数据表，数据如下：

	2001 年	2002 年	2003 年	2004 年
主营业务额	1500000	2000000	2200000	2500000
其他业务额	500000	800000	1200000	1500000
利润	250000	300000	320000	400000

2. 打开 PowerPoint 2010，插入一张幻灯片，输入标题："公司业绩"。建立图表，图表数据来源于 Excel 工作表。

3. 将背景设为蓝色面巾纸纹理效果。

4. 在左上角插入自选图形:月亮和星星，适当旋转，设置填充颜色。

5. 插入圆角矩形及文本框，完成"最新信息""业务报价""组织结构"和"公司业绩"的创建，如实训图 6-16 所示。

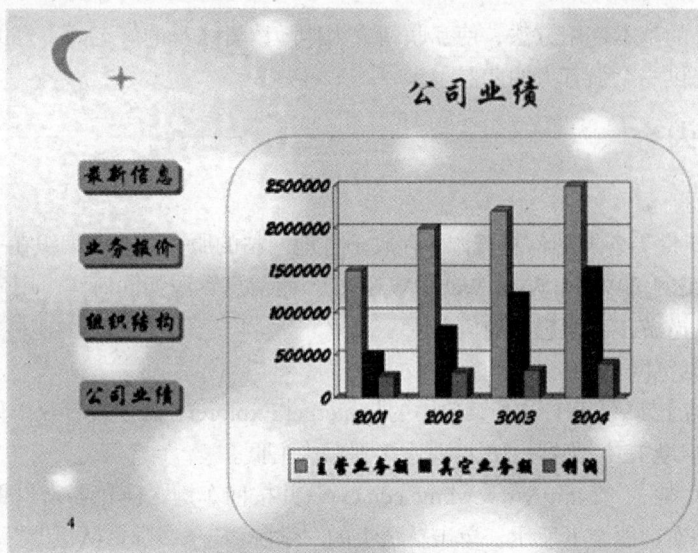

实训图 6-16　公司业绩完成图

实训七
Internet 的初步使用

一、实训要点

1. 学会使用 IE 浏览器上网，搜集各种有用的信息。
2. 掌握 E-mail 的使用方法，建立自己的永久电子信箱。
3. 学会使用搜索引擎，在 Internet 上获取新的知识。

二、实训目的

学会 Internet 的基本使用方法，使互联网成为伴随读者终身的好老师、好助手、好伙伴，为读者的全面发展提供一个强有力的武器。

三、实训内容

1. WWW 浏览

Internet 将位于世界各地的信息资源（存放于各地网站的服务器中）编织在一起，形如"蜘蛛网"，我们称为万维网（World Wide Web，WWW）。而信息资源如同海洋，用户利用浏览器就可在信息海洋中冲浪邀游，获取想要的信息。

（1）使用 IE 浏览网页

① 执行【开始】菜单【程序】子菜单中的【Internet Explorer】命令或者双击桌面上的【Internet Explorer】图标，启动 IE 浏览器，IE 自动连接到默认主页。

② 在地址栏中输入 "http://www.whmc.edu.cn/" 并按回车键，浏览器窗口将打开"武汉传媒学院"的首页，如实训图 7-1 所示。单击首页上的"学院概况""师资队伍""院系专业"等超级链接，将打开相应的网页可浏览其内容。同时，注意地址栏的变化。通过单击工具栏上的【前进】和【后退】按钮在访问过的页面之间进行跳转。

网页由标题栏、菜单栏、标准工具栏、地址栏、浏览栏、浏览工作窗口和状态栏组成。顶部是标题栏，当前页面的标题或页面的文件名称。最右端有【最小化】【最大化／还原】和【关闭】3 个按钮。最左边有【控制菜单图标】按钮，单击该图标，将弹出系统下拉菜单；双击该图标，将关闭此窗口。单击标题栏的任何地方并按住鼠标左键，就可以拖动整个窗口。

菜单栏列出了 IE 的 6 个菜单，分别是【文件】【编辑】【查看】【收藏】【工具】和【帮助】。工具栏用于网页浏览的各种按钮和其他工具。地址栏是用户输入浏览站点地址的地方（URL 地址），按【Enter】键或【转到】按钮，便可浏览该站点。浏览栏：如果用户单击工具栏上的【搜索】【收藏】以及【历史】等按钮时，窗口左边就会显示一个单独的浏览栏，并显示相应按钮的内容。

实训图 7-1　IE 浏览器窗口

浏览工作窗口占据了窗口的大部分空间，用于显示当前打开的网页内容。状态栏在 IE 窗口底部，用于显示关于 IE 当前状态的一些有用信息。

（2）收藏喜欢的网站

① 启动 IE 浏览器，在地址栏中输入"http://www.sina.com.cn/"并按回车键，浏览器窗口将打开"新浪网"的首页，如实训图 7-2 所示。

实训图 7-2　新浪网的首页

② 执行【收藏】|【添加到收藏夹】命令，弹出【添加到收藏夹】对话框，在【名称】文本框中可以修改其名称，如实训图 7-3 所示，单击【确定】按钮，该网页即被保存到收藏夹中。如果下次要访问"新浪网"，就可以单击【收藏】菜单，在弹出的下拉菜单中选择"新浪网技 首页"即可。

（3）保存网页中需要的内容

① 启动 IE 浏览器，打开"新浪网"的主页。

② 执行【文件】|【另存为】命令，弹出【保存网页】对话框，在该对话框中可以根据需求设置保存的位置、文件名、保存类型等，如实训图7-4所示。单击【保存】按钮，该网页的内容就被保存到本地磁盘中了。

实训图7-3 "添加到收藏夹"对话框

实训图7-4 保存网页内容

③ 在"新浪网"的主页顶部图片上单击鼠标右键，在弹出的快捷菜单中选择【图片另存为】命令，弹出如实训图7-5所示的【保存图片】对话框，在该对话框中可以设置保存路径、文件名等。

实训图7-5 保存网页中的图片

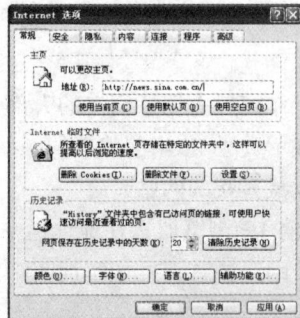

实训图7-6 设置IE浏览器

2. IE浏览器的设置

（1）设置浏览的起始网页

起始网页（又称主页）是指启动IE时自动显示的Web页，可以将一个访问最频繁的站点设为起始网页。起始网页的设置方法是，在IE中打开所选页；单击【工具】菜单中的【Internet选项】，弹出【Internet选项】对话框（见实训图7-6）；单击【常规】标签，在【主页】区域单击【使用当前页】按钮。如实训图7-7所示。

实训图7-7 设置浏览的起始网页

（2）"历史记录"的设置

用户在一定时间内曾访问过的 Web 页面，保存在本地硬盘的 History 文件夹中，称为"历史记录"。Web 页的期限是固定的，默认为 7 天，用户可自行设置"历史记录"的期限。

（3）浏览安全设置

为了上网安全和用机安全，应对浏览器进行安全设置，建议设置较高的安全级别。

选择【工具】菜单的【Internet 选项】，在弹出的【Internet 选项】对话框中选择【安全】选项卡。如需使用推荐的设置来设置安全级别，则单击对话框中的【默认级别】按钮。如需自定义安全级别，就单击对话框中的【自定义级别】按钮，再在出现的【安全设置】对话框中自行进行设置，如实训图 7-8 所示。

实训图 7-8　浏览器的安全设置

（4）网页的浏览

可以通过如下 4 种方法进行。

① 在地址工具栏中输入网页地址 URL 来访问网页。

② 利用网页中的"超链接"来浏览站点或网页。

③ 从【收藏】菜单中选择网页来访问。

④ 通过【历史记录】列表访问网页。

（5）上机练习

用 4 种方法分别去浏览网页；设置主页；设置浏览器安全；学会使用收藏夹等。

3. 电子邮件 E-mail

电子邮件 E-mail 是 Internet 上使用最频繁、最受欢迎的一种服务。特点是传递迅速，使用简便，经济高效，功能多样，灵活可靠。与邮政地址比较，个人 E-mail 的地址不随用户时间和空间的改变而改变。

Internet 用户应有一个或多个 E-mail 地址，这样才能收到来自世界各地任何地方的多媒体邮件（指除普通文本以外，邮件中还可附带声音、图片、视频等多媒体信息）。

电子邮件地址格式：用户名@电子邮件服务器的域名，例：××××××@163.com。其中"@"（音为 at）为分隔符，左侧为登录名（用户账号、入网所取名字、信箱名），右侧为所建信箱的邮件服务器的域名。

下面以国内常见的 E-mail 服务提供商——网易为例，建立自己的电子邮箱。先登录网易主页 http://www.163.com/，单击"163 信箱"，如实训图 7-9 所示。单击"立即注册"，进入"注册新用户"网页，依次填写个人的信息，提交后完成注册。此时网易邮箱回复你："恭喜您注册成功！"

（1）写信

单击【写信】按钮，进入写信网页，如实训图 7-10 所示。在"收件人"空白框中填写对方的 E-mail 地址，在"主题"框中写入信件的主题意义（可不填），然后在"内容"框中写信件的全文。随信件还可将各种文件（如文档资料、视频、图片、音乐等）以附件的方式发向对方。50M 以下的用普通附件，50MB～2GB 的用超大附件。检查无误后，单击【发送】按钮，网易免费邮会反馈"发送成功"的信息。

（2）接收信件

单击【收信】按钮，出现"收件箱"页面，上面罗列了已收到的一系列信件，其中尚未阅读的信件以黑体字出现，已阅读过的信件以普通字体出现。单击待读的信件的任意项，就能打开此

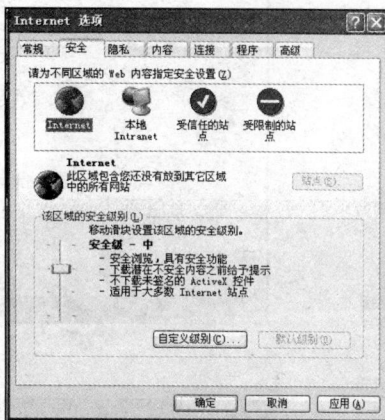

信件。若有附件的话，则可单击"附件"，将其保存到硬盘中。

实训图 7-9　注册网易免费邮箱

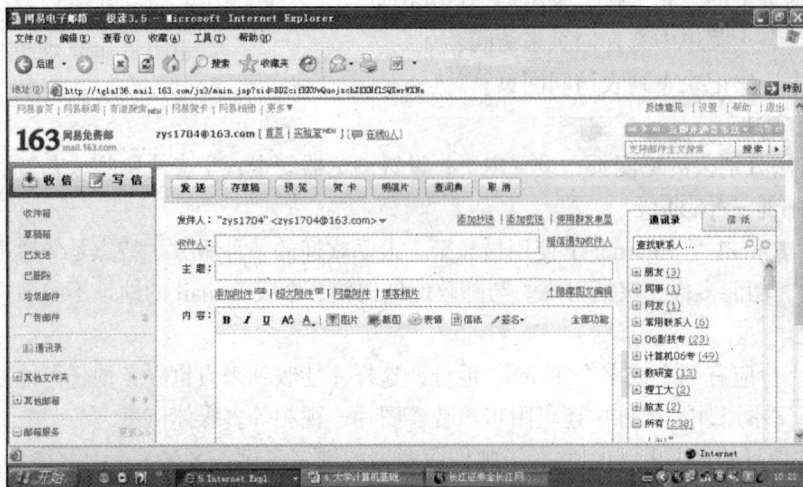

实训图 7-10　写信和发送信件

（3）删除信件

已无保留价值的信件可以删除掉，节约信箱的空间。先勾选欲删除信件，然后单击"删除"按钮，就可删除无用的信件。

（4）管理好通讯录

当通讯录中的联系人太多时，应该将其分组管理，通信时便于快速寻找联系人的地址，也可以轻松地一次向多人发送电子邮件。目前，各个互联网的门户网站的 E-mail 又增加了许多服务功能，读者可以自己去体验。

4. 信息搜索

从 Internet 上查询所需的确切资讯，有如下许多方法：

（1）IE 浏览器内部捆绑的自动搜索工具。

地址栏中直接输入单词或短语（例如，武汉传媒学院），按回车键，如实训图 7-11 所示。

实训图 7-11 IE 浏览器内部捆绑的自动搜索工具

（2）单击工具栏上的【搜索】按钮，启动浏览器自带的搜索引擎，在搜索框中输入单词或短语，再单击【搜索】按钮，即可进行搜索，如实训图 7-12 所示。

（3）使用专门的搜索引擎。例如，"百度 baidu.com"，实训图 7-13。百度是中国互联网用户最常用的搜索引擎，也是全球最大的中文搜索引擎，可支持用户查询数十亿中文网页。

实训图 7-12 工具栏【搜索】启动浏览器自带的搜索引擎

实训图 7-13 搜索引擎"百度"的主页

① 简单搜索

在搜索框内输入需要查询的内容，按回车键，或者鼠标单击搜索框右侧的【百度一下】按钮，就可以得到最符合查询需求的网页内容。

② 使用多个词语搜索

输入多个词语搜索（不同字词之间用一个空格隔开），可以获得更精确的搜索结果。例如，若要了解上海人民公园的相关信息，则可在搜索框中输入 [上海 人民公园] 获得的搜索结果会比输入 [人民公园] 得到的结果的相关性更好。

③ 百度快照

每个未被禁止搜索的网页，百度都会自动生成临时缓存页面，称为"百度快照"。当用户遇到网站服务器暂时故障或网络传输堵塞时，可以通过"快照"快速浏览页面文本内容。但百度快照只会临时缓存网页的文本内容，所以那些图片、音乐等非文本信息，仍存储于原网页。

④ 相关搜索

有时候因为选择的查询词不是很妥当，用户可以通过参考别人是怎么搜的，来获得一些启发。百度的"相关搜索"，就是与用户的搜索很相似的一系列查询词。百度相关搜索排布在搜索结果页的下方，按搜索热门度排序。

本章上机任务

1. 设置主页：将 http://www.hao123.com 设置为主页；然后将主页还原为默认网页。

2. 收藏网页：打开"武汉传媒学院"的网页，添加到收藏夹。

3. 搜索资料：下载关于武汉传媒学院的相关内容。

4. 申请邮箱，收发邮件：在浏览器地址栏中输入 http://www.126.com，在打开的页面中注册申请一个 126 邮箱地址。打开邮箱"收件箱"，查阅已收到邮件；单击【写信】按钮，在【收件人】栏中输入收信人地址（可写自己的邮箱地址），通过【添加附件】按钮，可添加随信发送的文件附件，发送邮件。